MATLAB® & Simulink®开发实例系列丛书

数学建模：
模型案例及代码方案深度解析

祁彬彬　马　良　著

北京航空航天大学出版社

内 容 简 介

本书围绕具体的优化实际问题案例，集中探讨利用 MATLAB、Lingo、Gurobi 和 Yalmip 等软件和工具箱来编写合格的数学模型代码。MATLAB 自 R2017b 增加了问题式优化建模流程，这是 MATLAB 构造和求解优化模型的里程碑式调整，到本书截稿的 R2022b 版本，问题式建模流程每次版本更替都有新增功能和变化。鉴于目前还比较缺乏以此为基础，介绍如何训练提高数学建模程序编写能力的资料，本书特别选取一些经典的数学建模综合案例，从求解实际问题的角度出发，全面阐述在 MATLAB 平台上，综合使用工具箱完成问题式建模流程的模型构造与求解，以及与 Lingo/LindoAPI、Gurobi、Yalmip 等优化求解器的协同方法。

全书共分 15 章，每章提出一到两个建模问题实例，详细分析案例代码的编写思路和具体实现过程。第 1～3 章介绍了 Gurobi、Lingo/LindoAPI 和 Yalmip 的基本环境设置，以及 MATLAB 官方优化工具箱函数在新的问题式优化建模流程中的基本使用方法；第 4～11 章借助一些相对简单的优化类数学建模实际案例，以多种求解代码方案进一步探讨各求解器与工具箱的使用方法；第 12～15 章则选择近年全国大学生数学建模竞赛中出现的较为典型的优化类实际赛题，讲述从问题分析到数学模型构建，再到完整代码方案的全部详细过程。

本书为数学模型提供了丰富而全面的代码，其中绝大多数代码是在近两年的频繁线上讨论中逐步形成的方案，并首次呈现给读者。很多问题提供了不止一种求解代码方案，该方案不仅包括同一种语言或工具的多种程序，而且部分是涉及不同编程语言（例如 MATLAB 调用 Lingo、Python 调用 Gurobi、MATLAB 调用 Gurobi 等）的。针对一些较为复杂的问题，还结合竞赛问题向读者展示了 MATLAB 面向对象程序编写的相关技巧。本书适合于数学建模爱好者和即将参加各类数学建模竞赛的参赛者，以及期望全面提高自身的数学模型求解和程序编写能力的专科生、本科生和研究生，也可为高校数学建模课程培训的教师提供优化类问题代码编写方面的参考。

图书在版编目(CIP)数据

数学建模 ：模型案例及代码方案深度解析 / 祁彬彬，马良著. -- 北京 ：北京航空航天大学出版社，2023.10

ISBN 978 - 7 - 5124 - 4163 - 7

Ⅰ. ①数… Ⅱ. ①祁… ②马… Ⅲ. ①数学模型
Ⅳ. ①O141.4

中国国家版本馆 CIP 数据核字(2023)第 170758 号

数学建模：模型案例及代码方案深度解析
祁彬彬　马　良　著
策划编辑　陈守平　　　责任编辑　陈守平
*
北京航空航天大学出版社出版发行

北京市海淀区学院路 37 号(邮编 100191)　http://www.buaapress.com.cn
发行部电话：(010)82317024　传真：(010)82328026
读者信箱：goodtextbook@126.com　邮购电话：(010)82316936
北京富资园科技发展有限公司印装　各地书店经销
*
开本：787×1 092　1/16　印张：22　字数：563 千字
2023 年 10 月第 1 版　2024 年 10 月第 2 次印刷　印数：1 001-2 000 册
ISBN 978 - 7 - 5124 - 4163 - 7　定价：89.00 元

序

很高兴得知我的朋友祁彬彬与他的合作者马良又完成了一本新书《数学建模:模型案例及代码方案深度解析》,这是他们这两年推出的又一本鼎力之作。之前彬彬请我给他的另外一本书《MATLAB 修炼之道》作序时,我欣然应允。这一次的新书我也如往常一样全力支持。

我现在从事的是数据科学运筹优化领域的工作。工作中既有理论的开拓(在学校里从事科学研究)也有实践的摸索(在自己和朋友创立的公司里用数据科学为中国大量的企业服务)。可以说我从事数据科学方面工作的起源是参加数学建模比赛。早在我上中学的时候,就多次参加数学建模比赛,也获得了一些比较好的成绩。上大学后从校内赛、全国赛,到美赛(MCM),从中得到了极大的收获。通过参加数学建模比赛我学到了很多专业知识(很多运筹学和算法方面的知识都是在参加数学建模比赛的过程中第一次去接触,包括马尔科夫链、动态规划等),也让我体会到了团队协作的乐趣,并和团队的成员建立了深厚长久的友谊。更重要的是,这些经历让我看到了数学方法解决实际问题的潜力,并且深深为之吸引,最终在研究生阶段选择了现在所从事的方向。

在数学建模比赛的过程中,需通过编程将"想法"转化为"结果",在这个环节里,MATLAB是最常用和最便捷的工具之一(当时 Python 语言还不太流行,主要使用的就是 C 语言和MATLAB,而在数学建模问题上 MATLAB 的优势非常明显,即使到现在 MATLAB 仍然是一个更为便捷的选择)。MATLAB 在处理很多数学建模问题上有着先天的优势——代码简单直观,很容易实现数学模型中对应的逻辑关系;函数库丰富,在优化、仿真等场景可以快速地进行计算和验证;展示形式多样,可以便捷地生成图表。

虽说 MATLAB 是一项非常易用的工具,但把它用好并不是一件容易的事情。我自己使用了近 20 年的 MATLAB,也最多只能说掌握了其中小部分的功能和技巧。MATLAB 有着强大的优化函数库,能够解决很多复杂的优化问题;另外,MATLAB 还有很多与外部工具连接的功能。如果没有系统地学习,这些功能很难通过个人的实践全部摸索了解。而本书恰好就针对这一方面做了详细的讲解,也配备了翔实的案例,给希望了解的读者一个既详细又深入的讲解。

　　说来也巧,就在祁彬彬找我作序的前两天,我所在的学校刚刚举办了一场数学建模方面的讲座,邀请我给同学们分享。那一天同学们异常踊跃,本来预定的四五十人的房间来了两百多人,最终讲座只好换到大教室里进行。同学们对数学建模无比热情,使我非常高兴,也分享了自己的一些技巧和心路历程。我相信,祁彬彬和马良编写的这本新书,可以更加系统地帮助同学们掌握更多数学建模中 MATLAB 的使用技巧,更好地发掘 MATLAB 的优势。因此,我将此书大力推荐给对数学建模感兴趣的读者,无论是在准备参加比赛还是在比赛过程中,相信大家都可以从这本书中找到自己需要的东西,更好地掌握 MATLAB 这门编程语言。

王子卓

2023. 2. 5

杉数科技(北京)有限公司联合创始人兼首席技术官

香港中文大学(深圳)数据科学学院教授,副院长

前　　言

近年来,数学建模在大学生中越来越受欢迎,从高教社杯全国大学生数学建模竞赛(CUMCM)近年来所聚集的人气就可见一斑。从参赛人数看,2021 年全国共有约 4.5 万支队伍、14 万余名大学生,2022 年的报名人数增加到 5.4 万支队伍共 16 万余名大学生;从高校对该项赛事的关注度看,许多学校将竞赛成绩作为奖学金、研究生招生等重要评价体系的核心参照指标之一,这又助推了同学们对数学建模的热情。

通过数学建模竞赛,学生能获得书本中难以学到的综合性技能与知识:有不少竞赛题目,无论是逻辑推理、模型抽象、论文结构组织与撰写,还是代码编程的实现方面,都对大学生的基础能力提出了更高的要求。本科生经过短暂的赛前训练,就想在紧张而高强度的三天里,展现出过硬而全面的竞赛实力,并非易事。想要培养出对数学模型的敏锐直觉,不能一蹴而就,要有合理的计划安排,循序渐进。

在建模竞赛中获奖原因各有不同:有些同学数理推导基本功扎实,善于构造数学模型;另一些同学在中学阶段对数据结构和编程感兴趣,故短时间内就能掌握与算法相关的基本知识;还有理解力好且擅长文字表述的同学,可以快速领会其他参赛组员的模型构造思想,迅速抓住重点和主旨,按时写出逻辑严谨、脉络清晰的论文。除了上述能力,要取得理想的竞赛成绩还需要掌握一个至关重要的技能,即针对数学模型,迅速编写出可以执行并具有一定拓展性的代码方案。一篇令人满意的数学建模论文,只有用代码实现模型之后,才有了继续推进的可能。如果一开始没有程序代码,或者写出来的代码无法运行,则很快会从数学建模变成"语文建模",接着就演变成一堆天马行空的胡编乱造。

综上,如何训练出良好的编程能力,以达到竞赛基本要求,是选择物理类、数据统计评价类或优化类的所有参赛学生所关心的共同问题。想在相对短暂的时间内形成一定程度的编程"即战力",不建议所谓的"系统"学习。以 MATLAB 为例,如果按教材顺序从认识界面开始,按部就班地学习基本命令、索引、向量化、数据读写等基础知识,等编程能力达到数学建模竞赛要求的时候,恐怕竞赛颁奖典礼都已经结束了。更何况,缺乏目标的泛泛学习,完全无法针对实际问题进行有价值的深度思考。即使"学过"某种算法可实现的代码,在竞赛实景下的紧张气氛中，也很难依据题目要求灵活运用。而数学建模比赛时，最常见的场景是有模型而没程序，几个同学面面相觑，一筹莫展之际便匆忙抓些："神经网络""人工智能""遗传算法"等所谓"高大上"的救命稻草，幻想通过生搬硬套而蒙混过关。这种"黑灯瞎火乱枪打鸟"的做法，是严重缺乏针对性的编程训练造成的，也是建模培训期间，学习 MATLAB 等编程语言的最大忌讳。

以 MATLAB 为例，以数学建模为目标的编程训练，和单纯将其视为数值计算工具是有区别的。首先，CUMCM 或其他数学建模竞赛有明确的开始时间与截止时间，这就要求赛前培训要有针对性，要找到速度和质量的平衡点，因为比赛期间没时间精雕细琢代码，短时间内按模型写出可执行代码，其重要性永远排在第一位；其次，数学建模中，MATLAB 编程水准与模型难度相互关联：软件作为工具固然要为数学模型服务，但软件掌握到一定水平，反过来也对数学建模论文的撰写质量有积极促进的作用；最后，选择什么类型的题目要结合队伍自身的特点在赛前训练就早做决定，针对不同类别问题的软件、函数命令的学习侧重点又有不同，但要把历年赛题中的一个完整数学建模代码案例，从头到尾研究透彻。数学建模竞赛的命题与设置具有高度的灵活性和开放性，参赛同学临场构造的问题模型与其相对应的代码方案，既相互限制，又能启发促进。赛前训练针对往届某个特定的竞赛问题，按照数学建模的思考方式，分析和拆解其代码方案，吸纳其长、摒弃其短，更容易找到模型训练的方向和侧重点，赛前经历这样一次或几次的代码案例完整分析，在能力提高方面的效果是切实可见的，例如：

- ✓ 常见函数的搭配组合，在从 Help 文档倒查的过程中，对参数意义、用法理解会更加深刻；
- ✓ 对于构思数学建模代码框架，组织安排不同成员函数完成的功能，心里大致有谱；
- ✓ 竞赛级别的数学模型通常具有挑战性，核心算法涉及基础级别和进阶级别的多种代码综合运用技巧，揣摩这些代码是快速提高建模代码能力的关键，初期即使暂时无法写出同等水准的程序，至少尝试读懂，可以迅速掌握"程序→模型"的基本思路。带有明确指向性的"项目化"学习方式，既能以数学模型问题为纲，有条不紊地掌握代码编写基本技巧，又能迅速计算结果并分析模型，直观地寻找问题的隐藏规律。

借助数学建模的实际案例来学习编程和建模技巧，这不是"独门秘诀"，总结高教社杯建模取得好成绩的团队或个人的成功经验，赛前训练都会不同程度地用具体案例的讲解剖析来代替所谓"面面俱到"的满堂灌，效果好坏的区别在于一些学校/老师经过多年累积，拥有更多的成功经验和教学素材，培训组织更有章法，可以针对学生具体的长处或短板专项辅导。但这样的成功经验不易复制，每年还是有相当数量期望学习数学建模的大学生，在自学和摸索的过程中屡屡碰壁，上演"从入门到放弃"的悲情故事。其中一个关键原因，就是陷入了"建模水平不足→代码审美能力欠缺无法遴选恰当的代码案例"，最后又回到"建模水平不足"的死循环。

总而言之，缺乏适合入门的数学建模讲解案例、没有配套代码的分析，是部分参赛同学耗费大量时间钻研但水平依旧停滞不前的原因。因此笔者为参加数学建模的大学生们，撰写了以提高数学建模代码编写与运用能力为核心目标的系列丛书。这套丛书包括往年培训中经常出现的基础问题,历年各类数学建模竞赛出现的赛题全真代码方案剖析;专题侧重于围绕某个特定类型的问题构造数学模型和编写相关代码,并仔细探讨代码的编写思路和关键函数的用法细节,更重要的是,要分析这样写的缘由,以及如何准确地通过代码表述目标函数、约束条件或决策变量等。很多情况下,本书还会针对同一个问题提供不止一种的代码方案与思路剖析,主要是想通过对数学建模实例的分析与解决,使读者快速找到数学建模的正确方法,培养出实战用得上的模型构造能力,直至形成所谓的"代码嗅觉"。期望我们这样的努力,能给正辛勤参与数学建模竞赛的高校同学们,在模型构造和代码能力模块,提供有一定价值的训练参考。

　　此外,打开这本书之后,建议读者先扫描本书的二维码,下载我们为读者精心准备的书配程序。数学建模与运筹学有关的优化方向综合大类问题对代码能力有着苛刻的要求,尽管数学建模竞赛不是算法也不是代码竞赛,但这个级别问题的代码结构通常也都比较复杂,几乎不可能通过十几行或者几十行语句,或者记上几个所谓套路就能解决,真想提高数学建模竞赛的代码能力,要从认真学习完整的竞赛问题的代码开始。为了方便读者学习,我们在编写这套书配程序时,不但把大多数代码集中在每章的实时脚本里(打开一个 mlx 文件,就能运行大多数程序代码),而且所有运行代码的编号和书中一致,在书配程序的说明里,提供了详细的代码和文件路径树,可以快速定位和检索一些复杂的面向对象程序的子类。同时在路径树上,一些文件有简要文字说明,便于浏览和查看。

　　本书能顺利完成,在许多方面得到了许多人的支持和帮助。作者祁彬彬要感谢爱人邵冰华的大力支持,使其在繁忙的工作之余,还能有一定的时间潜心继续数学建模的相关研究与探索,同时也要感谢儿子祁劲一和女儿祁劲姝的陪伴,使自己更有动力将心得体会与大家一起分享。作者马良首先要感谢实验室同事陶彦辉,在问题的模型构造求解探讨中,他提供了许多不落窠臼的看法;此外,在形成一套完整的数学建模训练体系的教学实践过程中,难免经历各种"磕碰",对这段艰难的探索过程,必须感谢实验室的曾立恒、黄健文、乔虎、段玉杰、李世博、张宇翔、廖正宏等同学,他们几年来毫无保留且无条件地信任我们所提出的或成功或失败,或正确或错误的教学探索与尝试;最后,对网络上诸多网友的问题和建议,北京航空航天大学编辑的辛勤工作,以及我们家人永远的支持,在此都呈上无尽的谢意。

　　读者可以登录北京航空航天大学出版社的官方网站,选择"下载专区"→"随书资料"下载本书配套的程序代码。也可以关注"北航科技图书"微信公众号,回复"4163"获得本书的免费下载链接。还可以登录 MATLAB 中文论坛,在本书所在版块(https://www.ilovematlab.cn/forum-290-1.html)下载相应代码。下载过程中遇到任何问题,请发送电子邮件至 goodtextbook@126.com 或致电 010-82317738 咨询处理。书中给出的程序仅供参考,读者可根据实际问题进行完善或自行改写,以提升自己的编程实践能力。

　　限于能力与时间精力,书中不妥与疏漏,欢迎广大读者批评指正。

马良　祁彬彬

2023 年 3 月

目　　录

第 1 章　几种常用数学建模软件的环境设置 ……………………………………… 1

1.1　Yalmip 的简介与安装配置 ………………………………………………… 1

1.2　Gurobi 的安装与 MATLAB 调用环境的配置 …………………………… 2

1.3　LindoAPI 的安装与环境配置 ……………………………………………… 3

第 2 章　MATLAB 优化工具箱命令简介 …………………………………………… 5

2.1　问题式建模与求解器建模 …………………………………………………… 5

2.2　求解器建模常用函数及用法示例 …………………………………………… 6

　2.2.1　单变量无约束优化:fminbnd …………………………………………… 7

　2.2.2　多变量无约束优化:fminsearch/fminunc ……………………………… 8

　2.2.3　多变量非线性约束优化:fmincon ……………………………………… 11

　2.2.4　线性规划与整数线性规划模型:linprog 和 intlinprog ……………… 13

2.3　问题式建模常用函数及用法示例 …………………………………………… 15

　2.3.1　问题式建模求解非线性连续优化问题 ………………………………… 17

　2.3.2　问题式建模求解线性规划问题 ………………………………………… 17

　2.3.3　描述问题式模型的辅助函数 …………………………………………… 18

2.4　全局优化工具箱常用函数及用法示例 ……………………………………… 20

　2.4.1　全局优化工具箱简介 …………………………………………………… 20

　2.4.2　全局优化函数应用案例 ………………………………………………… 20

2.5　R2021b 优化和全局优化工具箱功能更新提要 …………………………… 24

　2.5.1　全局优化工具箱支持问题式建模流程 ………………………………… 24

　2.5.2　关于 ga 函数功能更新的补充说明 …………………………………… 26

　2.5.3　solve 指派 lsqlin/lsqnonlin 求解约束最小二乘问题 ………………… 29

2.6　小　结 ………………………………………………………………………… 30

第 3 章　MATLAB 与 Lingo/LindoAPI 的联合优化 …………………………… 31

3.1　MATLAB 调用 LindoAPI ………………………………………………… 32

　3.1.1　MATLAB 调用 LindoAPI 求解 LP 模型 …………………………… 32

　3.1.2　MATLAB/LindoAPI 求解问题式 LP 模型 ………………………… 34

　3.1.3　MATLAB/LindoAPI 求解问题式 NLP 问题 ……………………… 37

3.2 MATLAB 调用 Lingo 程序 ··· 43
　　3.2.1 Lingo 命令行与脚本 ······································· 43
　　3.2.2 Lingo 中的命令行输入 ····································· 44
　　3.2.3 Lingo 中的脚本文件 ······································· 44
3.3 小　结 ··· 46

第4章　奶制品加工的线性规划问题 ································· 47

4.1 奶制品加工问题 ··· 47
4.2 问题分析 ··· 47
　　4.2.1 奶制品加工模型的三要素 ··································· 47
　　4.2.2 数学模型 ··· 48
4.3 奶制品加工问题代码方案 ··· 48
　　4.3.1 Lingo 与 MATLAB 求解器优化模式的比较 ··············· 48
　　4.3.2 MATLAB＋Yalmip 工具箱求解 ························· 51
　　4.3.3 MATLAB 问题式建模重解奶制品加工问题 ··············· 53
4.4 奶制品加工问题的延伸讨论 ······································· 55
　　4.4.1 延伸讨论1：追加投资 ······································ 56
　　4.4.2 延伸讨论2：增加劳动时间 ·································· 56
　　4.4.3 延伸讨论3：改变生产计划 ·································· 58
4.5 小　结 ··· 58

第5章　有瓶颈设备多级生产计划问题中的约束表示 ················· 59

5.1 有瓶颈设备的多级生产计划问题描述 ······························· 59
5.2 问题中的符号及其意义 ··· 60
5.3 数学模型 ··· 61
5.4 代　码 ··· 62
　　5.4.1 Lingo 方案 ··· 63
　　5.4.2 MATLAB 方案 ··· 65
　　5.4.3 optimconstr 和 optimeq 函数功能解析 ··················· 67
　　5.4.4 其他构造库存平衡约束的方法 ······························· 68
　　5.4.5 库存平衡约束的纯矢量化表示 ······························· 69
5.5 小　结 ··· 70

第6章　江水水质检测模型中的约束表示方法 ····················· 71

6.1 江水水质检测模型的问题描述 ····································· 71
6.2 问题分析 ··· 72
6.3 数学模型 ··· 73
6.4 代　码 ··· 73
　　6.4.1 第Ⅰ类 MATLAB 代码方案 ································· 73

　　6.4.2　江水水质检测问题的 Lingo 代码 ··· 76

　　6.4.3　第Ⅱ类 MATLAB 代码方案 ·· 78

　6.5　小　结 ·· 80

第 7 章　料场选址问题中的局部和全局最优解 ·· 81

　7.1　料场寻址问题描述 ··· 81

　7.2　料场寻址问题分析 ··· 82

　7.3　数学模型 ·· 82

　7.4　料场寻址问题的代码方案 ·· 83

　　7.4.1　第 1 部分:局部搜索求解方案 ··· 83

　　7.4.2　第 2 部分:Lingo 代码方案 ··· 86

　　7.4.3　第 3 部分:MATLAB 全局寻优求解问题(2)的基本模型 ··················· 88

　　7.4.4　第 4 部分:对改进模型的 MATLAB 全局寻优 ······························· 98

　7.5　小　结 ·· 105

第 8 章　数独游戏中的整数线性规划模型 ··· 107

　8.1　数独游戏规则与问题描述 ·· 107

　8.2　数独游戏问题分析 ··· 107

　8.3　数学模型 ·· 108

　　8.3.1　决策变量 ·· 108

　　8.3.2　约束条件 ·· 108

　　8.3.3　目标函数 ·· 109

　8.4　数独数学模型求解代码 ·· 109

　　8.4.1　MATLAB 方案 ··· 110

　　8.4.2　Lingo 方案 ··· 115

　　8.4.3　MATLAB＋Yalmip 方案 ·· 117

　　8.4.4　数独游戏转换优化模型求解思路评析 ··· 118

　8.5　小　结 ·· 120

第 9 章　路灯照射模型中的分层优化技巧 ··· 121

　9.1　路灯照射问题的基本描述 ·· 121

　9.2　路灯照射问题分析与数学模型 ·· 121

　9.3　路灯照射问题的代码方案 ·· 122

　　9.3.1　问题(1):两灯柱高度均固定的情况 ·· 122

　　9.3.2　问题(2):一盏灯高度可调 ·· 124

　　9.3.3　问题(3):两盏灯高度均可调 ·· 128

　9.4　小　结 ·· 130

第 10 章　合成目标化合物的最快反应路径 ·· 131

10.1　最快反应路径问题描述 ·· 131

10.2　最短反应路径问题的测试算例 ·· 132

10.3　最快反应路径问题的分析与数学模型 ·· 135

10.4　代　码 ·· 136

　　10.4.1　MATLAB 图论工具箱函数简介 ·· 137

　　10.4.2　方案 – 1：调用 shortestpath 求解最短反应路径 ·· 138

　　10.4.3　方案 – 2：基于数学模型的代码实现方式 ·· 139

　　10.4.4　方案 – 3：利用 distances 函数 ·· 140

　　10.4.5　最短时间反应路径模型的 Lingo 代码方案 ·· 141

　　10.4.6　MATLAB 与 Lingo 代码方案特点评析 ·· 143

10.5　MATLAB/Lingo 联合求解最短反应路径模型 ·· 146

　　10.5.1　方案 – 4：MATLAB/LindoAPI 协同求解 ·· 146

　　10.5.2　方案 – 5：MATLAB/Lingo 协同求解 ·· 147

10.6　小　结 ·· 150

第 11 章　时限以内的化合物反应路径模型 ·· 152

11.1　时限内反应路径数量问题描述 ·· 152

11.2　时限内最快反应路径问题的测试算例 ·· 153

11.3　时限内反应路径数量问题的分析 ·· 155

　　11.3.1　预备知识：深度搜索优先算法 ·· 155

　　11.3.2　时限内反应路径数量问题中的 DFS 搜索 ·· 157

11.4　时限以内化合物反应路径模型的求解代码 ·· 161

　　11.4.1　简单的穷举＋判断（不推荐） ·· 161

　　11.4.2　第 1 种 DFS 搜索代码方案 ·· 161

　　11.4.3　第 2 种 DFS 搜索代码方案 ·· 163

11.5　小　结 ·· 163

第 12 章　CUMCM – 1995 – A：空域飞行管理问题 ·· 164

12.1　空域飞行管理问题的重述 ·· 164

12.2　空域飞行管理问题中的符号及意义说明 ·· 165

12.3　空域飞行管理问题分析 ·· 165

12.4　空域飞行管理问题的数学模型 ·· 167

　　12.4.1　初步构造的数学模型 ·· 167

　　12.4.2　改进的空域飞行管理数学模型 ·· 168

12.5　空域飞行管理数学模型的求解代码 ·· 169

　　12.5.1　求解初步构造的数学模型 ·· 170

　　12.5.2　第 1 种模型改进方案 ·· 172

　　　12.5.3　第2种模型改进方案 ·································· 173

　　　12.5.4　第3种模型改进方案 ·································· 173

　12.6　对扩大空域飞行时间条件的进一步思考 ·················· 174

　12.7　效率视角下的空域飞行管理模型优化 ···················· 180

　　　12.7.1　对空域飞行管理问题的进一步分析 ················ 180

　　　12.7.2　运行效率提高方案-1:table/double 类型 ·········· 181

　　　12.7.3　运行效率提高方案-2:向量化方式计算极值 ········ 185

　　　12.7.4　用 Lingo 编写的极值区间代码方案 ·············· 188

　12.8　小　结 ··· 190

第 13 章　华数杯-2022-B:水下机器人组装计划 ············· 191

　13.1　预备知识:多周期生产运营规划模型中的供需平衡约束 ···· 191

　　　13.1.1　车辆支架组件生产数量的平衡约束基本构造 ········ 191

　　　13.1.2　车辆支架组件问题分析 ·························· 192

　　　13.1.3　对车辆支架组件供需平衡约束的拓展 ·············· 192

　　　13.1.4　发动机组件的供需平衡约束表示方法 ·············· 193

　　　13.1.5　多周期生产模型中的平衡约束 ···················· 194

　13.2　水下机器人生产规划问题重述 ·························· 195

　13.3　水下机器人生产规划问题的分析 ························ 197

　13.4　基于有限生产周期的水下机器人组装数学模型 ············ 199

　　　13.4.1　下标指引集合 ·································· 199

　　　13.4.2　决策变量 ······································ 199

　　　13.4.3　已知参数与符号意义 ···························· 199

　　　13.4.4　约束条件 ······································ 199

　　　13.4.5　成本最小化目标函数 ···························· 200

　　　13.4.6　子问题(1)有限周期生产规划数学模型 ············ 200

　　　13.4.7　子问题(1)的两种代码方案及结果 ················ 201

　13.5　基于无限周期的水下机器人组装数学模型 ················ 204

　　　13.5.1　子问题(2)无限周期数学模型表达式 ·············· 204

　　　13.5.2　子问题(2)的两种代码方案与运行结果 ············ 205

　13.6　带检修条件的无限周期水下机器人组装数学模型 ·········· 209

　　　13.6.1　检修条件的规则分析 ···························· 209

　　　13.6.2　子问题(3)带检修无限周期生产规划数学模型 ······ 209

　　　13.6.3　子问题(3)代码方案与运行结果 ·················· 211

　13.7　延伸思考-1:对水下机器人生产规划模型的拓展 ·········· 216

　　　13.7.1　定义更灵活的当日生产是否参与当日组装条件 ······ 216

　　　13.7.2　检修时间间隔条件的改进替换方案-1 ·············· 217

　　　13.7.3　检修时间间隔条件的改进替换方案-2 ·············· 218

　13.8　延伸思考-2:构造更合理的模型目标与条件 ·············· 219

13.8.1 CUMCM2021－C:生产企业原料的订购运输模型 ·················· 220

13.8.2 CUMCM2021－C 题第(3)问的分析 ·················· 220

13.8.3 模型中用到的符号及其含义 ·················· 221

13.8.4 CUMCM2021－C 子问题(3)数学模型 ·················· 221

13.9 小 结 ·················· 227

第 14 章 CUMCM－2020－B:沙漠穿越问题 ·················· 228

14.1 沙漠穿越问题的重述 ·················· 228

14.1.1 基本问题与游戏规则的描述 ·················· 228

14.1.2 游戏关卡 1 和关卡 2 数据与地图 ·················· 229

14.2 沙漠穿越问题中用到的符号 ·················· 231

14.3 沙漠穿越问题的分析 ·················· 231

14.3.1 沙漠穿越问题的游戏规则解析 ·················· 231

14.3.2 沙漠穿越问题的求解思路分析 ·················· 233

14.4 沙漠穿越问题的数学模型 ·················· 235

14.4.1 决策变量 ·················· 235

14.4.2 目标函数 ·················· 235

14.4.3 约束条件 ·················· 235

14.4.4 沙漠穿越问题完整数学模型 ·················· 242

14.5 第 1 类方案:按数学模型 ·················· 243

14.5.1 方案 1－1:MATLAB/solve 函数调用 Gurobi 求解器 ·················· 243

14.5.2 方案 1－2:MATLAB/gurobi 函数调用 Gurobi 求解器 ·················· 246

14.5.3 方案 1－3:MATLAB＋Yalmip＋Gurobi 求解模型 ·················· 249

14.5.4 方案 1－4:Lingo 求解数学模型 ·················· 251

14.5.5 方案 1－5:Python＋Gurobi 求解沙漠穿越模型 ·················· 254

14.5.6 方案 1－6:Gurobi 求解器直接优化沙漠穿越问题的 mps 模型 ·················· 258

14.6 第 2 类方案:全路径遍历 ·················· 258

14.6.1 路径信息已知的 Yalmip 模型方案及求解代码 ·················· 259

14.6.2 基于深度优先算法思想的行走路径搜索 ·················· 261

14.6.3 对路径库内路径的评估 ·················· 265

14.6.4 按收益估值筛选路径库子集 ·················· 269

14.6.5 优化运算 ·················· 270

14.6.6 确定最终路径方案 ·················· 271

14.6.7 模型计算结果 ·················· 271

14.6.8 全路径遍历代码方案总结 ·················· 273

14.7 第 3 类方案:改进的节点分层搜索方法 ·················· 273

14.7.1 第 3 类求解方案的代码思路分析 ·················· 273

14.7.2 沙漠穿越问题中的面向对象代码思路解析 ·················· 274

14.8 沙漠穿越问题代码方案总结 ·················· 284

第 15 章　CUMCM － 2020 － B 沙漠穿越拓展数学模型 ··········· 286

　15.1　拓展二阶数学模型中的参数调整说明 ··················· 286

　15.2　沙漠穿越拓展模型的符号及意义说明 ··················· 287

　15.3　沙漠穿越问题拓展数学模型 ························· 288

　　15.3.1　决策变量 ···························· 288

　　15.3.2　约束条件 ···························· 288

　　15.3.3　目标函数 ···························· 290

　　15.3.4　数学模型 ···························· 291

　15.4　沙漠穿越问题拓展模型的求解代码 ··················· 292

　15.5　基于多周期视角的沙漠穿越问题求解方案 ··············· 297

　　15.5.1　基于多周期视角的沙漠穿越拓展模型构造思路 ········· 298

　　15.5.2　多周期沙漠穿越模型的符号定义 ··············· 298

　　15.5.3　模型基本约束条件 ····················· 299

　　15.5.4　目标函数 ···························· 302

　15.6　选择高维、低维两种形式构造位置系列约束 ············· 303

　　15.6.1　位置系列约束的低维构造方式 ················ 303

　　15.6.2　位置系列约束的高维构造方式 ················ 304

　　15.6.3　高维和低维位置约束的区别 ················· 305

　15.7　多周期沙漠穿越拓展模型的代码方案 ················· 305

　　15.7.1　基本模型类：BaseModel ·················· 306

　　15.7.2　数据工厂类：DataFactory ················· 312

　　15.7.3　低维约束表述子类：LowDimensionModel ·········· 316

　　15.7.4　高维约束表述子类：HigDimensionModel ·········· 319

　　15.7.5　向量化和循环版本模型的效率比较 ············· 322

　15.8　两种拓展模型方案运行结果比较与分析 ··············· 325

　　15.8.1　关卡 1：对 3 类方案的两个模型运行结果比较 ········ 325

　　15.8.2　关卡 2：第Ⅰ类方案运行结果比较 ············· 327

　　15.8.3　关卡 2：第Ⅱ类方案运行结果比较 ············· 329

　　15.8.4　关卡 2：第Ⅲ类方案运行结果比较 ············· 331

　15.9　二阶模型与多周期线性模型的差异分析 ··············· 331

　15.10　小　结 ································· 334

参考文献 ····································· 335

第1章	几种常用数学建模软件的环境设置

构造数学模型和编写优化代码程序相互影响且密不可分。从近几年数学建模竞赛优化类问题的命题特点和评审要点来看,一方面考验学生通过分析挖掘出问题的隐含条件,并用数学形式表述模型的能力;另一方面,也越来越侧重体现数学模型整体构造、算法选择与设计两者的交叉融合能力。近年针对许多赛题参赛者单纯用暴力枚举、遍历的方式编写程序,求解未经恰当简化的模型,使运算很难取得满意的效果;但学生不理解算法的机理和适用范围,仅仅为了标新立异,找些看似"新奇"的启发式算法,一味地生搬硬套,却又走向另一个极端。例如2020年 B 题沙漠穿越游戏,问题(1)的地图关卡路径寻优,需要综合考虑天气、负重、游戏时间、区域邻接和收益/补给等一系列约束条件,想用贪心策略简单地遍历回溯获取全图最优路径信息,运算规模和计算时间通常是无法接受的;再如 2021 年 C 题要求制定产品供货、运输及生产综合计划,而工厂当前生产周的库存和到货量、下周的生产与库存量之间,都存在动态联系,还要考虑原料运输损耗及供货随机波动,假如比赛时学生不熟悉软件的求解功能,单单按循环动态构造两年 48 周的产能平衡约束可能都有一定的困难。

此外还要搞清楚模型属于连续优化类还是离散优化类的问题?属于线性规划还是非线性规划?高阶模型能否降低阶次?依照数学模型表达式写出完整程序后,软件或工具箱函数是否具备求解能力?等等。这些问题要求学生熟悉软件工具,对软件求解功能范围,即大致可以计算多大的规模,要做到心中有数。为此,本节介绍了在数学建模竞赛中,经常用到的MATLAB 第三方 Yalmip 优化求解工具箱、数学规划求解器 Gurobi 和 LindoAPI 的安装与环境配置方法。本书后续主要将利用这些软件或工具箱求解各类数学建模案例。

1.1 Yalmip 的简介与安装配置

Yalmip[1]作为 MATLAB 第三方的优化建模和求解工具包,不但提供了调用市面上绝大多数求解器(如 Gurobi、cplex 等)的接口功能,也能在 MATLAB 平台上无缝集成和调用MATLAB 官方自带的求解函数(全局优化求解工具箱除外)。此外,Yalmip 自带求解器还能按问题式建模流程构造模型,计算混合整数非线性规划问题(Mixed Integer Nonlinear Programming,MINLP)解。相比之下,MATLAB 官方优化工具箱更新到 R2021b 版本才具有通过全局优化工具箱命令 ga,以问题式建模流程求解 MINLP 的功能。更重要的是,鉴于

MATLAB 截至 R2022b 版本在求解器调用时仍然向内封闭,不具有以 optimoptions 函数指定第三方求解器的功能设置,因此 Yalmip 在 MATLAB 环境下直接调用第三方求解器的功能就显得非常实用了,而且调用方式简单便捷:只需要在参数指定时,更换一个字符串即可。

　　Yalmip 是免费工具箱,Github 主页可以找到 Yalmip 的下载链接。下载后得到一个压缩包,将该压缩包解压到 MATLAB 工作文件夹(注意:一般不推荐放在安装路径)。在 MATLAB 主界面中,依次单击 HOME 〉 Set Path 〉 Add with Subfolders ,选中解压缩的 Yalmip 工具箱文件夹, Save 〉 Close ,Yalmip 工具箱就被加入 MATLAB 的搜索路径了,以后在不同的工作文件夹下,都可以调用该工具箱中的函数。

1.2　Gurobi 的安装与 MATLAB 调用环境的配置

　　Gurobi[2]作为大规模数学规划优化器,针对线性规划,尤其是对大型整数线性规划问题的求解,具有较为出色的运算效率。而且申请免费学术类 License(没有计算规模和变量个数限制)的流程比较简单。针对 Windows 系统有两种安装和设置教育类和学术类 License 的方法,两种方法一般都要求申请人本人在教育系统从事教学、科研工作,或者是高校在校学生。第 1 种方法是当申请人电脑未处于教育网内时:教研人员要用本人教育邮箱(edu. cn 结尾)向"help@gurobi. cn"发送申请邮件,高校学生发邮件则不必使用教育邮箱,两类申请都要提供相应必要的申请材料,具体见 Gurobi 官网说明。第 2 种方法需要确保当前使用 Gurobi 的电脑连接到教育网内:

　　🖱 步骤 1:官网注册/登录。进入 Gurobi 官方网站,注册账号(已有账号则跳过这一步)。

　　🖱 步骤 2:下载安装软件。进入下载页面,下载 Gurobi Optimizer 并按默认文件夹安装。

　　🖱 步骤 3:登录申请 License。登录学术 License 申请页面,单击 I Accept These Conditions 按钮,按要求操作,页面跳转得到 grbkey。

　　🖱 步骤 4:运行 grbkey。键入 Win ＋ R 打开运行对话框,输入 cmd 打开 Dos 命令窗口,将步骤 3 获取的 grbkey 粘贴到命令行,回车。

　　🖱 步骤 5:MATLAB 设置。首先打开 MATLAB,执行如下操作:

　　■ 以 Gurobi 10.0 版本为例,进入 📁 C:/gurobi1000/win64/matlab 路径,确保该路径作为 MATLAB 当前工作路径(查看 MATLAB 界面上的 Curren Folder)。

　　■ 在 MATLAB 命令窗口运行命令:gurobi_setup。

　　■ 单击 HOME 〉 Set Path 〉 Add with Subfolders ,将路径 📁 C:/gurobi1000/win64/matlab 加入搜索路径,执行 Save 〉 Close ,保存后退出。

　　经过上述步骤设置,Gurobi 安装路径子文件夹 📁 C:/gurobi1000/win64/matlab 被加入到 MATLAB 的搜索路径,为 Gurobi 优化求解器在 MATLAB 下的运行提供了基本环境,Gurobi 求解器命令产生的计算结果可直接显示在 MATLAB 命令窗口。但要注意用于求解线性规划和整数线性规划问题的两个常用函数 linprog/intlinprog 是放在 Gurobi 安装路径下的另一个子文件夹 📁 C:/gurobi1000/win64/examples/matlab 里的。

　　熟悉 MATLAB 的读者,会发现 Gurobi 指定求解线性规划和整数线性规划问题的两个函数 linprog/intlinprog 与 MATLAB 官方工具箱的函数同名,这个命名方式是经过深思熟虑的。当在 MATLAB 环境下调用同名函数时,自定义工具箱函数优先级高于官方函数而被优先调用。使用 linprog/intlinprog 函数求解问题前，通过 addpath 函数，将 Gurobi 安装路径下的子文件夹 □ C：/gurobi1000/win64/examples/matlab 临时加入到 MATLAB 的搜索路径，就能用 Gurobi 的 linprog/intlinprog 函数求解线性规划或整数线性规划问题了，该规则允许用户越过 MATLAB 官方工具箱函数，直接调用 Gurobi 求解器命令来计算 MATLAB 模型问题。

式(1.1)所示为一个简单的线性规划(Linear Programming，LP)问题数学模型。

$$\max z = 40x_1 + 90x_2$$
$$\text{s. t.} \begin{cases} 9x_1 + 7x_2 \leqslant 56 \\ 7x_1 + 20x_2 \leqslant 70 \\ x_1, x_2 \in \mathbb{Z}^+ \end{cases} \tag{1.1}$$

代码 1 表达了如何在 MATLAB 环境下调用 Gurobi 求解器计算式(1.1)所示的模型。

代码 1　MATLAB 调用 Gurobi 求解器求解简单的 LP 问题模型

```
x = optimvar ('x',2,1,'LowerBound',0,'Type','integer');
prob = optimproblem ('ObjectiveSense','max','Objective', [40 90] * x);
prob.Constraints.con = [9 7;7 20] * x <= [56;70];
% gurobi 求解命令加入 MATLAB 搜索路径
addpath ('C:\gurobi1000\win64\examples\matlab')
[sol,fvl] = solve (prob,'Options', optimoptions ("intlinprog","Display","none"))
% MATLAB 搜索路径恢复原状
rmpath ('C:\gurobi1000\win64\examples\matlab')
```

代码 1 用 addpath/rmpath 函数手动添加/删除工具箱路径，以指定应用求解器来自 MATLAB 或 Gurobi。没有将该条路径加入 MATLAB 搜索路径，是因为在某些特定场合下，例如用户需要比较官方工具箱函数与 Gurobi 命令的计算效率差异，采用手动方式，即相当于指定了一个快速切换求解器的"开关"。Gurobi/intlinprog 求解整数线性规划问题时，也支持调用 MATLAB/intlinprog 函数的许多选项参数，比如代码 1 设置了 Display 的参数值为 None，以抑制求解返回输出信息，这与 MATLAB 设置方法相同，故用户在 MATLAB 环境调用 Gurobi 求解简单模型时，甚至感觉不到是在跨软件调用函数，有效降低了用户的学习成本。

1.3　LindoAPI 的安装与环境配置

LindoAPI[3] 帮助文档对其功能的描述："一种将优化求解器计算嵌入用户自己的软件开发过程的途径"。因此 LindoAPI 和 Lingo 的区别在于 LindoAPI 是一系列求解器与面向 C/C++、VB、C#、Java、Fortran90 等语言接口的集成，其优势和特色在于开放性，因此 LindoAPI 在商业、工业等领域内，诸如产品分布、原料配比、生产和人员调度以及库存管理等方向，被证实都具有一定的应用前景。

LindoAPI 在 Windows 10 系统上安装比较简单，只要在官网下载对应版本的 LindoAPI 安装包来安装，LindoAPI 自动在本机路径 X：/LindoAPI/LICENSE 下提供免费测试 Lic 文件。以 LindoAPI 的 V13.0 版本为例，Lic 文件名称为 lindapi130.lic，没有使用时间限制，但决策变量有数量限制(不超过 30 个)。

MATLAB 与 LindoAPI 数据交互通过 LindoAPI 提供的 mxLINDO 函数来实现。LINDO 官方主页 LindoAPI User's Manual 给出了针对 MATLAB R2009a 与 LindoAPI 的环

境交互步骤，其中包括修改 MATLAB 工具箱启动文件"⬚ X：.. /MATLAB/TOOLBOX/LOCAL/STARTUP. M"的步骤。不过，在 MATLAB 后期的版本中发生了较大的更新：工具箱启动文件的安装路径下，已经取消了 STARTUP 文件，如果按 LindoAPI 官方文档给出的步骤测试，无法搜索到 LindoAPI 的 Lincense 文件。因此官方提供的 MATLAB 中使用 LindoAPI 的配置方法不再适用，而应遵循如下步骤：

✍ 步骤 1. 把 LindoAPI 安装文件夹如下 3 个路径加入 MATLAB 的搜索路径：

- ⬚ X：.. /Lindoapi/bin/win64
- ⬚ X：.. /Lindoapi/include
- ⬚ X：.. /Lindoapi/matlab

✍ 步骤 2. 指定 LindoAPI 的 Lic 文件，如"⬚ X：.. .:/Lindoapi/license/lndapi130. lic"作为全局环境变量。

以上步骤在 MATLAB 调用 LindoAPI 计算时，等价于在每个模型求解代码前增加代码 2 中的 5 条语句。

代码 2　MATLAB 调用 LindoAPI 的预备代码

```
addpath("C:\Lindoapi\bin\win64");
addpath("C:\Lindoapi\include");
addpath("C:\Lindoapi\matlab");
global MY_LICENSE_FILE
MY_LICENSE_FILE = 'C:\Lindoapi\license\lndapi130.lic';
```

代码 2 中的 5 条语句用于接口通信，让 MATLAB 找到 LINDO 提供的求解器文件和 License 等必要文件的路径，所以 addpath 将搜索路径加入 MATLAB 的搜索路径，并指定了 LINDO 的 License 位置，在 MATLAB 调用 lindoAPI 时，首先会访问 License 获得使用 API 的计算授权。

不同的计算软件或工具箱有各自的优势与短板，为减少学习软件方面的时间，一般尽可能在同一体系下解决遇到的各类优化问题。Yalmip、Gurobi 和 LindoAPI 是笔者在数学建模学习与培训中，经常用到的几种工具软件（包），这几个软件和工具箱都能以 MATLAB 作为基础平台，实现集成调用与结果显示和通信，在数据前后处理、模型求解等方面，能够互补长短互通有无，这些优化计算引擎（或工具）与 MATLAB 在代码中实现交互的具体方法，将结合不同问题的代码案例在本书后续章节详细讲解。

第2章 MATLAB 优化工具箱命令简介

MATLAB 自 R2017b 版本在优化工具箱中正式引入了问题式建模流程,这是优化工具箱在整体框架设计层面上,一个幅度比较大的改动举措。无论是决策变量和约束条件的构造,还是求解器选项参数的调用方式,问题式建模流程都有别于存在多年的求解器式建模流程。因此问题式建模已不再是针对某个具体问题类型只增加几个新函数的小修小补,而可以称之为在原来的优化工具箱"求解器式建模"流程基础之上,从函数设计到代码调用的一次彻头彻尾的改头换面。本书后续的相当一部分模型案例都按问题式建模流程编写了 MATLAB 代码,但问题式建模的出现并不意味着求解器式建模将退出优化求解和建模的历史舞台,二者之间仍保持着密切的联系。因此,有必要对 MATLAB 优化工具箱中基于问题式和求解器式建模这两种代码方式进行较为详细的描述。

2.1 问题式建模与求解器建模

无论"问题式建模"或"求解器式建模"方式,都是求解优化模型的基本流程,在优化计算时,二者默认均需调用 MATLAB 中的求解器(函数),甚至输入求解器的模型也是相同的矩阵形式。可是在相同数学模型从构造到传入求解器的这个阶段,两种流程无论模型三要素的设置表述,还是代码的基本框架,对用户而言仍然有着较为明显的区别。

🖊 问题式建模:又名"基于问题优化建模",不需要把模型的目标函数或约束条件写成矩阵形式,决策变量以"Optim"数据子类的符号出现在模型表达式中,且可依据问题特征和条件,设置多组决策变量。例如同一优化问题的模型允许设置 x_{ij}、y_j、z…多组变量,不同决策变量可以具有不同的维度(下标)和类型(连续或离散型变量)。模型多组约束可分组、分类逐条编写,而不强求必须构成完整的系数矩阵。由于问题式建模的"表述碎片化"特性,构建优化数学模型的代码表述时,用户可用更贴近其数学描述的方式表达模型诸要素,节省大量的时间和精力,这在构造复杂模型时的优势是显著的。不过,问题式建模的模型在传入求解器后,最终还是要被程序自动转换为矩阵形式,额外消耗一部分机时;此外,问题式建模中的求解器通过函数 solve 分配或指定,若用户没有指定,模型构造完毕,则 MATLAB 会根据问题形式自动指定一个(推荐)。因此用户主要的工作就是通过代码准确地描绘出模型。

✐ 求解器式建模：又名"基于求解器优化建模"，求解器式模型传入求解器时不再需要转换模型的步骤，但一定程度上提高了用户构造模型的难度，这在复杂模型中体现得尤为明显。一旦模型求解发生错误，用户面对的模型实际上是一个失去与工程或数学意义联系的抽象系数矩阵，调试程序的过程很繁琐。输入模型的格式相比于问题式建模有着如下更加严格的要求：

■ 求解器建模基于函数调用模式，由用户判定模型类型，并根据该类型选择恰当的求解函数。例如目标函数、约束条件都是线性的，选择 linprog 命令；包含整数决策变量，选择 intlinprog 命令；多变量且没有约束的非线性规划，选择 fminunc 或 fminsearch 命令；带有非线性约束的模型，选择 fmincon 求解等。

■ 能且仅能定义 1 个向量形式的决策变量，用户须去掉约束条件和决策变量背后的物理或工程意义，将多组不同维度和性质的变量（连续/离散、矩阵/向量），转换为 1 个单独的决策变量。

■ 约束条件要依据线性/非线性的基本特点，按形式参数 A，b、Aeq，beq（线性等式约束和不等式约束），或添加单独 M 文件（非线性等式和不等式约束），分别定义。

■ 允许指定 Hessian 矩阵或 Jacobian 矩阵函数参与乘法计算，借助求解上述两个矩阵，部分大型问题的运算可能降低一定内存消耗，使求解耗时更短。而问题式建模方式截至 R2022b 版本尚不具备此功能。

问题式建模和求解器建模的构造、求解流程会在优化工具箱里长期共存，这使用户在计算优化问题时具有备选项，可以依据问题的基本特点，选择合适的求解途径。不过基于数学建模这样的特定需求，在大多数情境下，推荐读者采用问题式建模的标准流程构造和求解模型。尤其自 R2021b 版本开始，MATLAB 的全局优化工具箱正式支持问题式建模流程。针对非线性混合整数规划问题，软件会通过 solve 自动分配由遗传算法函数 ga 尝试求解，这增强了问题式建模流程在具体优化问题中的适应性，但这并不意味着用户就可以完全摒弃对求解器式建模的学习：问题式建模流程构造的模型同样能用 prob2struct 函数转换为基于求解器的模型，对于变量和约束条件较少的简单问题，采用求解器式建模流程，其矩阵化的模型代码相对于问题式建模往往更为简洁。本章接下来的内容会结合具体代码示例，分别介绍求解器式建模和问题式建模两种代码流程。此外，由于 R2021b 版本中的官方优化/全局优化工具箱的求解器调用思路进行了一些明显的改动，本书也将围绕这些改动中与数学建模具有潜在关系的部分，择代码案例扼要讲述。

2.2 求解器建模常用函数及用法示例

MATLAB 优化工具箱的求解器命令调用方式有许多相似之处，例如：包括 fminimax 在内的全部优化求解器函数均返回目标函数的最小值，大多数函数的返回参数具有相似甚至相同的意义。多数优化函数拥有 4 个通用返回参数，分别为 x，fval，exitflag 和 output。这些相似性为学习优化命令的使用方法带来了方便，以下是对 4 项通用返回参数的解释：

✐ 参数 x：决策变量最优解，是默认的核心返回参数。即使调用优化函数时没有指定返回值，也会通过默认 ans 返回最优解。

✐ 参数 fval：最优解代入表达式得到的最优目标值。

✍ 参数 exitflag：求解结果信息标识符，不同优化函数因算法、容差信息不同，具有不同的返回种类，但在众多返回标识当中，有 3 种返回值具有同等意义，如表 2.1 所列。

表 2.1　exitflag 返回参数常见的三种返回值含义

返回值	含　义
1	收敛于解（或最优解度量值或最大约束违反幅度小于规定容差）（求解成功）
0	迭代次数或函数计算次数超限：返回超限时的相对最优值
−1	由输出函数终止（求解失败）

✍ 参数 output：当前优化计算的输出信息，如果指明返回该参数的值，将以结构数组形式存储在工作空间，指明了本次优化过程的算法选择、迭代次数，退出优化计算的信息等。

2.2.1　单变量无约束优化：fminbnd

MATLAB 优化工具箱中，函数 fminbnd 用于求解单变量在给定区间最小值的无约束非线性优化问题，代码 3 为两个常用的 fminbnd 函数调用格式：求解器式和问题结构体形式。

代码 3　fminbnd 两种调用格式

```
[x,fval] = fminbnd(fun,x1,x2,options)        %求解器模型
[x,fval,exitflag,output] = fminbnd(problem)  %问题结构体模型
```

fminbnd 的两种调用格式区别在于用户定义模型采用的参数传入方式。第 1 种求解器式模型调用方法同前一节所述；但第 2 种问题结构体模型参数 problem 则不是前面提到的问题式模型，其结构体模型定义 objective，x1，x2，solver 和 options 等域名参数，以 struct 结构数组类型搜集对应数据，存储在结构体问题变量中，fminbnd 接受结构体模型传入并做优化计算。下面分别按两种调用格式，用 fminbnd 求解一个简单的优化模型。

问题 2.1：给定式(2.1)所示的函数，求 $f(x)$ 在区间 $[0,3]$ 的最小值。

$$f(x) = x^{\sin x} - x\cos x \tag{2.1}$$

用求解器模型的调用格式求解问题 2.1，代码与返回结果如代码 4 所示。

代码 4　问题 2.1 代码方案-1

```
≫ [x,fval,exitflag] = fminbnd(@(x)x.^sin(x) - x.*cos(x),0,3)
x =
    0.6330
fval =
    0.2526
exitflag =
    1
```

上述结果表明在区间 $[0,3]$，函数的最小值在 $x=0.633$ 取得，其目标值为 $f_{\min}=0.2526$，标识符数值为"1"代表求解成功，即已经找到了当前条件下的最优解。注意 fminbnd 单独出现在数学建模优化模型中的概率较小，但却有可能与其他优化命令组合起来求解一些优化问题（参见第 9 章代码 190）。

问题 2.1 也可以构造无约束问题模型 prob，作为 fminbnd 的输入来求解问题结构体模型，如代码 5 所示。

代码 5　问题 2.1 代码方案 - 2

```
>> prob = struct ('objective',@(x)x.^sin (x) − x. * cos (x),...
                  'x1',          0,...
                  'x2',          3,...
                  'solver',      'fminbnd',...
                  'options',     optimset ('display','iter','tolx',1e − 8));
>> [x,fval] = fminbnd (prob)
    Func − count       x           f(x)         Procedure
        1            1.1459      0.659734        initial
        2            1.8541      2.32731         golden
       ...
       10            0.633019    0.252627        parabolic
Optimization terminated:
the current x satisfies the termination criteria using OPTIONS. TolX of 1.000000e − 08
x =
     0.6330
fval =
     0.2526
```

通过上述代码可以看出问题结构体模型和问题式建模的不同之处在于：问题结构体模型用结构数组指定域名存储目标函数、算法、调用函数等一系列信息，这与求解器建模求解流程没有本质不同。此外，fminbnd 用 optimset 函数指定模型选项信息，optimset 函数目前只用于指定 fzero、fminbnd、fminsearch 和 lsqnonneq 这 4 个函数的模型选项，其他优化函数则使用 optimoptions 来定义。

2.2.2　多变量无约束优化：fminsearch/fminunc

1. fminsearch 函数

函数 fminsearch 使用直接搜索方法中的下山单纯形算法求解无约束多变量非线性优化问题，无需借助表达式的梯度信息，下面的代码 6 表达了求解器式建模和问题结构体 2 种常用的函数调用格式。

代码 6　fminsearch 函数的调用格式

```
[x,fval] = fminsearch (fun,x0,options)          % 一般求解器模式
[x,fval,exitflag,output] = fminsearch (problem)  % 问题结构体模型
```

问题 2.2：求得式（2.2）所示表达式的最优解。

$$\min f(x) = (x_1^2 + 12x_2 - 1)^2 + (133x_1 + 237\ 3x_2 - 681)^2 \tag{2.2}$$

式（2.2）求解的是广义 Rosenbrock 函数，可以采用问题结构体定义模型，再调用 fminsearch 函数求解，如代码 7 所示。

代码 7　问题结构体模型传入 fminsearch 函数的求解代码

```
>> prob.objective = @(x)(x(1)^2 + 12 * x(2) − 1)^2 + (133 * x(1) + 2373 * x(2) − 681)^2;
>> prob.x0 = randi (10,1,2);
>> prob.solver = 'fminsearch';
>> prob.options = optimset ('display','iter');
>> [x,fval,~,output] = fminsearch (prob)
    Iteration    Func − count      min f(x)         Procedure
        0            1          8.35479e + 06
        1            3          8.35479e + 06       initial simplex
       ...          ...             ...            ...
       59          115          5.43182            reflect
```

```
Optimization terminated:
    the current x satisfies the termination criteria using OPTIONS. TolX of 1.000000e - 04
    and F(X) satisfies the convergence criteria using OPTIONS. TolFun of 1.000000e - 04
x =
    0.3363    0.2681
fval =
    5.4318
output =
    struct with fields:
        iterations: 59
        funcCount: 115
        algorithm: 'Nelder - Mead simplex direct search'
        message: ...
```

设置随机初值,经过 59 次迭代得到最优解 $x^* = [0.336\,3\quad 0.268\,1]$,$f(x^*) = 5.431\,8$。

数学建模竞赛中,fminsearch 函数在一些特定情境下能发挥出比较理想的作用。例如全局优化工具箱提供了 optimoptions 函数的选项参数 HybridFcn,在基于遗传算法的 ga、基于粒子群算法的 particleswarm 等函数,其指定的 fminsearch、fmincon 等局部搜索函数可作为混合搜索的辅助手段。这种方式对于带约束、搜索空间可能存在多处局部极值“陷阱”的复杂优化问题的优化被证明是有效的,比如本书后续章节将探讨的料场寻址模型求解专题中,通过构造罚函数形式,将模型转换为无约束目标函数进行求解。具体计算时,让全局求解命令 particleswarm 先做全局搜索找到某个靠近全局最优的位置,再通过 HybridFcn 选项调用 fmincsearch 加快局部区域的搜索速度,可取得了比较良好的优化效果(见代码 157)。

2. fminunc 函数

函数 fminunc 基于拟牛顿或信赖域算法,借助梯度信息计算无约束非线性优化问题,第 5 返回参数和第 6 返回参数输出相应的梯度矩阵和海森矩阵,两种常用调用格式如代码 8 所示。

代码 8　fminunc 函数的两种常用调用格式

```
[x,fval,exitflag,output,grad,hessian] = fminunc(...)
[...] = fminunc(problem)
```

问题 2.3:计算式(2.3)所示的函数表达式在 $-5 \leqslant x, y \leqslant 5$ 区域内的最小值。

$$\min f(x,y) = y e^{\sin(x+y)} - x e^{\cos(x-y)} \tag{2.3}$$

代码 9 调用 fminunc 函数,对问题结构体模型进行求解,同时返回该处的海森矩阵和梯度矩阵,运行得到的最优解为 $f(x^*) = -6.292\,0$。

代码 9　问题 2.3 代码与运行结果

```
≫ prob.objective = @(x)x(2) * exp(sin(sum(x))) - x(1) * exp(cos(x(1) - x(2)));
≫ prob.x0 = [2.5 2.5];
≫ prob.solver = 'fminunc';
≫ prob.options = optimoptions('fminunc','display','off');
≫ [x,fval,~,~,grad,hessian] = fminunc(prob)
x =
    2.8930    2.6847
fval =
    - 6.2920
grad =
```

```
1.0e - 05 *
    0.3358
  - 0.1887
hessian =
    10.0253    - 5.6281
   - 5.6281      9.7233
```

上述代码求解过程可说明 fminunc,fmincon 等局部极值搜索函数搜索结果和初值的选择有密切联系,为便于表达问题,先绘制式(2.3)在 $-5 \leqslant x, y \leqslant 5$ 区域内的图像(见代码 10)。

代码 10　表达 fminunc 搜索时对初值依赖性的绘图代码

```
>> fsurf (@(x,y)y. * exp (sin (x + y)) - x. * exp (cos (x - y)))
>> colormap jet
>> camlight headlight
```

显示结果如图 2.1 所示,可以看出在求取最小值时掉入了局部最优"陷阱",远未达到理想的全局最优,图中右下方 datatip 数据标识($z = -17.420\ 5$)是手动点击得到的,远优于代码 9 以 fminunc 函数得到的局部最优值 $-6.292\ 0$。

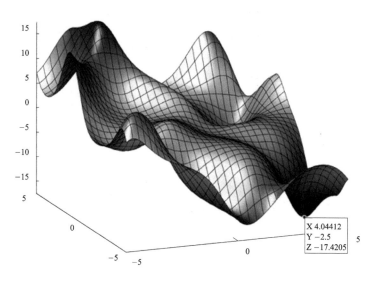

图 2.1　式(2.3)在区间[-5,5]的曲面图

类似这种带有周期函数项,搜索可能落入局部极值陷阱的问题,在 MATLAB 中可以选择能进行全局优化的函数(例如粒子群、遗传算法等方式求解),在本章后续全局工具箱求解命令部分还要重新求解该问题,找到问题指定区域内的全局最优解。

3. 对 fminsearch 和 fminunc 求解结果的评析

2.2.2 节问题 2.2 利用 fminsearch 函数找到了全局最优解(见代码 7),本节采用 fminunc 函数重新求解,如代码 11 所示。

代码 11　用 fminunc 求解问题 2.2 代码实例

```
clc;clear;close all;
prob. objective = @(x)(x(1)^2 + 12 * x(2) - 1)^2 + (133 * x(1) + 2373 * x(2) - 681)^2;
prob. x0 = randi (10,1,2);
```

```
prob.solver = 'fminunc';
prob.options = optimset('display','iter');
[x,fval,~,output] = fminunc(prob)
                                              First - order
    Iteration   Func - count       f(x)        Step - size    optimality
        0            3         4.85835e + 07                   3.31e + 07
        1            6         2.10654e + 07   3.0229e - 08    2.18e + 07
       ...          ...           ...             ...             ...
       12           51         5.43183         1               14.4

Local minimum found.
Optimization completed because the size of the gradient is less than
the value of the optimality tolerance.
 <stopping criteria details>
x = 1 × 2
     0.3356     0.2682
fval = 5.4318
output =
         iterations: 12
         funcCount: 51
          stepsize: 4.4146e - 04
    lssteplength: 1
    firstorderopt: 14.3710
        algorithm: 'quasi - newton'
            message: Local minimum found. Optimization completed because the size of the gradient is less than
the value of the optimality tolerance.
        <stopping criteria details> Optimization completed: The first - order optimality measure, 4.344217e - 07,
is less than options.OptimalityTolerance = 1.000000e - 06.
```

　　根据求解返回的信息,fminunc 需要 12 次迭代,fminsearch 需要 59 次迭代,二者得到了相同的最优解,不过代码 11 使用 fminunc 函数,一般要重复运行几次才能得到最优解。

　　在求解相同问题且均选择随机初值时,比较 fminsearch 和 fminunc 两个优化命令的求解过程,可得到如下结论:fminsearch 迭代次数更多,但对初值的位置依赖性相对较低,一般 1 次运行即可得到最优解;fminunc 函数的迭代次数很少,但探索过程要借助每次迭代解的梯度信息,求解速度和搜索路径要依赖于初值的选取是否合理,不同初值可能搜索到不同结果,这一点通过观察图 2.1 能得到更直观的结果。

　　图 2.2 所示为表达式(2.2)的高度值分布,图中每个截面的切片都具有明显的"高-低-高"形态,沿箭头方向的一系列"高-低-高"鞍点具有不同的 z 值。由于事先并不知道随机初值落在哪个区域,若利用梯度信息,则容易让搜索终止于横截切片抛物面的局部极值。fminunc 函数基于拟牛顿法,因此尽管能用较少的迭代次数迅速找到某个"鞍",却有可能误把局部极值当作全局最优而停止搜索,这也是 fminunc 要反复调用几次才能找到全局最优的原因;函数 fminsearch 基于 Nelder - Mead 法直接搜索,不依赖梯度信息,对问题 2.2 优化模型的搜索准确率更高,但收敛速度由单纯形构造效率决定,近 60 次迭代才找到最优解。上述比较侧面说明了优化算法的选择和问题类型的联系,复杂优化问题往往要采用不同的算法做综合测试比较,才能获得相对满意的求解效果。

2.2.3　多变量非线性约束优化:fmincon

　　优化工具箱中的 fmincon 是 MATLAB 用于求解带有等式/不等式、线性/非线性约束条

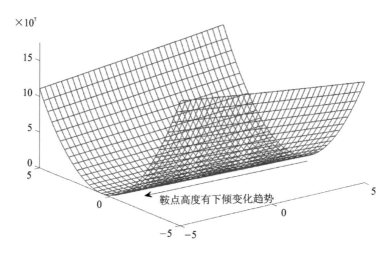

图 2.2 式(2.2)的高度值分布

件的多变量非线性连续优化模型的函数。fmincon 综合了内点法、序列二次规划、信赖域反射、有效集等多种算法,不仅能单独求解对应的优化问题,而且能接受全局优化工具箱内 GlobalSearch、MultiStart 函数的调用,以初值迭代或多点同步搜索的方式获取函数(该函数变化形式复杂,容易陷入局部机制陷阱问题)的全局最优解。同时,fmincon 也具备类似 fminsearch 或 fminunc 的功能,在全局优化工具箱内,该函数可以作为粒子群函数、模拟退火函数(在内部以 HybridFcn 参数设置为局部极值)的辅助求解器,可加快全局搜索的寻优速度,并有效提高计算的准确度。例如本章代码 47 以及本书第 7 章代码 157,都使用了 HybridFcn 参数结合 fmincon 函数来提高优化搜索的精度。

fmincon 函数两类常用的调用格式如代码 12 所示。

代码 12　fmincon 函数的两种常用调用格式

```
[x,fval,exitflag,output,lambda,grad,hessian] = ...
                fmincon(fun,x0,A,b,Aeq,beq,lb,ub,nonlcon,options)
[...] = fmincon(problem)
```

两种 fmincon 调用方式与其他优化命令类似,同样支持常规的求解器式和问题结构体模型的调用。但要注意第 9 个输入参数"nonlcon",是以子函数或匿名函数的形式为模型添加非线性等式和不等式约束条件,以函数句柄方式传入(和目标函数相同)的。用一个简单的非线性连续优化问题(见问题 2.4)来说明非线性约束条件的添加方法。

问题 2.4:求解非线性规划问题。

$$\min(1\,000 - x_1^2 - 2x_2^2 - x_3^2 - x_1x_2 - x_1x_3)$$

$$\mathrm{s.\,t.\,:} \begin{cases} x_1^2 + x_2^2 + x_3^2 - 25 = 0 \\ 8x_1 + 14x_2 + 7x_3 - 56 = 0 \\ x_1, x_2, x_3 \geqslant 0 \end{cases} \tag{2.4}$$

式(2.4)中的优化模型同时出现了非线性的等式和线性等式约束条件,没有不等式约束(决策变量下界条件可以用边界参数 lb 表示),代码 13 是采用问题结构体方式编写模型并输入 fmincon 求解的代码。

代码 13　调用 fmincon 函数求解问题 2.4

```
prob.objective = @(x)1000 - [1 2 1] * x.^2 - x(1) * (sum(x(2:3)));
prob.x0 = randi(10,3,1);
prob.Aineq = [];
prob.bineq = [];
prob.Aeq = [8 14 7];
prob.beq = 56;
prob.lb = zeros(3,1);
prob.ub = [];
prob.nonlcon = @(x)feval(@(x)x{:},{[],sum(x.^2) - 25});
prob.solver = 'fmincon';
prob.options = optimoptions('fmincon','display','none');
[x,fval] = fmincon(prob)
x =
    3.5121
    0.2170
    3.5522
fval =
    961.72
```

代码 13 采用问题结构体模型,选择点调用方式为结构体模型各项属性赋值。为便于读者对照,保持了和调用格式参数一致的次序,模型表达式中一些不需要赋值的参数,如线性不等式约束条件 Aineq、bineq 和决策变量的上界 lb,用"prob.FieldName = []"填充占位,但实际上这三条语句可以省略不写。

2.2.4　线性规划与整数线性规划模型:linprog 和 intlinprog

MATLAB 优化工具箱提供了 linprog 和 intlinprog 这两个函数,分别用于求解线性规划(LP)与整数或混合整数线性规划(ILP/MILP)模型。本节结合代码示例说明其基本用法。

1. linprog 函数

linprog 函数基于对偶单纯形算法和传统内点算法求解线性规划问题,同时支持等式和不等式两种约束形式,两种常见调用格式如代码 14 所示。

代码 14　linprog 函数两种常见的调用格式

```
[x,fval,exitflag,output,lambda] = linprog(f,A,b,Aeq,beq,lb,ub,options)
[...] = linprog(problem)
```

问题 2.5:求解式(2.5)所示的线性规划问题。

$$\min(3x_1 - 2x_2 + x_3)$$
$$\text{s.t.}: \begin{cases} 2x_1 - 3x_2 + x_3 = 1 \\ 2x_1 + 3x_2 \geqslant 8 \\ x_1, x_2, x_3 \geqslant 0 \end{cases} \tag{2.5}$$

函数 linprog 无需指定初值,决策目标函数和约束条件以系数矩阵表示,代码不显示决策变量,这与 fminsearch/fmincon 等函数调用方式有所不同。问题 2.5 模型的求解过程如代码 15 所示,注意要为约束条件添加负号,将式的"⩾"逻辑条件转换为"⩽"形式。

代码 15　按基于求解器模式调用 linprog 求解

```
>> [x,fval] = linprog([3 -2 1],-[2 3 0],-8,[2 -3 1],1,zeros(3,1),[])
Optimal solution found.
```

```
x =
     0
     2.6667
     9
fval =
     3.6667
```

linprog 支持问题结构体模型的传入和求解,构造结构体模型方式和其他优化函数相同,结构体每个指定域的对应数据要填写完整,若无需设置或指定默认参数,要用空矩阵赋值占位,调用方法如代码 16 所示。和代码 13 原理类似,两个赋值为空矩阵的参数'ub'和'options'也是可以省略不写的。

代码 16　按问题结构体模型调用 linprog 求解

```
>> prob = struct('f',      [3 -2 1],...
                 'Aineq',  -[2 3 0],      'bineq',   -8,...
                 'Aeq',    [2 -3 1],      'beq',     1,...
                 'lb',     zeros(3,1),    'ub',      [],...
                 'solver', 'linprog',     'options', []);
>> [x,fval] = linprog(prob)
```

2. intlinprog 函数

函数 intlinprog 用于求解混合整数线性规划问题,目标函数和约束条件的写法与 linprog 相似,但 intlinprog 需要通过输入参数 intcon 来指定所有(n 个)输入变量中,哪些是整数变量。求解器形式的调用方法如代码 17 所示。

代码 17　intlinprog 两种调用格式

```
[x,fval,exitflag,output] = intlinprog(f,intcon,A,b,Aeq,beq,lb,ub,x0,options) % -----1
[...] = intlinprog(problem)                                                    % -----2
```

问题 2.6 可用于解释 intlinprog 函数的模型构造和调用求解方式。

问题 2.6:某服务部门一周中需要不同数目的雇员,周一到周四每天至少需要 50 人,周五至少需要 80 人,周六和周日至少需要 90 人,现规定应聘者需连续工作 5 天,试确定聘用方案,即周一到周日每天聘用多少人,使得在满足需要的条件下聘用总人数最少。

周一到周日每天聘用的人数分别为 $x_1,x_2,\cdots,x_7$(决策变量),目标函数为聘用总人数最小化,由每天需要的人数求和来确定,由于规定每人需要连续工作 5 天,所以以周一工作的雇员就是从上一周的周四到这一周的周一,总计 5 天内聘用的,按照需要每天雇用人数的要求,数学模型如式(2.6)所示:

$$\min z = \sum_{i=1}^{7} x_i$$

$$\text{s.t.:} \begin{cases} x_1+x_4+x_5+x_6+x_7 \geqslant 50 \\ x_1+x_2+x_5+x_6+x_7 \geqslant 50 \\ x_1+x_2+x_3+x_6+x_7 \geqslant 50 \\ x_1+x_2+x_3+x_4+x_7 \geqslant 50 \\ x_1+x_2+x_3+x_4+x_5 \geqslant 80 \\ x_2+x_3+x_4+x_5+x_6 \geqslant 90 \\ x_3+x_4+x_5+x_6+x_7 \geqslant 90 \\ x_i \geqslant 0, \quad x_i \in \mathbb{Z}^+, \quad i=1,2,\cdots,7 \end{cases} \quad (2.6)$$

根据式(2.6)可以写出如下代码：

代码 18　调用 intlinprog 求解问题 2.6

```
>> [x,fval] = intlinprog(ones(1,7),1:7,...
        -cell2mat(arrayfun(@(i)circshift([1 0 0 1 1 1 1],i)',0:6,'un',0))',...
        -[50;50;50;50;80;90;90],[],[],zeros(1,7),[],[],...
        optimoptions('intlinprog','display','none'))
x =
     0
     4.0000
    40.0000
     4.0000
    40.0000
     4.0000
     2.0000
fval =
    94.0000
```

intlinprog 函数在调用时还有两个问题值得注意，一是确保初值处于可行区域，另一点是整数变量由用户自行指定，具体如下：

✍ x_0：调用格式中的第 9 个输入参数是初值，指定为实数数组，该参数必须确保对所有约束均为可行点，如果有任何约束不可行，求解器就会提示出错，且 x_0 改变 intlinprog 收敛所需时间很难预测，因此如果不确定 x_0 完全可行，则不妨将其设置为[]。

✍ intcon：第 2 输入参数 intcon 指定整数决策变量的位置，问题 2.6 要求所有 7 个变量均为整数，因此 intcon 就等于 1:7，如果求解的是线性混合整数规划问题（MILP），决策变量只有一部分是整数变量，则按照整数变量的索引位指定即可，比如在奇数索引位，即第 1，3，5，7 个变量是整数变量，代码中设置 intcon 参数为 1:2:7 即可。

2.3　问题式建模常用函数及用法示例

前面已经提到，问题式与问题结构体的模型构造方式是不同的，尽管问题结构体模型利用 struct 数据类型，把决策变量和目标函数等要素用点调用的方式逐条描述（见代码 13），但在最关键的约束描述、变量维度与数量方面，仍然和求解器式建模流程一致。因此问题结构体模型相当于把原本用一行调用的求解命令，拆分成多行，即变换了模型的数据类型，本质上还是求解器式的建模过程，因此在描述复杂和大规模问题的模型时，模型构造的效率也不会有实质性提高。

问题式建模是 MATLAB 优化工具箱彻底转向对象化函数框架设计的一次探索，针对模型的决策变量、约束等要素，定义了一整套具有子类层级的数据对象 Optim 类，如图 2.3 所示。

根据图中数据类型的从属关系，问题式建模围绕 Optim 类数据对象的模型构造和数据运算，其函数设计思路和模型的基本描述流程，都与求解器式或问题结构体建模的模型表述不同。总体来讲具有如下特点：

✍ 优化问题：利用 optim 类的成员函数 optimproblem，将优化模型实例转化为独立的 OptimizationProblem 对象，该对象能接受 optimvar 构造的决策变量，也可以用子类 Constraints 描述其约束条件。

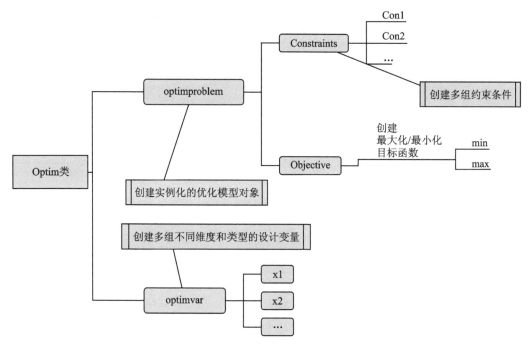

图 2.3　问题式建模中的对象化数据类型层及结构

🔖 决策变量：用 optim 类的成员函数 optimvar，构造 OptimizationVariable 决策变量数据类型，在同一优化模型构造式，单独设置多组决策变量，用户根据问题自身的特征设计决策变量分组，变量各自指定维度、上下界、连续或离散类型等，还能用字符串为每个变量元素做索引命名，可读性方面相对于求解器式建模，其改进幅度较大。

🔖 约束条件：用隶属于 optimproblem 的 Constraints 子类描述模型条件，与求解器建模的区别在于：问题式建模不再按线性或非线性、等式或不等式的约束类型划分，同时取消了不等式约束一律要用"≤"格式的限制，自由按照优化模型本身的物理情境来分组表达，模型中的任意约束条件，既可以放在系数矩阵当中整体描述，也可以逐条编写。

🔖 参数设置：问题式建模的求解参数设置命令统一使用 optimoptions，求解器建模的部分函数还要用 optimset 函数设置。

🔖 求解：选择求解器的过程是在模型已经传入通用求解命令 solve 后发生的，但它由 MATLAB 自行指定，用户的注意力可以放在怎样准确描述模型，而不需要再翻阅命令函数的帮助文件查找各自的调用格式。

因此，问题式建模对于条件复杂的优化模型，具有求解器式建模难以比拟的优势。例如：借助 linprog 函数求解的线性规划模型，其调用的命令、基本流程、参数传递等，与调用 fmincon 解决的非线性连续规划问题模型相比，在代码编写的结构流程方面，除了 fmincon 用结构数组指定决策变量初值以外，二者几乎完全一致；此外，编写约束条件时，决策变量按照数学模型表达式的形式，直接参与目标函数和约束条件的构造，因此 linprog 函数支持多数矩阵运算和点乘/除的矢量化操作方式。以上种种，使得问题式建模充分利用了 MATLAB 软件操作和各种基本编程与操作技巧的便利，提高了用户的模型构造效率。

2.3.1　问题式建模求解非线性连续优化问题

问题 2.4 包含非线性和线性等式约束,但没有不等式约束的非线性连续优化问题。代码 13 用问题结构体方式描述模型,并传入 fmincon 求解。为进一步比较问题式建模代码和问题结构体代码在模型表述和求解流程上的区别,代码 19 提供了问题式建模流程:

代码 19　采用问题式建模方式重解问题 2.4

```
% 创建决策变量
x = optimvar('x',"变量" + (1:3)','LowerBound',0);
prob = optimproblem("Objective",1000 - [1 2 1] * x.^2 - ...
            x("变量1") * (x("变量2") + x(3)));       % 创建优化问题:数字索引或字符串名索引
prob.Constraints.con1 = sum(x.^2) == 25;            % 约束:con1
prob.Constraints.con2 = dot([8 14 7],x) == 56;      % 约束:con2
op = optimoptions("fmincon","Algorithm","sqp","Display","none");
[sol,fval] = solve(prob,struct('x',randi(10,3,1)),"Options",op);
sol.x,fval
ans =
    3.5121
    0.2170
    3.5522
fval =
961.7152
```

比较代码 13 和代码 19 可以看出,问题式建模和问题结构体建模的建模方式完全不同,问题式建模特点列举如下:

🖋 用 optimvar 函数创建决策变量,允许使用中英文“名”字符串形式或传统的数字编号来索引变量,例如代码 19 采用中文和阿拉伯数字索引变量的方式,均能被模型接受。

🖋 允许决策变量按普通数组间的矩阵运算方式描述目标函数或约束表达式,更贴近模型的数学形式,例如代码 19 的第 6 行,约束条件 con2 中的向量点乘,其输入之一为决策变量 x,也可以写成“[8 14 7] * x==56”的形式。

🖋 允许约束条件逐条编写,条件存放在 prob.Constraints 子类,允许使用“<=”“>=”,“==”3 种逻辑符号,按问题要求定义对应的约束。

🖋 问题结构体模型的最优返回结果存储在结构数组内。

🖋 求解函数 solve 自身并没有求解能力,作用是根据第 1 输入参数 prob,即模型所描述的特征,在允许使用的求解器函数中,自动遴选出合适的求解器。

🖋 评:截至 R2022b 版本,MATLAB 优化工具箱还不允许用户自行指定求解器的具体类型,尽管 optimoptions 包含指定求解器的选项参数,但用户指定与 solve 自动遴选的求解器不相符时,仍提示出错。但本章接下来要介绍的全局优化工具箱则有所不同:自 R2021b 版本起,可以通过函数 optimoptions 在允许范围内指定不同但须与问题适配的全局优化函数。

2.3.2　问题式建模求解线性规划问题

问题 2.5 提出了一个同时包含线性等式和不等式约束的线性规划问题,代码 15 和代码 16 分别用求解器和问题结构体形式构造了该问题的模型,并调用 linprog 求解。本节采用问题式建模方式对问题 2.5 的建模流程重新编写,如代码 20 所示:

代码 20　问题式建模方式重解问题 2.5

```
x = optimvar ('x',3,'LowerBound',0);
prob = optimproblem ("Objective", dot([3 - 2 1],x), "ObjectiveSense", "min");
prob.Constraints.con1 = [2 - 3 1] * x == 1;
prob.Constraints.con2 = dot ([2 3 0],x) >= 8;
[sol,fval] = solve (prob);
sol.x,fval
```

实际上，代码 19 和代码 20 求解的是不同类型的优化问题，但借助 solve 函数自动选择求解器，这两组代码的结构、编写格式十分相似，用户只需根据数学模型的决策变量、目标函数以及约束条件等基本要素写出相应的构造代码，solve 函数按相同流程，自动将模型传入自行指定的求解器优化计算。除了构造模型，其他流程用户不需要人工设置和干预。此外，问题式建模还提供了一些辅助的模型调试命令，例如，为便于模型或具体某个约束条件的检查，MATLAB 提供了 show 命令，将变量或矩阵的抽象模型"展开"成接近于数学表达式的形式（见代码 21），如果比较原模型代码和 show 输出的模型，会发现后者自动代入了模型数据，更便于用户发现模型中的问题。

代码 21　show 命令展示优化模型

```
>> show (prob)
 OptimizationProblem :

   Solve for:
     x

   minimize :
     3 * x(1) - 2 * x(2) + x(3)

   subject to con1:
     2 * x(1) - 3 * x(2) + x(3) == 1
   subject to con2:
     2 * x(1) + 3 * x(2) >= 8

   variable bounds:
     0 <= x(1)
     0 <= x(2)
     0 <= x(3)
```

对于比较复杂的大型模型，可以用 write 函数把优化模型信息存储为"txt"文本格式（见代码 22），便于对具体的模型问题或者约束条件进行查错和调试。

代码 22　write 命令以文本格式输出模型

```
write (prob,'OptiModel.txt')
```

2.3.3　描述问题式模型的辅助函数

复杂优化模型的约束条件或目标函数表达式很难写成统一的矩阵形式，这是模型构造工作量最大的部分。有时是因为约束条件具有各自相异的数学形式，有时是因为这组表达式之间有某个或某些变量存在逻辑依赖和迭代关系，故在约束中要以先后次序出现，MATLAB 的问题式建模提供了 optimconstr/optimeq/optimineq/optimexpr 系列函数以表述这种比较复杂的关系，解释如下：

✍ optimconstr：创建优化约束条件数组，相当于实例化了 OptimizationConstraints 的子类对象，它和 prob.Constraints 所创建的约束是同一数据类型，相当于对优化模型的一组完整条件进行初始化。

✍ optimeq/optimineq:创建/初始化一个空的等式/不等式优化约束数组。

✍ optimexpr:创建类型为 OptimizationExpression 的空优化表达式数组,它和 optimconstr 的差别在于后者是一个完整的约束条件,带有"$<=,>=,==$"的条件 判定逻辑符号,而 optimexpr 不带这些符号。

✍ fcn2optimexpr:包含决策变量的优化表达式截至 R2022b 还不支持隐式扩展操作,如 果表达式必须进行此类运算,可采用 MATLAB 提供的 fcn2optimexpr 函数,在一个 "中间场所"内构造匿名函数表达式,将参与隐式扩展操作的函数转换为优化表达式, 但带有 fcn2optimexpr 的模型在 solve 时会自动指定 fmincon 函数,将其作为非线性 规划问题求解。因此如果模型本身是线性的,想维持线性规划的形式,就可以选择使 用 repmat 扩展或直接使用循环构造这类条件。

问题 2.7 将通过帮助文档中的货物仓储代码案例,介绍当仓储、购买和销售的数额存在时 间上有先后统计次序的迭代关系时,是如何借助 optimconstr 函数描述约束条件的。

问题 2.7:以一年为周期,试描述一个季节性的仓储模型。在每个月起始阶段的货物存量 和前一个月末的剩余存量相等,在每个月内,仓储购买(变量 buy)可以增加存量,销售(变量 sell)则减少存量,变量 stock 表示每个月末的库存量,假设本年年初的初始仓库存量是 100 个 单位。

为描述仓储模型相邻月份的供销关系,先将月末存量 stock、当月购买量 buy 和当月销售 量均作为决策变量(见代码 23),三者的维度都是 12×1。

代码 23　问题 2.7 模型决策变量与相关已知参数

```
N = 12;
stock = optimvar('stock',N,1,'Type','integer','LowerBound',0);
buy = optimvar('buy',N,1,'Type','integer','LowerBound',0);
sell = optimvar('sell',N,1,'Type','integer','LowerBound',0);
initialstock = 100;
```

年度每月仓储量供销存在继承关系,一方面年末数据信息是年内每个月的购买量、销售量 (均为决策变量)的累积;另一方面,年中每个月末的剩余(存储)和下个月初起始存量相等,可 以通过矩阵形式表述这组约束,如代码 24 所示。

代码 24　optimconstr 构造模型约束条件数组

```
stockbalance = optimconstr(N,1);
tt = ones(N-1,1);
d = diag(tt,-1); % shift index by -1
stockbalance = stock == d*stock + buy - sell;
stockbalance(1) = stock(1) == initialstock + buy(1) - sell(1);
```

上述代码借助 diag 函数整体构造了本月末余额与下个月初存量间的约束,也可以通过循 环构造的方法等效表示,如代码 25 所示。

代码 25　循环方式构造模型约束条件数组

```
stockbalance = optimconstr(N,1);
for t = 1:N
    if t == 1
        enterstock = initialstock;
    else
        enterstock = stock(t-1);
    end
```

```
        stockbalance(t) = stock(t) == enterstock + buy(t) - sell(t);
    end
    show(stockbalance)
```

本例说明了 MATLAB 借助 optimconstr/diag 函数以描述约束条件依赖于其他条件或者参数时的情况。这在现实中是比较常见的,例如多周期生产计划每周的库存状态,或者量化投资问题中的连续 n 年投资计划(后一年的本金与前一年的收入有关);再如路径搜索,每阶段的搜索起点和前一阶段的终点位置有关等。此类条件如果用求解器建模方式构造约束的系数矩阵,可能很麻烦。

2.4 全局优化工具箱常用函数及用法示例

2.4.1 全局优化工具箱简介

fmincon/fminunc 函数的局部极值搜索能力很出色,但当问题形态具有多处"高-低-高"特征时,则会出现依赖于初值点位置的不同搜索结果,这种情况称之为落入局部极值的"搜索陷阱",MATLAB 提供的全局搜索优化工具箱可以在一定程度上应对和解决上述问题。

全局优化工具箱函数分为两种:一种是利用局部极值搜索的 fmincon/fminsearch/fminunc 等函数,根据搜索方式的不同,可采用初值迭代(GlobalSearch)和多点搜索(MultiStart)来实现全局搜索,如表 2.2 所列;另一种是利用另一类函数以特定的启发式算法实现全局寻优,如表 2.3 所列。

表 2.2 全局工具箱函数:利用 fmincon 迭代或多点寻优

函数名称	功能描述
GlobalSearch	利用 fmincon 函数结合初值点迭代寻优
MultiStart	利用 fmincon 函数同时给定多初值点搜索寻优

表 2.3 全局工具箱函数:利用特定的启发式算法

函数名称	功能描述
ga	利用遗传算法寻找函数极小值
particleswarm	利用粒子群优化算法查找函数极小值
patternsearch	利用模式搜索算法查找函数极小值
simulannealbnd	利用模拟退火算法查找函数极小值
surrogateopt	利用代理模型算法查找函数极小值

需要说明的是,全局优化工具箱系列函数(基于不同算法)有各自适用的场景,允许用户根据不同的问题形式选择具体的命令。

2.4.2 全局优化函数应用案例

本节主要讲解表 2.2 和表 2.3 列出的全局优化命令的具体用法。自 R2021b 版本起,全局优化工具箱多数命令开始支持问题式建模流程,因此部分问题的求解给出了基于问题建模的代码方案。

1. GlobalSearch/ga 求解无约束连续优化问题

问题 2.2 是一个在区域 $-5 \leqslant x, y \leqslant 5$ 内具有明显"高-低-高"形态,但"鞍"点却连续下降的无约束连续优化模型,选择借助梯度信息的 fminunc 函数,很难一次搜索出最优解,下面采用全局优化工具箱的 GlobalSearch(见代码 26)和 ga 命令重新求解该问题。

代码 26　调用 GlobalSearch 函数重解问题 2.2

```
gs = GlobalSearch;
f = @(x)(x(1)^2 + 12 * x(2) - 1)^2 + (133 * x(1) + 2373 * x(2) - 681)^2;
prob = createOptimProblem('fmincon', 'x0', randi(10, 1, 2), ...
          'objective', f, 'lb', -5 + zeros(1,2), 'ub', 5 + zeros(1, 2));
[x,fval] = run(gs,prob)
```

代码 26 运行结果为 fval=5.431 8,这和之前代码 7 调用 fminsearch 得到的结果(全局最优解)相同。

遗传算法命令 ga 也能求解该问题,但要注意,如果用 ga 默认的设置参数去直接求解该问题,不容易获得最优解,例如代码 27 就是以 ga 的默认参数求解相同的无约束连续优化问题。

代码 27　调用遗传算法函数 ga 重解问题 2.2

```
[x1,fval1] = ga(f, 2, [], [], [], [], [-5 -5], [5 5])
% -----------------------------------------------------------------
Optimization terminated: average change in the fitness value less than options.FunctionTolerance.
x1 =
    0.0901    0.2819
fval1 = 5.7181
```

重复运行代码 27,笔者得到最好的一次运行结果的目标值为 fval1=5.718 1,并没有获得最优解。

实际上,用遗传算法命令 ga 求解时,可以打开选项参数 HybridFcn 的开关,指定局部搜索函数来辅助寻优。在一些应用场景中,设置该参数能大幅提高 ga 的搜索精度,如代码 28 所示。

代码 28　ga 指定 HybridFcn 参数重解问题 2.2

```
[x,fval] = ga(f, 2, [], [], [], [], [-5 -5], [5 5], [], ...
optimoptions('ga', "HybridFcn", "fmincon"))
% -----------------------------------------------------------------
Optimization terminated: maximum number of generations exceeded.
x =
    0.3365    0.2681
fval =
    5.4318
```

函数 optimoptions 作为遗传算法求解指定局部搜索函数 fmincon,这样全局搜索过程变成两层优化,即启发式算法找到最可行的大概区域,借助 fmincon 在该区域精细搜索。

MATLAB 自 R2021b 版本起,全局优化工具箱支持问题式模型构造方式,因此对前述问题再提供一个基于问题式建模流程的方案(见代码 29)。

代码 29　全局工具箱函数支持调用问题式模型示例

```
clc;clear;close all;
x = optimvar('x',2,1,'LowerBound', -5,'UpperBound',5);
prob = optimproblem('Objective',
      (x(1)^2 + 12 * x(2) - 1)^2 + (133 * x(1) + 2373 * x(2) - 681)^2,'ObjectiveSense','min');
opts = optimoptions('ga','HybridFcn', @fmincon);
[sol,fval] = solve(prob,"Solver","ga","Options",opts);
```

2. MultiStart/particleswarm 求解无约束极值问题

问题 2.3 的表达式表达了一个包括三角函数、指数等在内的无约束极值模型。表达式在指定区域内具有明显的局部极值陷阱，若用局部搜索函数求解此类问题，以 fmincon 为例（见代码 30），无论指定序列二次规划算法（sqp）或采用默认的内点法，以随机初值反复调用求解，很难迅速找到全局最优解。

代码 30　fmincon 求解问题 2.3

```
fv = @(x)x(2) * exp(sin(sum(x))) - x(1) * exp(cos(x(1) - x(2)));
[x,fval] = fmincon(fv, randi(10,1,2), [], [], [], [], [-5 -5], [5 5], [], ...
                   optimoptions("fmincon", "Algorithm", "sqp", "display", "none"))
```

但该问题如果采用 MultiStart 函数，打开 HybridFcn 的局部极值搜索开关并调用 fmincon 完成多点搜索，1 次运行即可搜索到全局最优解（-17.422 1），如代码 31 所示。

代码 31　MultiStart 求解问题 2.3

```
opts = optimoptions(@fmincon,'Algorithm','sqp');
problem = createOptimProblem('fmincon','objective',...
          fv,'x0',randi(10,1,2),'lb',[-5 -5],'ub',[5 5],'options',opts);
ms = MultiStart;
[x,f] = run(ms,problem,20)
% ----------------------------------------------------------------
MultiStart completed the runs from all start points.
All 20 local solver runs converged with a positive local solver exit flag.
x =
    4.0506   -2.4862
f = -17.4221
```

上述问题还可以选择基于粒子群算法的 particleswarm 函数来求解，如代码 32 所示。

代码 32　particlewsarm 求解问题 2.3

```
fPSO = @(x,y)y.* exp(sin(x + y)) - x.* exp(cos(x - y));
[xPSO,fPSO] = particlewsarm(@(x)fPSO(x(1),x(2)),2,[-5 -5],[5 5])
% ----------------------------------------------------------------
Optimization ended: relative change in the objective value
over the last OPTIONS.MaxStallIterations iterations is less than OPTIONS.FunctionTolerance.
xPSO =
    4.0506   -2.4862
fPSO = -17.4221
```

代码 32 没有用 HybridFcn 参数指定局部搜索辅助寻优，单靠 particleswarm 的全局搜索，1 次运行即可得到最优解，说明粒子群算法是符合问题 2.3 的寻优特征的。

最后是 solve 函数指定 particleswarm 函数求解问题式模型的代码方案（适用于 R2021b 版本或以上），如代码 33 所示。

代码 33　问题式建模调用 particlewsarm 求解问题 2.3（R2021b）

```
clc;clear;close all;
x = optimvar('x',2,1,'LowerBound',-5,'UpperBound',5);
prob = optimproblem('Objective',[-exp(cos(diff(x))) exp(sin(sum(x)))] * x, 'ObjectiveSense', 'min');
[sol,fval] = solve(prob,"Solver","particleswarm");
```

3. ga 求解带有等式约束和整数变量的问题

MATLAB 遗传算法命令 ga 在全局寻优时有比较好的表现，不仅可以实现带有线性/非线性的不等式/等式约束条件的问题全局寻优，而且允许指定整数变量。如果是非整数决策变量的连续优化问题,可通过选项参数 HybridFcn 指定局部寻优函数以加速寻优,故 ga 函数成为 MATLAB 尝试求解形态复杂的非线性优化问题的首选函数之一。

但要注意,R2021a 或以下的早期版本指定部分变量为整数,模型中就不允许出现等式约束。如果模型在调用 ga 求解时,必须既包含等式约束又指定整数变量,则需将等式约束转换为不等式约束再求解,问题 2.8 就是一个介绍模型转换等式约束的实例。

问题 2.8:用 ga 求解式(2.7)所示的线性规划问题的最优解。

$$\max f = -3x_1 + 2x_2 - x_3$$

$$\text{s.t.:} \begin{cases} 2x_1 + x_2 - x_3 \leqslant 5 \\ 4x_1 + 3x_2 + x_3 \geqslant 3 \\ -x_1 + x_2 + x_3 = 2 \\ x_1, x_2, x_3 \geqslant 0 \end{cases} \quad (2.7)$$

表达式属于整数线性规划问题,问题式建模求解如代码 34 所示,此时 solve 指定的求解器与问题自身的类型相配合,调用的是 intlinprog 函数。

代码 34　问题式建模求解问题 2.8

```
x = optimvar('x',3,"LowerBound",0,"Type","integer"); % 指定为整数变量
prob = optimproblem("ObjectiveSense","max","Objective",[-3 2 -1]*x);
prob.Constraints.con1 = [2 1 -1]*x <= 5;
prob.Constraints.con2 = [4 3 1]*x >= 3;
prob.Constraints.con3 = [-1 1 1]*x == 2;
[sol,fval] = solve(prob,"options",...
        optimoptions("intlinprog","Display","none"));
sol.x,fval
ans = 3*1
    0
    2.0000
    0
fval = 4.0000
```

在 R2021b 之前的版本使用 ga 函数求解问题 2.8,会出现代码 35 所示的错误提示。

代码 35　在 R2021a 之前版本用 ga 求解整数线性规划模型

```
[x,fval] = ga(@(x)3*x(1)-2*x(2)+x(3),3,...
        [2 1 -1; -4 -3 -1],[5;-3],...
        [-1 1 1],2,zeros(3,1),[],[],1:3)
Error using ga (line 394)
GA does not solve problems with integer and equality constraints.
For more help see No Equality Constraints in the documentation.
```

这表明 MATLAB 官方 ga 函数在早期版本中,不允许同时指定线性等式约束条件和整数变量,实际上帮助文档关于 ga 的调用格式也特别说明了这一点。遇到这种情况,就要将等式约束条件转换为不等式约束,例如上述模型可以转换为式(2.8)所示的等价形式:

$$-x_1 + x_2 + x_3 = 2 \Rightarrow \begin{cases} -x_1 + x_2 + x_3 \leqslant 2 \\ -x_1 + x_2 + x_3 \geqslant 2 \end{cases} \quad (2.8)$$

按照这个构造方式编写代码,调用 ga 函数即可正常运行,如代码 36 所示。

代码 36　调整模型等式约束后调用 ga 求解问题 2.8

```
[x,fval] = ga(@(x)3*x(1)-2*x(2)+x(3),3,...
    [2 1 -1;-4 -3 -1;-1 1 1;1 -1 -1],[5;-3;2;-2],...
```

```
    [],[],zeros(3,1),[],[],1:3,optimoptions("ga","Display","none"))
x = 1×3
    0    2    0
fval = -4
```

✍ **评**：自 R2021b 起，全局优化工具相比之前版本有较大改变，其中之一就是在用 ga 求解优化模型时，等式约束和整数变量间的冲突得到部分解决：R2021b 允许在调用 ga 求解线性或非线性混合整数规划问题时，整数变量和线性等式约束条件共存，因此之前出现错误提示的代码 35，如果在 R2021b 或之后的版本，可以正常求解并得到和代码 36 相同的运算结果。

2.5 R2021b 优化和全局优化工具箱功能更新提要

R2021b 版本对于优化和全局优化工具箱进行了大幅度的更新和升级，现择其要点陈列如下：

✍ 全局优化工具箱正式支持问题式建模和求解流程。优化工具箱在 R2017b 版本支持问题式模型的构造求解，但全局优化工具箱只能用求解器式建模流程解析模型，如果一定要用 ga、particleswarm、simulannealbnd 等全局寻优函数求解问题式模型，须借助 prob2struct 将模型再度转换成求解器式模型。而从 R2021b 起，这一问题得到解决：全局优化工具箱大多数函数正式支持问题式建模流程。

✍ ga 求解模型支持线性等式约束和整数变量的共存。R2021b 之前，ga 函数使用时不允许模型同时出现整数变量和等式约束，想求解这样的模型，要将等式约束转换为一组不等式约束（见问题 2.8 代码和分析）。自 R2021b 起，模型允许线性等式约束和整数变量共存。

✍ 问题式建模流程默认选择 ga 求解非线性混合整数规划模型。R2021b 之前的版本对此类问题提示出错，无法求解；在 R2021b 版本中，如果模型属于非线性混合整数规划问题，则 solve 优先调用 ga 函数尝试求解。

✍ 优化工具箱问题类型解析和支持的扩展。在 R2021b 版本，问题式建模开始支持解析线性和非线性最小二乘规划问题类型，并通过 solve 调用 lsqlin/lsqnonlin 2 个函数做优化运算，在之前的版本中，此类问题会指派 fmincon 求解。

总体来讲，全局优化工具箱函数对问题式建模的支持是 R2021b 更新的核心亮点之一。此外，solve 函数新增了对二次规划问题的辨析和求解器自动指派，也说明 MATLAB 问题式建模在模型类型甄别时更趋于细致合理，因此本节将针对上述功能的更新，分别结合代码示例进行分析说明。

2.5.1 全局优化工具箱支持问题式建模流程

本节将通过优化模型的具体示例，说明全局优化工具箱对问题式建模的支持情况。

问题 2.9：在机床主轴设计中，要求对主轴重量 $f(x)$ 进行优化，其数学模型如式(2.9)所示。3 个决策变量分别是机床主轴的跨距 l、外径 D 和主轴外伸端长度，其约束范围在式中以约束条件的方式设置，式中其他参数：$d=30$，$F=15\ 000$，$y_0=0.05$，$E=2.1\times10^5$，$\rho=7.8\times10^{-3}$。

$$\min f(x) = 0.25\pi\rho(x_1 + x_3)(x_2^2 - d^2)$$

$$\text{s.t.}: \begin{cases} g_1(x): \dfrac{64Fx_3^2(x_1 + x_3)}{3E\pi(x_2^4 - d^4)} \leqslant y_0 \\ g_2(x): 300 \leqslant x_1 \leqslant 650 \\ g_3(x): 60 \leqslant x_2 \leqslant 140 \\ g_4(x): 90 \leqslant x_3 \leqslant 150 \end{cases} \quad (2.9)$$

问题 2.9 是《机械优化设计》案例[4]，根据该问题可以构造问题式模型，该问题可用于说明调用多种全局优化工具箱函数求解的过程。首先，构建问题式模型的过程如代码 37 所示。

代码 37　构造问题 2.9 的问题式模型

```
clc;clear;close all;
[d,F,y0,E,rho] = deal(30, 15000, .05, 2.1e5, 7.8e-3);
x1 = optimvar('x1',1,'lowerbound',300,'upperbound',650);
x2 = optimvar('x2',1,'lowerbound',60,'upperbound',90);
x3 = optimvar('x3',1,'lowerbound',90,'upperbound',150);
prob = optimproblem('ObjectiveSense','min','Objective',.25 * pi * rho * (x1 + x3) * (x2^2 - d^2));
prob.Constraints.Con = 64 * F * x3^2 * (x1 + x3)/3/E/pi/(x2^4 - d^4) <= y0;
```

式(2.9)属于有约束非线性连续优化问题，全局优化工具箱提供了多种函数求解该类型的问题，但不同函数调用方式还有一定区别。例如：基于粒子群算法的 particleswarm 函数不能直接调用求解上述问题（需要构造惩罚因子将其转换为无约束优化模型）；基于模式搜索的 patternsearch 函数要求在调用时包含初值，而基于遗传算法的 ga 函数又不需要初值。如何适应不同函数的调用方法，是用户学习问题式建模需要了解的问题。代码 38 为调用基于模式搜索算法的 patternsearch 函数求解问题 2.9 模型的过程。

代码 38　调用 patternsearch 求解问题 2.9

```
[solG,fvalG] = solve(prob,struct('x1',480,'x2',100,'x3',120),'solver','patternsearch')
Solving problem using patternsearch.
Optimization terminated: norm of the step is less than   2.22045e-16
and constraints violation is less that options.ConstraintTolerance.
solG =
    x1: 300
    x2: 75.5957
    x3: 90
fvalG = 1.1503e+04
```

代码 38 要求第 2 参数用 struct 函数定义模型三个变量的初值，然后才能使用模式搜索函数求解；此外，问题式建模求解可以借助 solver 的参数来指定求解函数为 patternsearch。同样地，还可以调用无需初值的代理模型算法函数 surrogateopt 求解该模型，如代码 39 所示。

代码 39　调用 surrogateopt 求解问题 2.9

```
[solG,fvalG] = solve(prob,'solver','surrogateopt')
solG =
    x1: 300
    x2: 74.5301
    x3: 90
fvalG = 1.1121e+04
```

问题 2.9 还可以选择遗传算法函数 ga 求解，调用代码 40 如下。

代码 40 调用 ga 求解问题 2.9

```
opts = optimoptions (@ga, 'HybridFcn', @fmincon);
[solG,fvalG] = solve (prob,'solver','ga','Options',opts)
solG =
    x1: 300.0000
    x2: 74.8898
    x3: 90.0000
fvalG = 1.1249e + 04
```

代码 38~代码 40 分别使用全局优化工具箱中的 3 个函数求解机床主轴优化问题。由于全局优化工具箱函数对应各自的算法,故函数调用后的求解精度、效率以及是否依赖于初值均不同。为简化起见,可以采用问题式建模的模型构造求解方式:以 solve 函数的 solver 参数指定所需求解器。

2.5.2 关于 ga 函数功能更新的补充说明

本节提到的 ga 函数,在全局优化工具箱支持问题式建模后,功能方面的更新调整幅度相比于其他全局优化函数更大,主要体现在两个方面:一是自 R2021b 版本,ga 开始作为混合整数非线性规划问题的首选求解器;另一则是允许模型兼容,即线性等式约束和整数变量可同时存在。仍以问题 2.9 机床主轴设计模型为例,指定变量 x_1 为整数类型,问题变成非线性混合整数规划模型,构造求解代码 41 如下。

代码 41 调用 ga 求解非线性混合整数规划问题(R2021b)

```
clc;clear;close all;
[d,F,y0,E,rho] = deal (30,15000,.05,2.1e5,7.8e-3);
x1 = optimvar ('x1',1,'lowerbound',300,'upperbound',650,'Type','integer');
x2 = optimvar ('x2',1,'lowerbound',60,'upperbound',90);
x3 = optimvar ('x3',1,'lowerbound',90,'upperbound',150);
prob = optimproblem('ObjectiveSense','min','Objective',.25 * pi * rho * (x1 + x3) * (x2^2 - d^2));
prob.Constraints.Con = 64 * F * x3^2 * (x1 + x3)/3/E/pi/(x2^4 - d^4) <= y0;
[solG,fvalG] = solve (prob)        % solve 并没有指定求解器
Solving problem using ga.
Optimization terminated: average change in the penalty fitness value less than options.FunctionTolerance
and constraint violation is less than options.ConstraintTolerance.
solG =
    x1: 300
    x2: 74.5306
    x3: 90.0023
fvalG = 1.1121e + 04
```

代码 41 的第 3 行将 x_1 设为整数类型,第 9 行调用 solve 求解时,表面上没有指定求解器,但 MATLAB 检测模型问题的类型之后,solve 函数会默认自动调用 ga 函数,求解非线性混合整数规划的模型。

R2021b 版本之前,无论模型是线性的或非线性的,只要同时包含整数类型变量和等式约束,就无法调用 ga 函数求解,帮助文档调用格式也明确指出了这一点。早期版本为调用 ga 求解此类模型,要把等式约束条件转换为等效的不等式约束组,例如模型存在等式约束条件: $x_1 + x_3 = 5, x_i \in \mathbf{Z}^+$,要将其变换成式(2.10)所示的不等式形式,模型传入 ga 才能正常运算。

$$\begin{cases} x_1 + x_3 \leqslant 5 \\ x_1 + x_3 \geqslant 5 \\ x_i \in \mathbf{Z}^+, \quad i = 1, 2, \cdots, 5 \end{cases} \tag{2.10}$$

问题 2.10 用于说明同时包含整数变量和等式约束模型的求解代码方案。

问题 2.10：调用 ga 函数求解式(2.11)所示的模型。

$$\min Z = (x_1-1)^2 + (x_1-x_2)^2 + (x_2-x_3)^3 + (x_3-x_4)^4 + (x_4-x_5)^5$$

$$\text{s. t. :} \begin{cases} \sum_{i=1}^{3} x_i = 3\sqrt{2} + 2 \\ x_2 - x_3 + x_4 = 2\sqrt{2} - 2 \\ -5 \leqslant x_i \leqslant 5, \quad i=1,2,\cdots,5 \end{cases} \tag{2.11}$$

为了便于后续的比较，可以用 Lingo 算出一组全局最优解的参考值，具体如代码 42 所示。

代码 42　调用 Lingo 求解问题 2.10

```
model :
min = (x1-1)^2 + (x1-x2)^2 + (x2-x3)^3 + (x3-x4)^4 + (x4-x5)^5;
x1 + x2 + x3 = 3 * @sqrt(2) + 2;
x2 - x3 + x4 = 2 * @sqrt(2) - 2;
@bnd(-5,x1,5);
@bnd(-5,x2,5);
@bnd(-5,x3,5);
@bnd(-5,x4,5);
@bnd(-5,x5,5);
@gin(x2);
! ----------------------------- 运算结果 -----------------------------
Global optimal solution found.
Objective value:                          -99691.39
           Variable        Value        Reduced Cost
              X1         4.071068         0.000000
              X2         4.000000         114.8990
              X3        -1.828427         0.000000
              X4        -5.000000         49891.80
              X5         5.000000        -50000.00
```

打开全局求解开关(本问题的全局解和局部搜索结果相同)，很快可以运算得到代码 42 所示的结果，可以认为结果 $f(x) = -99\,691.39$ 就是该问题的全局最优解。接下来将运用 Lingo 计算出的结果与运用 MATLAB 的 ga 函数计算得到的最优解进行比较。

这个问题的求解在 MATLAB 早于 R2021b 的版本上，要把等式约束转换为不等式约束，如代码 43 所示。

代码 43　调用 ga 求解同时具有等式约束和整数变量的模型(R2021b 之前)

```
opts = optimoptions('ga', 'UseParallel',        true,...
                    'PopulationSize',          150);
[x,fval] = ga(@(x) ...
        (x(1)-1)^2 + (x(1)-x(2))^2 + (x(2)-x(3))^3 + (x(3)-x(4))^4 + (x(4)-x(5))^5, 5,...
        [1 1 1 0 0;-1 -1 -1 0 0;0 1 -1 1 0;0 -1 1 -1 0],...
        [3 * sqrt(2) + 2;-3 * sqrt(2) - 2;2 * sqrt(2) - 2;-2 * sqrt(2) + 2],...
        [], [], -5 + zeros(1,5),5 + zeros(1,5),[], 2, opts)
% ----------------------------- 运算结果 -----------------------------
x =
      4.0285    4.0000   -1.7859   -4.9574    4.9632
fval =        -95791.1334037644
```

将种群数量设置为 150，最终结果是 $-95\,791.13$，该结果与运用 Lingo 计算得到的结果相差较大。这段代码的关键在于通过式(2.11)所示的方法，将两个等式约束条件转换为不等式约束组,代码 43 证实了这种做法是可行的。

如果是在 R2021b 或以上版本,由于允许线性等式约束和整数变量在 ga 函数输入中同时存在,因此直接调用 ga 输入 Aeq 和 beq 约束即可,如代码 44 所示。

代码 44   R2021b 或以上版本调用 ga 求解(求解器式建模)

```
opts = optimoptions ('ga', 'UseParallel',              true,...
                            'PopulationSize',        300);
[x,fval] = ga ((@(x) ...
         (x(1) - 1)^2 + (x(1) - x(2))^2 + (x(2) - x(3))^3 + (x(3) - x(4))^4 + (x(4) - x(5))^5,...
          5, [], [], [1 1 1 0 0;0 1 -1 1 0], [3 * sqrt (2) + 2;2 * sqrt (2) - 2],...
          -5 + zeros (1,5), 5 + zeros (1,5), [], 2, opts)
% ----------------------------- 运算结果 -----------------------------
x =
      4.0711    4.0000    -1.8284    -5.0000    4.9788
       fval =                -98636.0721734502
```

种群数量从 150 改为 300,目标值结果有改善,但仍未达到最优,证明调整参数与 ga,对求解结果有影响。继续按问题式建模求解,将种群参数改为 1 000,如代码 45 所示。

代码 45   R2021b 或以上版本调用 ga 求解(问题式建模)

```
x = optimvar ('x',1,4, 'LowerBound', -5,'UpperBound',5);
xInt = optimvar ('xInt',1,'LowerBound', -5,'UpperBound',5,'type','integer');
prob = optimproblem ('Objective', ...
          (x(1) - 1)^2 + (x(1) - xInt)^2 + (xInt - x(2))^3 + (x(2) - x(3))^4 + (x(3) - x(4))^5);
prob.Constraints.con1 = x(1) + xInt + x(2) == 3 * sqrt (2) + 2;      % 约束条件 1
prob.Constraints.con2 = xInt - x(2) + x(3) == 2 * sqrt (2) - 2;      % 约束条件 2
opts = optimoptions ('ga', 'UseParallel',              true,...
                            'PopulationSize',        1000);
[sol3,fval3] = solve (prob,"Solver","ga","Options",opts)
% ----------------------------- 运算结果 -----------------------------
sol3 =
      x:[4.07106810254363    -1.82842811639559    -5  4.98647728337457]
      xInt: 4
   fval3 =                -99017.0779461167
```

种群数量调整到 1 000,结果有所改善但仍未找到全局最优解。观察问题发现:问题 2.10 在 MATLAB 中可以通过两步优化寻优,即调用 ga 初步搜索寻找 x_2 的整数解,求得该数值后则转化为非线性连续优化模型,根据前述运算结果可知 $x_2 = 4$,再接力调用 fmincon 求解已知 x_2 的模型,就能很快获得全局最优,如代码 46 所示。

代码 46   调用 fmincon 做第 2 步优化(问题式建模)

```
x = optimvar ('x',1,4, 'LowerBound', -5,'UpperBound',5);
xInt = 4;
options = optimoptions ('fmincon',"Display","none");
prob = optimproblem ('Objective', ...
          (x(1) - 1)^2 + (x(1) - xInt)^2 + (xInt - x(2))^3 + (x(2) - x(3))^4 + (x(3) - x(4))^5);
prob.Constraints.con1 = x(1) + 4 + x(2) == 3 * sqrt (2) + 2;
prob.Constraints.con2 = 4 - x(2) + x(3) == 2 * sqrt (2) - 2;
[solT1,fvalT1] = solve (prob,struct ('x',randi ([-5 5],size (x))),'options',options)
solT1 =      x:[4.07106781186548 -1.82842712474619 -5 5]
fvalT1 =    -99691.3875862269
```

两步接力优化的整体思路还可以通过"ga+ga"的方式实现,具体步骤:第 1 次以默认参数调用 ga 求得 x_2 整数解,将解的数值代入模型,转换成新的非线性连续优化模型;再度调用

ga,借助 HybridFcn 参数指定局部寻优函数 fmincon,即可实现全局最优解的快速搜索,ga＋ga 两步优化代码及运算结果如代码 47 所示。

代码 47　两次调用 ga 求解问题 2.10 的方案

```
[xS,fvalS] = ga (@(x) ...
              (x(1) - 1)^2 + (x(1) - x(2))^2 + (x(2) - x(3))^3 + (x(3) - x(4))^4 + (x(4) - x(5))^5, ...
              5, [], [], [1 1 1 0 0; 0 1 - 1 1 0], [3 * sqrt (2) + 2; 2 * sqrt (2) - 2], ...
              - 5 + zeros (1,5), 5 + zeros (1,5), [], 2);
opts = optimoptions ('ga','Display','none','HybridFcn','fmincon');
[x,fval] = ga (@(x)
              (x(1) - 1)^2 + (x(1) - xS(2))^2 + (xS(2) - x(3))^3 + (x(2) - x(3))^4 + (x(3) - x(4))^5, ...
              4, [], [], [1 1 0 0; 0 - 1 1 0], [3 * sqrt (2) + 2 - xS(2); 2 * sqrt (2) - 2 - xS(2)], ...
              - 5 + zeros (1,4), 5 + zeros (1,4), [], [], opts)
% -------------------------------- 运算结果 --------------------------------
x =
      4.0711    - 1.8284    - 5.0000    5.0000
fval =    - 99691.3875339162
```

综合上述分析,对问题 2.10 一共提出 5 种不同 MATLAB 版本下的代码解决方案,容易看出 ga 在此类变量个数较少的小规模优化问题求解中,在效率或精度方面均不是最佳选择。但 ga＋fmincon 或者 ga＋ga 的两步优化,能很快达到全局寻优的搜索效果。此外,R2021b 版本仅允许线性等式约束和整数类型变量的共存,问题 2.10 的模型仅包含线性约束,可以直接输入 ga 并求解。假如问题的等式约束中包含非线性项,或者想把等式约束写入非线性约束的文件或匿名函数中,运行就会报错,例如下面的代码 48 即使在 R2021b 版本也无法正确运行,因为当等式约束写入 NonCon 文件,会被视为非线性等式约束。

代码 48　同时包含非线性等式约束和整数变量的出错代码(R2021b)

```
[xW,fvalW] = ga (@(x) ...
              (x(1) - 1)^2 + (x(1) - x(2))^2 + (x(2) - x(3))^3 + (x(3) - x(4))^4 + (x(4) - x(5))^5, ...
              5, [], [], [], [], - 5 + zeros (1,5), 5 + zeros (1,5), @NonCon, 2)
function [c,ceq] = NonCon(x)
    c = [];
    ceq = [sum (x(1:3)) - 3 * sqrt (2) - 2 ; x(2) - x(3) + x(4) - 2 * sqrt (2) + 2];
end
```

2.5.3　solve 指派 lsqlin/lsqnonlin 求解约束最小二乘问题

在 R2021b 版本中,问题式建模中的模型类型判断机制还有其他进一步的变化,例如针对目标函数为平方和形式且具有线性约束条件的模型,solve 函数会自动判定为线性最小二乘问题,将自动指派 lsqlin 对其求解。

问题 2.11:求解式(2.12)所示模型的最优解。

$$\min f = (x_1 - 1)^2 + (x_2 + 5)^2 + (x_3 - 2x_1)^2$$

$$\text{s.t.}: \begin{cases} x_1 + x_2 \leqslant 3 \\ x_1 - 2x_2 + x_3 \leqslant 12 \\ -5 \leqslant x_i \leqslant 5, \quad i = 1,2,3 \end{cases} \tag{2.12}$$

问题 2.11 如果采用问题式建模,在 R2021b 版本之前,模型决策变量在约束或目标函数中,只要包含非线性项次,一律被判定为非线性优化问题,solve 会自动分配 fmincon 对其求解,在 R2021b 版本中,对于式(2.12)所示目标函数为平方和形式且具有线性约束条件的模型,求解器分配机制发生了变化,如代码49所示。

代码49   solve 指定 lsqlin 函数求解约束线性最小二乘规划模型(R2021b)

```
x = optimvar ('x',1,3,'LowerBound',-5,'UpperBound',5);  % 决策变量
prob = optimproblem ('Objective',(x(1)-1)^2+(x(2)+5)^2+(x(3)-2*x(1))^2);  % 决策目标
prob.Constraints.con1 = x(1)+x(2)<=3;                % 线性约束条件1
prob.Constraints.con2 = x(1)-2*x(2)+x(3)<=12;        % 线性约束条件2
[solL,fvalL] = solve (prob)
% ---------------------------- 运算结果 ----------------------------
Solving problem using lsqlin.
...
<stopping criteria details>
solL =
        x: [0.7857 -4.8571 1.5000]
fvalL = 0.0714
```

代码49中的solve函数使用了默认参数,从求解信息看,自动指派了lsqlin函数求解此类问题。除lsqlin命令外,R2021b版本对于非线性最小二乘规划的问题式模型,solve函数会指派lsqnonlin函数对其求解,以如下问题为例,注意代码方案中的求解器指定情况。

问题2.12:求解式(2.13)所示模型的最优解。

$$\min f = (x_1-1)^2 + (x_2+5)^2 + (x_3-2\sin x_1)^2$$
$$\text{s. t. :} -5 \leqslant x_i \leqslant 5, \quad i=1,2,3 \tag{2.13}$$

针对上式的问题式建模求解代码,调用solve时要给定初值,但仍然没有为该问题手动设定求解器选项,默认分配的是lsqnonlin函数(见代码50)。

代码50   solve 指定 lsqnonlin 函数求解约束非线性最小二乘规划模型(R2021b)

```
x = optimvar ('x',1,3,'LowerBound',-5,'UpperBound',5);  % 决策变量
prob = optimproblem ('Objective',(x(1)-1)^2+(x(2)+5)^2+(x(3)-2*sin (x(1)))^2);  % 决策目标
[solL,fvalL] = solve (prob,struct ('x',randi (10,size(x))))
% ---------------------------- 运算结果 ----------------------------
Solving problem using lsqnonlin.
...
<stopping criteria details>
solL =
        x: [1 -4.9994 1.6829]
fvalL = 3.7253e-07
```

2.6   小   结

本章总结了MATLAB优化工具箱和全局优化工具箱函数的基本调用方法。尤其从R2017b版本新增问题式建模流程以来,MATLAB的优化建模方法发生了较大的变化,以前很多版本中的建模经验不再适用,因此建议读者能够尽可能熟悉基于求解器和基于问题式这两种MATLAB环境下的建模方式,本书后续也将结合大量实际案例的代码来说明其用法。

第3章 MATLAB 与 Lingo/LindoAPI 的联合优化

　　数学建模竞赛中,Lingo 是参赛同学和辅导教师长期以来比较青睐的软件,它似乎"自然而然"就成为了数学建模竞赛首选的建模与求解软件,除了早期优化软件可选范围相对较窄的历史原因外,Lingo 自身功能特点确实契合于数学建模的各项需求,表现在:

✎ Lingo 模型的编程语言从开始就设计成基于问题来构造数学模型,这一点给复杂模型的代码描述带来方便。

✎ 决策变量的定义灵活,Lingo 认定模型中出现的所有未明确赋值变量均为决策变量。

✎ 使用集合模块"sets - endsets"生成循环与求和所需的索引集和派生索引集,也可以定义数据维度。该功能使 Lingo 语言在表述约束条件或目标函数时,代码更简洁。

✎ Lingo 提供全面的逻辑运算符和关系运算符,结合用于数学运算、集合循环以及数据 I/O 的内置函数,能用简练的形式来表达较为复杂的优化模型。

✎ 问题类型适应范围广。编程时用户可以把精力放在模型描述上,不用太多考虑模型属于什么类型或选择何种求解器优化计算等问题。Lingo 在底层自动判断并选择求解器,求解问题的类型范围包括:LP、QP、MILP 和 MINLP 等。

　　不过,近几年数学建模竞赛命题的综合性逐步增强,问题类型定位越来越模糊,往往一个问题包含多个带有因果关联的不同类型子问题。例如 2022 美赛 C 题要求对历史数据做预测并构造合适的优化模型,还要做一些简单的数据清洗;2021 年国赛 C 题则根据历史数据对供货商做综合评价,并在此基础上建立多周期生产的数学模型。求解问题的难点已经不再局限于单纯的优化模型构造,而是包含数据前处理、带格式的文件读写,及可视化结果输出等多个环节。Lingo 相对于 Python、MATLAB 这些软件,上述功能都不算是强项,尽管官网提供了功能增强的备择方案,例如:Lingo 增加了部分绘图函数、提供基于 Excel 的"What'sBest!"插件辅助数据导入导出等,但从近年优秀论文的软件选择情况看,推广不算非常理想。当然,目前也没有一个能完全满足数学建模赛题全部需求(从数据前处理、模型构造、求解到结果后处理分析等)的软件,所以重点不是找到"大而全"的工具,而是设法找到多软件协同的思路,围绕模型构造求解的核心目标,每个环节在确保数据流畅传递的前提下,用各个软件的强项应对不同的工作阶段。

　　本章介绍的 LindoAPI,是用于模型搭建和求解的应用程序集,它不像 Lindo/Lingo 属于单独体系,有独立的程序交互界面,而是在安装后,经过软件接口通道在另一个软件或应用开发程序的环境内,调用 Lindo/Lingo 的优化求解器。截稿前 LindoAPI 最新的 13.0 版为 C/C++,Java,Visual Basic,C#,Fortran90,MATLAB,Python 以及 R 等编程语言,均提供了官方接口。值得注意的是,LindoAPI 同时支持标准优化模型文件格式的交互,因此可以将其他优化工具生成的模型文件按 mps 格式①导出并传入 LindoAPI 计算,因此 MATLAB 平台具备使用 LindoAPI 求解优化模型的条件,本章将结合一些问题的代码示例,介绍有关 Lingo/LindoAPI 与 MATLAB 联合优化的内容,主要包括:

✍ Lingo 语言在优化模型搭建与求解中的语法基本知识和用法。

✍ 在 MATLAB 环境中,调用 LindoAPI 13.0 求解线性/非线性规划模型的基本方法。

✍ 在 MATLAB 环境中,调用 Lingo 模型文件(以"lng"为后缀的文本格式)求解各类优化模型。

3.1 MATLAB 调用 LindoAPI

本节结合具体问题示例,介绍在 MATLAB 环境下,调用 LindoAPI 求解 LP/MILP 以及 NLP/MINLP 问题的基本步骤与代码方案。

3.1.1 MATLAB 调用 LindoAPI 求解 LP 模型

用 LindoAPI 官方文档中的一个示例来说明怎样通过 MATLAB 调用 LindoAPI 求解一个简单的 LP 模型。

问题 3.1:式(3.1)为 LindoAPI 文档中的一个 LP 实例的数学模型。

$$\min c^{\mathrm{T}} x$$
$$\mathrm{s.\,t.\,}: \begin{cases} Ax \geqslant b \\ u \geqslant x \geqslant 1 \end{cases} \tag{3.1}$$

上式变量数据如代码 51 所示。

代码 51 问题 3.1 模型已知数据

```
A = [1.0000      1.0000      1.0000      1.0000;
     0.2000      0.1000      0.4000      0.9000;
     0.1500      0.1000      0.1000      0.8000;
   - 30.0000   - 40.0000   - 60.0000   - 100.0000];
b = [4000  3000  2000  - 350000]';
c = [65  42  64  110]';
csense = 'GGGG';
l = []; u = [];
```

如果直接复制 LindoAPI 13.0 用户手册的示例代码,运行将提示如下错误(见代码 52)。

代码 52 MATLAB 调用 LindoAPI 解问题 3.1 的出错提示

```
addpath ("C:\Lindoapi\bin\win64");
addpath ("C:\Lindoapi\include");
addpath ("C:\Lindoapi\matlab");
```

---

① mps 是数学规划系统(Mathematical Programming System)的缩写,20 世纪 70 年代由 IBM 提出,现在是记录线性规划问题的常用格式,通常为纯文本 ASCII 编码,有时也会被压缩为二进制文件。优化求解器如 CPLEX、Lingo、Gurobi 等,都支持直接读取和生成线性规划建模文件 mps 格式,MATLAB 自 R2015b 版本起,提供了 mpsread 函数,可以读取 mps 文件,但截稿为止最新的 R2022b 版本,还没有将 MATLAB 模型写成 mps 文件的相关命令。

```
global MY_LICENSE_FILE
MY_LICENSE_FILE = 'C:\Lindoapi\license\lndapi130.lic';
[x, y, s, dj, obj, solstat] = LMsolvem(A, b, c, csense, l, u)
% ------------ 运行 LindoAPI 手册示例代码的错误提示 -----------
Error using LMsolvem
Too many input arguments.
```

✍ 评：代码 51 的第 1～5 行将 LindoAPI 的求解器文件路径加入 MATLAB 的搜索路径，同时指定 LindoAPI 的 License 文件路径。如果用户在安装 LindoAPI 时，以上内容指定的是其他路径，那么路径位置要随着所指定的安装位置而变，不能和代码 51 一样。

代码 51 的出错提示显然与 LindoAPI 在 MATLAB 中的运行环境配置无关，否则会提示"无法找到函数 LMsolvem"。该错误说明调用 LMsolvem 时，输入参数与原函数所定义的参数个数不匹配。返回路径 C:/Lindoapi/matlab 并打开 Lmsolvem 文件，或者把光标放在代码 52 中 Lmsolvem 函数名中间的任意位置，并按下 Ctrl＋D 打开 LMsolvem 函数文件，通过查看其源代码，发现 LMsolvem 给出的调用方式与手册所示调用格式不相符，LMsolvem 要求以问题结构体模型的形式输入，如代码 53 所示。

代码 53　LindoAPI 函数 LMsolvem 源代码中的调用格式

```
[x,y,s,dj,pobj,nStatus,nErr] = LMsolvem(LSprob,opts)
```

按上述分析修改代码，将代码 51 给出的已知参数按要求打包成结构数组，替换错误的调用行，正确的运行如代码 54 所示。

代码 54　函数 LMsolvem 正确的调用方式

```
addpath("C:\Lindoapi\bin\win64");
addpath("C:\Lindoapi\include");
addpath("C:\Lindoapi\matlab");
global MY_LICENSE_FILE
MY_LICENSE_FILE = 'C:\Lindoapi\license\lndapi130.lic';

A = [1.0000      1.0000      1.0000       1.0000;
     0.2000      0.1000      0.4000       0.9000;
     0.1500      0.1000      0.1000       0.8000;
   - 30.0000   - 40.0000   - 60.0000   - 100.0000];
b = [4000  3000  2000  - 350000]';
c = [65  42  64  110]';
csense = 'GGGG';      % G：代表 4 个约束的逻辑符号均为"大于等于"
l = [];  u = [];

LDStruct = struct('A',A,'b',b,'c',c,'csense',csense,'lb',l,'ub',u);   % 结构数组打包模型
[x,obj] = LMsolvem(LDStruct)   % 正确调用格式
```

运行结果（见代码 55）和 LindoAPI 用户文档一致。

代码 55　问题 3.1 通过 LMsolvem 得到的运行结果

```
...
Basic solution is optimal.
x =  1.0e + 03 *
     0.1429
     0
     1.0000
     2.8571
```

```
obj =
    66.0000
    202.8571
    0
    1.3857
```

3.1.2 MATLAB/LindoAPI 求解问题式 LP 模型

通过问题 3.1 代码测试,发现 LindoAPI 13.0 用户手册有关 LP 问题求解的 MATLAB 调用格式,滞后于其自身函数源代码的更新变化。MATLAB 模型需要将问题结构体格式传入 LindoAPI 后才可以正常运行。而前一章介绍的问题式建模模型,尽管可以通过 MATLAB 中的 prob2struct 函数转换为结构体,但一般还是要在计算结束后重新转换为原决策变量的维度以增强可读性,因此多了一个转换环节,这让用户的建模前后期准备工作变得更繁琐。本小节将结合代码实例讲述如何更加方便地在 MATLAB 中采用问题式建模方式搭建模型,再调用 LindoAPI 求解。

为了方便理解,将该模型格式的转换与求解的过程用流程图直观地表示出来(见图 3.1)。在 MATLAB 环境中用 LindoAPI 求解问题式模型,需要做两次模型格式的切换。虽然 MATLAB 提供 prob2struct 函数,可以将问题式模型转换为结构体形式,但这与 LindoAPI 的模型格式还有一定差别。例如 LindoAPI 中的约束条件逻辑判断:MATLAB 中的约束一律转换为"$\leqslant$",而 LindoAPI 则通过字符串 'L''E''G' 等,分别代表"$\leqslant$""$==$"和"$\geqslant$"。而 LindoAPI 13.0 还不支持直接传入 MATLAB 问题式模型。

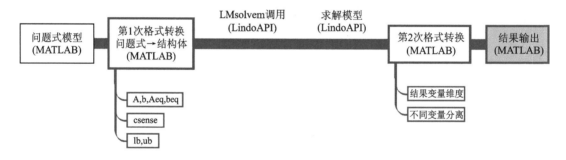

图 3.1 MATLAB→LindoAPI 模型两次格式转换流程

为让 LindoAPI 识别 MATLAB 的模型参数,下面的程序修改了 LindoAPI 13.0 与 MATLAB 之间的模型接口部分,添加了通用的格式转换子函数,修改后整体程序如代码 56 所示。

代码 56 MATLAB→LindoAPI 接口函数

```
function sol = solve_use_lindo_api(prob)
global MY_LICENSE_FILE
model = prob2lindo(prob);
lb = model.lb;
lb(~isfinite(lb)& lb < 0) = -10^30;
lb(~isfinite(lb)& lb > 0) = 10^30;
ub = model.ub;
ub(~isfinite(ub)& ub < 0) = -10^30;
ub(~isfinite(ub)& ub > 0) = 10^30;
```

```
lindo;
[MY_LICENSE_KEY,nErr] = mxlindo('LSloadLicenseString',MY_LICENSE_FILE);
[iEnv,nErr] = mxlindo('LScreateEnv',MY_LICENSE_KEY);
if nErr ~ = LSERR_NO_ERROR
    LMcheckError(iEnv,nErr);
    return
end
[iModel,nErr] = mxlindo('LScreateModel',iEnv);
if nErr ~ = LSERR_NO_ERROR
    LMcheckError(iEnv,nErr);
    return
end
[nErr] = mxlindo('LSXloadLPData', iModel,...
    LS_MIN, model.objcon,...
    model.c, model.b, model.sense,...
    sparse(model.A), lb, ub);
if nErr ~ = LSERR_NO_ERROR
    LMcheckError(iEnv,nErr);
    return
end
nErr = mxlindo('LSloadVarType',iModel, model.vtype);
if nErr ~ = LSERR_NO_ERROR
    LMcheckError(iEnv,nErr);
    return
end
if all(model.vtype == 'C')
    [nStatus,nErr] = mxlindo('LSoptimize',iModel, LS_METHOD_PSIMPLEX);
else
    [nStatus,nErr] = mxlindo('LSsolveMIP',iModel);
end
if nErr ~ = LSERR_NO_ERROR
    LMcheckError(iEnv,nErr);
    return
end
if all(model.vtype == 'C')
    [x,nErr] = mxlindo('LSgetPrimalSolution',iModel);
    [obj,nErr] = mxlindo('LSgetInfo',iModel, LS_DINFO_POBJ);
    if nErr ~ = LSERR_NO_ERROR
        LMcheckError(iEnv,nErr);
        return
    end
else
    [x,nErr] = mxlindo('LSgetMIPPrimalSolution',iModel);
    [obj,nErr] = mxlindo('LSgetInfo',iModel, LS_DINFO_MIP_OBJ);
    if nErr ~ = LSERR_NO_ERROR
        LMcheckError(iEnv,nErr);
        return
    end
end
if nErr ~ = LSERR_NO_ERROR
    LMcheckError(iEnv,nErr);
    return
end
sol = paser_result(prob, x, obj);
nErr = mxlindo('LSdeleteModel',iModel);
nErr = mxlindo('LSdeleteEnv',iEnv);
```

```
end
function nErr = myCleanupFun(iEnv)
fprintf ('Destroying LINDO environment\n');
[nErr] = mxlindo('LSdeleteEnv',iEnv);
end
function flag = LMcbLog(imodel,line,cbData)
global CTRLC
fprintf ('% s',line,CTRLC);
flag = ~CTRLC;
end
% --------------------- 自定义模型格式转换子程序 -------------------------
function model = prob2lindo(prob)
model_s = prob2struct (prob);
model.A = full ([model_s.Aeq;model_s.Aineq]);
if isempty(model.A)
    model.A = spalloc (0,length(model_s.lb),0);
end
model.c = full (model_s.f)';
model.b = [model_s.beq;model_s.bineq]';
model.sense = repelem ('EL',[numel(model_s.beq),numel (model_s.bineq)]);
model.vtype = repmat ('C',1,length (model_s.lb));
model.vtype(model_s.intcon) = 'I';
model.modelsense = 'min';
model.lb   = model_s.lb';
model.ub   = model_s.ub';
if any (contains (fieldnames (model_s),"H"))
    model.Q = model_s.H/2;
end
model.objcon = model_s.f0;
end
% -------------------- 自定义结果输出维度匹配子程序 -------------------------
function sol = paser_result(prob, result, fvl)
sol = struct ;
idx = varindex (prob);
names = fieldnames (prob.Variables);
for i = names'
    iddx = getfield (idx, i{1}); % #ok <*GFLD>
    v = reshape (result(iddx), size (getfield(prob.Variables, i{1})));
    sol = setfield (sol, i{:}, v);
end
sol = setfield (sol, 'obj', fvl); % #ok <*SFLD>
end
```

将代码 56 保存在当前工作路径或添加到 MATLAB 搜索路径，LindoAPI 就可以传入并求解 MATLAB 的问题式模型，最终求解结果还会转换为 MATLAB 问题式模型的变量形式。以问题 3.1 中的 LP 模型为例，MATLAB 调用 LindoAPI 进行求解的代码如下（见代码 57）。

代码 57 MATLAB 调用 LindoAPI 求解问题式模型示例

```
% 基本数据
A = [1.0000      1.0000       1.0000       1.0000;
     0.2000      0.1000       0.4000       0.9000;
     0.1500      0.1000       0.1000       0.8000;
   - 30.0000   - 40.0000   - 60.0000   - 100.0000];
b = [ 4000 3000 2000 - 350000]';
c = [ 65 42 64 110]';
% 决策变量
```

```
x = optimvar ('x',1,4,"LowerBound",1);
%目标函数
prob = optimproblem ('Objective',x * c);
prob.Constraints.con = A * x' >= b;
[x,fvl] = solve (prob,'Options',...
           optimoptions ("linprog","Display","none"))
sol = LindoAPITest(prob);
% -------------LindoAPI 调用子程序 ----------------
function sol = LindoAPITest(prob) % ---------------------------------------- (17)
addpath ("C:\Lindoapi\bin\win64");
addpath ("C:\Lindoapi\include");
addpath ("C:\Lindoapi\matlab");
global MY_LICENSE_FILE
MY_LICENSE_FILE = 'C:\Lindoapi\license\lndapi130.lic';

sol = solve_use_lindo_api(prob)
end                          % ---------------------------------------- (25)
```

运行代码 57 后得到的结果如下（见代码 58）：

代码 58　linprog 和 MATLAB 环境调用 LindoAPI 求解问题 3.1 结果汇总

```
x =
  struct with fields:
    x: [143.1429 1 998.0000 2.8579e + 03]
fvl =
    3.8758e + 05
sol =
  struct with fields:
        x: [143.1429 1 998.0000 2.8579e + 03]
obj: 3.8758e + 05
```

代码 58 表明用内置 linprog 函数和调用 LindoAPI 所返回的优化解是一致的。

✍ 评：经修改的 MATLAB – LindoAPI 接口程序（代码 56）同样可以使 LindoAPI 识别和优化计算在 MATLAB 环境下搭建的混合整数线性规划问题式模型。感兴趣的读者可自行尝试验证，但注意：如果不是 LindoAPI 13.0 的 Lic 购买用户，使用软件自带免费 License，则决策变量个数要小于 30 个。

3.1.3　MATLAB/LindoAPI 求解问题式 NLP 问题

MATLAB 调用 LindoAPI 求解非线性规划问题（NLP）的方式与 LindoAPI 求解线性规划问题的调用方式类似，但 LindoAPI 对非线性规划模型的格式要求更严格和细致。例如，在决策变量方面，LindoAPI 要求区分约束条件中的线性和非线性组分特征[①]，根据该组信息，确定模型中的 Acolbeg/Acoef，Ncolbeg/Ncoef 等参数的具体数值。也正因为 LindoAPI 对 NLP 模型这种独特的构造机制（无法从外部修改），使 MATLAB 通过外部接口调用 LindoAPI 求解 NLP 问题时，很难自动判定决策变量与上述分量数值的联系，因此写出接受 MATLAB 问题式模型的 LindoAPI 接口程序有一定挑战性，这需要同时对 MATLAB 和 LindoAPI 的机制有透彻的理解。

---

① 详见 LindoAPI Tutorial. pdf 文件中关于"Black – Box Interface Determine the Nonzero Structures"部分的叙述，该文件位于 LindoAPI 安装路径，默认安装情况下其安装路径为：🗁 C:/Lindoapi/doc/LindoAPI Tutorial. pdf.

鉴于此,本书不再深入探讨将 MATLAB 问题式非线性规划模型传入 LindoAPI 接口程序的机制,只提供几个调用接口求解 MATLAB 问题式建模模型的测试程序/运行结果,并和MATLAB 结果对比。本节提及的接口程序包括 4 个 MATLAB 调用 LindoAPI 的 M 文件："📄 solve＿use＿lindo＿api＿nlp. m""📄 lindo＿funn. m""📄 generatedConstraints. m"和"📄generatedObjective. m",均存放于书配程序文件夹,读者可扫码获取。

MATLAB 调用 LindoAPI 求解 NLP 问题式模型步骤如下(假定 MATLAB 和 LindoAPI均安装和配置完毕):

✍️ 步骤 1:在 MATLAB 的工作路径新建文件夹:📁 D:/MATLABFiles/Lindo-APINLPTest;

✍️ 步骤 2:复制上述 4 个接口的 M 文件,粘贴至步骤 1 所创建的文件夹内;

✍️ 步骤 3:根据数学表达式编写 MATLAB 问题式模型代码;

✍️ 步骤 4:调用方法见子程序"LindoAPITest. m",将其中 sol 的赋值语句改为"sol ＝solve_use_lindo_api_nlp(prob,0)"即可;子程序输入参数 prob 代表步骤 3 构造的问题式模型,输出 sol 为结构数组类型的优化结果,包括决策变量优化值和目标函数值。

依据上述设置步骤,就可以经 MATLAB 调用 LindoAPI 求解非线性规划模型了。下面提供几个用于测试 LindoAPI 求解问题式建模模型的算例,为方便比较,也提供了其他代码方案。有些计算结果相同,有些则不一致,这呈现出不同软件或工具箱面对不同类型优化模型时的求解表现。

问题 3. 2:用 MATLAB 调用 LindoAPI,求解本书第 7 章代码 118 中的问题式模型,并和MATLAB 内置 fmincon 求解结果进行比较。

问题 7.1 的第(2)问求解的是料场寻址的非线性规划模型,模型包含 16 个决策变量,对于非线性规划模型而言,有时直接调用函数不容易找到全局最优解。本节仅通过 MATLAB 调用 LindoAPI 计算该初步模型,代码 59 也给出了调用内置求解器 fmincon 的代码对模型进行分析和改进,其对应求解策略的详述见第 7 章。

代码 59　MATLAB 调用 LindoAPI 求解问题 7.1

```
LocWork = [1.25 8.75 .5 5.75 3 7.25;1.25 .75 4.75 5 6.5 7.75];
ConsumeCem = [3 5 4 7 6 11]';
Pos0 = [5 1;2 7];
x = optimvar('x',2,1,'LowerBound',0,'UpperBound',20); % 构造决策变量
y = optimvar('y',2,1,'LowerBound',0,'UpperBound',20); % 构造决策变量
c = optimvar('c',6,2,'LowerBound',0,'UpperBound',20); % 构造决策变量
f1 = fcn2optimexpr(@(x,y)dist([x,y], LocWork)',x,y);
prob = optimproblem('Objective',sum(sum(f1.*c)));   % 构造决策目标
prob.Constraints.con1 = sum(c,2) == ConsumeCem;    % 构造约束条件
prob.Constraints.con2 = sum(c)' <= [20;20];        % 构造约束条件
[xW,fvlW] = solve(prob,...
    struct('c',randi(10,6,2),'x',randi(10,2,1),'y',randi(10,2,1)),...
    'options',optimoptions('fmincon','display','none',"Algorithm","sqp"))
fvlW
fvlW = 85.2661
solW = [xW.x xW.y]
solW = 2×2
    7.2500    7.7500
    3.2549    5.6523
```

```
% ------------------ 调用 LindoAPI 求解 prob 模型 ----------------------
sol = LindoAPITest(prob);
  sol =
        c: [6 × 2 double]
        x: [2 × 1 double]
        y: [2 × 1 double]
        obj: 85.2661
≫ [sol.x,sol.y]
ans =
        7.2500      7.7500
        3.2549      5.6523
```

　　LindoAPI 经一次运行就得到了全局最优解 85.266 1,两个料场坐标分别为(7.25,7.75)
和(3.254 9,5.652 3);如果用 MATLAB 的 fmincon 函数(默认设置)进行求解,因为随机初
值的缘故,需要多运行几次才可以得到全局最优解。

　　问题 3.3:求解式(3.2)所示二次规划模型的最优解。

$$\min z = -25(x_1 - 2)^2 - (x_2 - 2)^2 - (x_3 - 1)^2 - (x_4 - 4)^2 - (x_5 - 1)^2 - (x_6 - 4)^2$$

$$\text{s. t. :}\begin{cases} (x_3 - 3)^2 + x_4 \geqslant 4 \\ (x_5 - 3)^2 + x_6 \geqslant 4 \\ x_1 - 3x_2 \leqslant 2 \\ -x_1 + x_2 \leqslant 2 \\ 2 \leqslant x_1 + x_2 \leqslant 6 \\ x_1, x_2 \geqslant 0 \\ 1 \leqslant x_3, x_5 \leqslant 5 \\ 0 \leqslant x_4 \leqslant 6 \\ 0 \leqslant x_6 \leqslant 10 \end{cases} \tag{3.2}$$

　　问题 3.3 包含 6 个决策变量,同时带有线性和非线性的约束条件,为了便于比较,同时编
写 Lingo、MATLAB 和 MATLAB 调用 LindoAPI 的代码来求解模型,并比较其结果。

1. Lingo 方案

　　对于问题 3.3 给定的式(3.2),很容易写出 Lingo 语言方案的相关求解代码(见代码 60)。

代码 60　Lingo 求解模型式

```
model:
min = - 25 * (x1 - 2)^2 - (x2 - 2)^2 - (x3 - 1)^2 - (x4 - 4)^2 - (x5 - 1)^2 - (x6 - 4)^2;
    (x3 - 3)^2 + x4 >= 4;
    (x5 - 3)^2 + x6 >= 4;
    x1 - 3 * x2 <= 2;
    - x1 + x2 <= 2;
    x1 + x2 >= 2;
    x1 + x2 <= 6;
    @bnd (0,x1,1000);
    @bnd (0,x2,1000);
    @bnd (1,x3,5);
    @bnd (0,x4,6);
    @bnd (1,x5,5);
    @bnd (0,x6,10);
end
```

如果没有打开 Lingo 的全局求解器开关,代码 60 运行的结果为 -132;打开全局求解器开关后,全局最优解变为 -310(见代码 61)。

代码 61   Lingo 代码 60 的运行结果

```
Global optimal solution found.
Objective value:                    - 310.0000
Objective bound:                    - 310.0000
...
Model Class:                             QP
...
                Variable      Value      Reduced Cost
                   X1       5.000000        0.000000
                   X2       1.000000        0.000000
                   X3       5.000000      - 40.00000
                   X4       0.000000        0.000000
                   X5       5.000000      - 8.000000
                   X6       10.00000      - 12.00000
```

2. MATLAB 方案

通过问题式建模方式,得到代码 62 所示的模型和运行结果,证实已搜索到全局最优。

代码 62   MATLAB 问题式建模求解模型式

```
x = optimvar('x',6,1,"LowerBound",[0 0 1 0 1 0]',"UpperBound",[100 100 5 6 5 10]');
prob = optimproblem("Objective", - 25 * (x(1) - 2)^2 - (x(2) - 2)^2 - (x(3) - 1)^2 -...
                    (x(4) - 4)^2 - (x(5) - 1)^2 - (x(6) - 4)^2);
prob.Constraints.con1 = (x(3) - 3)^2 + x(4) >= 4;
prob.Constraints.con2 = (x(5) - 3)^2 + x(6) >= 4;
prob.Constraints.con3 = x(1) - 3 * x(2) <= 2;
prob.Constraints.con4 =  - x(1) + x(2) <= 2;
prob.Constraints.con5 = x(1) + x(2) >= 2;
prob.Constraints.con6 = x(1) + x(2) <= 6;
[xEx9,fvlEx9] = solve(prob,struct('x',randi(10,6,1)),...
                    "Options",optimoptions("fmincon","Display","none"));
% ----------------------- 运 行 结 果 -----------------------
>> xEx9.x
ans =
     5.0000
     1.0000
     5.0000
     0.0000
     5.0000
    10.0000
>> fvlEx9
fvlEx9 =
     - 310.0000
```

3. MATLAB 调用 LindoAPI 方案

在 MATLAB 环境中,使用前一小节所构造的问题式模型 prob 作为代码 57 中的子程序 LindoAPITest 的输入参数,得到如代码 63 所示的结果。

代码 63   MATLAB 调用 LindoAPI 求解模型式的运行结果

```
>> sol = LindoAPITest(prob)
sol =
     x: [6 × 1 double]
   obj: - 298
```

```
>> sol.x
ans =
     5
     1
     5
     6
     5
    10
```

✍ 评：模型表达式存在局部极值"陷阱"，以随机初值求解该模型，需要多次运行代码 62，才能得到全局最优（−310）；Lingo 软件要打开全局求解器开关，否则结果（−132）也并非全局最优解；MATLAB 调用 LindoAPI（子程序参考代码 57），反复运行多次后，发现每次的结果均为−298（代码 63），这个结果在反复运行代码 62 时也出现过，属于一组次优解。

问题 3.4： 求式(3.3)所示模型的全局最优解。

$$\min z = 3(1-x)^2 \mathrm{e}^{-x^2-(y+1)^2} - 10\left(\frac{x}{5} - x^3 - y^5\right)\mathrm{e}^{-x^2-y^2} - \frac{\mathrm{e}^{-(x+1)^2-y^2}}{3}$$

$$\mathrm{s.\,t.}:\begin{cases} x^2 + y \leqslant 6 \\ x + y^2 \leqslant 6 \end{cases} \tag{3.3}$$

模型表达式的目标函数形式上略微复杂，不妨按照表达式绘制曲面，观察全局最优解大致在什么区域且大致等于多少。

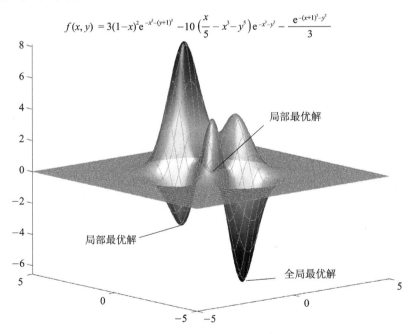

图 3.2　式(3.3)目标函数绘制曲面图

图 3.2 所示的全局最优解大致在竖坐标 $z \approx -6$ 附近，但图中还有几个局部极值点，因此引出一个问题：MATLAB、Lingo 或 MATLAB 调用 LindoAPI 等方法，能否得到优化模型式的全局最优解？不妨针对该模型编写代码，并比较各自的运行结果。首先是 MATLAB 官方优化求解命令和调用 LindoAPI 的代码（见代码 64）。

代码 64　两种求解模型式的代码方案

```
x = optimvar ('x'); % 构造决策变量
y = optimvar ('y'); % 构造决策变量
ff =   @(x,y)3 * (1 - x).^2. * exp(-(x.^2) - (y + 1).^2) - ...
          10 * (x/5 - x.^3 - y.^5). * exp(- x.^2 - y.^2) - 1/3 * exp(-(x + 1).^2 - y.^2);
prob = optimproblem ('Objective',fcn2optimexpr (ff,x,y)); % 构造决策目标
prob.Constraints.con1 = x^2 + y <=6; % 构造约束条件
prob.Constraints.con2 = x + y^2 <=6; % 构造约束条件
% 方法 1:MATLAB 问题式建模并采用 fmincon 求解
[xEx2,fEx2] = solve (prob,struct('x',2,'y',2),...
                       'options',optimoptions ('fmincon','display','none'))
% 方法 2:MATLAB 环境中调用 LindoAPI 求解
sol = LindoAPITest(prob);
```

其中方法 1 在固定初值 $x=y=2$ 的情况下,运行 fmincon 函数有如下运行结果(见代码65):

代码 65　官方工具箱 fmincon 命令求解模型的运行结果

```
xEx2 =
      x: 2.0000
      y: 2.0000
fEx2 = 0.1328
```

显然,如果用 fmincon 直接求解问题,就掉入了局部极值的陷阱,得到不太理想的搜索结果。接下来用方法 2,也就是在 MATLAB 环境调用 LindoAPI 的代码及返回最优值(见代码66)。

代码 66　MATLAB 调用 LindoAPI 求解结果

```
An (local) optimal solution is found ...
f(X,Y) =    - 0.06494
X      =    0.29645
X      =    0.32020
Destroying LINDO environment
```

方法 2 的求解结果好于 MATLAB 直接调用 fmincon 的结果,但根据图 3.2 的曲面特征,也没得到最优解,接下来继续编写 Lingo 代码求解同一问题(见代码67)。

代码 67　Lingo 18.0 求解模型的代码方案

```
model:
min  = 3 * (1 - x)^2 * @exp(- x^2 - (y + 1)^2) - 10 * (x/5 - x^3 - y^5) * @exp(- x^2 - y^2) - @exp(-(x + 1)^2 - y^2)/3;
x^2 + y <= 6;
x + y^2 <= 6;
end
```

无论是否打开了全局求解器设置开关,求解返回的目标值结果都是 $-2.704\,661$,从图 3.2 中看出该解也非全局最优。

综上,求解局部极值的命令 fmincon,MATLAB 调用 LindoAPI 或者 Lingo,似乎都不擅长求解此类多波峰(谷)的问题。通常来讲,这种模型借助梯度信息搜索的优化算法在搜索寻优时,容易掉入局部极值陷阱。此时一般推荐选择启发式算法,MATLAB 也可选择全局优化工具箱的函数求解,例如选择遗传算法函数 ga 求解的代码如下(见代码68):

代码 68　MATLAB 遗传算法函数 ga 求解模型

```
ff =   @(x,y)3 * (1 - x).^2. * exp(-(x.^2) - (y + 1).^2) - ...
          10 * (x/5 - x.^3 - y.^5). * exp(- x.^2 - y.^2) - 1/3 * exp(-(x + 1).^2 - y.^2);
gg =   @(x,y)deal ([x^2 + y - 6,x + y^2 - 6],[]);
options = optimoptions ('ga', "HybridFcn", @fmincon);
[xGa,fvlGa] = ga (@(x)ff(x(1),x(2)), 2, [], [], [], [], ...
                   [- 10 - 10],[10,10],@(x)gg(x(1),x(2)),options)
```

或者调用多点搜索的 MultiStart 函数(见代码 69)：

代码 69　MATLAB 全局优化函数 MultiStart 求解模型

```
opts = optimoptions(@fmincon,"Algorithm","sqp");
problem = createOptimProblem("fmincon","objective",@(x)ff(x(1),x(2)),...
        'x0',unifrnd(-10,10,1,2),'lb',[-10 -10],'ub',[10 10],...
        'nonlcon',@(x)gg(x(1),x(2)),'options',opts);
ms = MultiStart;
[xMs,fMs] = run(ms,problem,20)
```

以上两种代码方案都能一次搜索到全局最优解−6.55，以 MultiStart 为例(见代码 70)：

代码 70　MultiStart 函数求解模型的运行结果

```
MultiStart completed the runs from all start points.
All 20 local solver runs converged with a positive local solver exit flag.
xMs =
     0.2283   -1.6255
fMs = -6.5511
```

LindoAPI 在调用求解器时，其机制令人困惑和费解，加上计算 NLP 问题可能需要用户手动定义多达十几组参变量(部分参数特征与定义方式与 MATLAB 迥然不同)，故问题式模型向 LindoAPI 的自动转换，在程序通用性方面具有广泛的探讨空间。通过比较问题 3.2 和问题 3.3 的多组代码方案及结果，可得到 LindoAPI 在 NLP 问题求解时的一些特点：

✍ 非线性规划模型求解器具有明显的"黑箱"特征，如果直接调用 LindoAPI，用户需要手动输入的参数较多，模型编写不易。

✍ 经改写的接口函数，使 LindoAPI 能接受 MATLAB 问题式建模搭建的非线性规划模型，对多数 NLP 问题也适用，且 LindoAPI 的局部极值寻优准确率也较高，尤其问题式模型具有多极值的情况，即使给定随机初值，其寻优结果也很稳定，但鉴于无法从外部接触 LindoAPI 求解器的更多细节，有时求解会有意外崩溃或求解出错的现象，错误调试与 MATLAB 相比可能不太容易。

✍ LindoAPI 对于具有复杂变化形态的 NLP，其全局寻优能力仍然不好，MATLAB 以启发式算法为主的全局优化工具箱是个比较不错的补充。

✍ LindoAPI 的求解能力比较"广谱"，在 30 个决策变量的限制内，用户可通过调用 LindoAPI 来求解混合整数非线性规划问题，这种类型的问题在 MATLAB 官方工具箱中则要通过调用全局优化工具箱中的 ga 等函数才能求解。

3.2　MATLAB 调用 Lingo 程序

当下 LindoAPI 与 MATLAB 接口程序交互还有很大的优化空间，这主要是因为 MATLAB 近几年在优化工具箱函数设计、代码流程结构方面逐步转向对象化设计方式，新增了问题式建模流程，但 LindoAPI 似乎还未针对这些变化给出完善的接口解决方案，因此二者交互时，一个比较便捷的替代思路是在 MATLAB 环境调用 Lingo 软件，运行其程序脚本。

3.2.1　Lingo 命令行与脚本

MATLAB 和 Lingo 模型的文件交互与 Lingo 模型文件的扩展名类型有一定关联，以下是 Lingo 软件提供文件的 5 类扩展名称及对应的功能解释。

- 📖 .lg4：自定义二进制格式的模型文件（自 V4.0 起），仅适用于 Windows 系统。
- 📖 .lng：Ascii 纯文本格式模型文件，跨多系统平台，Lingo 默认保存模型文件是 lg4 格式，如果想改成 lng，单击 Solver 〉 Options 〉 Lingo Options 〉 FileFormat 〉 lng 。
- 📖 .ltf：纯文本格式脚本文件，可容纳一系列的 Lingo 命令语句，在 Lingo 内单击 F11 〉 Take Command 或 File 〉 Take Command 执行，ltf 格式的脚本文件中不支持字体定义和格式的自定义，也不能使用 OLE 容器实现与外部数据（如 Excel）的交互。
- 📖 .ldt：通过函数 @FILE 导入 Lingo 的数据文件，也可单击 F11 〉 Take Command 或 File 〉 Take Command 执行，和 ltf 类似，也不支持自定义的字体、格式以及无法使用 OLE 容器做外部数据的交互。
- 📖 .lgr：脚本运行后返回的报告文件。

3.2.2　Lingo 中的命令行输入

Lingo 软件不仅在界面窗口模式下提供了对模型脚本的驱动方式，还提供了命令行（Command - Line）运行模式，其机制类似于 DOS 系统下的批处理命令行操作。例如：打开 Lingo，键入"Ctrl + 1"，可打开命令窗口，该窗口下，每行语句的提示符是"："，在该符号后可以输入各种 Lindo 的操作命令（组合），下方代码 71 就是 Lingo 帮助文档提供的简单模型输入命令行操作：

代码 71　Lingo 中用命令行求解模型

```
: MODEL                          ! 在";"提示符之后开始输入模型
? MAX = 20 * X + 30 * Y;         ! 在"?"提示符之后开始编写目标函数
? X <= 50;
? Y <= 60;
? X + 2 * Y <= 120;
? END                            ! 结束模型搭建
: GO                             ! 求解模型(下方内容为自动显示求解结果)
  Global optimal solution found.
     Objective value：                    2050.000
     Infeasibilities：                    0.000000
     Total solver iterations：                   0
Elapsed runtime seconds：                       0.04
```

用".lgr"后缀名的文件保存上述命令行的输入信息。

📖 评：Lingo 命令行操作方式中包含很多命令，函数分类的简要信息可在冒号后输入"COM"查看，或直接打开 Lingo 安装路径下的用户手册，在"Lingo Command Scripts"章节搜索并查看。

3.2.3　Lingo 中的脚本文件

尽管命令行能输入语句，但模型逐行输入的方式比较繁琐，一般更习惯将一系列执行语句做成批处理文件。Lingo 提供了后缀为".lng"的纯文本模型的文件格式，支持安装文件夹下的"RunLingo"程序调用。MATLAB 允许用户以其内置"dos"函数，访问并调用外部可执行程序，这就为 MATLAB 环境下编辑、运行 Lingo 模型提供了可能性。

问题 3.4：求解式(3.4)所示的非线性规划模型的最优解。

$$\min Z = x_1^2 + x_2^2 - 2x_1 - 4x_2$$

$$\text{s.t.} : \begin{cases} x_1 + 4x_2 - 5 \geqslant 0 \\ 2x_1 + 3x_2 - 6 \geqslant 0 \\ 0 \leqslant x_1, x_2 \leqslant 15 \end{cases} \tag{3.4}$$

问题 3.4 用 MATLAB 或者 Lingo 都可以求解,这里选择在 MATLAB 环境下,通过 runlingo 来调用 Lingo 求解,步骤如下:

✍ 步骤 1:打开 Lingo 软件,将代码 72 复制到一个新建的模型文件中,将该文件保存成名为"▤ TestRunLingo.lng"的文本格式模型文件。

代码 72　步骤 1 的模型 lng 代码

```
MODEL:
min = x1^2 + x2^2 - 5 * x1 - 4 * x2;
x1 + 4 * x2 - 5 <= 0;
2 * x1 + 3 * x2 - 6 <= 0;
@bnd(0,x1,15);
@bnd(0,x2,15);
END
set terseo 1
go
DIVERT SOLU1.TXT
SOLUTION
RVRT
nonz volum
```

✍ 步骤 2:打开 MATLAB,在工作路径下新建 MATLAB 脚本文件,将代码 73 中的语句复制到该文件中。

代码 73　调用 lng 文件求解模型的 MATLAB 代码

```
clc;clear;close all;
[status, cmdout] = run_dos_cmd('TestLNGMINLP.lng')
% -------------------------------------------------------
function [status, cmdout] = run_dos_cmd(model_file_name)
dos(sprintf('cd %s',pwd));
[status, cmdout] = dos(sprintf('runlingo %s',model_file_name));
end
```

✍ 步骤 3:打开生成的"SOLU1.txt"文本文件查看求解结果。

Lingo 可以求解混合整数二次规划问题,对问题 3.4 的条件稍加改动:在代码 72 第 7 行上方增加一句:"@GIN(x1)",将决策变量 x_1 指定为整数变量,原问题从二次规划模型(QP)转变为混合整数二次规划模型(MIQP),代码 73 保持不变,因为 MATLAB 只是提供中间场所,在该场所触发 runlingo 运行,而 runlingo 命令的第 1 输入参数要求接受一个纯文本文件名,它会在该文件内自动搜索符合 Lingo 语法的语句并执行,相当于针对 Lingo 模型的 DOS 批处理工具。

分析其运行机制,发现 runlingo 的主要作用是后台批量运行和处理纯文本格式 Lingo 命令文件,在一些携带参数的模型中,可以通过 MATLAB 的文本操控函数的读取、修改编辑,并重新生成以文本格式存在的 Lingo 命令集,以供 runlingo 调用,达到模型批量求解的目的。

3.3 小 结

学习了 MATLAB 和 Lingo 的联合优化，但不能忘记数学建模竞赛归根结底还是考查数学模型构造能力。多个软件通过协同方式实现模型优化求解，目的应当是数学模型求解，而不是过多地关注使用了什么求解器。故要根据问题特征和条件，抓住主要矛盾来构造合理的模型，然后再考虑选择具体的求解工具。

但从另一个角度讲，了解掌握软件最新的功能特点、适用环境和局限性，对模型求解也至关重要，尤其数学建模竞赛问题复杂且综合，用多个软件可互补长短，接力协同，有时候可能就是突破"最后一公里"难关的胜负手。本章结合实际问题实例，讲解了 Lingo 软件的新函数与功能、MATLAB 问题式模型（LP/MILP/NLP/MINLP）与 LindoAPI 的交互，以及在 MATLAB 环境中调用 Lingo 文件求解模型的方法，相信对于用户熟悉 Lingo/LindoAPI 可以起到一些作用。

第4章

奶制品加工的线性规划问题

本章将通过多组代码方案探讨奶制品加工生产线性规划模型的求解思路。由于奶制品加工问题已经出现在各类书籍或资料当中,结果早有定论,因此作为本书的第 1 个专题案例,怎样编写代码并运行获得最优解不再是首选目标,而是要借助这样一个简单的 LP 问题,提供从 MATLAB、Lingo、Gurobi 到 Yalmip 的多种代码方案的分析比较,初步了解这些用于优化计算的工具软件在描述和求解模型时的基本表现。

4.1 奶制品加工问题

问题 4.1:一奶制品加工厂用牛奶生产 A_1,A_2 两种奶制品,1 桶牛奶可在甲车间用 12 h 加工成 3 kg 的 A_1,或者在乙车间用 8 h 加工成 4 kg 的 A_2,根据市场需求,生产出的 A_1,A_2 可全部售出,A_1 每千克可获利 24 元,A_2 每千克可获利 16 元,现在加工厂每天能得到 50 桶牛奶的供应,每天正式工人总的劳动时间为 480 h,且甲车间设备每天至多能加工 100 kg 的 A_1,乙车间的设备加工能力可以认为没有上限限制(加工能力足够大),试为该厂指定一个生产计划,使每天的获利最大。

4.2 问题分析

奶制品生产计划的决策目标是利润最大化,即:购入一定数量的原料(牛奶),生产两种不同的奶制品,并按照该生产计划获得最大收益。工厂利润受购入原料、生产加工、雇佣工人需要耗费资金、原料总量以及工厂生产能力的限制,要明确每天究竟购入多少桶牛奶、如何分配牛奶以及不同车间的劳动时间总量,最终按两种奶制品的加工数量计算出收益值。

4.2.1 奶制品加工模型的三要素

✍ 决策变量:设每天用 x_1 桶牛奶生产 A_1、用 x_2 桶牛奶生产 A_2。

✍ 目标函数:设每天获利 z 元。x_1 桶牛奶生产 $3x_1$ 的 A_1,获利为 $24 \times 3x_1 = 72x_1$,x_2 桶牛奶生产 $4x_2$ 的 A_2,获利为 $16 \times 4x_2 = 64x_2$,所以有

$$z = 72x_1 + 64x_2$$

✍ 约束条件:包括原料供应、劳动时间、设备能力、决策变量非负这四个约束。

- 原料供应:生产总量所需牛奶上限需满足 $x_1 + x_2 \leqslant 50$;
- 劳动时间:加工总时间不超过工人总劳动时间 $12x_1 + 8x_2 \leqslant 480$;
- 设备能力:加工的产量上限 $3x_1 \leqslant 100$;
- 非负约束:$x_1, x_2 \geqslant 0$。

4.2.2 数学模型

综合上述分析,得到式(4.1)所示的数学模型:

$$\max z = 72x_1 + 64x_2$$
$$\text{s. t. :} \begin{cases} x_1 + x_2 \leqslant 50 \\ 12x_1 + 8x_2 \leqslant 480 \\ 3x_1 \leqslant 100 \\ x_1, x_2 \geqslant 0 \\ x \in \mathbb{Z} \end{cases} \tag{4.1}$$

式(4.1)属于线性规划问题,该模型基本没有求解难度,每条约束和目标函数也都容易理解,因此本章后续侧重于借助模型来分析不同求解器或工具箱求解代码的流程结构。

4.3 奶制品加工问题代码方案

4.3.1 Lingo 与 MATLAB 求解器优化模式的比较

计算机求解优化问题的一般流程如图 4.1 所示。

图 4.1 计算机求解优化问题的一般流程

图 4.1 所示过程建模语言进入求解器前,先要转换为矩阵输入形式,但 Lingo 在其内部整合了转换这个中间环节,以求解"奶制品加工最大利润"问题为例,Lingo 代码如下所示(见代码 74)。

代码 74 奶制品加工求解 Lingo 代码方案 1

```
max  = 72 * x1 + 64 * x2;
x1 + x2 <= 50;
12 * x1 + 8 * x2 <= 480;
3 * x1 <=100;
```

代码 74 符合人类的数学思维,和式(4.1)所示的原优化模型数学表达式基本一致,表面看就好像用户把优化数学模型"抄"在了 Lingo 文件里。但计算机真正求解的模型,却并不是用户输入的形式,Lingo 底层会在求解前把"用户优化模型"转换为"计算机优化模型",然后计算机通过识别模型、运算、返回结果的流程,才让用户在屏幕上见到如下输出结果(见代码 75):

代码 75 奶制品加工求解 Lingo 代码返回结果

```
Global optimal solution found.
Objective value:                     3360.000
```

```
Infeasibilities:                0.000000
Total solver iterations:        2
Elapsed runtime seconds:        0.07

Model Class:                    LP

Total variables:                2
Nonlinear variables:            0
Integer variables:              0

Total constraints:              4
Nonlinear constraints:          0

Total nonzeros:                 7
Nonlinear nonzeros:             0

Variable      Value          Reduced Cost
X1            20.00000       0.000000
X2            30.00000       0.000000

Row     Slack or Surplus    Dual Price
1       3360.000            1.000000
2       0.000000            48.00000
3       0.000000            2.000000
4       40.00000            0.000000
```

代码 75 返回的结果说明工厂应购买共计 50 桶牛奶,用 20 桶牛奶加工 A_1、用 30 桶牛奶加工 A_2,这个最优生产计划得到的最大利润为 3 360 元。

Lingo 封装了优化模型与计算机对接的模型转换构造部分(见图 4.2)。在转换模型时虽然会牺牲一定时间,但由于模型语言高度贴近数学形式,从而可大幅提高用户的模型构造效率。

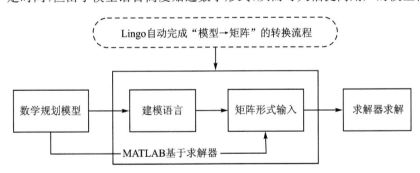

图 4.2　Lingo 求解优化模型的机制

还可以修改 Lingo 代码,把奶制品加工问题的模型进一步参数化和标准化,以变量定义"sets"、数据输入"data"、数据计算"cals"、初值设置"inti"和约束"[Obj & Con]"这 5 个部分,参数化后的模型如代码 76 所示。

代码 76　奶制品加工求解 Lingo 代码方案 2

```
sets:
milk/1..2/:X, bulk_to_kg, price,work_time;
endsets

data:
```

```
bulk_to_kg = 3,4;
price = 24,16;
work_time = 12,8;
total_milk = 50;
upper_All = 100;
work_time_all = 480;
enddata

calc:
endcalc

init:
endinit

[objective]max = @sum(milk(i):X(i) * bulk_to_kg(i) * price(i));
[raw]@sum(milk(i):X(i)) <= total_milk;
[work_time_cons]@sum(milk(i):work_time(i) * X(i)) <= work_time_all;
[instrument]bulk_to_kg(1) * X(1) <= upper_All;
```

因为奶制品问题的数学模型较简单，预处理的 calc 和初始值的 inti 这两个可选模块语句段为空。此外，代码76运行结果与代码74一致，感兴趣的读者可自行测试。

接下来在 MATLAB 环境下调用优化工具箱的 linprog 命令，以求解器式建模方式求解上述奶制品生产计划问题（见代码77）。

代码 77　MATLAB 基于求解器方式求解问题 4.1

```
≫[x, fval] = linprog(-[72 64],[1 1; 12 8; 3 0],...
                    [50 480 100]',[],[],[0 0],[300 300])
Optimal solution found.
x =
    20.0000
    30.0000
fval =
    - 3360
```

代码77仅有1行，同样和 Lingo 返回结果一致，而且比 Lingo 代码还简洁，但正如本书关于 MATLAB 求解器式和问题式这两种建模流程的探讨时所说，求解器式用矩阵建模，表述方式比较简练，但面向用户的建模构造阶段表现并不友好，尤其是结构复杂的数学模型。

接下来讨论和解释 Lingo 代码和 MATLAB 代码之间的差异，这一点仍然要从 MATLAB 的 linprog 函数调用格式说起（见代码78）：

代码 78　MATLAB 中的 linprog 函数调用格式

```
[x, fvl] = linprog(f, A, b, Aeq, beq, lb, ub)
```

MATLAB 的 lingprog 函数有多种调用方式，如果把原来代码77稍微"解压缩"一下，变成下面代码79的形式，会更容易看出基于求解器的模型编写特点。

代码 79　重写奶制品加工问题的 linprog 代码

```
f = -[72, 64];              % 矩阵表示的目标函数
A = [1 1; 12 8; 3 0];       % 矩阵表示的不等式约束的左侧表达式
b = [50 480 100]';          % 矩阵表示的不等式约束的右侧系数向量
Aeq = [];                   % 矩阵表示的等式约束左侧表达式
beq = [];                   % 矩阵表示的等式约束右侧系数向量
lb = [0 0];                 % 决策变量下界
ub = [300 300];             % 决策变量上界
```

```
[x, fvl] = linprog(f, A, b, Aeq, beq, lb, ub)   % 调用 linprog 求解
```

代码 79 的注释标明了每项输入参数的具体意义,这是典型的求解器式建模方式。

✎ 目标函数和约束条件均以全矩阵形式构造,例如代码 76 中 .linprog 函数的第 2 参数和第 3 参数(**A** 和 **b** 写成如下矩阵形式,这样就把 **Ax**≤**b** 这组条件统一表达出来了。

$$A = \begin{bmatrix} 1 & 1 \\ 12 & 8 \\ 3 & 0 \end{bmatrix}, b = \begin{bmatrix} 50 \\ 480 \\ 100 \end{bmatrix}$$

✎ 模型没有等式约束,但调用 linprog 要用空矩阵"[]"在对应输入参数位置占位。

✎ 优化模型可以接受仅以矩阵形式传入的系数,而决策变量 $x = [x_1, x_2]$ 从形式上看,并没有出现在上述 linprog 代码中。

✎ 问题式建模规定只能求解目标函数的最小值,因此奶制品生产计划的利益最大化,在目标函数中添加负号使之转为最大值寻优。

✎ 约束条件只接受"≤"的逻辑形式,大于条件同样要在约束两边加负号转换为"≤"。

✎ 用户要明确知道奶制品加工的模型属于线性规划,然后再指定 linprog 求解。

表面上看,两个代码方案是 Lingo 和 MATLAB 两个软件根据各自的设计思路形成了不同风格的模型形式,加上运行结果一致,似乎更说明二者没有太大的分别。

实际并非如此,MATLAB 基于求解器的优化模型构造,从模型数学表达式转换为紧凑的矩阵形式,这个过程是由用户解析并手动编写的。如果约束条件不多、决策变量个数也较少(例如奶制品加工计划模型),就没有太大的区别。但当优化模型约束条件更为复杂,存在包括整数和连续型,且维度大小不同的多组决策变量时,这样的数学模型想要转换为矩阵形式,往往要花费用户大量的时间和精力。即使一个规模只有上千条约束的问题,因为不同类型的约束条件列维度不同,转换成矩阵形式时就要被动扩维,扩维后的系数矩阵与原模型表达式大相径庭,一旦输入失误,代码错误隐蔽,且很不容易检查出来。

Lingo 代码则遵从了基于问题的建模流程:支持约束条件逐条编写和"碎片化"输入,无需用户被动扩维,条件中变量意义明晰,几乎相当于对着数学表达式在 Lingo 界面直接输入代码。因此,在 MATLAB R2017b 版本正式推出问题式模型构造流程前,Lingo 对于复杂模型的搭建和求解受到了数学建模竞赛用户的青睐。但 MATLAB 在数据处理和图形绘制等方面拥有很强的能力,且对初学者较为友好,因此在相当长的一段时间内,数学建模竞赛中,同学们倾向于用 Lingo 求解模型,再将结果导入 MATLAB 做后处理分析。

4.3.2　MATLAB＋Yalmip 工具箱求解

MATLAB 早期版本对复杂优化模型的表述存在不足,瑞士林雪平大学的 Johan Löfberg 开发了基于 MATLAB 平台的第三方 Yalmip 工具箱,该工具箱采用了 MATLAB 早期对象化程序的编写方法,自定义决策变量和约束类,实现了用问题式建模流程表述、求解优化模型的意图,例如求解奶制品加工问题的 Yalmip 模型代码如下所示(见代码 80)。

代码 80　MATLAB＋Yalmip 求解问题 4.1 的代码

```
% % 1.sets
n = 2;
X = sdpvar(1,n);
% % 2.data
```

```
bulk_to_kg = [3,4];
price = [24, 16];
work_time = [12, 8];
total_milk = 50;
upper_A1 = 100;
work_time_all = 480;
%% 5. object_and_constraints
% f = X * bulk_to_kg' * price';     % 向量操作:复杂分支结构未必通用 --------------- (12)
% c1 = sum(X) <= total_milk;        % ------------------------------------ (13)

f = 0;
for i = 1 : n
    f = f + X(i) * bulk_to_kg(i) * price(i);
end
[c1, c2] = deal(0);
for i = 1 : n
    c1 = c1 + X(i);
    c2 = c2 + work_time(i) * X(i);
end
c3 = 3 * X(1);
C = [c1 <= total_milk, c2 <= work_time_all, c3 <= upper_A1];


% solve
options = sdpsettings('solver','gurobi','verbose', 0);
diagnostics = optimize(C, - f,options);
x = value(X)
o = - value(f)
```

代码 80 的注释标出了和 Lingo 代码 76 中 sets,data 和 obj & constraints 模块的对等部分,求解时用 sdpsettings 指定 Gurobi 为求解器。注意 Yalmip 是在 MATLAB 环境调用 Gurobi 求解器,这表明 Yalmip 承担了构造问题式数学模型,以及充当接口将模型传入第三方求解器求解这两个功能。换句话说,Yalmip 构造了游离于 MATLAB 官方之外的优化模型体系,却又能在 MATLAB 环境内构造基于问题模型表述的流程。因此 Yalmip 工具箱建模不但可以借助 MATLAB 自身编程体系中各种函数命令和矢量化操作带来的便利,也能享受 Yalmip 问题式建模向外部求解器开放的红利。

✍ 评:上述代码第 12~13 行的注释部分,是下方循环体内目标函数 f 和约束 c1 的向量化写法,二者在约束的表示效果方面是相同的,采用循环一方面为对应 Lingo 代码,便于理解;另一方面也能说明 MATLAB 在表述同一问题时,能采用丰富多样的编程手段。

对比 Yalmip 工具箱和 MATLAB 早期版本优化工具箱的求解器式建模流程,Yalmip 在用户端编写和求解模型具有明显的优势,表现在:

✍ 更多的求解器接口:它提供市面上绝大多数优化求解器的接口,而且具有标准化的调用格式,在上述示例求解奶制品生产计划问题时,以 MATLAB 为平台,通过 Yalmip 调用第三方求解器 Gurobi 就是一个典型案例。

✍ 更兼容的语法:以 MATLAB 为平台,兼具问题式模型描述能力及 MATLAB 语言和语法支持这两大优点。用户在编写复杂的约束条件时,用问题式流程描述模型,编写代码用时更少,且优化返回结果和数据仍保留在 MATLAB 内,可以跟后续的数据后处理或绘图代码无缝衔接。

✍ 更广泛的求解算法支持:Yalmip 自身也提供了几种优化求解器函数(包括基于分支定

界算法求解非线性混合整数规划问题的自编函数），调用这些求解器时，在设置参数中更换一个字符串就可以了。

4.3.3　MATLAB 问题式建模重解奶制品加工问题

以本文的奶制品生产计划模型为例，用 MATLAB 的问题式建模流程重新求解，按数学模型表达式写出如下代码 81：

代码 81　奶制品加工问题的问题式建模代码

```matlab
x = optimvar('x', 2, 'LowerBound', 0);                        % 决策变量
prob = optimproblem('ObjectiveSense', 'max', 'Objective', [72 64] * x);    % 决策目标
prob.Constraints.con = [1 1; 12 8; 3 0] * x <= [50; 480; 100];    % 约束条件
[sol, fvl] = solve(prob)
sol.x
```

代码 81 的运行结果与 Lingo，MATLAB 调用 Yalmip 或求解器式建模的结果方案相同，仍然是加工厂每天用 20 桶牛奶生产 A_1、用 30 桶牛奶生产 A_2，得到最大收益 3 360 元。重点在于：问题式建模流程中的"对象化"结构。

首先是问题式建模当中，表述优化要素的变量数据类型和层次结构：

✎ 决策变量：函数 optimvar 创建了维度 2×1、下界均为 0 的连续型决策变量，即奶制品 $i = 1, 2$ 所需牛奶原料桶数均大于零。决策变量 x_i 的数据类型为"optim. problemdef. OptimizationVariable"，从名称看，optim 基类中的决策变量类 OptimizationVariable 又是 problemdef 子类（专用于优化模型要素定义）的下属子类，由于父类与子类存在联系，故某些对象行为、成员函数可以共享。

✎ 优化模型：函数 optimproblem 的创建是基于问题描述方式的优化模型，查看工作空间发现问题模型数据类型为"optim. problemdef. OptimizationProblem"，因此优化问题子类 OptimizationProblem 和之前的 OptimizationVariable 都是 problemdef 模型定义类的同级子类。

上述数据类型反映了问题式优化模型的函数是基于面向对象的程序框架设计的，类型名称采用点调用形式，父类、子类的层级关系清晰明确。但这些定义仅描述了数学模型的抽象行为，还不能用于模型求解。要调用函数 optimproblem 来生成优化模型的实例化对象 prob，通过 Objective、Constraints 等属性的定义和赋值，就可以使模型具体化了，具体表现在：采用什么样的目标函数，目标是最大值或最小值，约束条件具体有哪些等。

代码 81 第 3 行，约束条件 prob.Constraints.con 最后的"con"是由用户自行定义的约束条件名称。在牛奶加工的问题中，约束条件只有一组，可以通过矩阵形式，合并为 1 组约束条件——这也是用 MATLAB 编写优化模型的优势之一。但如果模型存在多组约束条件，不方便通过矩阵统一放在一个约束条件内，也可以在 prob.Constraints 下继续定义更多的 con1，con2，…，如代码 82 所示。

代码 82　多组约束条件在问题式模型中的写法

```matlab
prob.Constraints.con1 = ...
prob.Constraints.con2 = ...
...
```

为方便用户对复杂模型代码进行调试工作，提高用户检查模型错误时的效率和准确率，自 R2019b 版本起，新增了用于展示模型实际形式的 show 函数，可以把问题式模型还原成符合

数学逻辑的形式,如代码83所示。

代码83　用show函数显示模型完整形式

```
>> show (prob)
  OptimizationProblem :
    Solve for:
        x
    maximize :
        72 * x(1) + 64 * x(2)
    subject to con:
        x(1) + x(2) <= 50
        12 * x(1) + 8 * x(2) <= 480
        3 * x(1) <= 100
    variable bounds:
        0 <= x(1)
        0 <= x(2)
```

✍ 注：show 函数还可以用"show(prob. Constraints. con)"的形式显示模型某条约束的情况,这对复杂模型的差错工作来说是实用的。优化工具箱的另一个函数 write(模型表达式写入文件)也有类似功能。

为进一步说明 MATLAB 问题式建模的模型描述机制,依照奶制品加工问题的 Lingo 代码结构,重写了一份 MATLAB 程序(见代码84),阅读该程序的注释,可以清楚地看到与 Lingo 程序的 sets,data,obj & constraints 等部分所对应的语句。

代码84　按 Lingo 代码显示 MATLAB 问题式模型结构

```
% % 1. sets
n = 2;
X = optimvar ('X',n);

% % 2. data
bulk_to_kg = [3,4];
price = [24, 16];
work_time = [12, 8];
total_milk = 50;
upper_A1 = 100;
work_time_all = 480;

% % 5. object_and_constraints
% -------------------------------------------
% 1.向量操作方法——对于复杂分支结构,不一定能简单用向量形式表达
% f = X * (bulk_to_kg. * price)';
% c1 = sum (X);
% c2 = X * work_time';
% -------------------------------------------
% 2.方式1的等效循环方式
f = 0;
for i = 1 : n
f = f + X(i) * bulk_to_kg(i) * price(i);
end
[c1, c2] = deal(0);
for i = 1 : n
c1 = c1 + X(i);
c2 = c2 + work_time(i) * X(i);
end
```

```
%  ------------------------------------------------------------
c3 = 3 * X(1);
prob.Objective = f;
prob.Constraints.raw_cons = c1 <= total_milk;
prob.Constraints.worktime_cons = c2 <= work_time_all;
prob.Constraints.instrument = c3 <= upper_A1;

%% solve
[sol, fvl] = solve(prob);
```

比较代码 76 和代码 84,MATLAB 问题式模型描述方式与 Lingo 在流程结构诸多细节上是类似的,例如:通过 ObjectiveSense 定义目标函数的最大化,允许直接采用“>=”定义大于等于约束等。此外,MATLAB 的问题式模型同样支持求解器模式的矩阵化约束条件表述,更重要的是,结合 MATLAB 函数库,能表达复杂的目标函数或约束条件,降低了用户在代码编写环节的负担。最后,尽管 MATLAB 官方模型在指定求解器时向内封闭(截至 R2022b),但也不是和外部求解器完全隔绝的:除了允许采用 Yalmip 构造模型并指定外部求解器以外,如果安装并设置好 Gurobi,也能调用 Gurobi 中的 linprog/intlinprog 函数以更高效的方式求解一些规模比较大的 LP 或 ILP/MILP 问题。代码 85 就是通过 MATLAB 调用 Gurobi 求解器来计算奶制品加工模型的示例。

代码 85　MATLAB ＋ Gurobi 求解奶制品加工问题

```
x = optimvar('x',2,'LowerBound',0);
prob = optimproblem('ObjectiveSense','max','Objective',[72 64]*x);
prob.Constraints.con = [1 1;12 8;3 0]*x <= [50;480;100];
addpath('C:\gurobi1000\win64\examples\matlab')  % 在 matlab 中加入 gurobi 命令搜索路径
[sol,fvl] = solve(prob);
rmpath('C:\gurobi1000\win64\examples\matlab')   % 在 matlab 中移除 gurobi 命令搜索路径
%  ------------------------------------------------------------
Solving problem using linprog.
Gurobi Optimizer version10.0.0 build v10.0rc2 (win64)
...
Model fingerprint: *********
Coefficient statistics:
  Matrix range     [1e+00, 1e+01]
  Objective range  [6e+01, 7e+01]
  Bounds range     [0e+00, 0e+00]
  RHS range        [5e+01, 5e+02]
Presolve removed 1 rows and 0 columns
Presolve time: 0.01s
Presolved: 2 rows, 2 columns, 4 nonzeros

Iteration    Objective       Primal Inf.    Dual Inf.      Time
     0    -3.6000000e+03   2.416667e+01   0.000000e+00     0s
     2    -3.3600000e+03   0.000000e+00   0.000000e+00     0s

Solved in 2 iterations and 0.02 seconds (0.00 work units)
Optimal objective -3.360000000e+03
```

4.4　奶制品加工问题的延伸讨论

本节借助 MATLAB,Yalmip,Lingo,Gurobi 等软件或工具箱,进一步探讨奶制品加工模型几个延伸问题的代码方案。

- 延伸讨论1：若35元可买到1桶牛奶，是否做这项投资？若投资，每天最多买多少桶牛奶？
- 延伸讨论2：若可以聘用临时工人以增加劳动时间，付给临时工人的工资每小时最多多少元？
- 延伸讨论3：由于市场需求变化，每千克 A_1 获利增加到30元，是否应该改变生产计划？

4.4.1　延伸讨论1：追加投资

奶制品加工模型的第1个延伸讨论，大意是当市场情况发生变化，原材料有一定幅度的涨价（30元→35元）时，则工厂是否能顺利收回成本，甚至利润目标是否还能继续增大。首先将最优解：甲乙车间各自20和30桶牛奶的数值代入原模型约束条件，发现牛奶原料被全部用完（20+30=50），工人工时也全部用完（20×12+30×8＝480），但甲车间的生产力却没有完全利用，这说明原料和工时属于"紧"约束，而无需到达甲车间产能上限就能获得最大收益。换句话说，最大收益的瓶颈在原料和工时，而不是车间自身的生产能力。

由此推知：如果紧约束被放松，效益必然继续增加，这样效益就有了潜在的提升价值，这在经济上被称为"影子价格"，一桶牛奶的影子价格是48元（感兴趣的读者可以实际算一下牛奶的影子价格），只需把牛奶供应上限增加1桶，改为51桶后重新运行代码74，比较增加牛奶上限前后的目标函数值（3 360元→3 408元）之差，就可以得到48的结果。因此原料价格（只涨到35元），虽然变高了，假设继续增加牛奶供应，利润仍然是上升的（48-35=13元/桶），自然值得投资。

如以桶为单位，增加牛奶供货量，在增至60桶前，利润都增加，意味着牛奶桶总数 $x \in [50,60]$ 时，影子价格带来的正收益都是存在的。

影子价格在MATLAB中也可以通过linprog命令直接求解：其调用格式中的第5个返回参数 lambda 可以返回解向量 x 的非零lagrange乘子系数，如代码86中的输出参数 lam1，其数值的含义即为影子价格。

代码86　MATLAB问题式模型中的影子价格

```
x = optimvar ('x',2, 'LowerBound',0);                    % 构造决策变量
prob = optimproblem ('ObjectiveSense','max','Objective',[72 64] * x); % 构造决策目标
prob.Constraints.con = [1 1;12 8;3 0] * x <=[50;480;100]; % 构造约束条件
[sol,fvl,~,~,lam1] = solve (prob);
% -------------------------------------------------------
>> lam1.Constraints.con
ans =
    48
    2
    0
```

数组变量 lam1 第1个值为48，代表牛奶约束中能产生利润的最大出售单价，与之前分析的结果一致；同理，第2个值为工人劳动时间的影子价格，也同样存在一定效益提高空间，但生产时间超出1小时，利润只增加2元；第3个值则是工厂产能的影子价格。

4.4.2　延伸讨论2：增加劳动时间

工人工时总量也是紧约束，如果增加一个工人的工时，总利润增加2元，所以如果聘用临

时工,则付给工人的薪金不能超过 2 元/小时,且增加工人工时的上限是 53.333 h。

尽管 MATLAB 可以求解决策变量和约束条件的影子价格,但截至 R2022b 版本,还没有提供类似 Lingo 的敏感性分析功能。但 MATLAB 可以通过三软件的接力协同操作,即 MATLAB 建模、在 MATLAB 平台借助 Gurobi 生成 mps 文件、由 Lingo 读取并计算,实现敏感性分析,具体步骤如下:

✍ 步骤 1:编写(见代码 87)将 MATLAB 问题式优化模型转换为 Gurobi 可识别模型的 M 程序"prob2gurobi.m",该程序实际上是按照规定的字段从 MATLAB 问题模型中读取相关的结构体域数据。

代码 87　MATLAB 模型转换为 Gurobi 模型的 M 程序

```
function model = prob2gurobi(prob)
    model_s = prob2struct(prob);
    model.A = [model_s.Aeq;model_s.Aineq];
    model.obj = model_s.f;
    model.rhs = [model_s.beq;model_s.bineq];
    model.sense = repelem('=<',[numel(model_s.beq),numel(model_s.bineq)]);
    model.vtype = repmat('C',1,length(model_s.lb));
    model.vtype(model_s.intcon) = 'I';
    model.modelsense = 'min';
    model.lb = model_s.lb;
    model.ub = model_s.ub;
end
```

✍ 步骤 2:在 MATLAB 中调用 Gurobi 命令 gurobi_write,把前述步骤得到的模型转换为 mps 文件(见代码 88)。

代码 88　转换 mps 文件的调用代码

```
model = prob2gurobi(prob);
gurobi_write(model, 'ExMilk.mps');
```

✍ 步骤 3:打开 Lingo 软件,在 Lingo 工具栏选择 Solver ≫ Options ≫ General Solver ≫ Dual Computations,把默认的 Prices 选项改为 Prices & Ranges。

✍ 步骤 4:在 Lingo 中打开步骤 2 生成的 mps 文件,单击求解按钮,求解完毕按下 Ctrl + R 或单击 Solver ≫ Range 查看敏感性分析报告,敏感性分析报告中的结果如下(见代码 89):

代码 89　Lingo 读取 mps 文件得到的敏感性分析报告

```
Ranges in which the basis is unchanged:
                        Objective Coefficient Ranges:
                 Current        Allowable       Allowable
Variable         Coefficient    Increase        Decrease
  C0             72.00000       24.00000        8.00000
  C1             64.00000       8.00000         16.00000


                        Righthand Side Ranges:
              Current        Allowable       Allowable
Row           RHS            Increase        Decrease
R0            50.0000        10.00000        6.666667
R1            480.0000       53.33333        80.00000
R2            100.0000       INFINITY        40.00000
```

上述结果表达了决策变量数据的变化对最终利润的影响,例如当前正式工人总劳动时间为 480 h,而这个值的增加上限(Allowable Increase)为 53.333 3 h,表明劳动时间按付给工人的薪酬不超过 2 元/h,且劳动时间增至 480 h+53.333 3 h,收益值都会保持增加,但如此低的工人时薪也表明:基于模型现有的数据,通过雇用临时工来增产增效的决策并不明智。

4.4.3 延伸讨论 3:改变生产计划

第 3 个延伸讨论的问题是让每千克 A_1 的获利增至 30 元,也就是不同产品导致的获利权重发生变化,是否会促使修改向两个车间投放牛奶原料的数量比例?

这一点可以用本章前述奶制品加工相关的任意求解代码来验证:修改权重因子数值并代入原模型,把目标函数换成 $f(x)=90x_1+64x_2$,计算出的设计结果仍然是甲车间 20 桶,乙车间 30 桶,只是总利润上升到 3720 元,因此利润权重的增幅尚不足以迫使生产计划发生改变,总利润的增长单纯来自 A_1 的获利增幅。

相同的分析结果也可由敏感性分析报告得到:根据代码 89 第 6 行的数据,当生产 A_1 的牛奶桶数在(72−8,72+24),即 $x_1\in[64,96]$ 时,生产计划无需改变即能获利。当 A_1 获利从 24 元上升到 30 元,且 A_1 每桶牛奶生产 3 kg 时,则单位获利数据是 30×3=90 元,这个数据处于 x_1 允许范围内,证实原来的生产计划(甲 20 桶,乙 30 桶)无需调整。

4.5 小 结

本章给出一道简单的奶制品加工 LP 问题,采用多种代码方式对其求解,主要目的是理解如下这几个很关键的概念:

- ✐ MATLAB、Lingo 等软件在求解优化问题时,模型搭建的主要机制与流程可以被标准化,而这个标准化流程在不同优化求解器中是基本相同的。
- ✐ Lingo 封装了以矩阵形式向求解器内部输入模型的过程,这是一种典型的基于问题的建模思路,也是被推荐的模型构造方式。
- ✐ MATLAB 早期版本的官方工具箱仅支持被称为"基于求解器"式的建模形式,它需要手动将模型的目标函数、约束等解析为矩阵模式才能求解,遇到比较复杂的模型问题,用户可能会在构造模型时花费许多额外的时间和精力。
- ✐ Yalmip 作为 MATLAB 环境下的第三方工具箱,基本弥补了 MATLAB 求解器式建模的短板,还可以在 MATLAB 环境下调用第三方求解器,Yalmip 本身也内置了几种针对凸/非凸问题的求解命令,例如 sdpsettings 通过 solver 指定 BNB 或者 BMIBNB,基于分支定界算法,可以依靠非线性解来求解上界松弛问题(运行速度相对于各类主流商用求解器可能较慢)。
- ✐ MATLAB 在 R2017b 正式推出问题式建模官方流程架构,该架构基于全新的面向对象结构,在一个 optim 的基类下,能使用 MATLAB 语言实现优化模型的搭建与求解全过程。

对于可使用诸如 linprog,intlinprog,quadprog 等直接求解的复杂模型,MATLAB 基本上可以用上述函数替代 Lingo 来求解,不过本章仍然留下很多问题有待于解决和回答,例如:规模稍大的问题,其求解效率如何? 能不能得到全局最优? 当约束条件变得更复杂,例如约束间具有因果依赖的逻辑关系时如何表示? 等等,这些问题将在后续章节结合代码实例分别探讨。

第5章 有瓶颈设备多级生产计划问题中的约束表示

前一章通过奶制品加工的线性规划问题,介绍了 Lingo 模型搭建与求解的流程机制,并比较了不同软件的代码方案。从结果看,MATLAB 的问题式建模在数学建模竞赛的场景中,无论从编程的便利性还是功能性,已经大幅缩小了和主流优化求解器在模型构造方面的差距。不过奶制品加工模型属于小规模线性规划问题,它还不足以暴露出数学建模实际训练过程中可能遇到的代码困难,因此诸如:计算效率、复杂约束的代码表述、各类形式优化问题的求解能力等,本书后续还要做进一步探讨。

本章将通过有瓶颈设备多级生产问题的代码实例,分析介绍 MATLAB 问题式建模中的 optimconstr 命令以及矩阵化的表示语法,是如何描述优化模型中,同一类型但数量众多的约束条件以及目标函数的。通过对该代码的分析,主要掌握在优化模型中,具有重复表达形式但数量非常多的约束条件在 MATLAB 中的表述思路。

5.1 有瓶颈设备的多级生产计划问题描述

问题 5.1:所谓"有瓶颈设备多级生产问题",属于制造企业制订的中短期生产计划管理方案。它要考虑生产计划的资源优化配给:给定外部需求和生产能力等限制条件,按一定生产目标(通常为生产费用最小)编制未来若干个生产周期的最优生产计划,通常也被称为批量问题(Lotsizing Problems)。由于实际生产环境还包括动态需求,非线性的生产费用与生产工艺过程,多级产品(多工艺阶段方可生产)的网络结构,生产能力总量上限以及车间层生产排序等,因此批量问题总体来讲是个颇为复杂和困难的问题。某工厂的主要任务是组装生产产品 A,用于满足外部市场需求。产品 A 的子组件组装线路如图 5.1 所示。

图 5.1 中的 D、E、F、G 为外部采购零件,先将零件 D、E 组装成部件 B,零件 F、G 组装成部件 C,部件 B、C 再组装成产品 A 出售。图中数字表示组装时部件(产品)包含的零件(部件)数量(称:消耗系数),例如 DB 线段上的数字(9)表示组装 1 个部件 B 需要用到 9 个零件 D,其余类推。

假设工厂每次生产的计划期为 6 周(每次制定未来 6 周的生产计划),只有最终产品 A 有外部需求,目前收到的订单需求件数按周的分布如表 5.1 所列。

部件 B,C 是在该工厂最关键的设备(瓶颈设备)上加工和组装的,瓶颈设备的生产能力非常紧张,具体可供能力如表5.1第3行所示(第2周检修周不可以使用),B和C能力消耗系数分别是5和8,即生产1件B占用5个单位的能力,生产1件C需占用8个单位的能力。

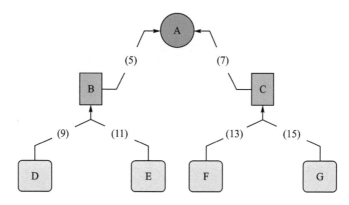

图 5.1 产品 A 的组件组装线路图

表 5.1 外部需求与瓶颈生产能力

周 次	1	2	3	4	5	6
A 的外部需求	40	0	100	0	90	10
瓶颈能力	10 000	0	5 000	5 000	1 000	1 000

对每种零部件和产品,如果工厂在某一周订购或者生产该零部件或产品,工厂需要付出一个与订购或生产数量无关的固定成本(生产准备费用);如果某一周结束时,该零部件或产品有库存存在,则工厂必须付出一定的库存费用(与库存数量成正比)。这些数据如表5.2所列。

表 5.2 生产准备与单件库存费用数据表

零件编号	A	B	C	D	E	F	G
生产准备费用	400	500	1 000	30 000	200	400	100
单件库存费用	12	0.6	1.0	0.04	0.03	0.04	0.04

按工厂信誉度要求,目前接收的所有订单到期必须全部交货(不能缺货);此外,不妨简单假设目前该企业没有任何零部件或者产品库存,也不希望第6周结束时遗留任何零部件或产品库存。假设不考虑生产提前期,即假设当周采购的零件马上可以用于组装,组装出来的部件也可以马上用于当周组装成品A。根据以上假设和所给数据,请指定该工厂在未来6周的生产计划。

5.2 问题中的符号及其意义

问题5.1是在给定计划期限内,当产能、费用及零部件或成品等生产要素(在某个周期时间段上)的外部需求都确定时,计算各生产要素在该时间段上的生产批量问题[5]。按该批量进行的生产过程,其生产成品全过程所发生的总费用为最小(总费用包括生产准备费用和库存费用,但不计生产过程的能耗、人力、原料的成本),模型用到的符号及其含义如表5.3所列。

表 5.3   多级生产计划问题的数学模型符号列表

符　号	意 义 说 明
N	生产项目总数(7)
T	计划期长度(6)
M	用于确保模型线性化的充分大正数
$D_{i,t}$	项目 i 在 t 时段的外部需求(仅 A 具有外部需求)
P_i	产品结构中项目 i 的直接后继项目集合
$R_{i,j}$	产品结构中项目 j 对项目 i 的消耗系数
S_i	项目 i 的生产准备费用
H_i	项目 i 的单件库存费用
C_t	t 时段的瓶颈能力
A_i	项目 i 的能力消耗系数
$x_{i,t}$	项目 i 在 t 时段的生产批量,$\forall i \in N, t \in T$
$y_{i,t}$	项目 i 在 t 时段是否生产（{0|1} 变量）,$\forall i \in N, t \in T$
$z_{i,t}$	项目 i 在 t 时段的库存量,$\forall i \in N, t \in T$
$w_{i,t}$	生产项目 i 在第 t 生产周期的内部需求,$\forall i \in N, t \in T$

5.3   数学模型

数学模型的目标是让生产总费用 F 最小化,目标取值与每个生产周期内生产的子组件或成品产量相关,因此决策变量就是第 t 个生产周期内,生产项目 i 的生产量 $x_{i,t}$；以成本最小作为目标,成本由库存费用和生产准备费用这两部分组成,库存费用是单位库存成本 H_i 和库存量的乘积,用另一个决策变量 $z_{i,t}$ 表示,表述生产项目 i 在第 t 周的库存量；最后,第 2 周因检修强制停产,需补充一组“{0|1}”决策变量 $y_{i,t}$,用于判断第 t 个生产周期是否生产项目 i。综合以上,模型共需要 3 组基本决策变量 $x_{i,t}$、$y_{i,t}$、$z_{i,t}$,变量意义汇总如表 5.3 所列。

为方便表达数学模型,再引入中间变量 $w_{i,t}$,即生产项目 i 在第 t 个时间周期的内部需求(项目 i 在生产内部的需求等于各项目对其需求之和)。有些项目对 i 有需求有些则没有,为方便求总数,对于没有需求的项目,令消耗系数为 0,对于有需求的项目,消耗系数设置为具体需求量,这样就可以把项目内部需求用式(5.1)所示的方法表述:

$$w_{i,t} = \sum_{j \in P(i)} R_{i,j} x_{j,t} \tag{5.1}$$

目标函数为所有产品项目在所有时段发生的生产准备费用和库存费用之和,且该费用要求最小化,如式(5.2)所示:

$$\min F = \sum_{i \in N} \sum_{t \in T} z_{i,t} H_i + \sum_{i \in N} \sum_{t \in T} y_{i,t} S_i \tag{5.2}$$

约束条件包含:库存平衡条件、生产瓶颈约束条件、生产量与是否生产的逻辑关系,解释如下:

✍ 库存平衡约束:注意到目标函数中没有出现决策变量 $x_{i,t}$,但决策变量和库存的初值和消耗量决定了库存数量，进而可以影响到目标函数。本周的库存量和消耗量满足如下等式关系：

本周库存量＝上周库存量＋本周生产量－本周消耗量

本周消耗量＝产品外部需求量＋产品供给下一个生产项目的数量（内部需求）

综合上述内容，本周库存量表示为

本周库存量＝上周库存量＋本周生产量－本周外部需求－产品内部需求

因此库存平衡约束条件的数学描述如式（5.3）所示：

$$z_{i,t} = z_{i,t-1} + x_{i,t} - D_{i,t} - w_{i,t} \tag{5.3}$$

式（5.3）是一个迭代表达式，需要一个库存量的初值才能计算，依据题目意思属于有限生产周期形式，初始库存状态为 0，即

$$z_{i,0} = 0$$

✎ 生产瓶颈约束：每个时段生产的瓶颈等于各个项目的能力消耗系数与每个时段各自的生产量乘积之和，生产瓶颈能力约束如式（5.4）所示：

$$\sum_{i=1}^{N} A_i x_{i,t} \leqslant C_t \tag{5.4}$$

✎ 生产量与是否生产的逻辑关系约束：生产量与是否生产的逻辑关系表述是复杂生产计划模型的难点。条件要表达两层意思：如果不生产，则生产量为 0；如果生产，则生产量要不高于生产能力上限。进一步分析发现，如果生产量为 0 则不需要约束条件，因为目标函数要求成本最低的关系，会尽可能地不生产，也就是说，只需要保证当 $y_{i,t} = 0$ 时，$x_{i,t} = 0$；而当 $y_{i,t} = 1$ 时，$x_{i,t}$ 任意不做约束，为了让 $x_{i,t}$ 和 $y_{i,t}$ 这层约束关系线性化，需要用一个充分大的数字作为所有生产项目的生产量上限，而生产量的下限，根据运筹学关于"大 M 法"的知识，写成 $y_{i,t} \leqslant x_{i,t}$，因此实际生产量和不允许生产时的零产量逻辑关系，就可以表述为式（5.5）所示的形式：

$$y_{i,t} \leqslant x_{i,t} \leqslant My_{i,t} \tag{5.5}$$

综合上述，复杂生产计划问题的完整数学模型如式（5.6）所示。

$$\min F = \sum_{i \in N} \sum_{t \in T} z_{i,t} H_i + \sum_{i \in N} \sum_{t \in T} y_{i,t} S_i$$

$$\text{s. t. :} \begin{cases} z_{i,t} = z_{i,t-1} + x_{i,t} - D_{i,t} - w_{i,t} & \forall i \in N, t \in T \\ \sum_{i=1}^{N} A_i x_{i,t} \leqslant C_t & \forall t \in T \\ y_{i,t} \leqslant x_{i,t} \leqslant My_{i,t} & \forall i \in N, t \in T \end{cases} \tag{5.6}$$

✎ 注：模型基本决策变量中产量 $x_{i,t}$、库存量 $z_{i,t}$ 在实际生产中是按整数计件的，但工厂一个周期的生产数量通常远大于一个单件，因此，当生产规模远大于基本单元（件）时，运筹学允许以连续变量类型表示整数计件的决策变量。

5.4　代　码

生产计划的模型表达式属于线性混合整数规划模型，编写代码的关键之一是准确表述生产项目物流守恒条件里每个周期的"库存－生产"关系，本节用 Lingo 和 MATLAB 编写了 3

种不同的代码方案。

5.4.1　Lingo 方案

数学模型通过矩阵化求积并求和,描述 $T=6$ 的周期内,安排 $N=7$ 个生产项目,在满足生产要求的前提下,让生产准备费用和库存费用最小。Lingo 表述模型时,通常采用 sets 定义数据的索引角标,然后通过@sum 遍历表达式中的每个元素计算,如代码 90 所示。

代码 90　复杂生产计划模型的 Lingo 方案

```
sets:
    part/1..7/:set,hold,a;
    time/1..6/:capacity;
    uses(part,part):req;
    pxt(part,time):demand,x,y,inv;
endsets

data:
demand = 40      0      100      0      90      10
          0      0        0      0       0       0
          0      0        0      0       0       0
          0      0        0      0       0       0
          0      0        0      0       0       0
          0      0        0      0       0       0
          0      0        0      0       0       0;
capacity = 10000    0    5000    5000    1000    1000;
set = 400 500 1000 300 200 400 100;
hold = 12 0.6 1.0 0.04 0.03 0.04 0.04;
a = 0 5 8 0 0 0 0;
req = 0      0      0      0      0      0      0
      5      0      0      0      0      0      0
      7      0      0      0      0      0      0
      0      9      0      0      0      0      0
      0     11      0      0      0      0      0
      0      0     13      0      0      0      0
      0      0     15      0      0      0      0;
M = 25000;

enddata

min = @sum(pxt(i,j):set(i) * y(i,j) + hold(i) * inv(i,j));

@for(pxt(i,j): @if(j #eq# 1, 0, inv(i,j-1)) + x(i,j) - inv(i,j) =        ! ------(32)
                    demand(i,j) + @sum(part(k):req(i,k) * x(k,j)));  ! ------(33)
@for(time(j):@sum(part(i):a(i) * x(i,j)) < capacity(j));
@for(pxt:X <= M * y; @bin(y));
```

代码 90 的第 32～33 行表示库存平衡约束条件,理解该约束的关键在于最后一项内部需求 $w_{i,t} = \sum_{j \in P(i)} R_{i,j} \cdot x_{j,t}$ 的求和下标,即 $j \in P(i)$ 所代表的含义。

下标 j 对 $P(i)$ 的集合归属,源于图 5.1 中三个层级的生产项目需求逻辑关系,例如:想生产 1 个单位的 A,需要 5 个单位的 B 和 7 个单位的 C,因此 A 就是 B 和 C 的后继产品;生产 1 个单位的 B,又需要 9 个单位的 D 和 11 个单位的 E,因此产品 B 就是 D,E 的后继产品。因此,仅当判定两产品间具有直接逻辑需求关系时,才能让实际生产消耗系数 req(i,k) 和生产产品数量相乘。但这个 if 判断不方便直接写进约束,为便于描述产品间具有先后出现次序以及继承逻辑特征的产品应有的消耗数,就构造了 $N×N$ 维度的需求变量 req。比如观察代码 90 的第 2 行(产品 B)中,消耗系数只有第 1 个元素(产品 A)为 5,其他都为 0,这代表除了产品 A 对产品 B 有消耗需求,其他产品都对产品 B 没有消耗需求,模型就将这种没有消耗的情况标识为 0。

综上,库存平衡条件中的 $\sum_{j∈P(i)} R_{i,j} \cdot x_{j,t}$ 就容易理解了,因为只有直接后继关系的需求消耗才能用消耗系数 req 和产品产量相乘获取总数量,为便于表达,不管有无需求都做乘法,构造出统一的需求和生产数据的矩阵乘法,即 @sum(part(k):req(i,k) * x(k,j))),表达式形式如下:

$$\left[req(i,1),\cdots,req(i,7) \right] \times \begin{bmatrix} x(1,j) \\ x(2,j) \\ \vdots \\ x(7,j) \end{bmatrix}$$

产品项目间如果没有需求关系,则对应消耗系数为 0,乘积不会影响最终的库存平衡关系,这就是原模型中最后一项求和下标存在一个集合关系"$j∈P(i)$",而代码 90 表面上却没有表达该集合的原因了。

运行代码 90 前,在 Lingo 界面菜单栏单击 Solver》Solution,打开 Solution Report or Chart,在 Attribute(s) or Row name(s) 下拉菜单选择"x",勾选 Nonzero Vars and Binding Rows Only,显示结果中就只有决策变量 x 的非零优化求解结果,如代码 91 所示。

代码 91 Lingo 方案的运行结果

```
Global optimal solution found.
Objective value:                    9245.000
Objective bound:                    9245.000
Infeasibilities:                    0.000000
Extended solver steps:                     0
Total solver iterations:                 524
Elapsed runtime seconds:                0.24

Variable           Value        Reduced Cost
X( 1, 1)        40.00000          0.000000
X( 1, 3)        100.0000          0.000000
X( 1, 5)        100.0000          0.000000
X( 2, 1)        200.0000          0.000000
X( 2, 3)        1000.000          0.000000
X( 3, 1)        1055.000          0.000000
X( 3, 4)        625.0000          0.000000
X( 4, 1)        1800.000          0.000000
X( 4, 3)        9000.000          0.000000
X( 5, 1)        2200.000          0.000000
X( 5, 3)        11000.00          0.000000
X( 6, 1)        13715.00          0.000000
X( 6, 4)        8125.000          0.000000
X( 7, 1)        15825.00          0.000000
X( 7, 4)        9375.000          0.000000
```

结果表明,在一个生产周期内的所有组件库存总费用以及生产准备总费用二者之和是 9 245 元,并且代码 91 中列出了所有产量不为零的 $x_{i,t}$,例如 $x_{7,4}=9\,375$,代表在第 4 周工厂生产组件 7 的总数量是 9 375 个。

以上是问题 5.1 的复杂生产计划的 Lingo 代码方案,接下来继续介绍几种 MATLAB 环境下的求解代码方案。

5.4.2　MATLAB 方案

1. 方案 1:两重循环＋判断流程编写物流守恒约束

模型表达式的关键是通过代码表示物流守恒约束,在 MATLAB 环境中,该约束的代码解决方案不止一种,其中一种如代码 92 所示,借助了 optimeq 函数,以二重循环表达多周期的物流平衡的等式约束条件。

代码 92　方案 1:循环表述物流平衡约束

```
clear;clc;close all
% 基本数据
[N,T] = deal (7,6);
Dem = [40 0 100 0 90 10;zeros(T)];
Cap = 1e3 * [10 0 5 5 1 1]';
Set = 1e2 * [4 5 10 3 2 4 1];
Hold = [12 .6 1 .04 .03 .04 .04];
A = [0 5 8 0 0 0 0];
Req = full (sparse(2:7,[1 1 2 2 3 3],5,2:15,N,N));
P = {[],1,1,2,2,3,3};
% 决策变量
x = optimvar ('x',N,T,'LowerBound',0);
y = optimvar ('y',N,T,'LowerBound',0,"UpperBound",1,"Type","integer");
Inv = optimvar ('Inv',N,T,'LowerBound',0);
% 决策目标
prob = optimproblem ('ObjectiveSense','min',...
                     'Objective',        sum (Set * y + Hold * Inv));
% ------------------- 约束1:库存平衡约束 ------------------- (18)
Con1 = optimeq (N, T);
for i = 1 : N
    for t = 1 : T
        if t == 1
            Con1(i,t) =   x(i,t) - Inv(i,t) == Dem(i,t) + Req(i,P{i}) * x(P{i},t);
        else
            Con1(i,t) = Inv(i,t-1) + x(i,t) - Inv(i,t) == ...
                                        Dem(i,t) + Req(i,P{i}) * x(P{i},t);
        end
    end
end
prob.Constraints.con1 = Con1; % ------------------------------------- (30)
prob.Constraints.con2 = (A * x)' <= Cap;      % 约束2:资源能力上限约束
prob.Constraints.con3 = x <= 2.5e4 * y;       % 约束3:产量与是否生产逻辑关系约束
% 求解
addpath ('C:\gurobi1000\win64\examples\matlab')
[sol0502,fvl0502] = solve (prob);
sol0502.x,sol0502.y,sol0502.Inv,fvl0502
rmpath ('C:\gurobi1000\win64\examples\matlab')
```

前述内容借助 Lingo 代码方案解释了库存平衡约束,代码 92 第 18～30 行则是这一条件的 MATLAB 表述方式,解释如下:

✍ 采用 optimeq 初始化 7×6 的约束条件数组 Con1,再用二重循环向数组内添加每个产品项目在每个生产周内的库存平衡等式关系。

✎ 按照时间段划分,问题属于有限生产周期模型,第 1 天为零库存,因此当 $t=1$ 时,表达式中没有期初库存。

✎ 注意第 10 行定义的 P_i 为项目 $i(i=1,2,\cdots,7)$ 的直接后继组装产品项目,其数据被赋值为 $P=\{[],1,1,2,2,3,3\}$,cell 数组的这 7 个元素以及元素在序列中的索引有两种含义:

■ 元素值本身代表项目从 A~G(见图 5.1)的对应值,例如:1 代表项目 A,2 代表项目 B,3 代表项目 C 等;

■ 元素索引为当前项目的子部件编号,例如 $P\{4\}=2$,其索引为 4、值为 2,表明部件 D(即 $i=4$)的直接后继项目是 B。由于 $P\{i\}=B(4)=2$,故生产项目 B 时,需具备的前期条件是需求变量 Req 的第 $(i,P(i))=(4,2)$ 个元素的值为 9,即要生产当前项目 B,需要子部件 D 的数量为 9。这在题图中有明确表示,因此第 24 或第 26 行最后一项表示当前批次项目要求生产 $x(P\{i\},t)$ 个产品项目,则对应所需的前级部件有 $\text{Req}(i,P\{i\})*x(P\{i\},t)$ 个。这就是库存等式约束产品项目内部需求 $\sum R_{i,j}x_{j,t}$ 中,求和下标项"$j\in P(i)$"在 MATLAB 中的表达方式。

2. 方案 2:两重循环＋矩阵乘法编写库存平衡约束

代码 92 通过循环方式表达了每周库存平衡条件,截至 R2022b 版本,MATLAB 优化工具箱通过问题式建模构造较大的模型时,其循环效率偏低,本书后续介绍的沙漠穿越问题(详见第 14.5.1 节和第 15.7.5 节)就存在这种现象,因此考虑通过向量化方式重写库存平衡条件,如代码 93 第 18~27 行所示。此外,将 $j=1$ 的周期首日单列条件,规避了 if 流程。

代码 93 方案 2:循环＋矩阵表述库存平衡约束

```
clear;clc;close all
% 基本数据
[N,T] = deal(7,6);
Dem = [40 0 100 0 90 10;zeros(T)];
Cap = 1e3 * [10 0 5 5 1 1]';
Set = 1e2 * [4 5 10 3 2 4 1];
Hold = [12 .6 1.04 .03 .04 .04];
A = [0 5 8 0 0 0 0];
Req = full(sparse(2:7,[1 1 2 2 3 3],5:2:15,N,N));
% 决策变量
x = optimvar('x',N,T,'LowerBound',0);
y = optimvar('y',N,T,'LowerBound',0,"UpperBound",1,"Type","integer");
Inv = optimvar('Inv',N,T,'LowerBound',0);
% 决策目标
prob = optimproblem('ObjectiveSense', 'min',...
                    'Objective',sum(Set * y + Hold * Inv));

% ------------------ 约束1:库存平衡方程 - 1 -------------------------(18)
Con1 = optimconstr;
for i = 1:N
    for j = 2:T
        Con1 = [Con1;Inv(i,j-1) + x(i,j) - Inv(i,j) == Dem(i,j) + Req(i,:) * x(:,j)];
    end
end
prob.Constraints.con1 = Con1;
```

```
% ─────────────────── 约束1:库存平衡方程-2 ───────────────────
prob.Constraints.con2 = x(:,1) - Inv(:,1) == Dem(:,1) + sum(Req * x(:,1),2);
prob.Constraints.con3 = (A * x)' <= Cap;      % 约束2:资源上限约束
prob.Constraints.con4 = x <= 2.5e4 * y;       % 约束3:产量与是否生产逻辑关系约束
% 求解
[sol0502,fvl0502] = solve(prob);
```

✎ **注:** 代码 92 在初始化 Con1 这组约束时,语句"Con1 = optimeq(N,T)"把条件维度固定在 7×6,而代码 93 则没有指定具体维度。因此语句"Con1 = optimconstr"竖直拼接了循环所产生的多个约束条件,并且最终"拼"成 42×1 的条件组,无论哪种方式,对优化问题的求解而言都是等价的。

运行结果见代码 94,其包括了数学模型所关心的两个结果:

① 计划生产具体产品的数量,0 代表在某一时间周(列)内不生产某种产品项目(行)。比如优化结果的第(4,5)个位置的元素为 0,代表第 5 个时间周期内,无需生产第 4 个产品项目 D。

② 整个生产准备费用和库存费用之和最小值为 9 245 元。

solve 命令自动调用整数线规命令 intlinprog 求解。也可以按方案 1 代码,利用 addpath 将 Gurobi 中的相关路径手动加入搜索路径,MATLAB 会优先调用 Gurobi 下的同名函数 intlinprog 求解。

代码 94　方案 1 或方案 2 的代码运行结果

```
>> sol0502.x
ans =
      40        0      100        0      100        0
     200        0     1000        0        0        0
    1055        0        0      625        0        0
    1800        0     9000        0        0        0
    2200        0    11000        0        0        0
   13715        0        0     8125        0        0
   15825        0        0     9375        0        0
>> fvl0502
fvl0502 =
        9245
```

5.4.3　optimconstr 和 optimeq 函数功能解析

库存平衡条件要罗列出相邻生产时段中,具有迭代耦联关系的数据,例如:$z_{i,t-1}$ 和 $z_{i,t}$ 分别代表在本周期每个生产项目的期初库存和期末库存,这是模型的基本决策变量,Lingo 按照 sets 集合给定的维度,正好列出了 7×6=42 个约束条件(代码 90,第 32~33 行)。

5.4.2 节 MATLAB 代码方案中分别选择使用 optimconstr 和 optimeq 来描述式(5.3)的库存平衡条件,它们是问题式建模流程中常用的函数,主要作用是通过数组形式来表述具有相互关联关系的一组约束。

就问题 5.1 而言,这两个函数都能把每个时段的每种生产项目与库存相关的平衡条件放在一起,将其视作一个整体,且 42 个子约束条件包含时间上的先后依存关系。从代码的编写逻辑来看,每条子约束又是用循环逐条输入的,这归因于当前时间周期内的生产数据和前一时间周期库存参量的数值有关。MATLAB 通过优化类中的成员函数 optimconstr 创建"空"约束条件数组(见代码 95),这类似于普通数组语句中的"a = []",可向空数组内逐步添加元素

（"元素"指的是用 optimconstr 添加约束条件）。

代码 95　optimconstr 构造约束条件"族"

```
Dem = [40 0 100 0 90 10;zeros(T)];
Req = full(sparse(2:7,[1 1 2 2 3 3],5:2:15,N,N));

Con1 = optimconstr;          % 建立空约束条件数组 Con1
for i = 1:N
    for j = 2:T
        Con1 = [Con1; ...    % Con1 尾部循环添加子约束
        Inv(i,j-1) + x(i,j) - Inv(i,j) == Dem(i,j) + Req(i,:) * x(:,j)]; % #ok <*AGROW>
    end
end
prob.Constraints.con1 = Con1;   % 构造好的约束赋值给模型
```

与 optimconstr 类似的还有 optimeq 函数，其功能是为优化模型创建一个空的等式约束，代码 92 就是选择 optimeq 命令来初始化约束条件的。

📖 **注**：Lingo 代码仅用 1 条语句就完整描述了库存平衡约束，似乎比采用 optimeq/optimconstr 的 MATLAB 方案更简洁，但在 MATLAB 的问题式建模流程中，允许在循环条件内放置任意数量的语句，使其代码编写难度被降低了，这也是 MATLAB 构造问题式模型的特点之一。

5.4.4　其他构造库存平衡约束的方法

optimconstr/optimeq 函数能以数组形式表述库存平衡约束的 42 个条件，但这并不是 MATLAB 表示此类条件的唯一方法。比如本节将通过逐步尝试，总结出仅利用 MATLAB 基本操作就将库存条件写成约束的方法。

首先测试普通循环汇总多个条件为数组的思路是否可行（见代码 96）。

代码 96　测试 1：普通数组构造约束

```
Con1 = [];
for i = 1:N
    for j = 2:T
        Con1(end+1) = Inv(i,j-1) + x(i,j) - Inv(i,j) == Dem(i,j) + Req(i,:) * x(:,j);
    end
end
prob.Constraints.con1 = Con1;
```

代码 96 中的语句如果用来替换代码 93 中的对应部分，运行提示如下错误（见代码 97）：

代码 97　运行测试 1 语句返回的错误信息

```
The following error occurred converting from optim.problemdef.OptimizationEquality to double:
Conversion to double from optim.problemdef.OptimizationEquality is not possible.
Error in Untitled (line 22)
        Con1(end+1) = Inv(i,j-1) + x(i,j) - Inv(i,j) == Dem(i,j) + Req(i,:) * x(:,j);
prob.Constraints.con1 = Con1;
```

以上信息表明当把优化类型的等式约束转换为 double 类型时会出错。可继续尝试采用 cell 数组存贮约束条件因为原则上 cell 类型可以容纳所有不同类型的数据，其代码如下所示（见代码 98）。

代码 98　测试 2：用 cell 数组构造产能平衡约束

```
Con1 = {};  % 转而使用 cell 数组容纳约束条件
for i = 1:N
    for j = 2:T
```

```
            Con1{end + 1} = Inv(i,j−1) + x(i,j) − Inv(i,j) == Dem(i,j) + Req(i,:) * x(:,j);
        end
    end
    prob.Constraints.con1 = Con1;
```

用代码 98 中的语句替换代码 93 对应部分并运行,仍然会返回相似的类型错误提示,即 Con1 必须被指定为容纳优化约束条件的类型。尽管仍然出错,但却由这个类型的错误联想到逗号表达式(逗号表达式又称逗号分隔列表,在我们的另一本书内对其用法有更详细的案例分析[6])的类型归并功能,它能否用来解决产生这种类型错误的问题呢?这里仅针对优化模型遇到的问题,简单描述逗号表达式的类型归并功能(见代码 99)。

代码 99　逗号表达式基本用法

```
>> a1 = ['I L';'Coo'];                      % 字符类型
>> a2 = [111 118 101 32;108 32 83 111];     % 数值型
>> a3 = [77 65 84 76 65 66;102 116 87 97 114 101];  % 数值型
>> c = {a1,a2,a3};                          % 不同类型存放在 cell 数组内
>> celldisp(c)
c{1} =
    I L
    Coo
c{2} =
    111    118    101     32
    108     32     83    111
c{3} =
     77     65     84     76     65     66
    102    116     87     97    114    101
>> [c{:}] % 逗号表达式 c{:}检索全部数据,接"[]"水平连接归并成同类数据
ans =
    'I Love MATLAB'
    'Cool SoftWare'
```

代码 99 中的 cell 数组存放了几个数据类型不同的变量:a1 是 char 字符型,a2、a3 是 double 类型,可通过逗号表达式"c{:}"检索数据并自动归并类型,将双精度数据解析为字符的 Ascii 码,通过连接外部的空矩阵"[]"将所有数据平行拼接,因此即使没用 char 函数,cell 数组也能产生维度 2×13 的字符串数组。

理解了逗号表达式的基本用法后,就要考虑其类型自动归并的功能是否可以用来解决约束条件类型归并+排布的问题? 于是编写如下代码 100。

代码 100　测试 3:用逗号表达式构造产能平衡约束

```
Con1 = {};% 构造空 cell 数组做约束条件的初始化
for i = 1:N
    for j = 2:T
        Con1{end + 1} = Inv(i,j−1) + x(i,j) − Inv(i,j) == Dem(i,j) + Req(i,:) * x(:,j);
    end
end
prob.Constraints.con1 = [Con1{:}];      % 逗号表达式+水平连接
```

代码 100 利用 MATLAB 的基本数据类型 cell 和逗号表达式的类型归并特征,将构造表达式 cell 数组在底层直接转换为问题式建模的约束类型,经验证,这个替换是成功的。

5.4.5　库存平衡约束的纯矢量化表示

MATLAB 在采用问题式建模流程求解数学模型时,将全部约束、目标函数等作为整体传

入计算函数中。对于库存平衡这种多个条件之间存在变量相互依赖关系的迭代表达式，其代码处理时存在先后次序，但在模型中被作为一组等式形式的约束来同时处理，没有顺序之分，因此库存平衡条件也完全可以在模型代码中以矩阵形式描述，如代码 101 所示。

代码 101 库存平衡条件的完全矢量化表示方案

```
[N,T] = deal (7,6);
Dem = [40 0 100 0 90 10;zeros(T)];
Cap = 1e3 * [1 0 0 5 5 1 1]';
Set = 1e2 * [4 5 1 0 3 2 4 1];
Hold = [12 .6 1.0 4 .03 .04 .04];
A = [0 5 8 0 0 0 0];
Req = full (sparse (2:7,[1 1 2 2 3 3],5,2:15, N,N));

% 决策变量
x = optimvar ('x',N,T,'LowerBound',0,"Type",'integer');
y = optimvar ('y',N,T,'LowerBound',0,"UpperBound",1,"Type",'integer');
Inv = optimvar ('Inv',N,T,'LowerBound',0);

% 决策目标
prob = optimproblem ('ObjectiveSense', 'min', ...
                     'Objective',     sum(Set * y + Hold * Inv));
% -------------- 约束1:库存平衡约束 --------------------
Con0 = x(:,1) - Inv(:,1) == Dem(:,1) + Req * x(:,1);
Con1 = Inv(:,1:end-1) + x(:,2:end) - Inv(:,2:end) == Dem(:,2:end) + Req * x(:,2:end);
prob.Constraints.con0 = Con0;
prob.Constraints.con1 = Con1;
% ------------------------------------------------------
prob.Constraints.con2 = (A * x)' <= Cap;    % 约束2:资源能力上限约束
prob.Constraints.con3 = x <= 2.5e4 * y;     % 约束3:产量与是否生产逻辑关系约束

% 求解
[sol0502, fvl0502] = solve (prob);
```

从模型构造角度分析，使用循环或向量化方式描述库存平衡条件所得到的模型是完全相同的，但当约束条件的数量变大时，采用循环方式逐条构造约束的效率会显著低于向量化方式，因此进行问题式建模时，若其约束可通过矩阵形式来构造，要尽可能地矢量化表述，可以大幅度缩短在模型构造时所花费的时间。

5.5 小 结

本章主要通过对一个多级生产问题的模型进行构造与求解，分析了变量之间具有迭代关系的复杂库存平衡约束条件在 Lingo 和 MATLAB 中的实现方法。尤其是在 MATLAB 中，既可以采用 optimconstr, optimeq 函数，借助循环逐条输入，也能用逗号表达式的类型归并来实现约束条件的构造，甚至利用 MATLAB 的向量化语言特色，以矩阵形式将这组条件批量实现。说明如果深入理解 MATLAB 的编程操作方法，在数学建模竞赛中，可实现数学模型的代码思路、手段与方案是足够丰富的。

此外，本章的带瓶颈多级生产问题属于多周期数学模型，此类问题是运筹学学科体系里的重要环节之一，近年来频繁出现与多周期模型相关的竞赛问题，因此本书后续第 13 章和第 15 章将围绕 2021~2022 年一些实际竞赛问题，对多周期模型的代码实现方案做更加详细的介绍。

第6章

江水水质检测模型中的
约束表示方法

前一章围绕带瓶颈批量生产计划安排问题,不仅介绍了模型表达式关系的复杂性,且介绍了当条件中的某些变量存在数量的迭代继承关系时,如何调用 optimconstr 或 optimeq 函数,以及如何在 MATLAB 模型构造时循环添加这类约束。事实上,具有时间前后关系或迭代关系的约束条件在数学建模问题中是常见的,本章将继续介绍另一个江水水质检测问题的模型构造与代码实现方案,透过这一问题来说明 optimexpr 函数创建复杂优化约束表达式的基本用法,并和功能类似的函数(optimconstr 函数)进行简单的比较。此外,还将探讨 Lingo 和 MATLAB 模型方案代码在解析模型时的差异。

6.1 江水水质检测模型的问题描述

问题 6.1:图 6.1 所示,若干工厂将处理后的污水通过排污口流入某条江面,各排污口均设置的污水处理站,且其对面是居民点,工厂 1 上游江水流量和污水浓度、国家规定的排污浓度以及各个工厂污水流量和污水浓度已知,设污水处理费用与污水处理前后浓度差和污水流量成正比,设每单位流量的污水下降一个浓度单位需要的处理费用(处理系数)已知,处理后的污水排入江里,在其流到下一个排污口之前,自然状态下的江水也会使污水浓度降低一个比例系数(自净系数),该系数可以估计,试确定各个污水处理站出口的污水浓度,使其在符合国家规定的同时总的处理费用最小。

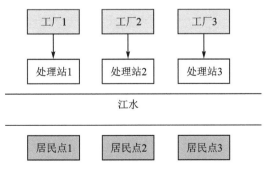

图 6.1 江水水质处理流程

建立江水水质检测问题的一般数学模型时,设定上游江水流量为 1 000(10^{12} L/min),污水浓度为 0.8(mg/L),3 个工厂的污水流量均为 5(10^{12} L/min),污水浓度(从上游到下游排列)分别为 100,60,50(mg/L),处理系数均为 10 000 元((10^{12} L/min)×(mg/L)),3 个工厂间的两段江面的自净系数(上游到下游)分别为 0.9 和 0.6,国家标准规定水的污染浓度不能超过 1(mg/L)。考虑对以下 2 个问题的求解:

(1) 为了使江面上所有地段的水污染浓度达到国家标准,最少需要花费多少费用?

(2) 如果只要求 3 个居民点上游的水污染浓度达到国家标准,最少需要花费多少费用?

6.2 问题分析

问题 6.1 出自《数学建模》[7] 中的一道练习题,本书专门开辟章节说明其求解过程,这是因为其代码方案在约束条件表达方面有一定典型性,更重要的是,透过不同求解代码的比较,很好地呈现了 MATLAB 和 Lingo 这两个软件在模型构造思路方面的差异性。

图 6.1 表明同一条江面自上而下,在不同位置设有数量不等的工厂,上游工厂排出的废水经污水处理站净化处理,流出后继续进入下游江面。显然,下游江面的质量浓度(污染指标)是

上游水质的累积效果:任意两处理站间的水的质量浓度低于国家标准的上限要求。下游第 $k+1$ 段江面的水质量浓度与第 $k+1$ 段水处理站处理后水的浓度以及上游第 k 段的江水质量浓度均有关,因此数学模型中,与各江面段水质的质量浓度的相关约束条件间存在迭代关系。

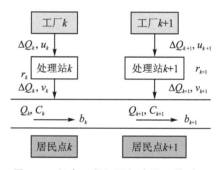

图 6.2 任意一段江面间水处理的过程

设有 n 个工厂和 n 个污水处理站,以处理站出口沿上游划分江面,截取其中的一段(包含两处排污处理站)江面,如图 6.2 所示。

记第 k 段江面流量和污水质量浓度分别为 Q_k 和 C_k,工厂 k 和处理站 k 流出的污水流量均为 ΔQ_k,污水质量浓度分别为 u_k,v_k,处理站 k 的处理系数为 r_k,第 k 段江面的自净系数为 b_k,通常 $\Delta Q_k \ll Q_k$,当没有其他水源入江时,视 Q_k 为常数 Q,国家标准规定的水污染质量浓度为 C_0。

以上参数中,Q,C_0,C_1,ΔQ_k,u_k,v_k,r_k,b_k 为已知,具体如表 6.1 所列。

表 6.1 问题 6.1 已知参数的数据及单位列表

参 数	数 据	单 位	参 数	数 据	单 位
Q	1000	10^{12} L/min	C_0	0.8	mg/L
C_1	1.0	mg/L	r_1	10 000	元/(10^{12} mg·min^{-1})
r_2	10 000	元/(10^{12} mg·min^{-1})	r_3	10 000	元/(10^{12} mg·min^{-1})
u_1	100	mg/L	u_2	60	mg/L
u_3	50	mg/L	ΔQ_1	5.0	10^{12} L/min
ΔQ_2	5.0	L/min	ΔQ_3	5.0	10^{12} L/min
b_1	0.9	—	b_2	0.6	—

6.3 数学模型

模型需要确保处于模型统计范围的整个划段江面的污染(质量浓度指标)均低于所规定的浓度值上限,因此将经过污水处理站处理并流出的污水质量浓度 $v_k(k=1,2,3)$ 设为决策变量。第 k 段江面流量 Q_k 简化为常数流量 Q,经处理站 k 处理后的污水与江水混合后,污水质量浓度为

$$D_k = C_k + \frac{\Delta Q_k}{Q} v_k \tag{6.1}$$

第 k 段江面自净后的污水质量浓度为

$$C_{k+1} = b_k D_k \tag{6.2}$$

第 k 段江面处理站的处理费用以质量流量为单位计算,可以表述成 $r_k \Delta Q_k(u_k - v_k)$ 的形式,即总费用最低的决策目标数学表达式。最低总费用的约束条件:江面上所有段的污水质量浓度需低于国标规定的浓度值。

$$\min T = \sum_{k=1}^{n} r_k \Delta Q_k (u_k - v_k)$$

根据上述分析,在处理站 k 流出的污水与江水混合后:

① 混合污水质量浓度 D_k 应小于等于国标质量浓度 C_0;

② 第 k 段江面自净后,污水质量浓度满足等式约束: $C_{k+1} = b_k D_k$;

③ 处理站 k 处理后污水浓度 v_k 应小于等于工厂流出浓度 u_k;

完整数学模型如式(6.4)所示:

$$\min T = \sum_{k=1}^{n} r_k \Delta Q_k (u_k - v_k)$$

$$\text{s. t. :} \begin{cases} D_k = C_k + \dfrac{\Delta Q_k}{Q} v_k & \forall k \\ C_{k+1} = b_k D_k & \forall k = 1,2 \\ D_k \leqslant C_0 & \forall k \\ v_k \leqslant u_k & \forall k \\ v_k \geqslant 0 & \forall k \end{cases} \tag{6.4}$$

6.4 代　码

6.4.1 第 Ⅰ 类 MATLAB 代码方案

由前述分析,江水水质检测问题的数学模型中,当前段江面浓度与上游前一段江面浓度有关,而江面水的污物浓度数据与上游前一段江面处理站的处理能力、江面自净率等条件有关,因此混合质量浓度参数的约束条件,也具有对应的关系,该条件称为"浓度平衡约束条件"。

用 MATLAB 语言编写浓度平衡约束时,有多种表述方法,其中最简单的是逐条列写,该表述方式适用于江面划段数量很少的情况,但并不值得推荐,本章在此类"枚举"方式的基础上

探讨其他相对通用的代码方案。

1. 逐条枚举浓度平衡约束

问题 6.1 中的江面仅分 3 段，仅按问题的划段条件数量可通过手动输入浓度约束。首先算出第 k 段江面自处理站流出并与当前江面混合的江水质量浓度 D_k，以及再经江面自净后，流向下游第 $k+1$ 段的质量浓度 C_{k+1}（这是下一段江水计算混合质量浓度 D_{k+1} 的依据）。根据分析很容易写出有关第(1)问的一种代码方案（见代码 102）。

代码 102　问题(1)方案 1：约束条件枚举

```
% 基本数据
Q = 1000;
r = ones(1,3);
dQ = 5 + zeros(size(r));
u = [100 60 50]';
[C0,C1] = deal(1,.8);
bk = [.9 .6];
% 决策变量
v = optimvar('v',3,1,'LowerBound',0);
% 决策目标
prob = optimproblem('ObjectiveSense', 'min',...
                    'Objective',     r.* dQ * diff([v u],[],2));
% 约束条件
Dk1 = C1 + dQ(1)/Q * v(1);          % ------------------------------------ (14)
C2 = bk(1) * Dk1;
prob.Constraints.con1 = Dk1 <= C0;
Dk2 = C2 + dQ(2)/Q * v(2);
C3 = bk(2) * Dk2;
prob.Constraints.con2 = Dk2 <= C0;
Dk3 = C3 + dQ(3)/Q * v(3);
prob.Constraints.con3 = Dk3 <= C0;  % ------------------------------------ (21)
prob.Constraints.con4 = v <= u;
% 求解
[sol,fvl] = solve(prob);
sol.v,fvl
```

代码 102 采用"逐条约束计算浓度，并相应代入下条约束"的方案，表达了经处理站 k 流出水的混合质量浓度 D_k 和下一段江面 $k+1$ 的质量浓度 C_{k+1} 的联系。问题 6.1 只需要处理 3 段江面的污水，枚举三条约束的代码工作量也很小。但当江畔工业生产区域密集，江面分段因产业链分布，就可能存在更加细致的划分，如果有多达几十甚至上百段需要污水处理的江面，再继续逐条输入约束就比较繁琐，程序通用性也不好，因此代码 102 第 14～21 行的约束条件要设法按照合理的方式来调整。

2. optimexpr 表述浓度约束

当前江面质量浓度变量 C_k 受到其他约束条件的影响，MATLAB 提供了用于创建类型为 OptimizationExpression 的表达式数组函数 optimexpr 循环表述每段江面的浓度变量。本书第 2.3.3 小节提到 optimexpr 和 optimconstr/optimeq/optimneq 区别是 optimexpr 不包含 ">=""==""<="的条件判定逻辑符号，而其他几个函数则包含逻辑条件符号。以下代码 103 调用 optimexpr 在约束中表述了质量浓度（注意第 17～21 行判断流程对于变量 C_k 的处理方式）。

代码 103　问题(1)方案 2:调用 optimexpr 表示浓度条件

```
% 基本数据
Q = 1000;
r = ones(1,3);
dQ = 5 + zeros(size(r));
u = [100 60 50]';
[C0,C1] = deal(1,.8);
bk = [.9 .6];
% 决策变量
v = optimvar('v',3,1,'LowerBound',0);
% 决策目标
prob = optimproblem('ObjectiveSense','min',...
                    'Objective',      r.*dQ*diff([v u],[],2));
% 用循环处理的约束条件
n = 3;
[C,Dk] = deal(optimexpr(n,1));
for i = 1:n
    if i > 1                        % --------------------------------------(17)
        C(i) = bk(i-1)*Dk(i-1);
    else
        C(i) = C1;
    end                             % --------------------------------------(21)
    Dk(i) = C(i) + dQ(i)/Q*v(i);
end
prob.Constraints.con1 = Dk <= C0;   % --------------------------------------(24)
prob.Constraints.con2 = v <= u;
% 求解
[sol,fvl] = solve(prob);
```

代码 103 运行结果如下(见代码 104):

代码 104　代码方案 2 第(1)问运行结果

```
>> sol.v
ans =
    40.0000
    20.0000
    50.0000
>> fvl
fvl =
    500.0000
```

上述结果表明:从 3 个污水处理厂流出的净化水,质量浓度如果依次不高于 40 mg/L、20 mg/L 和 50 mg/L,则可以保证当前江面全段污水质量浓度低于国家质量浓度标准,3 个处理厂所需最低的污水处理费用之和为 500 万元。

第(2)问只涉及居民点上游水污染达标,相当于仅需要考虑处理站 k 的污水与江水混合前的浓度,将代码 103 第 24 行约束条件"Con1"中的 $D_k \leqslant C_0$ 替换为: $C_k \leqslant C_0$(见代码 105)。

代码 105　调用 optimexpr 求解第(2)问代码方案

```
% 其余代码与第(1)问相同
prob.Constraints.con1 = C <= C0;
% ...
```

替换约束条件后的运行结果(见代码 106):

代码 106　问题 6.1 第(2)问的运行结果

```
>> sol.v
```

```
ans =
    62.2222
    60.0000
    50.0000
>> fv1
fv1 =
   188.8889
```

结果表明：若仅涉及居民点前段江水的污染达标（把本段污水的处理交下游污水处理厂净化），则每个工厂污水处理厂流出污水的浓度依次要求低于 62.2 mg/L，60 mg/L 和 50 mg/L，3 个处理厂所需最低的污水处理费用之和变成 188.9 万元。

6.4.2　江水水质检测问题的 Lingo 代码

本节通过 Lingo 软件重新求解问题 6.1 的第(1)问，目的是比较 Lingo（见代码 107）和 MATLAB 两个软件在构造求解模型时，代码结构方面的一些差异。

代码 107　Lingo 求解问题 6.1 第(1)问代码方案

```
model;
sets;
part/1..3/:r,dq,u,v,c,b,d;
endsets

data;
q = 1000;
r = 1,1,1;
dq = 5,5,5;
u = 100,60,50;
b = 0.9,0.6,;
c0 = 1;
c = 0.8,,;
enddata

min = @sum(part : r * dq * (u - v));
@for(part : d = c + dq / q * v);    ! -------------------------------------- (17)
@for(part(k)|k #lt# 3 : c(k+1) = b(k) * d(k));  % ------------------------ (18)
@for(part : d < c0; v < u);
```

代码 107 的运行结果与 MATLAB 运行结果相同（见代码 108）。

代码 108　Lingo 代码的运行结果

```
Global optimal solution found.
Objective value:                    500.0000
Infeasibilities:                    0.000000
Total solver iterations:                   1
Elapsed runtime seconds:               0.09
              ...
Total variables:                           9
              ...
Total constraints:                        12

              Variable        Value         Reduced Cost
                 V( 1)     40.00000            0.000000
                 V( 2)     20.00000            0.000000
                 V( 3)     50.00000            0.000000
```

Lingo 程序在形式上与原数学模型表达式基本吻合,但代码 107 在第 17～18 行表述与质量浓度平衡有关的约束条件时,和 MATLAB 代码 103 存在一个显著的差异,即 Lingo 代码似乎没有表达出 D_k 和前一段江面浓度的关系,循环体内也没看到明确的迭代平衡表达式。这就引出了另一个颇有讨论价值的问题:MATLAB 的问题式建模框架能否也能按照 Lingo 代码 107 的形式,写出类似的,不考虑迭代关系的代码呢?

通过严格模仿 Lingo 的语言机制,使语句顺序、结构都和 Lingo 代码保持一致,在 MATLAB 中也编写了问题式建模的第(1)问求解方案,如代码 109 所示。

代码 109　模仿 Lingo 语言机制的 MATLAB 代码方案

```
%基本数据
Q = 1000;
r = ones(1,3);
dQ = 5 + zeros(size(r));
u = [100 60 50]';
[C0,C1] = deal(1,.8);
bk = [.9 .6];
%决策变量
v = optimvar('v',3,1,'LowerBound',0);
%决策目标
prob = optimproblem('ObjectiveSense', 'min', ...
                    'Objective',      r.*dQ*diff([v u],[],2));
n = 3;
[C,Dk] = deal(optimexpr(n,1));
C(1) = C1;
% ----------- 质量浓度约束条件 Part.1 -------------.
for i = 1 : n
    Dk(i) = C(i) + dQ(i)/Q*v(i);  % ---------------------------------------- (18)
end
% ----------- 质量浓度约束条件 Part.2 -------------.
for i = 1 : n-1
    C(i+1) = bk(i)*Dk(i);
end
% -------------------------------------------
prob.Constraints.con1 = Dk <= C0;
prob.Constraints.con2 = v <= u;
%求解
[sol,fvl] = solve(prob);
sol.v,fvl
```

代码 109 每个流程的编写都仿照了代码 107 的 Lingo 方案,其运行结果如下(见代码 110):

代码 110　模仿 Lingo 方案的问题(1)MATLAB 代码运行结果

```
>> sol.v,fvl
ans =
    40.0000
    60.0000
    50.0000
fvl =
    300
```

两者比较发现,MATLAB 结果和 Lingo 代码相差很大。换句话说,MATLAB 描述数学模型时,当其代码结构甚至是代码内部的语句次序都和 Lingo 完全相同时,却没有得到正确的运行结果,代码 109 为什么会运行出一个错误的结果呢?

对于有一定 MATLAB 编程经验的用户而言,很容易就能看出代码 109 的错误:其第 18 行的浓度条件,即 Part.1 循环体内的语句:"Dk(i) = C(i) + dQ(i)/Q * v(i)",等式右侧变量 C(i) 的计算过程发生在赋值之前,导致计算变量 Dk 时相应发生了计算错误。修正时只要把第 16~19 行的 Part.1 再复制一份到 Part.2 下方,以更新后的 C 数据,重新计算约束条件 Con1 所需要的 Dk,求解结果就对了(见代码 111)。

代码 111 对仿 Lingo 的 MATLAB 代码错误修改

```
% ...省略相同部分的数据输入代码
% ------------ 质量浓度约束条件 Part.1 ------------
for i = 1:n
    Dk(i) = C(i) + dQ(i)/Q * v(i);
end
% ------------ 质量浓度约束条件 Part.2 ------------
for i = 1:n-1
    C(i+1) = bk(i) * Dk(i);
end
% ------------ 更新浓度约束条件 Part.1 ------------
for i = 1:n
    Dk(i) = C(i) + dQ(i)/Q * v(i);    % 复制 Part.1 循环
end
% 以下代码相同,略
```

通过代码 111 的修订,消除了代码 109 自身的逻辑错误并得到正确的优化结果,但也破坏了与原 Lingo 程序的代码的对等性,严格来讲不能算是"完全模仿"Lingo 的运行机制。

意图用 MATLAB 代码"等价"表达 Lingo 代码 107,首先要理解 Lingo 模型的表达机制:代码 108 第 7 行运行结果显示模型的总变量个数是 9,而 MATLAB 代码 109 用 optimvar 仅定义了 3 段江面上的 3 个排污站流出的浓度变量 $v_k(k=1,2,3)$,剩下的 6 个优化变量,即 3 段江面上的混合质量浓度 D_k 以及自净后江面最终质量浓度 C_k,在 MATLAB 模型中都是通过表达式计算出来的,并没有放在模型里优化搜索其结果。因此代码 109 从变量个数上来讲,事实上并未与 Lingo 方案"对等"。此外,MATLAB 的程序执行机制默认按照语句行的编号自上而下顺序执行,但 Lingo 不是,它也不像 MATLAB 的问题式建模,拥有 optimvar 这样的函数专门指定决策变量,而是执行之前通过关键字归类变量,凡没有明确指定数值的变量,就作为决策变量参与模型的优化搜索。上述两个区别是造成代码 109 没有得到正确优化解的原因。

6.4.3 第 II 类 MATLAB 代码方案

MATLAB 不能从形式上逐条"翻译"Lingo 语句"对等实现"模型优化,若想从运行机制上与 Lingo 代码 107 同步,则要添加与之对应的约束条件以及决策变量。必须写出一个 9 变量优化模型,才能以 MATLAB 语句实现 Lingo 代码的对等运行的结果,下面提供两种实现该思路的 MATLAB 优化求解方案。

1. 用 optimexpr 表述浓度约束

仍调用函数 optimexpr,写出具有 9 个变量的问题式建模 MATLAB 方案(见代码 112)。

代码 112 第 II 类方案—用 optimexpr 函数描述约束

```
% 基本数据
n = 3;
```

```
Q = 1000;
r = ones (1,n);
dQ = 5 + zeros (1,n);
u = [100 60 50]';
[C0,C1] = deal (1,.8);
bk = [.9 .6];
% ------------------------9个决策变量------------------------
v = optimvar ('v',n,1,'LowerBound',0);
C = optimvar ('C',n,1);
Dk = optimvar ('Dk',n,1);

%决策目标
prob = optimproblem ('Objective',r. * dQ * (u − v));

%约束条件
Expr1 = optimexpr (n,1);
for i = 1 : n
    Expr1(i) = Dk(i) − C(i) − dQ(i)/Q * v(i);
end
Expr2 = optimexpr (n,1);
Expr2(1) = C(1) − C1;
for i = 1 : n − 1
    Expr2(i + 1) = C(i + 1) − bk(i) * Dk(i);
end
% ----------------------------------------------------------------------(27)
Expr3 = Dk − C0;
Expr4 = v − u;
prob.Constraints.concon1 = Expr1 == 0;
prob.Constraints.concon2 = Expr2 == 0;
prob.Constraints.concon3 = Expr3 <= 0;
prob.Constraints.concon4 = Expr4 <= 0;  % -------------------------------------(33)
%求解
[sol,fvl] = solve (prob);
sol.v,fvl
```

修改为 9 变量模型后的代码 112 真正实现了与 Lingo 方案代码 107“等价”,故可以得到与
Lingo 相同的优化结果,应当注意:

✍ 决策变量设置时,将迭代式中出现的 C_k 和 D_k 都定义为优化变量,输入约束条件时,6
个变量之间逻辑关系通过等式约束并参与优化模型的寻优过程,其在代码中的先后
顺序没有要求。

✍ 设置约束条件时,等式右侧项全部移项放在了 optimexpr 的表达式(Expr1～Expr4)
内,对照原模型表达式,第 27～33 行的约束格式更规范。

2. 用 optimconstr 表示浓度约束

函数 optimexpr 和 optimconstr 区别在于前者表达式内没有逻辑关系符号,为熟悉
optimconstr 的用法,再用 optimconstr 编写的约束条件等效替换前者,如代码 113 所示。

代码 113　第Ⅱ类方案—用 optimconstr 函数描述约束

```
%基本数据
Q = 1000;
r = ones (1,3);
dQ = 5 + zeros (size (r));
u = [100 60 50]';
```

```
[C0,C1] = deal (1,.8);
bk = [.9 .6];

% 决策变量
v = optimvar ('v',3,1,'LowerBound',0);
C = optimvar ('C',3,1);
Dk = optimvar ('Dk',3,1);
% 决策目标
prob = optimproblem ('ObjectiveSense',    'min', ...
                     'Objective',         r. * dQ * diff([v u], [], 2));
% 约束条件
n = 3;
Dkk = optimconstr (n,1);
for i = 1 : n
    Dkk(i) = Dk(i) == C(i) + dQ(i)/Q * v(i);
end

CC = optimconstr (n,1);
CC(1) = C(1) == C1;
for i = 1 : n-1
    CC(i + 1) = C(i + 1) == bk(i) * Dk(i);
end
prob.Constraints.con1 = Dk <= C0;
prob.Constraints.con2 = v <= u;
% ------------------------------------
prob.Constraints.con3 = Dkk;
prob.Constraints.con4 = CC;
% 求解
[sol,fvl] = solve (prob);
sol.v,fvl
```

✍ 评：代码 113 选择函数 optimconstr 表述的是浓度约束条件，因此条件内部包含
" >=""＝＝"和" <="的逻辑关系。

6.5 小 结

在江水水质检测问题当中，即使事先知道可以写出自净浓度 C_k 和混合浓度 D_k 的迭代表达式，为什么 Lingo 也要把这两组量纳入决策变量？这是个令初学者感到困惑的问题，因为这相当于让 3 变量模型的规模"无端"扩展到 9 变量，这算不算是"虚增"了优化计算的规模呢？该措施是否会影响到模型的执行效率？

这是通过江水水质检测模型求解后，理应被问到的有价值问题。

当前的水质检测问题只有两个浓度变量间存在迭代关系，因此按照表达式写出二者的逻辑关系是相对容易的，但这种逐条编写具有迭代关系约束的思路，当面对模型变量之间的关系更复杂（例如变量更多且迭代关系存在于不同循环轮次）时，就很难逐条准确地列出约束了。将一部分参量改为决策变量，由程序自动寻优，这种模型编写思路可大幅降低用户由于自身搞不清变量间真正关系而产生的运行时错误（逻辑错误相对语法执行时错误而言，更加隐蔽）。要求模型代码算得快，首先得确保能算对，权衡这两者，后者显然更重要。此外，模型本身的优化效率和模型变量之间并没有严格的正相关关系，优化执行效率通常是由模型本身的结构决定，而不是某些变量个数或条件的多少。这一点，在本书最后一章关于沙漠穿越拓展问题的叙述中，还要结合案例进行分析。

第7章 料场选址问题中的局部和全局最优解

本章要介绍的料场选址优化模型,其目标函数与约束条件是明确和简单的,但如果料场坐标位置未知且作为决策变量,则模型从线性规划问题转变为非线性规划问题,用默认参数设置简单调用 fmincon 函数求解,其结果并不十分理想,有时不容易获得问题的全局最优解。为此,本章根据问题的具体要求,分析了 MATLAB 优化求解函数的功能用法、参数设置方式等,如果合理选择函数并调整设置参数,此类问题在 MATLAB 中获得全局最优解的代码方案可能多达十几种。本章主要内容如下:

🖎 MATLAB 工具箱函数计算多个坐标点之间距离的方法。

🖎 fcn2optimexpr 函数在优化模型中的应用场合及功能。

🖎 optimoptions 函数设置求解器参数的方法。

🖎 调用 MATLAB 全局优化工具箱命令实现料场寻址问题全局寻优。

7.1 料场寻址问题描述

问题 7.1:某公司有 6 个建筑工地要开工,表 7.1 所列为每个工地的位置(用平面坐标 a, b 表示,距离单位:km)及水泥日用量 d(单位:t)。

表 7.1 已知参数列表

料场坐标 & 水泥需求	工 地					
	1	2	3	4	5	6
a/km	1.25	8.75	0.50	5.75	3.00	7.25
b/km	1.25	0.75	4.75	5.00	6.50	7.75
d/t	3.00	5.00	4.00	7.00	6.00	11.00

目前有两个临时料场 A,B 分别位于 $P(5,1)$ 和 $Q(2,7)$,日储量各有 20 t,回答以下两个问题:

(1) 假设料场到工地间均有直线道路相连,试制订每天的供应计划,即从 A,B 两个料场分别向各工地运送多少吨水泥,使总的吨公里数最少?

(2) 为了进一步减少吨公里数,打算舍弃目前的两个临时料场,改建两个新的料场,日储量仍各为 20 t,问应建在何处,与目前相比省的吨公里数有多大?

7.2　料场寻址问题分析

问题(1)是从指定坐标位置为 $P(5,1)$ 和 $Q(2,7)$ 的两个料场向 6 个已知位置的工地供应水泥,如图 7.1 所示。题意并未指定料场必须向某个特定编号的工地输送水泥,故只要能满足总费用最低的目标,则运送方案即为最优解,其约束条件主要包括以下两个。

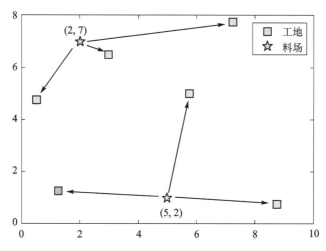

图 7.1　从料场向工地输送水泥的位置示意

✍ 各个工地的水泥日运量均满足其需求;

✍ 从料场输送出的水泥总量不超过该料场水泥总的日储量上限。

"工地→料场"的距离在第(1)问是已知数据(见表 7.1),只要能确定两个料场向每个工地的运量,就能计算吨公里数了,因此第(1)问要求解的是线性规划模型。

7.3　数学模型

问题中的吨公里数指的是运量和运送距离的乘积,是用于衡量运输成本而人为设置添加的量。虽然两个子问题分别探讨的是料场坐标已知和未知情况下的吨公里数总和,但从优化模型本身讲,两个子问题的数学模型一致,模型要素分析如下:

✍ 符号:记工地位置为 (a_i, b_i),水泥日运量为 $d_i (i=1,2,\cdots,6)$;料场位置为 (x_j, y_j),日储量为 $e_j (j=1,2)$,从料场 j 向工地 i 运送量为 c_{ij};

✍ 决策变量:问题(1)的决策变量是料场 j 向工地 i 的水泥运量 c_{ij};在问题(2)中,决策变量除了 c_{ij},新建料场的坐标位置 (x_j, y_j) 也要作为决策变量;

✍ 目标函数:目标函数 f 是总吨公里数(运量乘以运输距离),优化目标如式(7.1)所示:

$$\min f = \sum_{j=1}^{2} \sum_{i=1}^{6} c_{ij} \sqrt{(x_j - a_i)^2 + (y_j - b_i)^2} \tag{7.1}$$

✍ 约束条件:各个工地的日运量需满足式(7.2)所示的条件:

$$\sum_{j=1}^{2} c_{ij} = d_i \quad \forall i = 1,2,\cdots,6 \tag{7.2}$$

且各料场向外运送的水泥不能超过该料场的当日储量

$$\sum_{i=1}^{6} c_{ij} \leqslant e_j \quad j=1,2 \tag{7.3}$$

综上,问题 7.1 的模型归结为在上述两个约束条件及决策变量 c_{ij} 非负的情况下,使目标函数 f 最小。使用临时料场时,问题(1)只有决策变量 c_{ij},目标函数和约束均为线性,此时为线性规划模型(LP);新建料场选址时,决策变量为 c_{ij} 和 (x_j, y_j),目标函数为非线性,因此在处理新建料场的问题时,优化模型属于非线性规划模型(NLP)。

无论料场位置已知或未知,问题 7.1 都可以被写成式(7.4)所示的整体优化模型形式:

$$\min f = \sum_{j=1}^{2} \sum_{i=1}^{6} c_{ij} \sqrt{(x_j - a_i)^2 + (y_j - b_i)^2}$$

$$\text{s. t. :} \begin{cases} \sum_{j=1}^{2} c_{ij} = d_i & \forall i=1,2,\cdots,6 \\ \sum_{i=1}^{6} c_{ij} \leqslant e_j & \forall j=1,2 \end{cases} \tag{7.4}$$

7.4　料场寻址问题的代码方案

由于问题(1)和问题(2)的模型类型分别是线性规划和非线性规划,故调用的求解函数也不一样,而且 MATLAB 和 Lingo 对应也有不止一种代码方案。

7.4.1　第 1 部分:局部搜索求解方案

1. 料场坐标作为已知数据

问题(1)固定了两个临时料场的位置,决策目标仅包含料场向工地的水泥运量 c_{ij}(见代码 114):

代码 114　MATLAB 求解问题 7.1 第(1)问

```
% 输入已知参数
LocTemp = [5 1;2 7]';      % 2 个临时料场的位置坐标
LocWork = [1.25 8.75 .5 5.75 3 7.25;1.25 .75 4.75 5 6.5 7.75]';
t1 = num2cell(LocTemp,2);
t2 = num2cell(LocWork,1);
D = cellfun(@minus,t1,t2,'Un',0);
ConsumeCem = [3 5 4 7 6 11]';
% 构造决策变量
x = optimvar('x', 6, 2, 'LowerBound', 0, 'UpperBound', 20);
% 构造决策目标
prob = optimproblem('ObjectiveSense', 'min',...
                    'Objective',      sum(x.*hypot(D{:}),'all'));
% 构造约束条件
prob.Constraints.con1 = sum(x,2) == ConsumeCem;
prob.Constraints.con2 = sum(x)' <= [20;20];
% 调用 solve 求解
[sol,fvl] = solve(prob);
```

代码 114 中临时料场位置坐标 LocTemp 已知,吨公里数总和的目标函数值可直接用距离矩阵(代表从料场 j 到工地 i 的距离)与对应的决策变量相乘并求和得到,以下为运行结果(见代码 115):

代码 115　第(1)问运行结果

```
>> fv1 =
     136.2275
>> sol.x
ans =
     3     0
     5     0
     0     4
     7     0
     0     6
     1    10
```

结果表示从两个固定位置的临时料场向 6 个工地输送水泥,每日向各工地输运的水泥数量如表 7.2 所列,按此方案运输水泥,其最小吨公里总和为 136.23。

表 7.2　问题(1)结果:两个料场每日向各工地输送水泥量

料　场	工　地					
	1	2	3	4	5	6
P	3	5	0	7	0	1
Q	0	0	4	0	6	10

2. 料场坐标作为决策变量

取消临时料场,计划新建的料场位置坐标 $(x_j, y_j)\, j = 1,2$ 未知,将其同样作为决策变量,也纳入模型寻优。此时模型的结构形式不变,但问题类型发生了变化,因为目标函数式中,料场到各工地之间的距离 d_{ij} 不再是常数,而是以变量形式成为非线性约束表达式的一部分。程序调用函数的选择、计算方法也有所变化。求解问题(1)线性规划问题,MATLAB 问题式建模默认指定了 linprog 函数求解,对非线性的连续优化模型,则指定 fmincon 为求解器;约束变量数量也从原来的 12 个变为 16 个,即增加了两个料场的位置坐标变量。

由前述,目标函数要对已知坐标点的距离求和,MATLAB 可以调用欧氏距离函数 dist 计算,如果 dist 输入参数是常数数组,用户可以避免循环操作,用一行代码获取两个料场到 6 个工地的全部距离数据(见代码 116):

代码 116　dist 函数求数组形式坐标点间的距离

```
>> d1 = randi(10,2,6)
d1 =
     1     8     1    10    10     8
     7    10     1     4     8     9
>> d2 = randi(10,2)
d2 =
     6     9
    10     7
>> d = dist(d2,d1)
d =
     5.3852     2.2361     9.4340     6.4031     4.1231     2.0000
     9.0000     3.6056    10.8167     3.0000     1.0000     2.8284
```

代码 116 返回变量 d 是矩阵形式的坐标变量 d_1, d_2 的距离,比如 ans$(2, 1) = 9$,容易验证这是变量 d2 的第 2 个坐标数据$(10, 7)$和变量 d1 的第 1 组坐标$(1, 7)$的距离;再如 ans$(1, 5) = 4.123\,1$,是指变量 d2 第 1 组坐标$(6, 9)$和变量 d1 的第 5 组坐标数据$(10, 8)$的距离:

$$d_{1,5} = \sqrt{(10-6)^2 + (8-9)^2} = \sqrt{4^2 + 1^2} = \sqrt{17} = 4.1231$$

✍ **注**: 包括 dist 在内的相当一部分 MATLAB 函数支持矢量化运算,dist 也能拓展到用于 n 维空间的坐标数据距离计算,调用时注意让第 2 输入参数(位置 b)转为列向量(b 的每组坐标维度为 2×1)。

支持隐式扩展操作的 dist 函数在没有循环代码的情况下,也能求解数组形式的多个坐标点相互距离。但隐式扩展无法直接应用于优化变量类型,因此运行如下代码将提示"隐式扩展操作不支持非数值数组的运算(优化类型)"的运算操作错误(见代码 117):

代码 117　dist 函数应用于优化变量的错误提示

```
>> LocWork = [1.25 8.75 .5 5.75 3 7.25; 1.25 .75 4.75 5 6.5 7.75];
ConsumeCem = [3 5 4 7 6 11]';
Pos0 = [5 1; 2 7];
c = optimvar ('c',6,2, 'LowerBound',0,'UpperBound',20);
x = optimvar ('x',2,1, 'LowerBound',0,'UpperBound',20);
y = optimvar ('y',2,1, 'LowerBound',0,'UpperBound',20);
prob = optimproblem ('Objective',sum (sum (dist ([x,y], LocWork)'.* c)));
Error using bsxfun
Operands must be numeric arrays.
Error in dist.apply > iDistApplyCPU (line 25)
    z(i,:) = sum(bsxfun(@minus,wt(:,i),p).^2,1);
Error in dist.apply (line 11)
    z = iDistApplyCPU(w,p,S,Q);
Error in dist (line 69)
    d = dist.apply(w,varargin{:});
```

因此接下来要讨论如何在优化模型求解时规避这样的运行错误。MATLAB 自 R2019a 起,新增加了函数 fcn2optimexpr,该函数相当于提供了一个让优化变量实现隐式扩展运算的中间环境,并且可以把结果转换为 OptimizationExpression 类型的表达式。如下是应用函数 fcn2optimexpr 表述料场选址问题目标函数的代码(见代码 118):

代码 118　方法 1:调用 fcn2optimexpr 构造目标函数

```
LocWork = [1.25 8.75 .5 5.75 3 7.25;
           1.25 .75 4.75 5 6.5 7.75];
ConsumeCem = [3 5 4 7 6 11]';
Pos0 = [5 1; 2 7];

% 构造决策变量——c,x,y 三个决策变量,x 和 y 是 2 个新料场的位置坐标
c = optimvar ('c',6,2, 'LowerBound',0, 'UpperBound', 20);
x = optimvar ('x',2,1, 'LowerBound',0, 'UpperBound', 20);
y = optimvar ('y',2,1, 'LowerBound',0, 'UpperBound', 20);

% 构造决策目标
f1 = fcn2optimexpr (@(x,y)dist ([x,y], LocWork)',x,y);
prob = optimproblem ('ObjectiveSense', 'min', 'Objective', sum (sum (f1.* c)));

% 构造约束条件
prob.Constraints.con1 = sum (c,2) == ConsumeCem;
prob.Constraints.con2 = sum (c)' <= [20;20];
```

```
% 调用 solve 求解
[sol,fvl] = solve(prob,struct('x', Pos0(:,1), 'y', Pos0(:,2), ...
                  'c',randi(10, [6, 2])));
```

✒️ **注:** optimvar 构造了 3 组优化变量,第 1 组是 6×2"料场–工地"距离矩阵;第 2,3 组变量分别代表 2 个新建料场的横纵坐标位置(都是 2×1 的维度)。fcn2optimexpr 提供了矢量化运算和类型转换的环境,让无法用优化变量为对象直接进行的隐式扩展操作,提前运算完毕并"混合"到 OptimizationExpression 表达式中,最后传入优化模型完成其余的优化计算。

不熟悉 fcn2optimexpr 的用户,也可以用 repmat 函数扩维构造料场寻址优化目标表达式(见代码 119)。

代码 119　方法 2:调用 repmat 扩维构造目标函数

```
prob = optimproblem('ObjectiveSense',  'min',...
                    'Objective',       sum(c. * sqrt((repmat([x(1) y(1)],6,1) - ...
                    repmat(LocWork(:,1),1,2)).^2 + ...
                    (repmat([x(2) y(2)],6,1) - ...
                    repmat(LocWork(:,2),1,2)).^2),'all'));
```

或者使用代码 120 中的循环累加模型,也能构造非线性的吨公里目标函数表达式。但要注意在 MATLAB 优化工具箱中,执行循环来构造一组约束,如果遇到较大规模的问题,可能运行耗时比较长。

代码 120　方法 3:循环累加构造目标函数

```
f = 0;
for i = 1:6
    for j = 1:2
        f = f + c(i,j) * sqrt((x(j) - LocWork(i,1)).^2 + (y(j) - LocWork(i,2)).^2);
    end
end
prob = optimproblem('ObjectiveSense', 'min', 'Objective',  f);
```

代码 118~代码 120 为问题(2)的目标函数提供了 3 种不同的代码表述方法。由于料场选址属于非线性连续约束优化类型,无论选择哪一种,问题式建模流程中,solve 函数都指定 fmincon 作为模型的求解器,料场坐标位置的初值选择临时料场的坐标数据、反复几次运算后可以得到如下优化结果(见代码 121):

代码 121　第(2)问的优化模型运行结果

```
≫ [sol,fvl] = solve(prob,struct('x',Pos0(:,1),'y',Pos0(:,2),'c',randi(10,[6,2])))
fvl =
    85.9498
≫ [sol.x sol.y]
ans =
    7.2500    7.7500
    3.2238    5.6681
```

结果表明:两个料场地址坐标为(7.25,7.75)和(3,223 8,5.668 1),在这两个位置建立料场,向 6 个工地输运水泥,吨公里数最小值为 85.95。接下来的问题是:作为一个非线性约束优化模型的求解,代码 121 的结果是否为最优值?

7.4.2　第 2 部分:Lingo 代码方案

为确认代码 121 提供的问题 7.1 的第(2)问求解结果是否为全局解,不妨先编写 Lingo 的模型求解代码(见代码 122),为问题先提供一组参考解。

代码 122　第(2)问 Lingo 求解方案

```
MODEL :
Title Location Problem；
sets：
demand/1..6/：a,b,d；
supply/1..2/：x,y,e；
link(demand,supply)：c；
endsets

data：
a = 1.25,8.75,0.5,5.75,3,7.25；
b = 1.25,0.75,4.75,5,6.5,7.75；
d = 3,5,4,7,6,11；
e = 20,20；
enddata

init：
x,y = 5,1,2,7；
endinit

[OBJ]min = @sum (link(i,j)：c(i,j) * ((x(j) − a(i))^2 + (y(j) − b(i))^2)^(1/2) )；

@for (demand(i)：[DEMAND_CON] @sum (supply(j)：c(i,j)) = d(i)；)；
@for (supply(i)：[SUPPLY_CON] @sum (demand(j)：c(j,i)) <= e(i)；)；
@for (supply：@free (X)；@free (Y)；)；
END
```

运行代码 122 为 Lingo 的寻优结果,其吨公里数为 85.266 04(见代码 123),与 MATLAB 用 fmincon 搜索的结果相比略优但相差很小。

代码 123　Lingo 程序求解第(2)问的运行结果

```
Local optimal solution found.
Objective value：              85.26604
Infeasibilities：              0.000000
Total solver iterations：           78
Elapsed runtime seconds：         0.15

Model Title：Location Problem
              Variable       Value       Reduced Cost
                  X(1)    3.254883         0.000000
                  X(2)    7.250000       − 0.1577177E − 05
                  Y(1)    5.652332         0.000000
                  Y(2)    7.750000        0.2675276E − 06
```

值得注意的是,曾有人尝试加快搜索速度,对 2 个料场的位置寻优手动添加坐标位置 $(x_j, y_j) j = 1, 2$ 的搜索范围,即:以如下语句整行替换代码 122 第 24 行(见代码 124):

代码 124　为代码 122 添加缩小料场位置搜索范围的语句

```
@for (supply：@bnd(0.5,X,10)；@bnd(0.75,Y,10)；)；
```

有趣的是,使用 Lingo18.0 测试指定坐标范围的模型,发现人为缩小搜索区域后,寻优结果中的吨公里数目标值反而略有增加(见代码 125)。

代码 125　缩小坐标搜索范围的求解结果

```
Local optimal solution found.
```

```
Objective value:                      89.88347
Infeasibilities:                      0.000000
Total solver iterations:              94
Elapsed runtime seconds:              0.05

Model Title: Location Problem
                Variable        Value        Reduced Cost
                   X( 1)      5.695966        0.000000
                   X( 2)      7.250000       - 0.4041146E - 05
                   Y( 1)      4.928558        0.000000
                   Y( 2)      7.750000       - 0.3773129E - 05
```

📖 评：运行代码 122 时，如果在 Lingo 中开启全局求解开关，有可能长时间搜索而不终止计算，但经过测试发现其实很快就可以得到运行结果，运行等待 3～5 s 后，按下 Interrupt Solver 强行终止搜索过程，可以看到 85.266 04 的寻优结果。

7.4.3 第 3 部分：MATLAB 全局寻优求解问题(2)的基本模型

代码 122 使用 Lingo 得到了料场选址问题(2)的全局最优解(85.266 0)，但 MATLAB 用默认参数直接调用求解器函数 fmincon 的结果是 85.949 8，偏高约 0.7。事实上通过恰当的参数设置和调用合适的工具箱函数，MATLAB 也能获得与 Lingo 相同的全局最优解。但获得料场寻址问题的最优解并不是最重要的目的，这里主要探讨的是借助料场寻址问题的全局寻优，充分理解 MATLAB 优化和全局优化工具箱诸函数命令的具体使用方法。

1. 准备工作：两个必要的子函数

MATLAB 早期版本的全局优化工具箱函数只接受基于求解器或问题结构体形式的模型，在 R2021b 版本中可实现对问题式模型构造的求解。若在早期版本需将问题式模型转换为求解器式或问题结构体格式才能运行本章的后续多数求解代码。为此，本小节将提供 MATLAB 问题式模型和问题结构体模型两种形式的内部转换方法。

将料场寻址模型构造的问题式建模代码写入子函数 ProbConstruct 中，以便于后续通过 prob2struct 函数转换和解析出问题结构体模型，如代码 126 所示。

代码 126　构造第(2)问的问题式模型

```
function prob = ProbConstruct()
LocWork = [1.25 8.75 .5 5.75 3 7.25; 1.25 .75 4.75 5 6.5 7.75];
[S,L] = bounds (LocWork,2);
ConsumeCem = [3 5 4 7 6 11]';
Pos0 = [5 1;2 7];

c = optimvar ('c',6,2, 'LowerBound',0,'UpperBound',max (ConsumeCem));
x = optimvar ('x',2,1, 'LowerBound',S(1),'UpperBound',L(1));
y = optimvar ('y',2,1, 'LowerBound',S(2),'UpperBound',L(2));
f1 = fcn2optimexpr (@(x,y)dist ([x,y], LocWork)',x,y);

prob = optimproblem ('Objective', sum (sum (f1.* c)));

prob.Constraints.con1 = sum (c,2) == ConsumeCem;
prob.Constraints.con2 = sum (c)' <= [20;20];
end
```

此外，问题式建模模型转换为求解器形式，料场 i 到工地 j 的距离决策变量 c_{ij} 和料场坐标(x_i, y_i)需要合并转换为一组 16×1 的向量,但这种方式返回的计算结果可读性较差,因此优化计算完毕,仍然希望将其重新转换为问题式模型原来的变量定义形式,MATLAB 官方没有提供具有类似功能的函数,为实现变量维度的转换,自行编写了用于决策变量维度转换的"paser_result"成员方法函数(见代码 127)。

代码 127　求解器模型→问题式模型格式转换

```
classdef Help
    methods (Static)
        function sol = paser_result(prob, result, fvl)
            sol = struct ;
            idx = varindex (prob);
            names = fieldnames (prob.Variables);
            for i = names'
                iddx = getfield (idx, i{1});      % #ok <*GFLD>
                v = reshape (result(iddx), size (getfield (prob.Variables, i{1})));
                sol = setfield (sol, i{:}, v);
            end
            sol = setfield (sol, 'obj', fvl); % #ok <*SFLD>
        end
    end
end
```

函数 paser_result 借助 varindex 函数找到问题式模型决策变量的索引,再利用 setfield/getfield 函数"仿制"了问题式建模决策变量的结构数组形式。

2. 罚函数法与 fminsearch/fminunc 结合求解问题(2)

现在就可以测试经过"问题式→求解器式"格式转换后的模型了。先通过罚函数法结合 fminsearch 求解问题(2)的问题结构体模型(见代码 128):

代码 128　问题(2):fminsearch + 罚函数法

```
prob = ProbConstruct();          % 子程序产生问题式建模模型
Prostr = prob2struct (prob);     % 调用 prob2struct 转换为求解器模型
[x,fval] = fminsearch (@(x)Prostr.objective(x) + max (full (...
        Prostr.Aineq) * x' - Prostr.bineq) + max (abs (full (...
        Prostr.Aeq) * x' - Prostr.beq)) * 200, randn (1,numel (Prostr.lb)));
sol = Help.paser_result(prob, x, fval)
```

代码 128 使用了无约束优化命令 fminsearch,要用罚函数法把模型改造成式(7.5)所示的无约束整体目标函数,原模型约束相当于对"料场→工地"距离绝对值提供了搜索惩罚项 p_k。

$$\min f'(x_j, y_j, a_i, b_i) = \sum_{j=1}^{2} \sum_{i=1}^{6} c_{ij} \sqrt{(x_j - a_i)^2 + (y_j - b_i)^2} +$$

$$p_k \left| \sum_{j=1}^{2} c_{ij} - d_i \right| + \sum_{i=1}^{6} c_{ij} - e_j \tag{7.5}$$

每次执行代码 128 得到的结果是不同的,通过反复调用得到的最好一次运行结果,其目标值为 287.563 1,这个结果与全局最优解 85.266 0 相去甚远,甚至远高于选择临时料场的 LP 问题求解结果(136.227 5)。

也可以将代码 128 中的 fminsearch 函数换成 fminunc(见代码 129):

代码 129　问题(2):fminunc + 罚函数法

```
prob = ProbConstruct();          % 子程序产生问题式建模模型
Prostr = prob2struct (prob);     % 调用 prob2struct 转换为求解器模型
```

```
[x,fval] = fminunc((@(x)Prostr.objective(x) + max(full(...
            Prostr.Aineq) * x' - Prostr.bineq) + max(abs(full(...
            Prostr.Aeq) * x' - Prostr.beq)) * 200, randn(1,numel(Prostr.lb)));
sol = Help.paser_result(prob, x, fval)
```

重复运行代码129,得到的目标函数求解结果为118.110 5,相比代码128有所改进,但仍然远未达到求解要求。

调用fminsearch/fminunc函数的程序运行结果不理想,这存在两方面的原因:一是目标函数的罚函数的设计与惩罚因子、搜索方向、初值等有关,变量个数较多时,依据问题特征和基本参量范围等定制一个合理的罚函数是困难的;另一方面也和fminsearch的局部寻优机制有关,料场寻址问题一共有16个决策变量,属于无约束非线性优化问题,非线性优化求解本身就存在一定难度,决策变量的初值组合一旦落在不恰当的位置,就会让搜索沿着错误的方向陷入局部极值的陷阱。

前一节提到调用fmincon时,选择函数默认指定的Interior-Point算法运行得到85.949 9的优化解,接近全局解85.266 0。实际上fmincon函数还可以通过optimoptions函数指定几种其他的内置算法,例如下列代码将默认算法更改为序列二次规划(见代码130):

代码 130　问题(2):fmincon 指定 sqp 算法

```
prob = ProbConstruct();
% ----------------------------------------------------------------
options = optimoptions(prob);
options.Algorithm = "sqp"; % 修改默认算法为序列二次规划
options.Display = "none";
% ----------------------------------------------------------------
[sol,fvl] = solve(prob, struct('x',Pos0(:,1),'y',Pos0(:,2),'c',...
                        randi(10,[6,2])),'Options',options)
```

和代码118~代码120相比,通过optimoptions函数指定内置序列二次规划算法(sqp),一般最多重复运行2~3次即可得全局最优解,感兴趣的读者可以自行尝试。

3. 用 GlobalSearch/MultiStart 求解问题(2)

继续讨论如何调用全局优化工具箱命令来求解料场寻址的非线性连续优化问题,首先介绍全局优化工具箱的 GlobalSearch 和 MultiStart 这两个函数。严格来讲,这两个自 R2010a 版本添加的全局搜索命令不能完全归类于基于全局优化的算法,而是通过不同的初值试探方式,反复调用 fmincon 函数,在某种程度上具备了全局解搜索能力。官方链接[①]提供了 GlobalSearch 和 MultiStart 函数的算法流程细节介绍。

代码131调用 GloablSearch 求解了料场寻址问题(2)。

代码 131　问题(2):调用 GlobalSearch 函数

```
prob = ProbConstruct();
Prostr = prob2struct(prob);
problem = createOptimProblem('fmincon', 'objective', Prostr.objective,...
                        'Aineq',              full(Prostr.Aineq),...
                        'bineq',              Prostr.bineq,...
                        'Aeq',                full(Prostr.Aeq),...
                        'beq',                Prostr.beq,...
```

---

① 链接:https://ww2.mathworks.cn/help/gads/how-globalsearch-and-multistart-work.html

```
                         'lb',                    Prostr.lb,...
                         'ub',                    Prostr.ub,...
                         'x0',                    randn (numel (Prostr.lb),1),...
                         'options',               optimoptions (@fmincon,'Display','off'));
gs = GlobalSearch('Display','off');  % ----------------------------------------- (12)
rng (14,'twister')
[x,fval] = run (gs,problem);
sol = Help.paser_result(prob, x, fval)   % 调用自编函数转换并还原结果数据的维度
```

代码 131 对原问题的寻优过程分为如下几个步骤：

👉 步骤 1：调用代码 126 中的 ProbConstruct 函数，构造问题式模型 prob；

👉 步骤 2：用 prob2struct 函数将问题式模型 prob 转换为问题结构体模型 Prostr；

👉 步骤 3：用 createOptimProblem 函数创建用于 GlobalSearch 的模型 problem，变量类型是结构数组；

👉 步骤 4：调用 GlobalSearch 创建指定用于全局搜索的求解选项；

👉 步骤 5：调用 run 求解该模型并返回结果。

👉 **评**：GlobalSearch/MultiStart 这两个函数截至 R2022b 都不支持问题式模型的求解，完全可以直接用求解器式建模求解，增加模型转换的步骤是为了说明 MATLAB 内部转换不同形式优化模型的方法。此外，问题式建模在复杂模型的构造和搭建方面，从用户角度来说的确更方便。

运行代码 131，调用 GlobalSearch 一次得到全局最优解 85.266 0（见代码 132）。如果想显示迭代细节，将代码 131 第 12 行改为："gs = GlobalSearch('Display','iter')"。

代码 132　问题(2)：调用 GlobalSearch 运行结果

```
sol =
  struct with fields:
          ...
   obj : 85.2660
≫ [sol.x sol.y]
ans =
     3.2549    5.6523
     7.2500    7.7500
≫ sol.c
ans =
     3.0000    0.0000
     0.0000    5.0000
     4.0000    0.0000
     7.0000    0.0000
     6.0000    0.0000
     0.0000   11.0000
```

与 GlobalSearch 类似，还可以通过 MultiStart 获得料场寻址问题的全局最优解，该函数同样需要底层调用 fmincon 局部优化求解函数，区别是 MultiStart 通过多个起始搜索点发起寻优搜索获得全局解，如代码 133 所示。

代码 133　问题(2)：调用 MultiStart 函数

```
prob = ProbConstruct();
Prostr = prob2struct (prob);
problem = createOptimProblem ('fmincon',...
                         'objective',            Prostr.objective,...
```

```
                  'Aineq',              full (Prostr.Aineq),...
                  'bineq',              Prostr.bineq,...
                  'Aeq',                full (Prostr.Aeq),...
                  'beq',                Prostr.beq,...
                  'lb',                 Prostr.lb,...
                  'ub',                 Prostr.ub,...
                  'x0',                 randn (numel (Prostr.lb),1),...
                  'options',            optimoptions (@fmincon,'Display','off'));
ms = MultiStart ;
rng (14,'twister') % for reproducibility
[x,fval,eflag,output,manymins] = run (ms,problem,50)
sol = Help.paser_result(prob, x, fval)
```

代码131和代码133二者的调用方式几乎一致,唯一区别是 MultiStart 在调用 run 求解模型时,增加了第3个参数 k,用于产生多点搜索的 $k-1$ 个初值点。MultiStart 同样可以一次搜索得到全局最优解,感兴趣的读者可自行验证。

4. 用遗传算法函数 ga 求解第(2)问

如果使用 R2021b 之前的 MATLAB,遗传算法命令 ga 调用代码和 GlobalSearch/MultiStart 有相似之处,也需要经过模型转换函数 prob2struct 将问题式模型转化为问题结构体模型,以下为 ga 函数求解问题(2)的一种代码方案(见代码134)。

代码134 问题(2):R2021b 之前版本调用 ga 函数的方案

```
prob = ProbConstruct();
Prostr = prob2struct (prob);
opts = optimoptions ('ga','PlotFcn',@gaplotbestf,...
                            'HybridFcn', @fmincon,...
                            'UseParallel', true,...
                            'PopulationSize', 100);
[x,fval] = ga (Prostr.objective, numel (Prostr.lb),...
                            full (Prostr.Aineq), Prostr.bineq,...
                            full (Prostr.Aeq), Prostr.beq,...
                            Prostr.lb,Prostr.ub,[],Prostr.intcon, opts);
sol = Help.paser_result(prob, x, fval)
```

应用遗传算法命令 ga 时需要注意:

✍ 调用方式和 GlobalSearch/MultiStart 有区别,无需通过 run 函数运行和求解模型。

✍ ga 支持 optimoptions 命令设置求解参数,例如代码134用到如下3个参数设置:
- ■ PlotFcn ga 通过 PlotFcn 参数以如图7.2所示的方式显示实时迭代情况。
- ■ HybridFcn HybridFcn 指定启发式算法进行全局优化时,用经典优化算法寻求局部极值以加快搜索速度和提高精度,是全局搜索过程中比较实用的参数设定。
- ■ UseParallel ga 支持通过 UseParallel 打开并行求解参数开关。

如下代码135为调用遗传算法函数 ga 的运行返回结果(打开了并行求解选项)。

代码135 问题(2):代码134运行结果

```
Starting parallel pool (parpool) using the 'local' profile ...
...
sol =
  struct with fields:
        ...
    obj : 95.8238
```

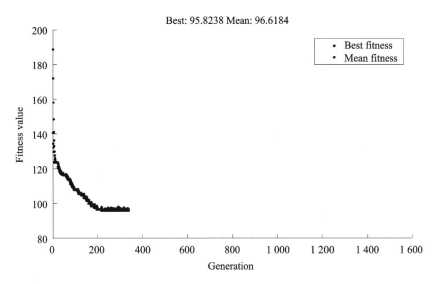

图 7.2　遗传算法求解的迭代中间结果

　　求解得到的吨公里数目标值为 95.823 8,显然,针对 16 个决策变量的非线性规划模型,遗传算法没有获得全局最优解。此外,如果用户使用 R2021b 或之后的版本,可以略去借助 prob2struct 函数从问题式转换为问题结构体的转换步骤,ga 可以直接求解问题式模型(见代码 136)。

代码 136　问题(2):R2021b 之后版本调用 ga 函数的方案

```
prob = ProbConstruct();
opt = optimoptions("ga","Display","none","HybridFcn","fmincon");
[sol,fvl] = solve(prob,"Solver","ga","Options",opt)
```

5. 用模式搜索函数 patternsearch 求解第(2)问

　　函数 patternsearch 结合了直接搜索与自适应网格算法,也是官方工具箱的全局优化求解函数,以下为调用 patternsearch 求解料场寻址问题的代码(见代码 137)。

代码 137　问题(2):调用 patternsearch 函数的求解方案

```
prob = ProbConstruct();
Prostr = prob2struct(prob);
opts = optimoptions('patternsearch','PlotFcn',@psplotbestf,'UseParallel', true);
[x,fval] = patternsearch(Prostr.objective, randn(numel(Prostr.lb),1),...
                         full(Prostr.Aineq), Prostr.bineq,...
                         full(Prostr.Aeq), Prostr.beq,...
                         Prostr.lb,Prostr.ub,[], opts);
sol = Help.paser_result(prob, x, fval)
```

　　利用随机初值重复运行约 10 次,得到代码 138 所示的运行结果:

代码 138　问题(2):代码 137 运行结果

```
sol =
  struct with fields:
        ...
  obj : 85.2617
≫ [sol.x sol.y]
ans =
```

```
      3.2547    5.6526
      7.2500    7.7500
>> sol.c
ans =
      3.0000    0.0000
      0.0003    4.9987
      4.0000    0.0000
      6.9981    0.0011
      6.0000    0.0000
      0.0010   10.9990
```

粗看之下,代码 138 结果中的吨公里数目标值降到 85.261 7,甚至优于全局优化解。但向各个料场运送的水泥数量,有些位置甚至出现 300 g 这样的结果,因此答案不符合实际情况。

此外,R2021b 或以上版本的 patternsearch 函数也支持传入问题式模型的直接计算,代码调用格式(见代码 139)和调用 ga 的代码 136 类似。

代码 139　问题(2):R2021b 之后版本调用 patternsearch 函数的方案

```
prob = ProbConstruct();
opt = optimoptions ("patternsearch","Display","none",...
                    'PlotFcn',@psplotbestf,"UseParallel",true);
[sol,fvl] = solve (prob,struct ('x', [5;2], 'y', [1;7], 'c', randi (10,[6,2])),...
                   "Solver","patternsearch",'options',opt)
```

6. 用粒子群算法函数 particleswarm 求解第(2)问

粒子群算法求解过程如代码 140 所示。

代码 140　问题(2):R2021b 之前版本调用 particleswarm 函数的方案

```
prob = ProbConstruct();
Prostr = prob2struct (prob);
opts = optimoptions (@particleswarm, 'UseParallel', true,...
                                     'HybridFcn', @fmincon,...
                                     'PlotFcn', @pswplotbestf);
[x,fval] = particleswarm (@(x)Prostr.objective(x) + ...
                          max (full (Prostr.Aineq) * x' - Prostr.bineq) + ...
                          max (abs (full (Prostr.Aeq) * x' - Prostr.beq)) * 100,...
                          numel (Prostr.lb),...
                          Prostr.lb,Prostr.ub,opts);
sol = Help.paser_result(prob, x, fval)
```

经过大约 10 次重复运行,代码 140 得到的最好一次结果(见代码 141):

代码 141　问题(2):代码 140 运行结果

```
Optimization ended: relative change in the objective value
...
sol =
         ...
   obj : 88.2934
>> [sol.x sol.y]
ans =
      7.2500    7.7500
      3.2236    5.4355
>> sol.c
ans =
      0.0121    2.9879
      4.7426    0.2574
      0.1043    3.8957
```

1.0753	5.9247
1.0777	4.9223
10.972	0.0280

从该结果看出：吨公里数为 88.293 4，粒子群算法没有获得全局解，设置 PlotFcn 参数可得到中间迭代结果如图 7.3 所示：

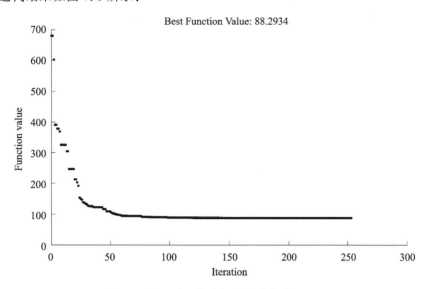

图 7.3　粒子群函数求解中间迭代过程图示

7. 用模拟退火函数 simulannealbnd 求解第 (2) 问

调用模拟退火算法命令 simulannealbnd 求解，如代码 142 所示。

代码 142　问题 (2)：调用 simulannealbnd 函数的方案

```
prob = ProbConstruct();
Prostr = prob2struct(prob);
opts = optimoptions(@simulannealbnd,...
                    'HybridFcn', @fmincon,...
                    'PlotFcn',(@saplotbestf);
[x,fval] = simulannealbnd(@(x)Prostr.objective(x) + ...
                    max(full(Prostr.Aineq) * x' - Prostr.bineq) + ...
                    max(abs(full(Prostr.Aeq) * x' - Prostr.beq)) * 100,...
                    randn(1,numel(Prostr.lb)),...
                    Prostr.lb,Prostr.ub,opts);
sol = Help.paser_result(prob, x, fval)
```

对代码 142 重复运行了约 10 次，得到的结果如下（见代码 143）。

代码 143　问题 (2)：代码 142 运行结果

```
sol =
        ...
  obj : 84.4311
≫ [sol.x sol.y]
ans =
      7.2428    7.7453
      3.0229    5.6650
≫ sol.c
ans =
```

```
    0           3.0002
    4.6737      0.3262
    0           3.9998
    2.3281      4.6721
    0           5.9998
    10.9999     0.0000
```

和 patternsearch 的结果分析类似:虽然吨公里数比全局解更小,但结果不符合实际情况(工地运送水泥不会制订以克为单位的运量计划)。

8. 用代理模型函数 surrogateopt 求解第(2)问

基于代理模型算法的 surrogateopt 函数是 MATLAB 在 R2018b 版本新增的命令,调用方法(见代码 144)和其他 ga 等全局优化工具箱函数是相似的。

代码 144   问题(2):R2021b 之前版本调用 surrogateopt 函数的方案

```
prob = ProbConstruct();
Prostr = prob2struct(prob);
opts = optimoptions(@surrogateopt,'PlotFcn',@surrogateoptplot,...
                                  'UseParallel', true);
[x,fval] = surrogateopt(Prostr.objective,...
                        Prostr.lb,Prostr.ub,[],...
                        full(Prostr.Aineq), Prostr.bineq,...
                        full(Prostr.Aeq), Prostr.beq, opts);
sol = Help.paser_result(prob, x, fval)
```

代码 144 的运行结果(见代码 145):

代码 145   问题(2):代码 144 运行结果

```
sol =
struct with fields:
            ...
      obj: 98.2456
IdleTimeout has been reached.
Parallel pool using the 'local' profile is shutting down.

>> [sol.x sol.y]
ans =
    7.2489      7.7333
    5.7021      4.2333
>> sol.c
ans =
    1.0695      1.9305
    0.0001      4.9999
    0           4.0000
    2.8576      4.1424
    1.0730      4.9270
    10.9998     0.0002
```

代理模型算法的中间迭代结果可通过 PlotFcn 参数显示(见图 7.4),经过约 800 次函数迭代求值,得到的最佳结果是 98.245 6。

基于代理模型算法的 surrogateopt 函数不需要初值,在 R2021b 版本也可以通过传入问题式模型直接求解,代码 146 如下:

代码 146   问题(2):R2021b 之后版本调用 surrogateopt 函数的方案

```
prob = ProbConstruct();
opts = optimoptions(@surrogateopt,'PlotFcn',@surrogateoptplot,...
```

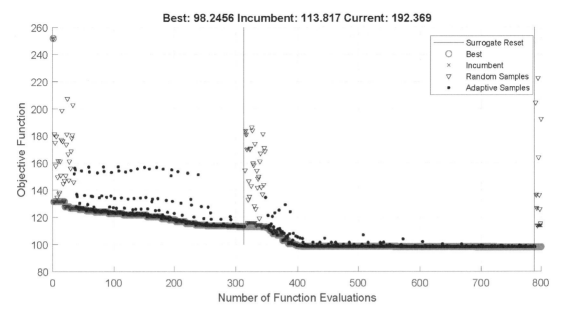

图 7.4 代理模型算法函数的中间迭代过程图示

```
                    'UseParallel', true);
[x,fvl] = solve(prob,"Solver","surrogateopt",'options',opts)
```

9. 对全局优化函数求解第(2)问结果的分析与小结

本节调用全局优化工具箱中 ga 等 7 个函数,针对料场寻址问题 7.1 第(2)问中,带有 16 个决策变量的非线性规划模型,依次进行了求解代码的测试,主要求解信息汇总如表 7.3 所列。

表 7.3 全局优化工具箱函数求解非线性规划模型基本信息

工具箱函数	优化结果	算 法	初 值	可含整数变量	允许有约束
GlobalSearch	85.2660	fmincon 初值迭代	不需要	否	允许
MultiStart	85.2660	fmincon 多点搜索	不需要	否	允许
ga	95.8238	遗传算法	不需要	是	允许
patternsearch	85.2617	自适应网格＋直接搜索	需要	否	允许
particleswarm	88.2934	粒子群算法	不需要	否	不允许
simulannealbnd	84.4311	模拟退火算法	需要	否	不允许
surrogateopt	98.2456	代理模型算法	不需要	是	允许

表 7.3 列出为 MATLAB 全局优化工具箱函数适用于求解问题的类型特征及相关基本信息,具体包括:是否需要初值、是否允许包含整数决策变量,是否可求解带约束条件的模型等。如果遇到其他优化问题,可按照表格查找适合的工具箱函数。

总结和比较全局最优工具箱函数直接求解料场寻址问题的结果可知:

✒ 吨公里数目标值最小的是利用模拟退化算法命令 simulannealbnd 得到的 84.431 1,但查看决策变量结果发现,运量数值精确到"克"的单位量级,这与实际运输计划的情况并不相符。

✍ GlobalSearch/MultiStart 这两个函数借助局部搜索函数 fmincon，通过初值迭代和多点同时搜索的内部定义机制，一次搜索就能获得全局优化解，说明问题 7.1 适合于采用这类优化方法。

✍ 部分全局优化函数被调用后也没有搜索到全局解，不同函数得到的结果也不同，即使相同函数重复运行也会得到不同结果。

7.4.4 第4部分：对改进模型的 MATLAB 全局寻优

上一节针对料场寻址问题编写了 7 种全局寻优的代码，从结果看，有一部分得到了全局解，另一些则没有。没有得到全局解的原因很多，一方面是算法通常有其相适配的问题求解范围，而另一方面，则有可能是还没能构造出令算法发挥其作用的模型结构。

本节将重新分析和修改料场寻址问题第(2)问的模型，并相应给出新的代码求解方案，这套方案仍然使用与前一节相同的工具箱函数，经调整模型结构后，发现搜索结果获得了显著改善，且基本都能搜索或者非常接近于搜索到全局最优解。

1. 分两步优化的模型求解改进方案

料场寻址第 2 个子问题是求解包括 16 个决策变量的数学模型，这 16 个变量包括 12 个从料场到目的地的运输量，4 个表示料场坐标的变量。恰恰是由于模型必须引入这 4 个坐标变量导致模型表示距离的目标函数变成了非线性的(见图 7.5)。众所周知，非线性规划问题的求解难度通常远大于线性规划，如果以料场寻址的非线性规划模型为例，至少有两个方面的因素增加了求解的难度：一个是恰当的初值不易寻找和确定，导致搜索过程很容易落入局部极值的"陷阱"；另一个则是较多的变量个数(对非线性问题而言)，让全局搜索的速度和精度受到很大的影响。

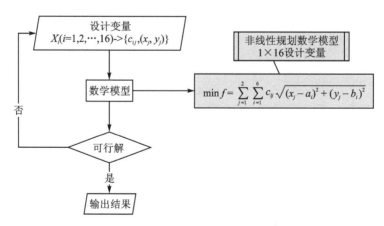

图 7.5 第(2)问原模型流程

一般来说，求解线性规划问题远比求解非线性规划问题更受欢迎；非线性规划复杂的初值选取组合，每个迭代步内往往"捉摸不定"的搜索方向等，都是导致 7.4.3 节各种代码方案的求解准确率下降的原因。不过，深入分析料场选址问题，发现如果从该模型自身的特征入手，改变模型结构是完全可以有效地提高问题求解的准确率。观察原问题发现：若料场坐标位置已知，数学模型属于线性规划问题，决策变量只有运量 c_{ij}，基于这个观察得到的隐含条件，可以构思一个分为两个步骤的"分层优化"方案,如图 7.6 所示。

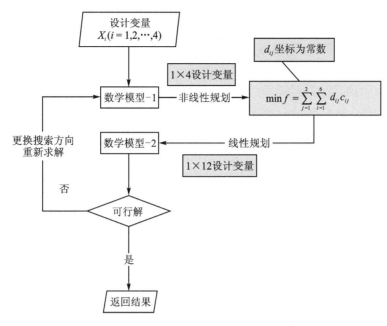

图 7.6　分层两步优化的改进模型流程

图 7.6 把对料场坐标 $(x_j, y_j)\, j = 1, 2$ 的非线性约束寻优过程放在外层,外层优化解(坐标)作为已知参数,传入里层做关于运量 c_{ij} 的第 2 层线性规划,把一个 1×16 决策变量的非线性规划模型,拆分成 1×4 的 NLP 和 1×12 的 LP,用两个小规模的优化子问题分步寻优,这个从模型思路层面上所进行的改动,经后续代码运行证实,显著提升了计算效率和寻优的准确度。

分两层优化的整体结构,不但适合于全局优化,也适合于提高局部优化函数(如 fmincon、fminunc 等函数)的搜索效率和精度,即:外层目标函数定义为有关坐标的子函数 $f[(x_j, y_j)]$,搜索返回值 (x_j, y_j) 作为已知条件传入里层子函数,此时里层函数则包含针对运量 c_{ij} 的线性规划模型(这与问题(1)计算过程吻合)。因此达到缩小问题规模,进而提高外围非线性问题搜索精度的效果。接下来根据上述改进模型的思路,围绕优化和全局优化工具箱多个函数,分别编写针对问题(2)的求解代码方案。

2. fminsearch/fminunc/fmincon 求解两步优化改进模型

前一节采用罚函数结合 fminsearch/fminunc 函数对第(2)问的模型直接寻优,效果很不理想(见代码 128～代码 146)。现在测试把原模型改为分层两步优化后,效果是否会有所改进?为方便后续调用求解函数,先把处于该改进模型的内层,以运量为决策变量的 LP 模型写成子函数(见代码 147):

代码 147　改进的分层优化模型:内层嵌套 LP 模型子程序

```
function fvl = LPFun(xy)
x = xy(1:2)';
y = xy(3:4)';
LocWork = [1.25 8.75 .5 5.75 3 7.25;
1.25 .75 4.75 5 6.5 7.75];
ConsumeCem = [3 5 4 7 6 11]';
```

```
c = optimvar('c',6,2,'LowerBound',0,'UpperBound',max(ConsumeCem));    % 决策变量
f1 = dist([x,y],LocWork)';
prob = optimproblem('Objective',sum(sum(f1.*c)));                     % 决策目标
prob.Constraints.con1 = sum(c,2) == ConsumeCem;                       % 约束条件
prob.Constraints.con2 = sum(c)' <= [20;20];                           % 约束条件
options = optimoptions('linprog','Display','none');
[~,fvl] = solve(prob,'options',options);
end
```

由代码 147 构造出的 LP 运量优化模型为改进后的模型内层，确定由 linprog 求解。而模型外层是一个以两组坐标为决策变量的非线性规划模型，该模型可以灵活选择不同函数来求解，下面首先选择使用 fminsearch 函数来求解（见代码 148）。

代码 148　问题(2)分层模型：调用 fminsearch 求解

```
[x,fval] = fminsearch(@LPFun,randn(1,4))
x =
    3.2546    7.2500    5.6523    7.7500
fval =
    85.2660
```

从代码 148 的结构就很容易看出：每次优化将外层料场迭代得到的坐标数据值作为已知数据传入内层 LP 模型"@LPFun"当中。这就变成了与问题(1)类似的 1×12 决策变量线性规划问题，调用 linprog 运算返回 fminsearch 每次的目标函数求值结果 fvl。一个非线性规划的问题就被拆分为无约束优化和线性规划两个子模型分阶段求解了。

同样道理，外层的无约束优化子问题也适合调用 fminunc 函数求解，只需要把 fminsearch 置换成 fminunc 即可，数据传入方式和子函数 @LPFun 相同，如代码 149 所示。

代码 149　问题(2)分层模型：调用 fminunc 求解

```
xy = [5 2 1 7];                    % 以问题(1)料场位置做初值，下同
[x,fval] = fminunc(@LPFun, randn(1,numel(xy)),...
                    optimoptions("fminunc","Display","none"))
```

分层模型同样可以选择 fmincon 函数来求解，如代码 150 所示。显然对于分层模型而言，无论采用 fminsearch、fminunc 或者 fmincon 函数，调用时的代码结构一致。容易想到即使选择全局优化工具箱命令求解外层模型，上述分层计算的程序结构也是适用的。

最后，代码 149～代码 150 都可以通过一次运行就找到全局最优解。

代码 150　问题(2)分层模型：调用 fmincon 求解

```
[x,fvl] = fmincon(@LPFun,xy,[],[],[],[],[],[],...
                    optimoptions("fmincon","Display","none"))
```

3. 第(2)问 MATLAB 与 Gurobi 求解效率比较

绝大多数参加数学建模竞赛的非运筹学专业学生可能都对 Gurobi 求解器感到陌生。因此，以料场寻址问题为背景，测试和比较 MATLAB 和 Gurobi 的运算效率，对了解这两个软件的交互方式以及求解能力，是一次有趣且有意义的尝试。

例如，料场寻址问题中，在问题(2)料场坐标未知的前提下，以下两种代码思路都可以得到全局最优解，那么谁的求解效率会更高呢？

✍ 方案 1：调用 fmincon 一次求解 16×1 决策变量的整体非线性优化模型。

✍ 方案 2：MATLAB 结合 Gurobi 求解两步优化模型。

反复运行代码 130，调用 fmincon 寻优的单次运算时间大体稳定在 0.1 s，但需要重复运行

多次才能获得全局解；代码 150 则是对两步优化改进模型的求解，即：外层调用 fmincon 函数求解坐标，传入里层目标函数@LPFun 求值，将坐标作为已知量再用 linprog 解线性规划模型获得当前坐标的运量。

表面上看，上述两个代码，从模型结构到选择的函数都完全不同，似乎没有什么相似之处可供比较。深入分析会发现：fmincon 需要多次调用目标函数@LPFun 求值，意味着大量运行时间会被消耗在里层 LP 子模型的运算上。此时，linprog 函数的求解效率对优化改进模型而言是关键因素。本书第 1.2.2 节提到 Gurobi 提供和 MATLAB 工具箱同名的 linprog 函数，该同名函数，是两个方案效率比较的关键。

在 MATLAB 环境中，通过 addpath 函数设置路径检索优先级，可以绕过官方工具箱直接调用 Gurobi/linprog 同名函数，在笔者电脑上代码 151 的运算时间为 2.27 s；如果想测试 MATLAB 中的 linprog 函数，只需将代码 151 第 1 行的 addpath 改为 rmpath，移除该搜索路径即可选择官方工具箱的 linprog 函数了。测试官方工具箱 linprog 函数的运行耗时约为 4.2 s。求解时间多出 40% 左右，根据经验，当问题规模更大、决策变量更多的情况下，Gurobi 求解能节约更多的计算时间。

代码 151   问题(2)：Gurobi/linprog 函数求解里层 LP 模型

```
addpath('C:\gurobi1000\win64\examples\matlab')
tic;
[x,fvl] = fmincon(@LPFun,randn(1,4),[],[],[],[],[],[],[],...
                  optimoptions("fmincon","Display","none"))
toc;
Elapsed time is 2.274886 seconds.
```

下面测试求解整体模型效果较好的全局优化工具箱 GlobalSearch/MultiStart 函数，在两步分层改进优化模型中的表现。这两个函数要调用局部搜索函数 fmincon，以迭代或多点搜索的方式实现全局寻优。以 GlobalSearch 函数为例，编写代码 152 实现两步优化，笔者电脑运行时间约为 66 s，远高于直接求解 16×1 决策变量的基本模型代码 131 的运行时间(3.24 s)。

代码 152   问题(2)分层模型：调用 GlobalSearch 求解

```
problem = createOptimProblem('fmincon',...
          'objective',@LPFun,...
          'x0',        xy,...
          'options',   optimoptions(@fmincon,'Algorithm','sqp','Display','off'));
gs = GlobalSearch('Display','none');
[x,fval] = run(gs,problem);
```

再以 MultiStart 求解 2 步优化改进模型的代码 153 为例，设置 fmincon 使其选择 5 个初始点，笔者电脑运行时间为 25.6 s，同样高于直接求解 16×1 个决策变量的原模型代码 133 运行时间(1.84 s)。

代码 153   问题(2)分层模型：调用 MultiStart 求解

```
problem = createOptimProblem('fmincon',...
          'objective', @LPFun,...
          'x0',        xy,...
          'options',   optimoptions(@fmincon,'Algorithm','sqp','Display','off'));
ms = MultiStart('Display','iter');
[x,fval,flag,output,manymins] = run(ms,problem,5)
```

分析发现，调用 GlobalSearch/MultiStart 函数计算分层优化模型的耗时显著高于原模型,其核心原因在于对目标函数计算的方式不同。点击 Editor , Run and Time 打开如图 7.7 所示的程序 profile 报告,发现 linprog 函数在计算每次迭代的优化目标过程中,被调用了高达 1 525 次,但 MultiStart 在代码 133 求解原模型时却并不存在这个问题,因为目标函数求值是用表达式直接计算的。

fmincon	7	34.057	0.044	
globaloptim\private\fmultistart>i_runThisStartPoint	5	33.866	0.004	
sqpInterface	6	33.844	0.006	
sqpLineSearchMex (MEX-file)	6	33.260	0.087	
OptimizationProblem.solve	1525	22.752	0.029	
ProblemImpl.solveImpl	1525	22.722	0.385	
computeFinDiffGradAndJac	225	20.089	0.010	
finitedifferences	225	20.077	0.024	
finDiffEvalAndChkErr	900	20.050	0.021	
OptimizationProblem.callSolver	1525	14.891	0.017	
linprog	1525	14.874	0.611	

图 7.7 MultiStart 求解两步优化模型程序 profile 数据

GlobalSearch/MultiStart 函数求解两步优化时,调用 Gurobi 的同名线性规划命令 linprog,时间分别是 37.5 s 和 15.5 s,分别下降约 29 s 和 10 s,侧面证实在线性规划的求解中 Gurobi 求解器确实具有更高的运算效率。

4. 调用 ga 求解两步优化改进模型

前一节调用遗传算法函数 ga 求解了 16×1 维度的原优化模型,目标函数搜索结果是 93.748 9,没有达到全局最优,现在继续用 ga 函数求解分层优化改进模型(见代码 154)。

代码 154 问题(2)分层模型:调用 ga 函数

```
opts = optimoptions ('ga','PlotFcn',      @gaplotbestf,...
                     'HybridFcn',    @fminsearch, 'UseParallel', true);
[x,fval] = ga (@LPFun, 4, [], [], [], [], [], [],[],[], opts)
```

经过 23.8 s 搜索,代码 154 一次运行找到了全局最优解(见代码 155)。

代码 155 问题(2)分层模型:代码 154 运行结果

```
x = 1 × 4
    7.2500    3.2548    7.7500    5.6524
fval = 85.2660
```

指定 PlotFcn 参数绘制的迭代中间结果如图 7.8 所示:

5. 调用 patternsearch 求解两步优化模型

代码 137 调用模式搜索函数 patternsearch 求解原模型,其结果为 85.261 7,但分析运量数据发现优化解不完全符合工程实际的运量计划需求,现在重新调用 patternsearch 函数求解两步优化的模型结构,如代码 156 所示,其中的变量"xy=[5 2 1 7]"仍是问题(1)中已知的料场坐标数据作为当前优化的初值。

代码 156 问题(2)分层模型:调用 patternsearch 函数

```
opts = optimoptions ('patternsearch', 'PlotFcn', @psplotbestf, 'UseParallel', true);
[x,fval] = patternsearch (@LPFun, randn (length (xy), 1)', ...
                          [], [], [], [], [], [], opts)
```

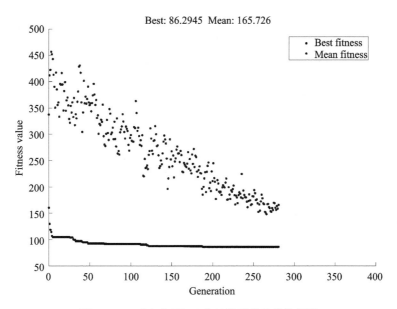

图 7.8　ga 求解问题(2)分层模型的迭代结果图

代码 156 耗时 6.05 s,通过一次优化计算过程得到了全局最优解。

6. 调用 particleswarm 求解两步优化改进模型

代码 140 调用 particleswarm 求解原模型,其结果是 88.293 4,没有搜索到全局最优解,下面继续用 particleswarm 求解两步优化改进模型。

代码 157　问题(2)分层模型:调用 particleswarm 函数

```
opts = optimoptions (@particleswarm, 'UseParallel', true, 'HybridFcn', @fmincon,...
                              'PlotFcn', @pswplotbestf);
[x,fval] = particleswarm (@LPFun,numel (xy),...
            - 100 + zeros (1, length (xy)), 100 + zeros (1, length (xy)), opts)
```

particleswarm 支持并行计算,代码 157 开启并行运算开关参数 'UseParallel' 后,运行 7.56 s 一次搜索到全局最优解,结果如代码 158 所示。

代码 158　问题(2)分层模型:代码 157 运行结果

```
Optimization ended: relative change in the objective value over the last
OPTIONS.MaxStallIterations iterations is less than OPTIONS.FunctionTolerance.
x =
     3.2545    7.2500    5.6522    7.7500
fval = 85.2660
```

7. 调用 simulannealbnd 求解两步优化改进模型

前一节代码 142 调用基于模拟退火算法的 simulannealbnd 函数,搜索结果为 84.431 1,根据分析并不符合生产实际情况(非整数的运量计划),以下继续调用模拟退火算法函数 simulannealbnd 求解改进的分层优化模型(见代码 159)。

代码 159　问题(2)分层模型:调用 simulannealbnd 函数

```
opts = optimoptions (@simulannealbnd,'HybridFcn', @fmincon, 'PlotFcn', @saplotbestf);
[x,fval] = simulannealbnd (@LPFun, randn (1,numel (xy)),...
            - 100 + zeros (1, length (xy)), 100 + zeros (1, length (xy)), opts)
```

代码运行 96.3 s,约 5 200 次的迭代后搜索结果为 85.271 6,求解信息提示这是满足约束,但很可能是局部最优的可行解(见代码 160)。

代码 160　问题(2)分层模型:代码 159 运行结果

```
Local minimum possible. Constraints satisfied.
x =
     3.2398    7.2500    5.6115    7.7500
fval = 85.2716
```

代码 160 定义 'PlotFcn' 绘图参数,可以得到图 7.9 所示的中间迭代结果信息。

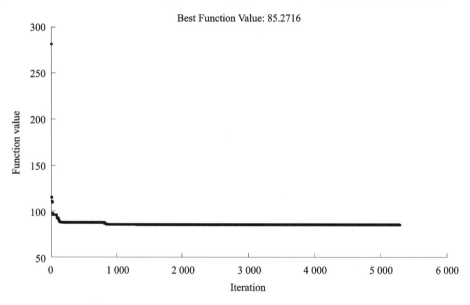

图 7.9　调用 simulannealbnd/PlotFcn 显示的迭代中间结果

8. 调用 surrogateopt 求解两步优化改进模型

代码 144 利用 surrogateopt 对原模型寻优,搜索结果为 98.245 6,代码 161 是求解该函数两步优化改进模型的寻优代码以及运行结果。

代码 161　问题(2)分层模型:调用 surrogateopt 函数- 1

```
opts = optimoptions(@surrogateopt,'PlotFcn',@surrogateoptplot,'UseParallel', true);
[x,fval] = surrogateopt(@LPFun, -100 + zeros(1,length(xy)),...
           100 + zeros(1,length(xy)),[],[],[],[],[], opts)
surrogateopt stopped because it exceeded the function evaluation limit set by
'options.MaxFunctionEvaluations'.
x =
     3.3740    7.2736    5.2155    7.6808
fval = 86.1045
```

指定坐标寻优区域 $-100 \leqslant x, y \leqslant 100$,代码 161 的运行结果为 86.104 5,该结果和原模型相比已经有所改进,但距离全局最优解 85.266 还有差距,考虑进一步缩小料场坐标的搜索区域,观察结果发现料场的横纵坐标值都处于 $[3,10]$ 范围内,故修改搜索上下限(见代码 162),耗时 12.3 s,运行结果为 85.296 4,尽管仍未达到却更接近全局解了。

代码 162　问题(2)分层模型:调用 surrogateopt 函数- 2

```
opts = optimoptions(@surrogateopt,'PlotFcn',@surrogateoptplot,'UseParallel', true);
```

```
[x,fval] = surrogateopt(@LPFun, 3 + zeros(1,length([5 2 1 7])),...
            10 + zeros(1,length([5 2 1 7])),[],[],[],[],[], opts)
x =
    3.3480    7.2505    5.5966    7.7496
fval = 85.2964
```

调用代码 162 所得中间迭代结果如图 7.10 所示。

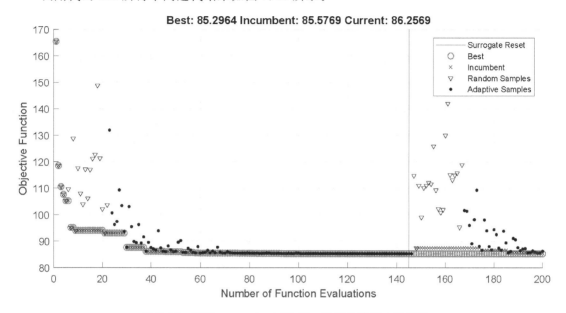

图 7.10　调用 surrogateopt/PlotFcn 显示的迭代中间结果

9. 分层优化模型求解结果小结

修改料场寻址问题的原非线性模型思路是分解原问题模型,借助外层非线性规划模型,向里层嵌套的线性规划模型传递坐标以迭代中间结果,实现分阶段求解。当修改前后的模型调用相同的优化函数时,经过前后寻优结果比较发现,分层化后其求解精度大幅提高,且多数搜索得到了全局最优解。

💡 **评**:料场寻址数学模型形式简单,但问题(2)的解通常为一个有一定优化难度的 NLP 模型,这就不像模型表面看起来那么简单了。按 16 个决策变量的 NLP 模型求解很难找到理想结果,但是变换角度,处理成 4 个决策变量的非线性规划和一个 12×1 的线性规划,优化后搜索难度就大幅度降低了。

7.5　小　结

本章针对料场寻址中的线性/非线性规划模型,基于 MATLAB 问题式和求解器式建模的流程框架,编写了多种求解方案,覆盖了优化、全局优化工具箱中几乎所有局部与全局搜索官方函数的用法。在问题求解过程中,还针对问题(2)的 NLP 问题类型,构造了和代码结构有密切关联的改进两步分层优化模型。

通过对料场寻址模型多种求解代码方案的一系列局部/全局搜索寻优,发现 MATLAB 的优化与全局优化工具箱有如下特点:

✍ 模块化与标准化的调用流程:在求解两步分层优化模型时,包括全局和局部寻优的众多求解器命令可以调用完全相同的目标函数@LPFun,代码的标准化和模块化操作形式可以减轻用户代码编写方面的负担。

✍ 命令语法格式一致:除 fminsearch 等个别函数选择 optimset 外,绝大多数函数通过 optimoptions 设置求解器选项参数,除了调用方式一致,基本参数名称遵循相同的命名法则,例如部分搜索函数支持并行,就均能采用 'UseParallel' 参数打开并行开关。

✍ 全局和局部搜索寻优结合:部分全局搜索优化工具箱函数使用 'HybridFcn' 参数,让全局搜索和局部搜索在寻优过程中流畅结合,既能在一定程度上实现全局搜索避开局部极值"陷阱",也可以在迭代后期使用局部搜索功能加速寻优,如果用户自行编写相关的启发式算法(例如粒子群、遗传算法等),一般来说就很难具备上述的附加功能。

第8章　数独游戏中的整数线性规划模型

数独(Sudoku)游戏源于瑞士,是一种用纸和笔演算的逻辑游戏,解决的方法多种多样,例如排除法、唯一余数法、区块摒除法等。数独游戏在计算机求解时也有多种处理办法(如 DFS 深度优先搜索)。而本章则主要探讨从数独问题中提取数学模型,将其转化为 0-1 整数线性规划问题。通过这个数独 0-1 模型的代码求解,进而有助于理解以下内容:

✎ 数独问题的优化模型转换思路;

✎ Lingo 和 MATLAB 中求解整数线性规划的方法;

✎ Lingo 和 MATLAB 中三维数组运算的相关命令用法。

8.1　数独游戏规则与问题描述

数独很考验观察和逻辑推理能力,规则却很简单:仅使用 1~9 阿拉伯数字,玩家根据 9×9 盘面上的已知数字推理剩余空格上的数字,满足每一行、每一列和每一个粗线宫(3×3)内的数字均含 1~9,且并不重复。

问题 8.1:2012 年 6 月 30 日英国《每日邮报》报道了芬兰数学家因卡拉花费 3 个月的时间设计出世界上"难度最大的数独游戏",且答案唯一,该游戏的已知盘面如图 8.1 所示。

图 8.1 列出了 21 个数字,需要填入 81-21=60 个数字。按数独规则,在该盘面上所有空白处填写

	[1]	[2]	[3]	[4]	[5]	[6]	[7]	[8]	[9]
[9]	8								
[8]			3	6					
[7]		7			9		2		
[6]		5				7			
[5]				4	5	7			
[4]				1				3	
[3]			1				6	8	
[2]			8	5			1		
[1]	9				4				

图 8.1　因卡拉的数独游戏盘面设计

的数字,确保每一行、每一列以及每个 3×3 的粗线小九宫格内都只能容纳不重复的 1~9。

8.2　数独游戏问题分析

问题 8.1 如果是手动的链式推理,需要横、纵与宫格相关的判断流程,暴力穷举和遍历也肯定不能在很短的时间内做出答案,但转变思路,将其转化为一个优化模型,数独问题的计算

机求解过程就会变得迅速而简洁。

　　MATLAB官方帮助文档提供了一个相当巧妙的模型构造思路[①]。首先是数独数据的初始化,它是构造优化模型的关键:要把原来9×9的二维数独游戏盘面,按照"页"索引信息转换为更高维度的9×9×9数组。

　　有必要先解释一下数独中的二维数据信息是怎样转换为三维的:原数独盘面摆放了1~9的阿拉伯数字,这9个数字作为第3维的层索引信息,即图8.2所示左侧的"楼层"编号,每层不再摆放数独盘的实际数字,而是改为存放0或者1,分别代表该层当前的位置上"存放"或"不存放"已知数独盘数据,图8.2各层摆放的"颜色块"均代表该位置数字为1,对应原二维数独盘上的拥有已知数字信息。例如:数独盘面上数字9分别位于(1,2)和(7,5),则从俯视的视角,第9层这两个对应位置就摆放两个色块(数字1),其余类推。

　　接下来解释为什么这样处理数独盘面:9×9的二维矩阵升维转换成{0|1}三维数组,巧妙之处在于自然地实现了数据信息的解耦,因为在数独的游戏盘面上,任意整数1~9都同时包含如下两个信息:

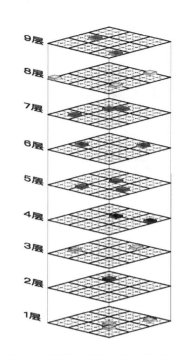

图8.2　数独二维信息转三维数组的思路分析

　　👉 当前位置要存放数字;

　　👉 当前位置数字的值为1~9之间的1个。

　　转换为三维数据后,只需知道当前层哪个位置有数字,因为位置(i,j,k)仅有两个备择的数值:或者为0,或者为1,对应原数独游戏盘面的具体数字则用对应层的编号k决定,这样解耦了盘面信息后,数字在同一行、列、层的互斥关系,就可以交给约束条件处理了。

8.3　数学模型

8.3.1　决策变量

　　根据上述分析,数独盘面解耦为9×9×9的三维{0|1}数组后,决策变量就是这些{0|1}数据的位置坐标$x_{i,j,k}$,$\forall i,j,k=1,2,\cdots,9$,共计9×9×9=729个。

8.3.2　约束条件

　　确定了729个{0|1}变量作为决策变量,接下来要确保所有{0|1}数据的摆放满足数独盘面的摆放规则,包含位置、行、列、宫格的互斥以及盘面已知数据这五类,通过约束条件的形式表达。

---

①链接地址:https://ww2.mathworks.cn/help/optim/ug/sudoku-puzzles-problem-based.html

1. 位置互斥条件

位置互斥实际上指的是图 8.2 中的层互斥条件。数独游戏盘面上,同一个位置上只能摆一个数字 1,对应数独盘面转换后的三维数组,沿层维度俯视或仰视,不同层的 9 个相同位置,允许且仅允许其中某一层摆放数字 1,例如上图第 8 层的位置 $(9,1)$ 摆放了数据"1",则其他八层对应的 8 个 $(9,1)$ 位置,就不允许再摆放数据"1",该约束条件为

$$\sum_{k=1}^{9} x(i,j,k) = 1 \quad \forall i,j = 1,\cdots,9 \tag{8.1}$$

2. 行互斥条件

行和层互斥条件是类似的,只是方向从层方向修改为行方向的互斥。行互斥是由数组规则指定的——规则要求任何层的 9×9 二维矩阵上,每行只允许一个数字等于 1,其他均为 0,这样就可以确保了"每行包含 1~9 数字且不重复"的条件,如式(8.2)所示

$$\sum_{j=1}^{9} x(i,j,k) = 1 \quad \forall i,k = 1,\cdots,9 \tag{8.2}$$

3. 列互斥条件

同理,列互斥条件意味着同一层 9×9 二维矩阵的每一列只有一个数字不为 0,确保不同层每列叠加,每个位置有且仅有一个 1,使得"每列包含 1~9 数字且不重复"问题条件得到满足,如式(8.3)所示

$$\sum_{i=1}^{9} x(i,j,k) = 1 \quad \forall j,k = 1,\cdots,9 \tag{8.3}$$

4. 宫格互斥条件

三维数组同层每个小的粗线 3×3 宫(粗线包围区域)内仅包含 1 个数字,确保不同层每个粗线宫数据叠加,有且仅有一个 1,由此满足了"每宫包含 1~9 数字且不重复"的问题条件,如式所示,显然,由 U,V 的不同组合,最终生成了 $3 \times 3 \times 9 = 81$ 个约束条件

$$\sum_{i=1}^{3} \sum_{j=1}^{3} x(i+U,j+V,k) = 1 \quad \forall U,V \in \{0,3,6\} \tag{8.4}$$

5. 已知摆放数据条件

盘面上的已知信息实际上也可视为约束,而且它的位置条件通过上述互斥约束得到满足,这样可以省略大量的判断条件,把这些复杂的情况判定,简单地归结为一个沿着指定维度的求和运算,可快速实现求和操作,这恰好是 MATLAB 的优势。

8.3.3　目标函数

理论上,数独问题的数学模型不需要目标函数,只需满足上述约束条件即可。由于不同层数据的几何结构对称,可能在寻优迭代时产生关于对称条件的搜索干扰,为了加速优化计算,可以通过设定某个优化目标来打破数据的对称性,具体实现方法见后续代码方案。

8.4　数独数学模型求解代码

数独游戏盘面的优化计算本质是求解整数线性规划问题,MATLAB 对此类问题提供了

intlinprog 命令，在 Lingo 中也很容易编写这类模型的计算代码，因此构造数独模型代码时，重点分析问题式建模数据初始化阶段的三维数组构造，以及寻优之后再重新还原为二维数独盘这两个过程。

8.4.1　MATLAB 方案

尽管数独优化模型的决策变量是高维数组，但变量维度只影响模型结构而不改变模型类型，要求解的仍然是 $9 \times 9 \times 9 = 729$ 个 $\{0|1\}$ 整数变量、$4 \times 81 = 324$ 个约束条件的整数线性规划问题（MILP）。不过数独问题中的三维数组是针对问题目标函数形式的特别构造，最终还要重新降维，把实际数独数据设法"还原"到二维游戏盘面上。编写 MATLAB 代码时，要从二维升维扩展到三维 $\{0|1\}$ 变量，优化求解、求和、降维，还要重新回到实际的二维数独盘面。这个过程涉及多维数组函数 shiftdim 的应用，在数据维度变换操作方面，具有分析和探讨价值。

1. 按整数规划模型求解的数独程序

MATLAB 帮助文件提供了基于问题建模的数独游戏整数规划模型的求解程序，对其做小幅调整，令目标函数增加随机因子以破除搜索对称性，并对部分语句做矢量化的修改，修改后的代码 163 如下所示。

代码 163　MATLAB 问题式建模求解数独游戏的 ILP 模型

```
clear;clc;close all
% 载入数据
file_name = "data.xlsx";
opts = detectImportOptions(file_name);
opts.Sheet = 1;
opts.DataRange = "B2:J10";
opts.VariableTypes = repelem("double",9);
data = readmatrix(file_name,opts);
drawSudoku(data);% 绘制数独初始游戏盘面(自带函数) -------------------------------- (9)
% 决策变量
x = optimvar('x',9,9,9,'Type','integer','LowerBound',0,'UpperBound',1);
% 任意目标函数,破坏对称性,提高求解效率
sudpuzzle = optimproblem ; % ----------------------------------------------- (13)
sudpuzzle.Objective = sum(sum(sum(x,1),2).* rand(1,1,9)); % ----------------------- (14)
% 约束条件
sudpuzzle.Constraints.consx = sum(x,1) == 1;
sudpuzzle.Constraints.consy = sum(x,2) == 1;
sudpuzzle.Constraints.consz = sum(x,3) == 1;
majorg = optimexpr(3,3,9);
for u = 1:3
    for v = 1:3
        arr = x(3*u-2:3*u,3*v-2:3*v,:);
        majorg(u,v,:) = sum(sum(arr,1),2) - 1;
    end
end
sudpuzzle.Constraints.majorg = majorg == 0;

[i,j,k] = find(data);
B = [i,j,k];
for u = 1:size(B,1)
    if isnan(B(u,3))
        continue
    end
```

```
        x.LowerBound(B(u,1),B(u,2),B(u,3)) = 1;
end
% 求解模型
sudsoln = solve(sudpuzzle);
S = round(sudsoln.x).*shiftdim(1:9,-1);
S = sum(S,3);              % S is 9-by-9 and holds the solved puzzle
drawSudoku(S)             % 绘制数独结果游戏盘面(自带函数)------------------------(40)
% 输出为 Excel 文件
writematrix(S, file_name, "Sheet", 2, "Range", "B2:J10");
```

载入 Excel 数据"📄data.xlsx"前,要在"B2:J10"单元格预先写入数独已知数据,代码 163 写入的是图 8.1 中的因卡拉数独盘面。

代码 163 的第 9 行及第 40 行都用到了官方函数 drawSudoku,该函数用于绘制数独盘面,但并没有将其加入 MATLAB 的搜索路径,可以把下面的代码 164 复制到当前路径保存为 M 函数。

代码 164 绘制数独盘的 MATLAB 程序 drawSudoku

```
function drawSudoku(B)
% Function for drawing the Sudoku board
% Copyright 2014 The MathWorks, Inc.
figure;hold on;axis off;axis equal % prepare to draw
rectangle('Position',[0 0 9 9],'LineWidth',3,'Clipping','off') % outside border
rectangle('Position',[3,0,3,9],'LineWidth',2) % heavy vertical lines
rectangle('Position',[0,3,9,3],'LineWidth',2) % heavy horizontal lines
rectangle('Position',[0,1,9,1],'LineWidth',1) % minor horizontal lines
rectangle('Position',[0,4,9,1],'LineWidth',1)
rectangle('Position',[0,7,9,1],'LineWidth',1)
rectangle('Position',[1,0,1,9],'LineWidth',1) % minor vertical lines
rectangle('Position',[4,0,1,9],'LineWidth',1)
rectangle('Position',[7,0,1,9],'LineWidth',1)

% Fill in the clues
% The rows of B are of the form (i,j,k) where i is the row counting from
% the top, j is the column, and k is the clue. To place the entries in the
% boxes, j is the horizontal distance, 10-i is the vertical distance, and
% we subtract 0.5 to center the clue in the box.
% If B is a 9-by-9 matrix, convert it to 3 columns first
if size(B,2) == 9              % 9 columns
    [SM,SN] = meshgrid(1:9); % make i,j entries
    B = [SN(:),SM(:),B(:)];  % i,j,k rows
end
for ii = 1:size(B,1)
    if isnan(B(ii,3))
        continue
    end
    text(B(ii,2)-0.5,9.5-B(ii,1),num2str(B(ii,3)))
end
hold off
end
```

耗时 0.072 s,找到了因卡拉数独游戏的解,其原始数据和计算结果如图 8.3、图 8.4 所示。

8								
		3	6					
	7			9		2		
	5				7			
			4	5	7			
		1				3		
		1				6	8	
		8	5				1	
	9				4			

图 8.3　原数独盘面

8	1	2	7	5	3	6	4	9
9	4	3	6	8	2	1	7	5
6	7	5	4	9	1	2	8	3
1	5	4	2	3	7	8	9	6
3	6	9	8	4	5	7	2	1
2	8	7	1	6	9	5	3	4
5	2	1	9	7	4	3	6	8
4	3	8	5	2	6	9	1	7
7	9	6	3	1	8	4	5	2

图 8.4　因卡拉数独盘面计算结果

2. 数独 MATLAB 程序评析

数独求解模型通过升维，把盘面数据信息解耦成层索引和盘面 {0|1} 决策变量，将数独数据在行、列和粗线宫几个区域的复杂判断简化为行、列、层和粗线宫内的求和。这种"低维度问题变高维度问题"的模型构造思路很有启发性也值得借鉴。表面上看，数据升维要把决策变量的总数从原来的 $81-21=60$ 增至 $9\times9\times9=729$ 个，模型好像复杂化了，实则不然。一方面采用 {0|1} 整数决策变量，避开了大量的逻辑条件和判断条件，大幅降低了约束条件的描述难度；另一方面，从 LP 求解的角度来讲，这种决策变量的规模并不会显著影响求解效率：结果表明这样一个七百多决策变量和三百多条约束的 LP 问题，求解时间甚至不到 0.1 s，升维变换被证实是有效的。

最后，对模型决策变量进行升维以及还原数独盘的数据进行降维时，用到的三维数组和数据读写相关命令基本操作方法做如下简单介绍。

✍ 破坏目标函数的对称性：理论上数独优化模型不需要目标函数，不过代码 163 第 13～14 行借助随机数向量构造了目标函数（见代码 165），目的是让行、列、层方向的求和结果带有搜索方向的偏向性，用于加快优化搜索的速度。以下是针对有或者没有目标函数做个简单的效率测试。

代码 165　利用随机数破坏对称性的目标函数

```
sudpuzzle.Objective = sum(sum(sum(x,1),2). * rand(1,1,9));
```

如果原优化模型去掉代码 165 这一行（即：代码 163 第 9 行），运行时间为 0.12 s，相比原结果的时间增加约 60%。原因是数独盘面具有对称的几何结构，搜索验证 4 组约束条件（全部是求和）时，如果某个结果处正好沿相应维度得到相同结果，则需要保留更多可行方向的信息。现在目标函数增加了带有偏向性的权重因子，迫使搜索方向剪枝，故达到了加速程序运行的目的。毕竟最终数独模型只需满足全部优化约束条件，真正最优解（答案）一定会在寻优过程中保留，和目标函数的搜索倾向性评估无关。最后，要理解数独目标函数怎样迫使评价过程带有偏向性，不妨先看一个普通数组的运算示例（见代码 166）：

代码 166   数组求和时迫使目标剪枝具有偏向性的分析

```
>> a = randi(10,3,3,3)        % 构造 3 行 3 列 3 层三维数组
a(:,:,1) =
      1      5      2
      3      1      1
      1      9      4
a(:,:,2) =
      5      4      3
      2      3      1
     10      1      6
a(:,:,3) =
      8      1      6
      7      8      2
      1     10      9
>> sum(sum(a,1),2).*rand(1,1,3)    % 沿行、列维度求和得到 1 行 1 列 3 层数组
ans(:,:,1) =
     0.2791
ans(:,:,2) =
     1.6957
ans(:,:,3) =
    34.7316
>> sum(ans)              % 沿层维度求和
ans =
    36.7064
```

根据代码 166 的演示,同维随机数的点乘,让连续三个求和对行、列、层三个方向施加不同的评估权重,为了让目标函数值最小,搜索就剪枝去掉了潜在的对称解路径。此外,目标函数的构造是开放的,达到剪枝的目标其表示方法有很多,比如目标替换成代码 167 所示的次序,也能加快求解速度并获得相同的数独盘面结果。

代码 167   更换求和次序的目标函数

```
sudpuzzle.Objective = sum(sum(sum(x,3),2).*rand(9,1));
```

✍ 约束条件中的三维数组:约束条件共计四组,前三组是对行、列、层沿任意方向的决策
   变量进行求和,结果必须为 1,每层粗线宫的 3×3 网格内数据的唯一性则通过
   optimexpr 创建 $3 \times 3 \times 9$ 优化表达式以及接两重循环填充来实现(见代码 168)。

代码 168   利用 optimexpr 创建宫格约束

```
majorg = optimexpr(3,3,9);
for u = 1:3
    for v = 1:3
        arr = x(3*u-2:3*u,3*v-2:3*v,:);
        majorg(u,v,:) = sum(sum(arr,1),2) - 1;
    end
end
sudpuzzle.Constraints.majorg = majorg == 0;
```

✍ 缩减盘面已知数据搜索范围:已知的盘面数据可作为约束条件,可以对下界强制赋值
   为 1,迫使所有已知数据均满足 $1 \leqslant x \leqslant 1$,代码 169 在原模型中就是用于描述这类约
   束的。这个做法看似绕了弯路,但细想这是符合逻辑的:想准确区分 $9 \times 9 \times 9$ 三维数
   组中,哪些是已知数据,哪些是待优化的决策变量,优化模型的约束条件和数据就必
   须区别对待,这样做的话,势必大幅提高模型构造代码的编写难度。而现在把这些已
   知量也统一作为决策变量,再用约束条件强迫这些位置的数据等于 1,就能把已知数

据和未知量统一处理了。

代码 169   已知数据作为约束考虑

```
[i,j,k] = find(data);
B = [i,j,k];
for u = 1:size(B,1)
    if isnan(B(u,3))
        continue
    end
    x.LowerBound(B(u,1),B(u,2),B(u,3)) = 1;
end
```

✎ 三维数组还原数独盘:经优化得到的寻优结果 sudsoln. x 是 $9\times9\times9$ 的 $\{0|1\}$ 三维数组,如果沿层方向求和,得到的是 9×9 的全 1 矩阵,这并不符合还原数独盘面的要求,要在每一层让层数据和层索引相乘,才可以得到最终的数独盘结果,一般容易想到利用循环,遍历层索引编号的相乘相加(见代码 170)。

代码 170   循环还原数独游戏的盘面

```
sudsoln.x = round(sudsoln.x);
S = zeros(9);
for i = 1:9
    S = S + sudsoln.x(:,:,i) * i;
end
```

更好的办法是借助针对三维数组的隐式扩展来恢复盘面数据(见代码 171)。

代码 171   三维数组＋隐式扩展还原数独盘面

```
S = sudsoln.x .* shiftdim(1:9, -1);
S = sum(S,3);
```

代码 171 用到了三维数组扩展中经常使用的维度轮换命令 shiftdim,以下为一组 shiftdim 的用法说明(见代码 172):

代码 172   维度轮换命令 shiftdim 的用法示例

```
>> a = randi(10,1,2,3)          % 构造 1×2×3 原始三维数组
a(:,:,1) =
    3    5
a(:,:,2) =
    3    9
a(:,:,3) =
   10    1
>> shiftdim(a,-1)               % 轮换系数为负值
ans(:,:,1,1) =
    3
ans(:,:,2,1) =
    5
ans(:,:,1,2) =
    3
ans(:,:,2,2) =
    9
ans(:,:,1,3) =
   10
ans(:,:,2,3) =
    1
>> size(shiftdim(a,-1))         % 维度轮换后的数据维度
ans =
    1    1    2    3
```

代码 172 可以帮助理解 shiftdim 函数的操作方法和实现的功能,具体如下:

✍ **主要功能**:shiftdim 函数通过轮换不同维度的方式来排列原数组,该功能与 permute 函数类似,但其维度切换参数不是"点名"式的枚举,而是依循一个特定的次序。

✍ **轮换方式**:shiftdim 函数可实现维度方向的轮换,第 2 参数 n 为维度轮换次数,当 $n>0$ 时,第一个维度数据轮换至最后维度的行为发生 n 次;$n<0$ 时,行维度补 1,共计补 n 次。例如:$1\times2\times3$ 的三维数组 a,$n=2$,变换维度的过程是:$1\times2\times3\rightarrow2\times3\times1\rightarrow3\times1\times2$;$n=-2$,维度变化过程是 $1\times2\times3\rightarrow1\times1\times2\times3\rightarrow1\times1\times1\times2\times3$。

这样 shiftdim 在代码 171 中起到的作用就容易理解了:"shiftdim(1:9,-1)"把维度 1×9 的向量 1:9 沿层方向排布,变成了 $1\times1\times9$。它与 $9\times9\times9$ 的结果变量 sudsoln.x 做一次相乘操作的隐式扩展,将各个层的数据 1 变成各层的索引编号,最后用 sum 将其沿层维度累加,就还原了数独盘面的具体数字。

✍ **数据读写**:笔者在帮助文档的数独代码中还添加了 MATLAB 数据与 Excel 的读写交互语句,这是由于 R2019a 版提供的数据读写命令 readmatrix/writematrix 能胜任比较复杂格式数据的读写,有丰富的后置参数,而且用法简单易于掌握。

■ readmatrix:外部文件如 txt,dat,xlsx,csv 等,读入 MATLAB 并形成矩阵,注意代码 173 的第 5 行,readmatrix 需要用这种方式指定数据类型,如果按默认机制读取 xlsx 文件,有时会因数据类型混淆而出错;

代码 173　调用 readmatrix 从 Excel 向 MATLAB 读入数据

```
file_name = "data.xlsx";
opts = detectImportOptions(file_name);
opts.Sheet = 1;
opts.DataRange = "B2:J10";
opts.VariableTypes = repelem("double",9);
data = readmatrix(file_name,opts);
```

■ writematrix:将 MATLAB 矩阵写入外部文件如 txt,dat,xlsx,csv 等,如代码 174 所示。

代码 174　writematrix 向 Excel 写入数据

```
writematrix(S, file_name, "Sheet", 2, "Range", "B2:J10");
```

8.4.2　Lingo 方案

Lingo 按整数线性规划模型思路求解数独问题的代码也很简洁,如代码 175 所示。

代码 175　数独模型求解的 Lingo 方案

```
sets:
M/1..3/:;
K/1..9/:;
S(K,K,K):X,C;
N(M,M,K):;
T(K,K):Y,Z;
endsets
data:
Y = @ole('X:\...\data.xlsx','E');
@ole('X:\...\data.xlsx','F') = Z;
enddata
```

```
@for(S(i,j,i0):C(i,j,i0) = X(i,j,i0) * i0);
@for(T(i,j)|Y(i,j) #ne# 0:X(i,j,Y(i,j)) > 1);
@for(S:@bin(X));
min = @sum(S(i,j,i0):(i + j + i0) * X(i,j,i0));
@for(T(i,j):@sum(K(i0):X(i,j,i0)) = 1);
@for(T(i,j):@sum(K(i0):X(i,i0,j)) = 1);
@for(T(i,j):@sum(K(i0):X(i0,i,j)) = 1);
@for(N(i,j,i0):@sum(T(i1,j1)|i1 #ge# i * 3 -
            2 #and# i1 #le# i * 3 #and# j1 #ge# j * 3 -
            2 #and# j1 #le# j * 3 : X(i1,j1,i0)) = 1);
@for(T(i,j):Z(i,j) = @sum(K(i0):C(i,j,i0)));
```

运行代码 175 时注意以下几点:

✐ @ole 函数实现 Lingo 与 Excel 的数据交互,第 9 行"Y = @ole(pathName , 'E')"指定路径的 Excel 文件数据导入到 Lingo,所指定的导入数据事先在 Excel 内按单元格区域名"E"来命名,如图 8.5(a)所示;第 10 行代码:"@ole(pathName , 'F') = Z",将 Lingo 数据"Z"导出到 Excel 文件指定的单元格区域,指定的导入数据区域事先在 Excel 内已通过单元格区域命名,指定名称为"F",如图 8.5(b)所示。

✐ Lingo 读取 Excel 数据,待求的空白数据必须用 0 填充,否则@ole 只读取被填写的因卡拉数独盘中 21 个已知数据。

✐ MATLAB 采用随机数破坏目标函数对称性的意图,在 Lingo 代码第 16 行通过系数因子$(i + j + i_0)$实现;

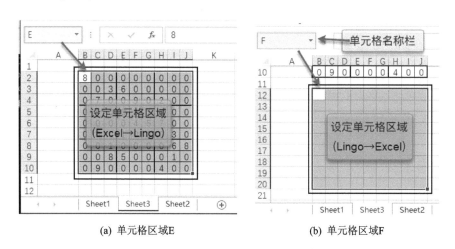

(a) 单元格区域E   (b) 单元格区域F

图 8.5　图解 Lingo 与 Excel 的数据交互方式

✐ Lingo 在将已知数据处理为约束的操作中,采用 176 的方式,将决策变量 X 的已知条件按约束形式表示。

代码 176　Lingo 方案:将已知数据作为约束条件处理

```
@for(T(i,j)|Y(i,j) #ne# 0:X(i,j,Y(i,j)) > 1);
@for(S:@bin(X));
```

通过代码 176 这两条语句,可用于解释 Lingo 编程语法中关于逻辑条件的几个基本知识:

✐ 关键字@for 对应当前层数据的行列遍历,在 $T(i,j)$ 之后的"$Y(i,j)$ #ne# 0"代表执行遍历的判断条件,即:当前层盘面上的 $9 \times 9 = 81$ 个元素里,只有当 $Y(i,j) \neq 0$ 时,才会执行当前元素大于 1 的约束操作。

✍ 逻辑条件中的"不等于 0"必须写成"♯ne♯0",不能写成"！＝"的形式;

✍ Lingo 优化约束条件不能严格表达"大于"或"小于",即代码中的"＞1"实际表述的就是"＞＝1"。

此外,代码 176 第 2 句通过"@bin"将所有 X 中的元素设为 $\{0 \mid 1\}$ 整数变量。

8.4.3　MATLAB＋Yalmip 方案

Yalmip 帮助文档提供了数独问题求解的优化代码方案(见代码 177),由于 Yalmip 工具箱恰好包含一个特色函数 alldifferent,其功能是在约束中表示所有元素都不相同,可用于描述行、列和宫格元素相异,因此 Yalmip 的数独模型求解代码就被大幅度简化了。

代码 177　Yalmip 求解数独方案-1:使用 alldifferent 函数

```
clc;clear;close all;
file_name = "data.xlsx";
opts = detectImportOptions (file_name);
opts.Sheet = 1;
opts.DataRange = "B2:J10";
opts.VariableTypes = repelem ("double",9);
data = readmatrix (file_name,opts);
data(isnan (data)) = 0;

x = intvar (9,9,'full');
fixed = find (data);
F = [1 <= x <= 9, x(fixed) == data(fixed)];
for i = 1:3
    for j = 1:3
        block = x((i-1)*3+(1:3),(j-1)*3+(1:3));
        F = [F,alldifferent (block)];
    end
end

for i = 1:9
    F = [F,alldifferent (x(i,:))];
    F = [F,alldifferent (x(:,i))];
end
F = [F,sum (x,1) == 45, sum (x,2) == 45];

optimize (F);
value (x)
```

显然,代码 177 与之前 MATLAB 或 Lingo 的模型。构造思路都不同,由于 alldifferent 函数存在,故模型决策变量不需要升维成多维数组,可以直接设置为 9×9 的整数决策变量,模型只需要使所有决策变量满足 $1 \leqslant x_{ij} \leqslant 9, \forall i,j \in \mathbb{Z}$,利用 alldifferent 确保每行、列、宫的元素均不同,且对应的行、列、宫上元素的总和为 45 即可。

Yalmip 帮助文档同样提供了不采用 alldifferent 函数的数独模型求解代码,当然这时候的模型还要升维扩展成 $9 \times 9 \times 9$ 维度的"$\{0 \mid 1\}$"决策变量,模型构造思路与之前的 MATLAB 和 Lingo 方案相同,如代码 178 所示。

代码 178　Yalmip 求解数独方案-2：不使用 alldifferent 函数

```
clc;clear;close all;
file_name = "data.xlsx";
opts = detectImportOptions(file_name);
opts.Sheet = 1;
opts.DataRange = "B2:J10";
opts.VariableTypes = repelem("double",9);
data = readmatrix(file_name,opts);
data(isnan(data)) = 0;

p = 3;
x = binvar(p^2,p^2,p^2,'full');
F = [sum(x,1) == 1, sum(x,2) == 1, sum(x,3) == 1];
for m = 1:p
    for n = 1:p
        for k = 1:p^2
            s = sum(sum(x((m-1)*p+(1:p),(n-1)*p+(1:p),k)));
            F = [F, s == 1];
        end
    end
end

for i = 1:p^2
    for j = 1:p^2
        if data(i,j)
            F = [F, x(i,j,data(i,j)) == 1];
        end
    end
end

[i,j,k] = find(data);
F = [F, x(sub2ind([p^2 p^2 p^2],i,j,k)) == 1];
diagnostics = optimize(F);
Z = 0;
for i = 1:p^2
    Z = Z + i * value(x(:,:,i));
end
Z = value(reshape(x,p^2,p^4) * kron((1:p^2)',eye(p^2)))
```

8.4.4　数独游戏转换优化模型求解思路评析

总结数独游戏的数学模型求解过程，主要特点是转换了思考问题的方式，用"应优化则尽优化"的策略，即将求解方式转变为构造优化模型，用指定算法搜索和寻找最优解/策略，避免采用手动循环遍历穷举、减少判断和排列上耗费的时间。这种思维转换的意义不止于数学建模竞赛，对其他问题的研究与解决同样重要。例如，按照如下要求构造出符合特定条件的矩阵的案例，可说明采取优化思路在问题解决中的实际作用。

问题 8.2：用 MATLAB 构造满足如下要求的矩阵：

（1）矩阵仅包含 0 和 1 这两种元素；

（2）矩阵每一行都应当有元素 0 的存在；

（3）每一列有大约 30% 的 0 元素。

问题 8.2 从条件形态看，适合选择 MATLAB 函数 randsrc 求解，代码 179 如下所示：

代码 179　问题 8.1 求解方案 - 1：调用 randsrc

```
f = @(m,n)cell2mat(arrayfun(@(x)randsrc(m,1,[0 1;.3 .7]),1;n,'un',0));
[m,n,data] = deal(30,20,1);
while any(prod(data,2))
    data = f(m,n);
end
spy(~data)
hold on
plot([(0;n)+1i*[0;m] [0;n]+1i*(0;m)],'b:')
axis tight
```

代码 179 思路是清晰的：利用 randsrc 在循环中逐列构造拥有约 30% 零元素的"{0|1}"列向量，再通过 cell2mat 合成符合维度条件的矩阵，如果构造矩阵不满足每行都有 0 元素的条件（用行元素相乘判断是否存在全部为非零的元素），则 while 循环体内会重新构造，直至满足每行都有 0 元素为止。

代码 179 调用函数 spy 获得符合要求的结果位置，结果如图 8.6 所示。

重新分析问题 8.2，可以看出代码 179 是一种可行的方法，能很快搜索到符合条件的矩阵结果，同时也要看到：当缩小矩阵的维度，让元素"1"的比例继续增大，则出现整行元素全部非零的概率会迅速提高，代码 179 在 while 循环体内会花费更多时间重复构造替换，计算效率就会下降。

转变求解思路，将问题 8.2 转换为拥有 $m \times n$ 个"{0|1}"决策变量的优化模型：用比例值（30% 或者其他更小的数据）作为约束条件 1，指定每行的 0 元素；再用每行元素的乘积必须等于 0 作为约束条件 2，对该模型寻优，可以快速找到满足条件的矩阵（见代码 180）。

代码 180　问题 8.1 求解方案 - 2：构造优化模型

```
[m,n] = deal(20,20);
prob = optimproblem('ObjectiveSense','maximize');
x = optimvar('x',m,n,'Type','integer','LowerBound',0,'UpperBound',1);
prob.Objective = sum(x,'all');
prob.Constraints.onesum = sum(x,2) <= n-1;
prob.Constraints.vertsum = sum(x,1) == round(m * 0.7);
sol = solve(prob);
spy(~sol.x)
hold on
plot([(0;n)+1i*[0;m] [0;n]+1i*(0;m)],'b:')
axis tight
```

代码 180 运行结果如图 8.7 所示。比较图 8.6 和图 8.7 发现两种求解方法的结果存有一定差异，代码 179 采用随机数函数 randsrc 构造向量，每次求解结果中 0 的数量并不确定，但代码 180 用优化模型求解，则通过等式约束指定了 0 元素总数为定值。如果想让 0 元素的数量浮动，则只需要修改这条等式约束，将其转换为以"30%"为比例基准，上下浮动的不等式约束条件，就变成了另一种模型形式。

抛开二维数独盘转换为三维"{0|1}"数组决策变量的操作方法，问题 8.2 和数独题本质上是一类问题，求解方式都是将一定数量的数字可通过排列、穷举和判断的问题，转换为优化模型，以寻优方式计算最佳结果。因此，将数学建模，尤其是模型构造的思想渗透到普通问题求解当中，这也是参加数学建模竞赛以及学习建模时的乐趣之一。

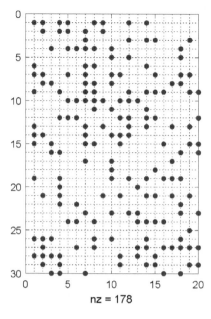

nz = 178

图 8.6　randsrc 方案

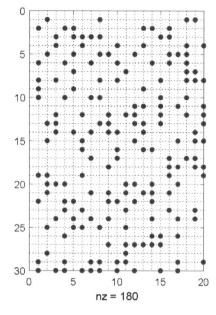

nz = 180

图 8.7　优化模型方案

8.5　小　结

数独问题转换为优化模型求解,关键在于如何简化一系列行、列、宫格的元素互斥判断条件,若直接写这些条件极易出错,因此要设法分解已有的数独盘面数据信息。MATLAB 官方文档提供的代码思路是:以数据升维将二维数独矩阵转换为三维"{0|1}"矩阵实现数据携带信息的解耦,利用软件自身擅长的矩阵计算,以较为简练的代码实现了信息的分解与还原,这个构思是比较精巧的。此外,数据升维处理对于数学建模的思路培养而言,也具有启发和借鉴意义,例如在图论相关问题里,构造邻接矩阵的基本手法是以索引为节点,"{0|1}"矩阵数据为邻接判定,这实际也是一种数据信息解耦的表现形式。

第9章　路灯照射模型中的分层优化技巧

在本书的前面章节中提到过采用多步优化代码思路来求解形态复杂的非线性优化模型全局最优解。例如代码 45～代码 47,以分层优化方式调用 ga 或 fmincon 函数来求解带有等式约束的非线性连续优化模型;料场寻址问题则利用分层两步优化的方法,拆分并求解了复杂非线性连续优化模型。如果合理运用这种模型的分层优化技巧,有时的确能够大幅提高模型求解效率和准确率。本章将通过路灯光强照射模型的优化求解,再次探讨当求解非线性规划模型时,如何依据特征整理出恰当的优化模型,用分层优化的方式提高求解效率,内容如下:

✎ 循环代入离散化的高度 h 参数,反复调用模型寻求最优解的思路。

✎ 讨论分层优化模型构造方式与代码实现方式。

✎ Lingo 中利用 calc、procedure、submodel 实现模型求解。

9.1　路灯照射问题的基本描述

问题 9.1:在一条 20 m 宽的道路两侧,分别安装了 2 kW 和 3 kW 的路灯各一盏,它们离地面的高度分别为 5 m 和 6 m。

(1) 在漆黑夜晚,开启两盏路灯时,路灯连线的路面上最暗和最亮的点在何处?

(2) 如果 3 kW 路灯高度可以在 3～9 m 变化,如何使路面上最暗点的亮度最大?

(3) 如果两盏路灯均可在 3～9 m 高度变化,结果又如何?

光强 I 和点光源功率 P 存在式(9.1)关系:

$$I = \frac{P \sin \alpha}{r^2} \tag{9.1}$$

式中,I 为地面的光强度;P 为点光源的功率;α 为水平面与光线照射到该点的夹角;r 为点光源到地面某点的直线距离(不是到地面的垂直距离)。

9.2　路灯照射问题分析与数学模型

对问题(1),按式(9.1)所示点光源光强与光源功率的关系,由于两个点光源的功率分别为 2 kW 和 3 kW,设路灯竖直高度分别为 l_1 和 l_2,任意光照重叠点与路灯 1 灯柱与路面交点距

离 x,则与路灯 2 的对应距离是 $20-x$,该点光强可以表示为

$$I = \frac{2l_1}{(x^2+l_1^2)^{\frac{3}{2}}} + \frac{3l_2}{[(20-x)^2+l_2^2]^{\frac{3}{2}}}$$ (9.2)

以上式为目标函数,取光强在区间 $0\leqslant x\leqslant 20$ 的最大(小)值即为所求的最亮(暗)点。这是单变量无约束非线性规划问题,MATLAB 用 fminbnd、fminsearch 或 fmincon 都可解。

问题(2)的条件是 3 kW 灯的高度可变,求解照射路面在最暗情况下的最大亮度,解决该问题有两种大体的思路,第 1 种方案是在[3,9]内取不同高度值,作为已知数代入问题(1)模型反复求解,最后比较所有目标值,返回最小的优化结果;第 2 种思路是通过两次调用限定范围最小值求解命令 fminbnd,得到最暗位置的最大亮度;

问题(3)要求在两盏灯的高度都变化的情况下寻找路面最暗点的最大亮度。和问题(2)一样,也有两种方案,第 1 种方案仍然是离散化两盏路灯的高度,代码要再加一重循环遍历不同的路灯高度组合;第 2 种方案还是分层优化,只是两灯高度同时可变,外层优化属于多变量无约束形式,需要调用 fminsearch 求解。

9.3 路灯照射问题的代码方案

9.3.1 问题(1):两灯柱高度均固定的情况

问题(1)要计算出地面最亮与最暗位置,意味着同时求解模型目标的最小值/最大值。如果选择问题式建模的模型构造流程,不必给目标添加负号,而是由 ObjectiveSense 参数值 'min' 或者 'max' 指定最小化/最大化。

1. MATLAB 基于问题的建模方式

采用问题式建模流程,solve 函数将自动分配 fmincon 函数作为求解器,代码 181 如下所示:

代码 181 问题(1):问题式建模方式

```
% 基本数据
L = [5 6];
P = [2 3];
% 决策变量
x = optimvar('x',1,'LowerBound',0,"UpperBound",20);
% 决策目标
probMin = optimproblem('ObjectiveSense','min',...
                'Objective',sum(P.*L./([x 20-x].^2+L.^2).^1.5));
probMax = optimproblem('ObjectiveSense','max',...
                'Objective',sum(P.*L./([x 20-x].^2+L.^2).^1.5));
% 求解
[solMin,fvlMin] = solve(probMin,struct('x',10));
[solMax,fvlMax] = solve(probMax,struct('x',10));
```

运行结果是:[solMin.x,fvlMin;solMax.x,fvlMax]=[9.338 3,0.018 2;19.973 2,0.084 5]。

2. MATLAB 基于求解器的建模方式

对于式(9.1)这种模型简单,其决策变量较少,选择求解器式建模流程,代码往往要比问题式建模更简洁(见代码 182)。

代码 182　问题(1):求解器建模方式

```
≫ [x,fval] = cellfun(@(t)fminbnd(@(x)...
                (-1)^t * sum([10 18]./hypot([x 20-x],[5 6]).^3),0,20),{1,2},'un',0)
x =
      {[19.9767]}      {[9.3383]}
fval =
      {[-0.0845]}      {[0.0182]}
```

最大/小值两组优化模型的目标函数相同,利用 cellfun＋fminbnd 同时求解两组模型,不过求解器建模只能求解最小值,可在目标函数起始位置增加"(−1)‘"项,即在最大光强的目标函数添加负号,就把最大值问题变成求解最小值模型了。

3. 问题(1)求解的 Lingo 方案

在 Lingo 软件中通过 submodel 来构造子模型(见代码 183),也能实现在同一个 lg4 文件中,同时求解最大光强与最小光强两组模型的意图。

代码 183　问题(1):Lingo 求解方案

```
procedure cal_light:
I = 2 * L1/(x^2 + L1^2)^(3/2) + 3 * L2/((20 - x)^2 + L2^2)^(3/2);
endprocedure

submodel min_opt:
min = fx;
fx = 2 * L1/(x^2 + L1^2)^(3/2) + 3 * L2/((20 - x)^2 + L2^2)^(3/2);
@bnd(lb,x,ub);
endsubmodel

submodel max_opt:
max = fx;
fx = 2 * L1/(x^2 + L1^2)^(3/2) + 3 * L2/((20 - x)^2 + L2^2)^(3/2);
@bnd(lb,x,ub);
endsubmodel

calc:
lb = 0;
ub = 20;
L1 = 5;
L2 = 6;
@chartpcurve('light problem',
             'Value of x',
             'light',
             cal_light,
             x,0,30,
             'C',I);
@set('global',1);
@solve(min_opt);
@write('most darkest point x = ',x,@newline(1));
@solve(max_opt);
@write('most lightest point x = ',x,@newline(1));
endcalc
```

代码 183 用到了 Lingo 语言中的@chartpcurve 、submodel、calc 等语言函数与模块,有必要对这些内容做一定的解释:

✏️ calc 模块第 22 行利用@chartpcurve 函数绘制了图 9.1 所示光强 $I(x)$,$x \in [0,30]$ 的

变化曲线,曲线纵坐标数据通过起始位置的 procedure 模块提供的表达式 cal_light 计算得到的。

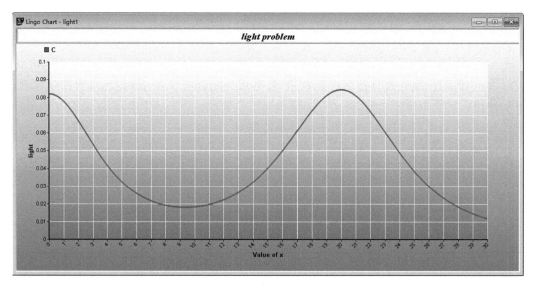

图 9.1 @chartpcurve 函数绘制的光强 $I(x)$ 变化曲线

✍ 子模块 submodel 构造出两个优化模型,在 calc 模块通过@solve 分别求解。

✍ calc 模块通过@write 分别以 txt 格式输出两个 submodel 的优化解信息。

由 Lingo 输出结果(见代码 184,略去部分无关数据),可以看出与 MATLAB 方案是一致的。

代码 184 问题(1):何苦 183 运行结果

```
Global optimal solution found.
Objective value:                          0.1824393E-01
    ...                                         ...
Model Class:                                  NLP
    ...
              Variable       Value        Reduced Cost
                 ...          ...             ...
                  X         9.338299        0.000000
                 FX        0.1824393E-01    0.000000
                 ...
most darkest point x = 9.33829910973215
Global optimal solution found.
Objective value:                          0.8447655E-01
    ...                                         ...
              Variable       Value        Reduced Cost
                  X         19.97670        0.000000
                 FX        0.8447655E-01    0.000000
                 ...
most lightest point x = 19.97669580711597
```

9.3.2 问题(2):一盏灯高度可调

问题(2)中,3 kW 灯柱的高度值允许在 3~9 m 变动,地面任意位置的光强会随之改变,但如果取特定的灯柱高度值,地面任意位置的光强数据是唯一确定的,问题(2)通过比较灯柱的不同高度对应的地面最暗位置,再在最暗处寻找地面最亮点,即最暗处光强最大的坐标位置。

1. 方案-1:高度遍历

可通过将变化的高度离散化,即按步长分成多个数值,参数传入优化模型循环遍历,MATLAB 代码 185 如下所示:

代码 185　问题(2):MATLAB 高度遍历方案

```
%基本数据
L = 5;
P = [2 3];
%决策变量
x = optimvar('x',1,'LowerBound',0,"UpperBound",20);
%决策目标
[n,Out] = deal(1,zeros(601,3));
for L2 = 3:.01:9        % 灯柱高度变化的离散化步长为 0.01
    prob = optimproblem('ObjectiveSense',"min",...
            'Objective',sum(P.*[L L2]./([x 20-x].^2+[L L2].^2).^1.5));
%求解
    [sol,fvl] = solve(prob,struct('x',10),...
                "Options",optimoptions('fmincon','display','none'));
    Out(n,:) = [L2 sol.x,fvl];
    n = n+1;
end
[~,idx] = max(Out(:,3));
Out(idx,:)
```

上述程序运行 17.88 s 得到代码 186 所示结果,说明当灯 1 高度为 5 m,灯 2 高度为 7.42 m 时,最暗处亮度最大,位置是距离灯 1 底座 $x=9.502\,8$ m,此时的光强为 $I=0.018\,555\,8$。

代码 186　问题(2):代码 185 运行结果

```
>> Out =
  5   7.42   9.50278562684047   0.0185558351806364
```

相同思路可编写 Lingo 语言遍历代码,如代码 187 所示。

代码 187　问题(2):Lingo 一灯柱高度遍历求解方案:

```
model:
sets:
    part/1..101/:obj;
endsets

data:
    lb = 0;
    ub = 20;
    L1 = 5;
    L2_min = 3;
    L2_max = 9;
enddata

submodel max_opt:
    min = fx;
    fx = 2*L1/(x^2+L1^2)^(3/2) + 3*f/((20-x)^2+f^2)^(3/2);
    @bnd(lb,x,ub);
endsubmodel
```

```
procedure WriteResFile;
  @divert ('result.txt');
    @write (
      'L1 =            ', L1,      @newline(1),
      'L2 =            ', best_L2, @newline(1),
      'x  =            ', best_x,  @newline(1),
      'I  =            ', best_I,  @newline(1));
  @divert ( ); ! Close the file;
endprocedure


calc :
delta = (L2_max − L2_min)/100;
best_L2 = 0;
best_I = 0;
best_x = 0;
@for (part(i);
    f = L2_min + (i−1) * delta;
    @solve (max_opt);
    @ifc (fx #gt# best_I;
       best_I = fx;
       best_L2 = f;
       best_x = x;
       );
    );
WriteResFile;
endcalc
```

代码 187 使用了 Lingo 中 sets,data,submodel,procedure 及 calc 在内的多个模块:

🖎 calc 承担了计算和各子模型的调用功能,注意 calc 模块内的代码是顺序执行的。

🖎 "procedure"模块的功能和子程序类似,可以在 calc 模块中通过引用其名称实现反复调用。但在 Lingo 代码中,procedure 内的语句通常用于完成不属于优化求解的数据处理工作,例如在代码 187 中名为 WriteResFile 的 procedure 模块,其功能是把模型指定的优化结果输出到 result.txt 文本文件当中。

🖎 submodel 模块通常用于编写组合模型。submodel 中的子模型要存放在 model 模块中,不能放在 data、init 或者 calc 等模块里,但允许在 calc 等模块被反复调用。例如代码 187 中,用 submodel 模块定义了优化子模型 max_opt,用 @for 传入不同的高度数值,在 calc 中反复求解。

🖎 calc 的条件判断控制流程 @IFC 可以改变 calc 模块中语句的运行次序,基本调用方法如代码 188 所示,方括号内的语句为非必选流程,@IFC 结合 @ELSE 可以嵌套使用。如上述代码中,@IFC 判定本次循环的光强优化结果 fx 大于当前最亮光强值时,就以 fx 替换当前的最强光强值。

代码 188　IFC 函数调用语法格式

```
@IFC ( <conditional − exp> ;
    statement_1[; …; statement_n;]
[@ELSE
    statement_1[; …; statement_n;]]
);
```

代码 187 在 Lingo 中的运行结果如代码 189 所示。

代码 189　问题(2):代码 187 运行结果

```
Local optimal solution found.
  Objective value:                    0.1823465E-01
Infeasibilities:                      0.000000
  Total solver iterations:                  6
  Elapsed runtime seconds:                  2.73

  Model Class:                            NLP
  Total variables:            103
  Nonlinear variables:          1
  Integer variables:            0

  Total constraints:            2
  Nonlinear constraints:        1
  Total nonzeros:               3
  Nonlinear nonzeros:           1


          Variable        Value        Reduced Cost
            ...            ...             ...
          BEST_L2       7.440000        0.000000
          BEST_X        9.506155        0.000000
          BEST_I        0.1855579E-01   0.000000
```

比较 MATLAB 和 Lingo 遍历思路的求解代码运行结果,灯柱高度相差约 0.02 m,二者光强目标值基本一致,但 MATLAB 耗时 17.88 s,Lingo 为 2.73 s,Lingo 运行效率在这种遍历算法的实现过程中,显著优于 MATLAB。

2. 方案-2:以高度与光强为决策变量的两步优化

方案-1 的思路是遍历穷举,在 MATLAB 中这种做法比较耗时(17.88 s)。如果继续细分灯柱高度的变化步长,可以预见运算时间会快速上升,因此通过循环遍历方式求解路灯光强问题,不是一种合理的方案。

为提高运算效率,仍然要从调整模型的整体结构入手,考虑将最佳高度(满足最暗条件)h 也作为优化决策变量,但在优化求解次序上高度变量的优化和原问题决策变量 x 不是同时发生的,即原模型修改为分两步优化,代码 190 如下所示。

代码 190　问题(2):调用 fminbnd 求解两步优化模型

```
[h,fval] = fminbnd(@(h) - myfun(h),3,9)
% ----------------------- 子函数 -----------------------
function y = myfun(h)
    P = [2 3];
    L = [5 h];
    [~,y] = fminbnd(@(x)sum(P.*L./hypot([x 20-x],L).^3),0,20);
end
```

代码 190 中的灯柱高度变量 h 是"穿"过两层 fminbnd 的调用才求解出的,结果如代码 191 所示。

代码 191　问题(2):代码 190 运行结果

```
≫[h,fval]
ans =
    7.42239534416037   - 0.0185558359933169
```

方案-2 计算结果与遍历方案中的代码 185 求解结果一致,但耗时(0.009 604 s)不到百分之一秒,运算时间约缩短到原来的 1/1 700。

9.3.3 问题(3):两盏灯高度均可调

1. 方案-1:均匀离散化两盏灯的高度

问题(3)中两灯柱的高度 h 均可变,所以在问题(2)基础之上,要额外嵌套一重循环,以模拟遍历两个灯柱的高度变化,如代码 192 所示。

代码 192   问题(3):遍历两灯柱高度的 MATLAB 方案

```
% 基本数据
[iL1,iL2] = meshgrid(3:.1:9);                              % 步骤-1:粗网格
% [iL1,iL2] = meshgrid(6.5:.01:6.7,7.4:.01:7.6);           % 步骤-2:精细网格
P = [2 3];
% 决策变量
x = optimvar('x',1,'LowerBound',0,"UpperBound",20);
% 决策目标
Out = zeros(1,4);
for i = 1:size(iL1,1)
    for j = 1:size(iL1,2)
        L = [iL1(i,j) iL2(i,j)];
        prob = optimproblem('ObjectiveSense',"min",...
              'Objective',sum(P.*L./([x 20-x].^2+L.^2).^1.5));
        % 求解
        [sol,fvl] = solve(prob,struct('x',10),...
                        "Options",optimoptions('fmincon','display','none'));
        if fvl > Out(4)
            Out = [L sol.x fvl];
        end
    end
end
```

代码 192 运行结果说明当灯 1 高度为 6.59 m,灯 2 高度为 7.55 m 时,最暗处亮度最大,位置是距离灯 1 底座 $x=9.3265$ m,此时光强为 $I=0.0189837867786707$(见代码 193)。

代码 193   问题(3):代码 192 的运行结果

```
>> Out
Out =
    6.59    7.55    9.3264795691165    0.0189856886118297
>> fvl
fvl =
    0.0189837867786707
```

代码 192 主要采用了"先粗化网格、再精细搜索"的思路,求解时间消耗情况如代码 194 所示,总计约 125 s。

代码 194   问题(3):两层循环的运行时间统计

```
% 第 1 次
Elapsed time is 111.959101 seconds.
% 第 2 次
Elapsed time is 13.337021 seconds.
```

📖 评:代码 192 在修改模型参数时反复调用同一模型,该思路简单,但方案耗时。对于循环方式,选择模型参数也有技巧:先选择较粗的网格做第 1 次搜索,比如代码 192 选择了 3:0.1:9,确定结果的大致范围后再进一步做精调网格遍历。

为便于比较,将二重循环的代码思路应用于 Lingo,同样按照两个灯柱的高度变化以特定

步长遍历,如代码 195 所示。

代码 195　问题(3):遍历两灯柱高度的 lingo 方案

```
model :

sets :
part/1..11/:;
link(part,part):;
endsets

data :
lb = 0;
ub = 20;
L_min = 3;
L_max = 9;
enddata

submodel min_opt:
min = fx;
fx = 2 * L1/(x^2 + L1^2)^(3/2) + 3 * L2/((20 - x)^2 + L2^2)^(3/2);
@bnd (lb,x,ub);
endsubmodel

procedure WriteResFile:
  @divert ('result3.txt');
    @write (
    'L1 =            ', best_L1,    @newline(1),
    'L2 =            ', best_L2,    @newline(1),
    'x  =            ', best_x,     @newline(1),
    'I  =            ', best_I,     @newline(1));
  @divert (); ! Close the file;
endprocedure

calc :
delta = (L_max - L_min)/10;
best_L1 = 0;
best_L2 = 0;
best_I = 0;
best_x = 0;
@for (link(i,j):
    L1 = L_min + (i-1) * delta;
    L2 = L_min + (j-1) * delta;
    @solve (min_opt);
    @ifc (fx #gt# best_I:
        best_I = fx;
        best_L1 = L1;
        best_L2 = L2;
        best_x = x;
        );
    );
WriteResFile;
endcalc
```

代码 195 耗时 13.93 s 获得计算结果(见代码 196),存储于“result3.txt”内。Lingo 代码在整体模型高度遍历的方案 1 中,计算效率远优于 MATLAB 相同算法的代码,感兴趣的读者可自行尝试。

代码 196   问题(3)：代码 195 运行结果

```
L1 =        6.6
L2 =        7.8
x  =        9.373926202797824
I  =        0.01897733640331786
```

2. 方案 2：以高度与光强为决策变量的两步优化

问题(3)的两个灯柱高度都发生变化时，无论怎样精调网格离散化高度，Lingo 或者 MATLAB 通过暴力枚举形式的遍历优化，其效率都非常低，于是仿照问题(2)，再次通过连续两层的优化求解，如代码 197 所示。

代码 197   问题(3)：调用 fminsearch 求解两步优化模型

```
[h,fval] = fminsearch((@(h)-myfunL(h),[6,6])
%  ------------------------- 子函数 -------------------------
function y = myfunL(h)
P = [2 3];
L = h;
[~,y] = fminbnd(@(x)sum(P.*L./hypot([x 20-x],L).^3),0, 20);
end
```

由于两盏灯的灯柱高度均为变量，问题(3)在外层变成了求解多变量无约束模型，因此函数 fminbnd 不再适用外层调用，相应修改为调用无约束多变量优化命令 fminsearch，代码结构没有发生变化，结果如代码 198 所示。

代码 198   问题(3)：代码 197 运行结果

```
h =
     6.59396302084728       7.54815616155696
fval =          -0.0189856917510327
Elapsed time is 0.014209 seconds.
```

应用两步优化模型，MATLAB 耗时 0.014 2 s 就得到了结果。

9.4 小 结

本章的路灯光强无约束非线性规划问题，重点是探讨怎样处理和调整模型结构，其模型结构和代码实现方式密切相关，掌握两步优化模型如何以嵌套形式调用 MATLAB 函数进行求解，是路灯照射问题建模和代码编写的关键点之一。

而且将原始模型修改为两步优化形式的动机，是发现穷举遍历的代码在路灯照射问题中运行效率太低。尽管 Lingo 在方案 1 中的运算时间显著低于 MATLAB，但效率的提高幅度也无法和两步嵌套优化的方案 2 媲美，这是优化模型结构所带来的好处。此外，MATLAB 的变量定义形式很灵活，两层变量间的参数传递，是将匿名函数或子函数的 h 作为普通中间量处理，这种参数定义和传递方式对一些复杂多重优化问题的分解，是有辅助作用的。

第 10 章

合成目标化合物的
最快反应路径

本章讨论时间赋权化合物的最短反应路径问题的求解方法。该问题是一个从化工产物合成的工程实际场景里简化抽象出来的模型构造 Cody 习题[8]。通过对该问题的求解，主要熟悉如下内容：

✍ MATLAB 图论工具箱中的 shortestpath,distances 等函数的调用方法；

✍ Lingo 批量求解（包含多组测试数据问题）的代码构造思路。

10.1 最快反应路径问题描述

问题 10.1：有 N 个化合物的列表集合：$1,2,\cdots,N$（集合数据由题目后续多组测试数据的输入参量 R 提供），集合中附有表内某化合物转换为另一种表内化合物的有效反应（例如指明"1→2"是有效的反应），且列出这些有效反应的完成时间。拥有这些信息，就可以生成一条反应路径，即一系列有效反应的步骤，该步骤一个接一个地发生和执行，示例如代码 199 所示。

如果给定集合内的起始化合物 S 和目标化合物 T（输入变量），找出起始化合物和目标化合物之间总反应时间最短的反应路径。

代码 199 对化合物反应路径的基本描述

```
Given N = 4 and the following valid reactions:
Reaction 1:    1 --> 2 takes 1.5 mins Reaction
         2:    1 --> 3 takes 2.5 mins Reaction
         3:    2 --> 3 takes 0.6 mins Reaction
         4:    3 --> 4 takes 4.1 mins Reaction
         5:    4 --> 2 takes 3.2 mins

Sample reaction chains: 1 --> 3 --> 4         takes (2.5 + 4.1) mins
                        1 --> 2 --> 3 --> 4   takes (1.5 + 0.6 + 4.1) mins
                        4 --> 2 --> 3         takes (3.2 + 0.6) mins
```

✍ 注：如果在转化反应列表中，指出了两种化合物之间能够相互转化（相互有弧），则反应路径只能采用这些相互转化的弧之一。例如：测试数据 16（见下方代码 200）同时指定了从 11 到 12 和从 12 到 11 的反应时间，说明二者可以相互转化，但返回的最短反应路径中，只能出现这两个转化反应的其中之一。显然根据图论关于"路"的知识，这个规则在所求最短路上避免了"环"的存在。

最快化合物反应路径问题的输入参量分别为 R，S 和 T，变量 R 是 $n \times 3$ 的矩阵，矩阵的每行列出了有效反应步骤，例如，第 i 行的矩阵信息是：反应"$R(i,1) \rightarrow R(i,2)$ 完成的时间为 $R(i,3)$ 分钟"，输出从指定的"$S \rightarrow T$"最快的反应路径总时间（四舍五入至小数点后两位），如果没有符合要求的解决方案，程序返回 inf，问题同时假定：

✍ 化合物总数满足 $2 \leqslant N \leqslant 20$，且 R 的前两列所有元素为 $[1, N]$ 的整数。

✍ 完成时间假定为 $[0, 10]$ 的实数。

✍ 起始化合物 S 和目标化合物 T 不能相同。

✍ 编号 $1 \sim N$ 内的每个化合物在矩阵 R 中至少出现一次，因此可以通过矩阵 R 推断出 N 的数量。

例如代码 200 所示的测试数据 R，前两列数的最大值是 4，代表化合物集合共有 4 种不同的化合物参与反应；R 共计 5 行，说明 4 种化合物之间有 5 种不同的化学反应形式，R 的第 3 列是这 5 种化学反应的时间（min）。

代码 200　问题 10.1 测试数据示例

```
>> R = [1 2 1.5; 1 3 2.5; 2 3 0.6; 3 4 4.1; 4 2 3.2]
R =
    1.0000    2.0000    1.5000
    1.0000    3.0000    2.5000
    2.0000    3.0000    0.6000
    3.0000    4.0000    4.1000
    4.0000    2.0000    3.2000
```

现在要找到从指定的起始化合物 1 到目标化合物 4 耗时最短的反应路径，计算出这条反应路径共花费了多少反应时间。这组测试数据的最短反应路径很容易通过观察看出是："1→2→3→4"，耗费总时间相应为："1.5＋0.6＋4.1＝6.2 s"，如图 10.1 实线箭头所示。

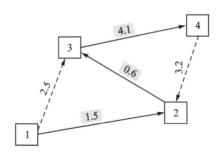

图 10.1　最短反应路径

10.2　最短反应路径问题的测试算例

原问题提供了 17 组用于实际代码测试的数据算例（见代码 201），其中包括了通过 assert 函数验证的正确答案，只有编写出使 17 条测试数据都通过的程序，才能在 MATLAB 的 Cody 网站成功提交这组代码方案。

代码 201　问题 10.1 的测试数据

```
%% 1
filetext = fileread('reaction_chain.m')
assert(isempty(strfind(filetext, 'rand')))
assert(isempty(strfind(filetext, 'fileread')))
assert(isempty(strfind(filetext, 'assert')))
assert(isempty(strfind(filetext, 'echo')))
%% 2
R = [1 2 1.5; 1 3 2.5; 2 3 0.6; 3 4 4.1; 4 2 3.2];
assert(isequal(reaction_chain(R,1,4),6.20))
%% 3
R = [3 4 9.6489;1 4 9.5717;2 4 1.4189;2 4 7.9221;4 3 0.3571; 4 3 3.9223];
assert(isequal(reaction_chain(R,1,3),9.93))
%% 4
R = [2 3 3.1864;3 2 4.9359;1 2 7.7339;5 1 5.2448;2 5 1.3431;4 1 4.8876;4 1 9.5712;...
     4 1 2.6840;4 3 0.0273;5 4 1.7028;5 4 5.2548;3 2 4.2046;...
     3 4 8.6170;3 4 9.1101;2 1 3.3861];
assert(isequal(reaction_chain(R,3,4),7.25))
%% 5
R = [1 4 8.1730;4 1 3.9978;2 4 4.3141;4 1 2.6380;4 3 3.5095;3 2 0.7597;1 2 0.4965;...
     2 1 7.8025;2 1 4.0391;4 3 0.5978;1 2 8.2119;2 3 2.9632;3 1 6.8678;...
     1 2 6.2562;4 1 9.2939;4 2 4.3586;3 4 7.9483;3 2 8.1158;3 2 9.3900;4 3 6.2248];
assert(isequal(reaction_chain(R,3,1),4.80))
%% 6
R = [6 1 4.8990;2 6 7.1269;4 3 0.5962;5 1 0.7145;4 1 8.1815];
assert(isequal(reaction_chain(R,5,5),0.00))
assert(isequal(reaction_chain(R,2,1),12.03))
assert(isequal(reaction_chain(R,2,3),Inf))
assert(isequal(reaction_chain(R,3,4),Inf))
%% 7
R = [1 3 1.3056;1 3 6.0879;6 7 9.7350;6 5 0.4248;5 7 3.1795;10 11 8.0540;...
     11 9 9.7753;11 9 5.1325;14 15 7.6027;15 14 8.0163;14 15 5.9045;...
     17 1 1.4939;1 17 2.5989;1 17 6.2406;4 5 1.9871;3 4 0.6724; 3 5 8.6804;...
     7 9 7.2118; 8 7 8.1865;9 7 2.9695;12 11 5.1967; 11 12 4.1216;...
     11 12 3.9005;16 17 9.2406;15 16 6.7641; 17 16 0.6583; 3 2 5.0605;...
     2 3 4.9252;1 3 6.1090;5 7 4.1419;6 7 4.7752;7 5 7.2523; 9 10 2.9741;...
     11 9 0.1670;11 9 8.7837;14 13 1.5026; 13 15 3.3175;15 14 6.1016;...
     18 1 6.7336;1 17 2.5181;17 1 9.1524;4 3 6.0197;3 5 6.5784;4 3 3.0603];
assert(isequal(reaction_chain(R,18,3),8.04))
assert(isequal(reaction_chain(R,13,12),50.1))
assert(isequal(reaction_chain(R,14,12),51.6))
%% 8
R = [9 13 1.5437;8 4 7.5811;18 8 6.8554;6 11 8.3242;12 7 2.9923;10 9 3.5961;...
     12 15 4.2433; 9 3 0.2443;6 7 6.5369;20 19 4.5789;5 16 7.5933;14 10 2.1216;...
     2 17 1.7501;4 14 8.9439; 11 15 1.5359;20 11 6.7973;1 17 7.4862;3 11 3.2583;...
     11 8 4.1509;4 6 0.2054;19 14 9.3261; 4 19 7.9466;12 9 2.5761;16 5 0.6419;...
     16 14 7.1521;13 9 3.9076;17 7 8.1454;16 18 5.0564;13 20 4.4396;2 18 6.3119];
assert(isequal(reaction_chain(R,8,20),28.23))
assert(isequal(reaction_chain(R,2,13),36.95))
%% 9
R = [9 20 9.8797;18 8 4.5474;5 16 8.8284;19 12 5.9887;3 18 4.5039;5 18 7.6259;...
     18 6 6.7323;14 3 4.0732;6 15 2.8338;18 17 3.9003;10 14 8.3437;13 12 3.2604;...
     10 15 8.8441;15 1 6.7478;17 7 2.4623;7 8 5.4655;12 8 3.9813;11 14 9.5092;...
     15 9 8.3187;3 2 0.8425;4 7 3.0173;1 11 0.9537;3 13 8.5932];
assert(isequal(reaction_chain(R,20,12),Inf))
```

```
assert(isequal(reaction_chain(R,15,8),30.34))
 %% 10
R = [11 12 2.1328;12 3 0.5222;14 13 2.1966;9 13 5.5531;3 4 0.0100;9 10 1.5987; ...
     14 1 1.1968;10 18 2.4288;1 8 9.0441;14 8 6.3195;5 12 9.8173;17 6 6.8246; ...
     8 20 0.8399;6 17 0.8442;11 17 7.3882;3 9 3.5038;10 12 1.4581;19 13 1.6294; ...
     12 19 7.8310;14 10 2.6032;12 5 3.1930;19 18 7.9459;19 4 5.1754;13 19 6.6397; ...
     8 15 8.1763;13 2 9.2236;2 11 1.1885;8 17 2.4410;18 15 3.7815;5 6 7.6724; ...
     1 14 6.2028;15 20 3.8391;6 18 8.0610;10 2 5.6427;4 11 3.5503;7 15 5.1577; ...
     16 5 6.7811;2 17 6.7857;19 2 9.0844;11 13 3.1607;2 18 1.4453;8 13 9.9755];
assert(isequal(reaction_chain(R,11,20),17.81))
 %% 11
R = [3 1 7.1176;14 2 0.3902;9 10 5.1643;1 11 9.4602;14 2 3.5457;4 9 6.1273; ...
     5 12 7.9564;12 6 0.5430;11 15 1.6248;2 14 4.8166;4 1 6.0896;12 8 0.2775; ...
     15 8 3.3200;3 10 5.7513;12 3 3.5679;3 13 3.3787;5 1 8.0191;8 9 8.7091; ...
     9 15 5.9602;13 15 8.8592;4 1 4.5112;1 8 9.5120;4 6 4.3143;6 14 7.4084; ...
     12 15 5.1010;12 7 8.4920;6 12 9.7644;8 7 2.0716;5 2 3.7521;5 6 8.1712; ...
     2 10 3.4665;6 9 8.6394;3 11 9.0183;3 5 4.9652;14 8 2.7700;1 11 5.0675; ...
     6 1 3.5858;6 1 3.7505;12 3 9.1222;12 2 9.5003;3 5 6.8713;3 8 7.2133; ...
     14 11 7.4985;7 4 5.2085;4 13 6.6293];
assert(isequal(reaction_chain(R,13,12),33.54))
 %% 12
R = [7 13 9.2048;12 5 7.9682;3 8 6.1069;11 6 7.2868;14 1 1.3822;13 7 4.1131; ...
     15 12 9.81;4 2 3.8458;8 9 9.7663;8 7 9.9499;4 10 9.6426;11 5 5.3113; ...
     1 14 4.0438;5 15 4.6065;5 2 5.8218;3 2 5.8056;5 6 7.2482;13 6 9.6175; ...
     15 4 7.6824;10 14 6.0254;11 12 3.8510;4 1 4.7212;10 5 5.1786;4 5 6.5047; ...
     14 13 2.0992;6 14 2.5653;15 10 1.6535;13 10 5.4645;4 1 2.3338;6 10 9.8610; ...
     4 12 8.8633;8 3 8.1092;8 2 8.7572;10 2 9.0844;11 6 5.0432;12 1 7.2593; ...
     11 7 5.8229;6 3 3.9919;14 4 3.6101;5 2 5.1267;13 14 7.2360;6 5 6.9171; ...
     8 2 2.5291;14 3 1.2135;9 5 3.8204;12 13 6.8024;7 10 2.1408;10 11 6.0102; ...
     12 8 3.5462;12 4 8.4483];
assert(isequal(reaction_chain(R,1,12),16.52))
assert(isequal(reaction_chain(R,15,9),23.12))
assert(isequal(reaction_chain(R,9,15),8.43))
 %% 13
R = [14 10 9;14 10 10.;4 13 10.;5 2 8;2 11 5.;10 3 6;9 1 5;13 2 5;10 5 10; ...
     10 3 6;13 8 8;13 12 2;1 9 7;13 11 4;7 4 8;2 11 9;11 5 6;7 2 9;10 4 10; ...
     3 5 5;4 3 8;3 8 3;7 13 3;1 13 7;14 6 7;6 1 6;8 4 1;12 1 4;11 14 6; ...
     10 14 6;6 10 5;2 7 6;8 7 1;4 7 7;10 14 10;2 14 2;14 9 3;1 5 9;2 5 2;3 1 8];
assert(isequal(reaction_chain(R,8,9),14))
 %% 14
R = [1 2 5;1 2 9];
assert(isequal(reaction_chain(R,2,1),Inf))
 %% 15
R = [4 16 0.4237;2 9 0.0306;8 11 0.6388;1 13 0.1693;2 16 0.3843;8 6 0.5554; ...
     6 7 0.3490;17 7 0.1930;17 6 0.5509;17 2 0.2577;8 11 0.8995;4 18 0.4340; ...
     15 10 0.3313;8 13 0.9162;17 3 0.1199;17 12 0.0403;10 17 0.3857;6 5 0.2009; ...
     7 11 0.2684;12 15 0.1040;14 12 0.4747;17 2 0.5991;5 1 0.5799;16 11 0.8399; ...
     4 12 0.1740;6 1 0.7015;18 14 0.7567;10 6 0.2449;6 18 0.2307;10 4 0.4340; ...
     3 7 0.7936;15 17 0.5404;15 13 0.0432;3 5 0.2467;4 5 0.2755;18 7 0.2973; ...
     8 6 0.7573;7 3 0.6172;16 9 0.0776;17 6 0.6139;12 4 0.9600;12 10 0.8690; ...
     11 1 0.4827;15 14 0.5723;1 13 0.4494;12 14 0.8047;1 15 0.5674;2 5 0.1335; ...
     11 10 0.0689;18 5 0.3155;6 1 0.5279;5 8 0.9475;17 3 0.5919];
assert(isequal(reaction_chain(R,7,13),0.91))
assert(isequal(reaction_chain(R,1,18),1.37))
```

```
assert(isequal(reaction_chain(R,14,2),1.38))
%% 16
R = [3 2 8.2070;2 1 1.0576;5 6 4.3201;5 6 1.1111;6 7 5.3338;11 10 9.7877;...
    10 11 5.9987;9 10 4.3743;14 13 2.7591;13 15 8.6333;14 13 5.6640;...
    17 18 1.6193;17 1 2.8767;17 18 6.9178;4 3 5.6304;4 3 4.3412;5 4 0.5619;...
    9 8 9.538;9 7 0.0224;9 8 7.1412;11 13 2.7473;11 12 0.6646;...
    12 11 1.2049;17 15 8.9250;16 15 3.4592;17 15 0.4951;1 2 4.0666;1 2 0.5611;...
    2 3 6.7063;6 5 2.7088;5 7 7.1288;5 6 0.6856;11 9 4.1500;11 10 5.9775;...
    9 10 8.3965;15 14 7.5966;14 15 4.1755;14 13 8.3002;1 18 5.0146;1 17 9.7139;...
    17 18 0.2792;3 5 5.4500;5 3 2.3200;5 3 8.7088;7 8 4.0699;8 7 1.8611;...
    9 8 7.8793;13 11 7.7952;11 13 5.4524;13 12 1.3119];
assert(isequal(reaction_chain(R,3,9),36.50))
%% 17
R = [2 1 7.2341;3 1 1.9214;6 7 7.0439;6 7 4.1053;5 6 1.2955;11 10 8.3926;...
    10 11 9.0473;10 11 7.1775;14 15 7.2521;15 14 4.9151;14 15 9.6543;17 19 2.7357;...
    17 18 2.7711;17 18 8.5647;3 2 4.8920;4 2 7.0194;2 3 8.9539;8 6 1.9255;...
    6 8 1.1520;8 6 1.3625;12 10 3.7379;11 12 4.7925;12 10 7.2198;16 14 6.2466;...
    16 15 7.1463;16 15 3.7445;1 18 6.6056;19 1 9.1260;19 1 3.0015;3 5 2.1327;...
    4 3 3.6967;3 5 0.7346;8 9 9.3318;8 7 4.9644;8 9 3.0559;11 13 7.6445;...
    11 12 1.6309;11 13 2.0184;17 15 7.9096;17 15 3.8180;16 15 4.1780;...
    2 19 1.3889;19 2 2.6529;1 19 9.4927;5 4 6.9571;5 6 3.8858;4 5 8.8546];
assert(isequal(reaction_chain(R,4,14),Inf))
assert(isequal(reaction_chain(R,9,12),Inf))
%% 18
R = [2 1 1.5592;1 2 2.4465;7 6 5.9819;7 6 1.9563;5 7 4.9169;9 10 2.6206;9 10 3.6554;...
    10 9 6.9576;2 1 1.5000;2 13 9.0677;13 2 7.3477;4 5 8.9883;5 4 7.8082;...
    6 5 0.7312;10 8 2.5875;8 9 4.9516;10 9 3.9300;12 1 0.0830;1 12 9.7302;...
    13 12 6.0841;3 5 0.0807;3 5 5.3663;4 5 2.4256;7 9 0.1973;7 9 8.2272;...
    8 9 1.6038;11 12 8.2550;13 11 1.9458;13 11 1.3879;2 4 9.8468;3 2 4.8237;...
    2 3 5.5103;7 6 9.9712;7 8 5.0623;7 6 8.8766;11 12 4.6054;10 12 1.0703;...
    10 12 5.3461;3 2 5.4698;1 2 5.6282;2 1 2.9354;7 6 1.5597;6 5 8.5908;...
    5 7 7.9862;9 11 5.0525;9 11 3.1038;11 10 2.6583];
assert(isequal(reaction_chain(R,10,5),9.19))
```

📖 注：代码 201 的第 1 条测试为防作弊测试，用 assert 过滤一部分出题人不希望使用的函数、关键字或字符串等，因此 18 条数据中，只有从第 2～18 共 17 组用于实际代码运行的测试。

10.3　最快反应路径问题的分析与数学模型

图论中的"最短路"问题（Shortestpath Problem）是求解时间赋权的最短反应路径，即：在赋权图中，找出 u_i、u_j 两个指定点间的路，使这条路上的权重和值最小。以化工产物链问题为例，两个化合物 i、j 间如果有化学反应，则 i 和 j 邻接，且 $i{\rightarrow}j$ 和 $j{\rightarrow}i$ 是两个不同的反应，或者说两者的邻接是带方向的，将这种节点间的有向通路称之为"弧"，可以表示为"(i,j)"。

测试数据 R 把两个化合物发生化学反应的时间定义为弧的权重值，R 的第 3 列就记录了相邻弧的节点之间的权重，将此类图称之为"有向图"。

根据有向图的定义和目标化合物最短反应路径的具体要求，问题 10.1 属于有向赋权图中，获取两个指定节点（起始和目标产物）之间的反应时间赋权（w_{ij}）最短路问题，邻接矩阵如式（10.1）所示。

$$\begin{cases} a_{ij} = \begin{cases} w_{ij} & u_i \sim u_j \text{ 有边} \\ \infty & u_i \sim u_j \text{ 无边} \end{cases} \\ a_{ii} = 0, \quad \forall\, i = 1, 2, \cdots, n \end{cases} \tag{10.1}$$

式中,变量 w_{ij} 代表化合物 i, j 之间的反应时间权重, i, j 均属于参加化学反应的化合物集合 E 中的元素,完整数学模型如式(10.2)所示:

$$\min \sum_{(i,j) \in \mathrm{E}} w_{ij} x_{ij}$$

$$\text{s. t. :} \begin{cases} \displaystyle\sum_{\substack{j=1 \\ (i,j) \in \mathrm{E}}}^{n} x_{ij} - \sum_{\substack{j=1 \\ (i,j) \in \mathrm{E}}}^{n} x_{ji} = \begin{cases} 1 & i = \mathrm{st} \\ -1 & i = \mathrm{ed} \\ 0 & i \neq \mathrm{st}, \mathrm{ed} \end{cases} \\ x_{ij} = \{0 \mid 1\} \qquad (i,j) \in \mathrm{E} \end{cases} \tag{10.2}$$

理解模型表达式(10.2)需要明确第 1 组约束条件分段表述的含义。"$\{0 \mid 1\}$"整数变量 $x_{ij}(i,j \in \mathrm{E})$ 表示弧 (i,j) 是否位于起点 st 到终点 ed 的路上。对于路(Path)的规定是:起点仅有 1 条出弧(没有入弧),终点仅允许有 1 条入弧(没有出弧);一条路上的任何中间节点,都应保证有且仅有 1 条入弧和 1 条出弧。以图 10.1 中的产物反应情况为例,当 $i=1$ 时,其作为起点化合物,没有入弧只有出弧,按照式(10.2),约束表示为

$$\sum_{\substack{j=1 \\ (i,j) \in \mathrm{E}}}^{n} x_{ij} - \sum_{\substack{j=1 \\ (i,j) \in \mathrm{E}}}^{n} x_{ji} = (x_{12} + x_{13}) - 0 = 1 \tag{10.3}$$

式中,第 2 项为"0"表示图中的节点 1 只有出弧没有入弧,而从节点 1 进入节点 2 和 3 的可能性都存在,但约束条件右侧的"1"迫使一条路径只能在 x_{12}, x_{13} 当中选择其一;再以终点 4 为例,只有入弧而没有出弧,则右侧结果为"-1",表示在多个进入的节点中只能选择其中之一来连接弧;对于中间节点,右侧结果为"0",意思是入弧和出弧具有唯一性,这个条件确保在图的一条路上,不会出现"分岔"的状况。当以上约束成立,剩下的问题就变成如何在多个合法节点中,判断并选择出最合适的一系列弧的集合。

寻找一系列弧的集合要通过目标函数按权重择其最小值来实现,仍以图 10.1 中的节点"1"为例,合法出弧节点"2,3"的权重分别是 $w_{12} = 1.5$, $w_{13} = 2.5$,按照目标函数的最短路规则,后者更有可能进入备择状态,再根据所有合法路径的权值之和,做进一步判断。运筹学理论有多种最短路搜索的经典方法,例如:Bellman – Ford 算法、Floyd – Warshall 算法以及著名的一对多无负权 Dijkstra 算法等,事实上 MATLAB 官方工具箱求解最短路的 shortestpath、distances 等函数就是应用上述算法编写的。感兴趣的读者可以翻阅图论或其他相关运筹学书籍,本书重点探讨的是 MATLAB 工具箱最短路函数求解最短反应路径问题的基本调用方法。

10.4　代　码

MATLAB 提供了"图与网络算法工具箱(Graph and Network Algorithms Toolbox)",用于求解图论相关问题。数学建模的很多问题可通过调用工具箱中的函数来解决其中的一部分,因此有必要先了解图论工具箱几个基本函数的功能和调用方法。

10.4.1 MATLAB 图论工具箱函数简介

首先要掌握图论工具箱的一组有向/无向图的基本构造命令:digraph/graph,其功能是通过节点的邻接状态数据,构造出有向图和无向图的特定对象类型。另外要掌握一组与问题10.1 求解有关的函数,即求解最短路信息的 shortestpath 函数以及多对多最短路命令 distances 函数。

1. 构造图对象的 graph/digraph 函数

函数 graph/digraph 可以根据数据的节点和权重信息,为用户返回实例化的 graph/digraph 对象,代码 202 是以 graph 函数为例,说明了如何利用测试数据 2 中的矩阵 R(见代码 200)生成无向图的 graph 对象,例如:代码 202 的第 2 条语句 G1.Edges 以 table 类型,返回无向图各边节点与边权重数据信息(无向图中如果两个节点邻接称之为边)。

代码 202　graph 生成赋权无向图对象-1

```
>> G1 = graph(R(:,1),R(:,2),R(:,3));  % 第 3 参数指定权重分量
>> G1.Edges                           % table 数组包含 weight 的权重分项
ans =
  5× 2 table
     EndNodes     Weight
     _____     _____
       1    2       1.5
       1    3       2.5
...
```

函数 graph/digraph 的重载方式比较灵活,例如在某些情况下只需要判定图对象中的节点是否邻接,不必指定权重的具体数值,即可以省略第 3 个权重输入参数,如代码 203 所示。

代码 203　graph 生成赋权无向图对象-2

```
>> G11 = graph(R(:,1),R(:,2));   % 指定两个参数,弧的权重默认为 1
>> G11.Edges                     % table 数组不包含权重 weight 的权重分项
ans =
  5× 1 table
     EndNodes

     _____
       1    2
       1    3
...
```

代码 202 和代码 203 通过输入节点数组信息来构造 graph 对象,函数 graph/digraph 还有更丰富的参数重载方式,例如代码 204 是以邻接矩阵的方式构造 digraph 图对象。

就问题 10.1 而言,化合物存在反应方向,而无向图由于两个节点间的边没有方向性,故邻接矩阵应是一个{0|1}对称方阵。综上,产物链的节点关系通过代码 204 生成的有向图对象。

代码 204　graph 生成赋权有向图对象-3

```
>> A = [0 1 1 0;0 0 1 0;0 0 0 1;0 1 0 0];
>> G23 = digraph(A);
```

2. shortestpath/distances 函数

根据 graph/digraph 对象给出的节点和边/弧信息,基于图对象可调用图论工具箱的成员函数实现相关统计、运算和编辑了。问题 10.1 要求计算的是化学反应时间最短的反应路径,

函数 shortestpath、distances 都能构造出满足要求的解答方案。

shortestpath 和 distances 功能方面有一定区别：函数 shortestpath 用于求图对象 G 中，指定的起始点 s 和终点 t 之间的最短路径，并返回这条路径上的所有节点编号 p 和路径长度 d；函数 distances 则只求解图中所有节点间最短距离长度。shortestpath 的调用方式如代码 205 所示。

代码 205　最短路函数 shortestpath 调用方法

```
[P,d] = shortestpath(G,s,t)
```

函数 distances 和 shortestpath 的返回变量有相似之处，shortestpath 返回第 2 输出变量 d 是当前两节点间的长度，而 distances 函数既能计算指定两个节点间最短距离，也能指定某个固定点遍历全图节点或者两两遍历全图所有节点的最短距离，几种常用的调用方法如代码 206 所示。

代码 206　节点间最短距离函数 distances 的不同调用方法

```
d = distances(G)          % 两两遍历全图节点求距离
d = distances(G,s)        % 点 s 对全图节点遍历求距离
d = distances(G,s,t)      % 图 G 中点 s 到点 t 的最短距离
```

10.4.2　方案-1：调用 shortestpath 求解最短反应路径

调用 shortestpath 函数可以直接求得问题 10.1 的解，不妨在此基础上添加 plot，highlight 等函数，把最短反应路径的计算结果也绘制出来（见代码 207）。

代码 207　方案 1：shortestpath 求解最短反应路径

```
function [p,d] = GraphPD(R,St,Ed)
T = num2cell(R,1);
G = digraph(T{:});
hG = plot(G,'NodeColor',      'g',...
            'MarkerSize',     12,...
            'EdgeLabel',      G.Edges.Weight,...
            'LineWidth',      1.5,...
            'EdgeColor',      .2 + zeros(1,3),...
            'LineStyle',      '--',...
            'NodeFontSize',   12,...
            'EdgeFontSize',   12);
[p,d] = shortestpath(G,St,Ed);
highlight(hG,p,'Edgecolor',   'b',...
              'LineStyle',    '-',...
              'NodeColor',    "red",...
              'Marker',       "s")
d = round(d,2);
end
```

上述程序包含 shortestpath 计算最短距离以及绘图并高亮这条最短路路径的两个步骤，以代码 200 提供的测试数据 16 为例，指定起始化合物为 3，目标化合物为 9，调用代码 207 得到如下结果。

代码 208　方案 1：shortestpath 求解测试数据 16

```
% R变量复制自测试数据集合,略
>> [p,d] = GraphPD(R,3,9)
p =
     3    2    1   17   15   14   13   12   11    9
d = 36.5000
```

运行返回的变量 p 代表最短路径的编号序列,变量 d 则代表最短反应路径耗费的时间为 36.5 min。代码 207 所绘制的最短路径如图 10.2 所示,图中从节点 3 开始,沿顺时针方向对所有方形节点用实线连接来记录这条最短路径途径的顺序。要注意,如果位于最短路径的某两个相邻节点间存在多条邻接弧,则两节点间的所有这些弧都会被 plot 函数绘制出来。

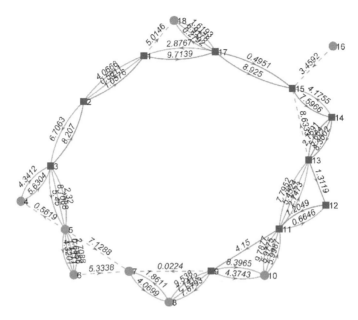

图 10.2　测试数据 16 的最短反应路径及图信息

10.4.3　方案-2:基于数学模型的代码实现方式

除了调用图论工具箱的现成函数,还可以按数学模型表达式写出对应的模型代码,注意化合物数据中,可能在某两个节点间存在多条邻接弧的情况,因为代码 200 的部分测试数据的结构比较复杂,表现在:

- 部分测试数据在两个节点间,存在多条同向路径,比如测试数据 16 中的节点 14→13 存在 3 条同向路径,这可能是为了模拟实际化工产物在反应试验中,相同化合物在不同试验批次的反应时间有时存在偏差。

- 部分测试数据存在由两两节点构成的“子圈”情况,以测试 16 数据为例,节点 11→12 与 12→11,7→8 与 8→7 之间都存在弧,这种“对向邻接”的节点关系构成了局部“子圈”,带有“圈”结构的图不能按模型式求解,要构造约束条件迫使结构整体在连接时“避圈”。

- 最短路数学模型仅求解在 1~n 个节点中,起始节点为 1、末端节点为 n 的情况,但问题 10.1 给出的多组测试数据,起始化合物节点号和终止化合物节点号由用户自行指定。

根据上述测试数据的特点,需要初步处理原测试数据,剔除两个节点间潜在的 k 条同向路径中化学反应时间较长的 $k-1$ 条,将用户指定的起始节点和反应终止节点变换为首末节点,将处理之后的数据代入编写的模型并求解,如代码 209 所示。

代码 209　方案 2：基于数学模型的 MATLAB 求解代码

```
clc;clear;close all;
key = 15;
R = RExtract(key)                    % 调用子函数 RExtract 提取第 key 组数据
n = max(nonzeros(R(:,1:2)))          % 参与反应化合物总数
W = accumarray(R(:,1:2), R(:,3),[n,n],@min, 1000)    % 剔除高反应时间的重复反应路径
[st, ed] = deal(3, 9);               % 指定反应的起始和终止化合物
A = generate_permute_matrix(st, ed,length(W));    % 调用子函数构造起终点位置变换矩阵
W = A * W * A                        % 对变换矩阵按起终点指定位置做行列变换构造新的赋权矩阵
d = height(W);

x = optimvar('x',d,d,"LowerBound",0,"UpperBound",1,"Type","integer");    % 决策变量
prob = optimproblem("ObjectiveSense","min","Objective",sum(W.*x,'all'));    % 决策目标
prob.Constraints.Con = sum(x,2) - sum(x)' == [1;zeros(d-2,1);-1];    % 约束条件

[sol,fvl] = solve(prob);             % 求解
solT = A * sol.x * A                 % 按原节点编号恢复输出结果的节点次序
sparse(solT)
```

代码 209 调用了两个子函数："RExtract"和"generate_permut_matrix"，如代码 210 所示。

代码 210　方案 2：代码 209 中的两个调用子函数

```
function A = generate_permute_matrix(st,ed,n)
    A = eye(n);
    A([1,st, ed, end], :) = A([st, 1, end, ed], :);    % 构造权重值的行列交换矩阵
end
function R = RExtract(Key)
    RData = {[1 2 1.5; 1 3 2.5; 2 3 0.6; 3 4 4.1; 4 2 3.2], ...
             [...] , ...};                              % 其他各组数据同测试算例,省略
    R = RData{Key};
end
```

数据子函数"RExtract"可以从 cell 类型的原始数据 RData 中，以输入参数作为索引编号按序提取；子函数"generate_permute_matrix"基于单位阵构造变换矩阵（将始末节点切换到节点 1 和 n 位置），通过行列变换得到符合原数学模型的新赋权邻接矩阵，求解后再调用"generate_permute_matrix"子函数，恢复原节点次序；代码 209 第 5 行用到函数 accumarray，用于剔除两个节点间重复且反应时间较长的弧，接下来的 Lingo 代码方案还要借助 MATLAB 处理原测试数据，上述 accumarray 函数的具体调用方法与分析见第 10.4.6 小节。

10.4.4　方案-3：利用 distances 函数

节点间最短距离函数 distances 不存储各节点间最短路径的节点编号细节，且不能用 highlight 绘制任意两个节点间的最短路径，不过原问题只要求计算最短反应路径时间，故可采用 distances 函数，如代码 211 所示。

代码 211　方案 3：调用 distances 函数求解化合物最短时间反应路径

```
function ans = reaction_chain(R,S,T)
% by Alfonso Nieto-Castanon
    round(distances(digraph(R(:,1),R(:,2),R(:,3)),S,T),2);
end
```

10.4.5　最短时间反应路径模型的 Lingo 代码方案

1. 求解思路分析

问题 10.1 测试数据包含了部分"相邻节点存在多条同向弧",对于上述数据,Lingo 软件和一些教材所提供的图论最短路求解 Lingo 代码,不能被直接用于求解问题 10.1 的时间赋权最短反应路径模型。

除了"同向多弧共存"问题,还要求代入 17 组测试数据,求解出在指定了不同始末节点情况下的全部数据中的最短反应路径,Lingo 作为一款主要用于模型优化求解计算的软件,并不擅长处理多组数据的批量代入,用户通常会选择手动处理数据,将数据转换为 csv,txt,xlsx 等文件格式后再逐条读入 Lingo 完成优化计算。上述操作可降低数据处理的难度,但在求解的前处理环节耗费许多时间和精力。所以,有没有更简便的方案,可以批量读入数据,通过计算机自动处理数据呢?

为此,本节要讨论一种由 MATLAB 处理基本测试数据、再传入 Lingo 完成优化计算的交互协同代码方案,思路和步骤如下:

📖 矩阵中包含两个节点间多条同向弧的数据,在相同节点间的几条同向弧中,保留时间赋权数值最小的那一条,将其他相同弧在矩阵 **R** 对应位置整行删除,数据处理完毕由 MATLAB 输出文本数据,再将数据导入 Lingo 模型进行优化计算。

📖 为确保找到的是时间赋权最小的弧,要将没有邻接关系的弧的时间权重值改成一个较大的数,比如 1 000(读者可以考虑一下这是为什么)。

📖 借鉴 TSP 问题求解时引入的 Level 变量,构造约束条件迫使节点只能沿某个方向前进而无法返回,以这种方式来迫使结果反应路径中不包含"子圈"。

下面将通过一些篇幅,介绍实现上述步骤所对应的代码。

2. 针对一组测试数据的 Lingo 代码

在 Lingo 求解问题 10.1 模型前,用 MATLAB 处理原始测试数据,对于两节点间存在多条同向路径,仅保留时间权重最小的路径。MATLAB 提供的 accumarray 函数很适合处理这种"分类＋筛选"的数据处理模型。

📖 步骤 1:产物链赋权有向图的邻接矩阵写入 txt 文本文件,将全部测试数据放入 MATLAB 中的同一 cell 数组,代码中的 RData 变量给出了 cell 数组的基本格式,读者可以扫码在随书附赠的代码文件中找到原数据的相关代码,并且用索引 Key 调用。注意 Rdata 变量剔除了第 1 组防作弊代码,因此对应索引恰好比代码200 中测试数据编号小 1(见代码 212)。

代码 212　MATLAB 读取并处理原始数据

```
% 数据 RData 剔除了原测试集合中仅用于防作弊的第 1 组数据
Key = 15;
Level = WriteAdMat(RExtract(Key))

function Level = WriteAdMat(R)
Level = max(nonzeros(R(:,1:2)));   % 求得 Level 值(同 Lingo 代码第 1 行索引限值)
S = accumarray(R(:,1:2), R(:,3),[Level,Level],@min, 1000);   % 产生邻接矩阵
writematrix(S, "data.txt");         % 输出文本文件
```

```
end

function R = RExtract(Key)
RData = {[1 2 1.5; 1 3 2.5; 2 3 0.6; 3 4 4.1; 4 2 3.2],...%1
    % ...    节约篇幅起见省略其余 16 组数据,可根据需要从原始添加
    };
R = RData{Key};
end
```

✍ 步骤 2：以数据 16 为例，数据索引为 Key=15，运行步骤 1 的代码 212，返回 Level=
18，说明当前测试数据的化合物集合包含 18 种化合物，且当前工作路径生成📄data.
txt 文件，包含赋权有向图邻接矩阵数据（用于 Lingo 读取）。

✍ 步骤 3：用 Lingo（见代码 213）读取 txt 文本的邻接矩阵数据并对模型进行优化求解。
代码第 3 行用于化合物的集合定义，把斜杠内的成员列表改为"/1...18/"。由于该
组数据指定的起始化合物是 3，目标化合物是 9，因此第 9～10 行要把变量 s，e 的数
据分别修改成 3 和 9，点击 Solve 按钮求解；

代码 213   Lingo 求解最短路模型

```
model;
sets;
Compond/1..18/;level;            ! -------------------------------- (3)
link(Compond, Compond); LenChain, x;
endsets

data ;
LenChain = @text('data.txt');
s = 3;            ! -------------------------------------------- (9)
e = 9;            ! -------------------------------------------- (10)
enddata

n = @size(Compond);
min = @sum(link;LenChain * x);

@sum(Compond(i); x(s,i)) = 1;
@sum(Compond(j); x(j,e)) = 1;

@for(Compond(i)|i #ne# s #and# i #ne# e;
    @sum(link(i,j);x(i,j)) = @sum(link(j,i);x(j,i)));

@for(Compond(i) | i #gt# 1;        ! -------------------------------- (22)
    @for(Compond(j) | j #gt# 1 #and# i #ne# j;
        level(i) - level(j) + n * x(i,j) <= n-1;
    );                 ! -------------------------------- (25)
@for(link;@bin(x));
end
```

✍ 步骤 4：单击 Solver ≫ Solution ，弹出 Solution Report or Chart 对话框，按图所示操作
Attribute(s) or Row Name(s) 选择变量 x，勾选 Nonzero Vars and Binding Rows Only 复选框，单
击 OK （见图 10.3）。

代码 213 运行结果如代码 214 所示。

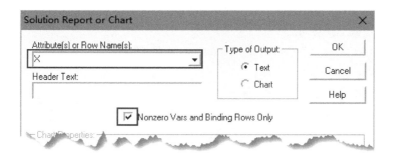

图 10.3　Lingo 求解报告选项设置对话框

代码 214　第 16 组测试数据的代码 213 运行结果

```
Global optimal solution found.
Objective value:                36.49610
Objective bound:                36.49610
Infeasibilities:                0.000000
Extended solver steps:                 0
Total solver iterations:             279
Elapsed runtime seconds:            0.10

            Variable        Value      Reduced Cost
            X( 1, 17)     1.000000        9.713900
            X( 2, 1)      1.000000        1.057600
            X( 3, 2)      1.000000        8.207000
            X( 11, 9)     1.000000        4.150000
            X( 12, 11)    1.000000        1.204900
            X( 13, 12)    1.000000        1.311900
            X( 14, 13)    1.000000        2.759100
            X( 15, 14)    1.000000        7.596600
            X( 17, 15)    1.000000        0.495100
```

代码 214 中的运行结果表明：对于测试数据 16，最短反应路径总时间为 39.496 min。以 3 号化合物为起始，9 号化合物为终止产物，途径节点"3→2→1→17→15→14→13→12→11→9"，这与代码 207 采用图论工具箱 shortestpath 函数求解得到的结果相同。

10.4.6　MATLAB 与 Lingo 代码方案特点评析

MATLAB 做数据预处理并经 Lingo 求解模型的代码方案，很适合于 R2017b 之前的 MATLAB 版本，因为当时的 MATLAB 不具备问题式优化建模求解的功能。当模型需要做复杂的数据前处理，借助 MATLAB 的 xlsread/xlswrite 函数[①]，或直接在 Excel 软件内以手动方式做格式化数据等处理工作，然后再导入 Lingo 求解与优化计算，这是容易想到的方案思路。

1. accumarray 函数在数据分类中的应用

在处理数据时，用到一个 MATLAB 初学者相对陌生的函数 accumarray（见代码 209），调用该函数可快速生成符合 Lingo 要求的数据矩阵，那么为什么该数据矩阵是最适合该问题场

---

① xlsread/xlswrite 是两个用于读写 Excel 数据文件的过时函数，可用 readmatrix/writematrix 等新函数代替，拙作《MATLAB 修炼之道》中，分析了 MATLAB 替换这两个函数的原因。

景的函数？又起到了什么具体的作用？这就需要从这个函数本身的功能出发来详细解释,其一般调用格式如代码 215 所示。

代码 215　accumarray 基本调用格式

```
B = accumarray(ind,data,sz,fun,fillval)
```

代码 215 的函数调用是对向量元素的累积统计,即一组指定的索引编号 ind 上方,在指定维度 $sz = m \times n$ 内,统计数据 data 的累加情况;如果当前维度矩阵没有统计数据的索引位,则一律按变量 fillval 填充;如果相同的索引位置具有多个元素子集,则应用函数 fun 处理。比如当函数为"fun＝@mean"时,对占据相同位置的多个元素子集取代数均值,以问题列举的测试数据 3 为例(见代码 216):

代码 216　accumarray 函数统计测试数据 3

```
>> R = [3 4 9.6489;1 4 9.5717;2 4 1.4189;2 4 7.9221;4 3 0.3571; 4 3 3.9223]
R =
    3.0000    4.0000    9.6489
    1.0000    4.0000    9.5717
    2.0000    4.0000    1.4189
    2.0000    4.0000    7.9221
    4.0000    3.0000    0.3571
    4.0000    3.0000    3.9223
>> S = accumarray(R(:,1:2), R(:,3),[4,4],@min, 1000)
S =
    1000      1000      1000      9.5717
    1000      1000      1000      1.4189
    1000      1000      1000      9.6489
    1000      1000      0.3571    1000
```

用 accumarray 函数处理这组测试数据,其结果可以用代码"bar3(S.＊～～(S－1000));"绘制如图 10.4 所示的条形图。图中标明了 $sz = 4 \times 4$ 维度的测试矩阵 R 中,其中 4 对可以得到反应的化合物合成时间及节点编号;横、纵坐标方向如图 10.4 底部箭头所示,对应代码 216 中的(R(:,1), R(:,2))指定的行、列索引位,代码中的 R(:,3)为指定的时间高度,例如第(3,4)索引位堆积的时间高度是 R(1,3)＝9.648 9。

综合上述解释,通过代码 212 中的 accumarray 函数可快速选择出有向图的两化合物最短反应时间。这也同时说明了数学建模中,熟悉掌握部分索引和统计类的函数,对模型的分析和求解带来方便。

2. 序列层级变量 Level 的作用分析

在 Lingo 代码 213 的第 3 行和第 22～25 行引入 Level 变量(见代码 217),作用是迫使搜索到的最短路不会出现闭合子圈,先将这段代码引述如下:

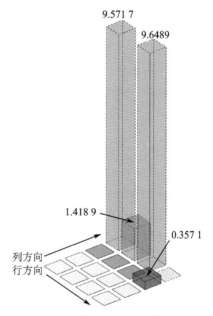

图 10.4　调用 accumarray 处理测试数据 3 产生的条形图

代码 217　Lingo 代码中引入的 Level 变量

```
@for (Compond(i) | i #gt# 1:
    @for (Compond(j) | j #gt# 1 #and# i #ne# j:
        level(i) - level(j) + n * x(i,j) <= n-1);
    );
```

代码 217 包括两重嵌套循环：外圈循环比较容易理解，代表化合物两两的遍历配对，如果化合物 $i,j>1$ 且 $i\neq j$（配对节点都不是起点且不相同）时，执行第 3 行语句（其中的 n 是化合物数量，例如测试数据 3 中的 $n=4$）；但内层循环为什么要引入变量 level？level 变量在寻优计算中又起到了什么样的作用？

代码 217 中避免产生子圈的约束是根据如下 TSP 问题中的"Miller - Tucker - Zemlin, MTZ"条件编写的。

$$(l_i - l_j) + n \cdot x_{i,j} \leqslant n - 1 \quad \forall i,j \in V; i,j \neq 0; i \neq j$$

下面简要说明 MTZ 条件确保避免 TSP 问题出现"子圈"的基本原理。上式中 l_i,l_j 对应代码 217 的 level，这是模型额外引入的一组决策变量，本身没有物理意义，可理解为对节点的访问次序。例如："level$(i)=5$"表示节点 i 在路径上被第 5 个访问。由于 TSP 问题要求遍历全图节点且每个节点仅经历 1 次，因此访问次序必然严格递增。容易看出当节点被访问（$x_{i,j}=1$），仅在"$l_i - l_j \leqslant -1$"时 MTZ 条件成立。例如：节点集合总数 $V=6$ 的 TSP 问题中，如果一条子路径出现 $1\rightarrow5\rightarrow2\rightarrow4\rightarrow1$ 的子圈（subtour），子圈上节点总数小于 6。按节点访问次序，路径前 4 个节点的 l 值分别是 $1,2,3,4$，但最后一个节点返回了首节点 1，于是子路径最后一段弧 $(4,1)$ 上有：$l_i - l_j = 4 - 1 = 3$，l 值代入约束条件有：$n+3 \leqslant n-1$，这显然是错误的。因此该条件遍历全部节点 $i,j \in V$，就确保 TSP 中不会出现节点数小于 n 的子圈，从而达到了"避圈"目的。

值得注意的是，MTZ 条件规避了包括全节点遍历在内的所有圈，因此用代码实现时，还要在原 TSP 问题基础上，在起始节点处添加 1 个附加节点，把原问题从 N 个节点修改为 $N+1$ 个，就可以编写出 TSP 求解的程序了。

代码 218　求解测试数据 3：代码 217 返回结果

```
Global optimal solution found.
Objective value:                    9.928800
Objective bound:                    9.928800
Infeasibilities:                    0.000000
Extended solver steps:                     0
Total solver iterations:                   3
Elapsed runtime seconds:                0.06

Model Class:                            MILP

Total variables:        20
Nonlinear variables:     0
Integer variables:      16
```

感兴趣的读者可以体会一下这条约束是如何"避圈"的，即相当于对 $\{0|1\}$ 变量 x_{ij} 进行了节点 i, j 邻接与不邻接两种情形的分类处理。当 $x_{ij}=0$ 时，两种化合物之间没有弧（不产生反应），此时是否处于同一 Level 无关紧要；在 $x_{ij}=1$ 时，上述表达式则改写为（见代码 219）：

代码 219　对 Level 变量所起作用的解析

```
level(i) - level(j) <= -1
```

这样，不仅用一个表达式使变量 level 和决策变量 x_{ij} 建立联系，而且借助 level 的值，使两种产生反应的化合物所处水平始终"错 1"。注意：level 的数据值具体是多少无关紧要，只要确保处于错位水平的两个化合物，其反应方向在一条反应路径中始终向前就可以了，因此 level 起到对两个节点排位的作用，避免寻优时节点出现"自己指向自己"的循环子圈。

10.5　MATLAB/Lingo 联合求解最短反应路径模型

问题 10.1 提供的多组化合物反应集合测试数据，节点间存在多组同向路径、往返等复杂情况。Lingo 处理这种数据的流程比较繁琐，要根据数据具体特点灵活处理。

本章之前提供了 Lingo/MATLAB 手动修改数据的联合优化方案（见代码 212～代码 213）：数据处理在 MATLAB 中完成，导出的 txt 格式文本数据由 Lingo 接力读取并做优化计算。但基于如下 3 个原因，不能算是最完善的方案：

✍ 没有针对多组数据自动导入模型并优化计算；

✍ Lingo 计算结果数据的后处理还要重新导入 MATLAB 或 Excel；

✍ 不同组测试数据的切换很繁琐：通过 MATLAB 修改索引 Key 切换测试数据后，向 Lingo 输出 txt 数据文件，需手动修改 Lingo 代码中的化合物数量、起始和目标化合物的编号等参数。

本节将深入探讨更妥善的 MATLAB/Lingo 协同优化求解方案。

10.5.1　方案-4：MATLAB/LindoAPI 协同求解

本书第 3 章讨论了 MATLAB 调用 LindoAPI 求解 LP 模型方案，这套方法也能用于求解问题 10.1。首先用户要根据式(10.2)，构造 MATLAB 基于问题数学模型，如代码 220 所示。

代码 220　最快反应路径的问题式模型

```
key = 3; % key 实际代表原第 4 组测试数据
[R,st,ed] = RExtract(key);
n = max(nonzeros(R(:,1:2)));
S = accumarray(R(:,1:2), R(:,3),[n,n],@min, 1000);
t = setdiff(1:n,[st,ed]);
x = optimvar('x',n,n,'LowerBound',0,'UpperBound',1,"Type","integer");
level = optimvar('level',n,'LowerBound',0,"Type","integer");
prob = optimproblem("Objective",sum(S.*x,"all"));
prob.Constraints.con1 = sum([x(st,:);x(:,ed)'],2) == 1;
prob.Constraints.con2 = sum(x(t,:)') == sum(x(:,t));

C = optimconstr;
for i = 2:n
    for j = 2:n
        if ~isequal(i,j)
            C = [C;level(i)-level(j)+n*x(i,j) <= n-1]; % #ok <* AGROW>
        end
    end
end
prob.Constraints.con3 = C;
```

然后借助接口子程序：▤ solve_use_lindo_api. m（详见 3.1.2 节，代码 56），自动读取 MATLAB 模型并求解出结果，调用代码如下：

代码 221　调用 LindoAPI 求解第 4 组测试数据

```
addpath("C:\Lindoapi\bin\win64");  % 填写用户本机 LindoAPI 对应安装路径
addpath("C:\Lindoapi\include");
addpath("C:\Lindoapi\matlab");
global MY_LICENSE_FILE
MY_LICENSE_FILE = 'C:\Lindoapi\license\lndapi130.lic';
sol = solve_use_lindo_api(prob)
% -------------- 运算结果分割线 ----------------
sol =
   level: [5×1 double]
       x: [5×5 double]
     obj: 7.2505
```

运行结果和 MATLAB 优化求解代码“[xC, fvalC] = solve(prob)”结果一致，感兴趣的读者可以验证。

理论上，MATLAB 调用 LindoAPI 是求解此类问题的一种合理方案。因为在 MATLAB 环境中修改用户自建的问题式建模模型参数非常方便；此外，经修改的“▤ solve_use_lindo_api. m”程序内自带输出结果维度匹配子函数“paser_result”，可将决策变量还原为原模型的设置形式，用户甚至感觉不到求解过程中 MATLAB 调用了外部求解器 LindoAPI。但也要注意，LindoAPI 自带 License，这对求解模型的决策变量有上限的要求（$n \leqslant 30$），问题 10.1 的多组测试数据变量总数超过该限定，因此非授权用户可能无法用 MATLAB/LindoAPI 自动测试所有化合物的集合数据。

10.5.2　方案-5：MATLAB/Lingo 协同求解

在第 3.2.3 节探讨了在 MATLAB 环境中，调用 runlingo 函数运行以文本格式存储的 Lingo 命令集，并获得优化模型解的过程。这种方式满足问题 10.1 同时测试多组数据的要求，下面介绍具体步骤。

1. 步骤 1：网页源代码抓取基础数据

与代码 210 直接输入测试数据的方式不同，本节改为从 Mathworks 官网 Cody 版块源代码中抓取网页原题数据，提取产物链最短路问题中的共计 17 组测试数据。具体步骤：

✍ 打开官网 Cody 版块的问题链接[①]。需要注意的是：想看到完整的问题内容，用户要先注册 Mathworks 账号并登录。

✍ 以 Chrome 浏览器为例，将光标放在打开的网页任意位置，按下快捷键“Ctrl + U”，可打开一个存放了最短化合物反应路径问题链接的全部 html 源码的新页面，该页面自然也包括测试数据。

✍ 在 MATLAB 当前工作路径下，新建一个空白的名为：“h. txt”的记事本文件并打开。

✍ 键入 Ctrl + A 全选步骤 2 网页内的源代码，复制粘贴保存在 h. txt 文件内，保存退出。

---

① 地址：https://ww2. mathworks. cn/matlabcentral/cody/problems/45467/solutions/new.

✍ 基础数据处理步骤结束。

2. 步骤2:构造最短反应路径问题的基本模型

编写可接收 MATLAB 赋权矩阵、起点和目标化合物编号等数据并可进行优化计算的 Lingo 模型文件。

打开 Lingo 软件,将如下代码中的内容复制并保存成名为:"▣ lingo_ex_model. lng"的 Lingo 模型文件(见代码222),文件名及后缀和下方的 MATLAB 调用代码对应,二者须一致。

代码222 以 lng 格式存储的反应路径 Lingo 模型

```
model :
sets :
Compond/ $ 1/;level; ! --------------------------------------------------(3)
link(Compond, Compond): distance, x;
endsets
data :
distance = @file('ds_file.txt'); ! --------------------------------------(7)
s = $ 2;              ! --------------------------------------------------(8)
e = $ 3;              ! --------------------------------------------------(9)
@text('result.txt') = x; ! -----------------------------------------------(10)
enddata
n = @size(Compond);
min = @sum(link:distance * x);
@sum(Compond(i): x(s,i)) = 1;
@sum(Compond(j): x(j,e)) = 1;
@for(Compond(i)|i #ne# s #and# i #ne# e:
    @sum(link(i,j):x(i,j)) = @sum(link(j,i):x(j,i)));
@for(Compond(i) | i #gt# 1:
    @for(Compond(j) | j #gt# 1 #and# i #ne# j:
        level(i) - level(j) + n * x(i,j) <= n-1;
    );
@for(Compond(i) | i #gt# 1: level(i) <= n-2);
@for(link:@bin(x));
end

set terseo 1       ! --------------------------------------------------(26)
go
nonz volume
quit               ! --------------------------------------------------(29)
```

代码222仍然是根据式(10.2)编写的最短路模型 Lingo 程序,但改造成了参数化的形式,对代码中部分语句的解释如下:

✍ 第3,8,9行的符号"$ 1, $ 2, $ 3"代表"▣ h. txt"文本中的特征数据搜索匹配的编号位置[1],用于在 MATLAB 中构造正则表达式,在这些指定位置传入搜索匹配的数据。三个位置依次代表化合物数量集合编号、起始化合物编号及目标化合物编号。

✍ 第7行@file 从 txt 文件中导入赋权邻接矩阵数据。

✍ 第10行用@text 将 Lingo 的结果数据 x 导入到一个名为"▣ result. txt"的文件,该文件在 MATLAB 环境中以 dos 命令调用 Lingo 生成。

✍ 第26~29行属于 Lingo 的命令行语句,这4行语句的作用:

---

① 注:美元符号+数字的语法形式指定正则搜索式替换的多组内容的序号,关于正则表达式构造详细内容可参考拙作:《MATLAB 向量化编程基础精讲》

- set terseo 1：用 GO 命令求解模型后，terseo 命令使 LINGO 抑制解决方案报告的显示输出，可改用 nonz 或 solu 命令查看解决方案。当 LINGO 处于简洁输出模式时，导出摘要报告也被抑制。输入 terseo 命令后，LINGO 将一直处于 terseo 输出模式，terseo 命令等价于 SET terseo 1 命令。
- go：求解当前模型。
- nonz volume：求解报告中仅生成和输出非零解数据。
- quit：退出 Lingo(软件)。

✍ 注：上述说明中出现的 4 条 Lingo 命令行语句可以在 Lingo 自带帮助文件的"Command – Line Commands"中查看，帮助文件(pdf 格式)可在 Lingo 安装路径中找到。

3. 步骤 3：MATLAB 调用参数化模型

在 MATLAB 中编写调用上述参数化模型的代码，实现如下功能：

✍ 提取"▤ h. txt"中的测试数据，生成赋权邻接矩阵，保存至"▤ ds_file. txt"文件。

✍ dos 方式打开 Lingo 软件。

✍ 向 Lingo 模型传入必要的参数，并对 Lingo 给出运行的指令和计算模型的指令。

✍ 将 Lingo 模型的计算结果返回并保存到 MATLAB 工作空间(结构数组变量 results)。

具体代码 223 如下所示：

代码 223　通过 MATLAB 直接调用 Lingo

```
clear;clc;close all
data = fileread("h.txt");
code = regexp(data, '"code". * ?"matlabCode"','match');
results = [];
model = fileread('lingo_ex_model.lng');
for ic = 2 : numel(code)
    [S, se, Len] = exact_data(code{ic});
    model_file_name = replace_info_and_save_file(model, ic, S, se, Len);
    [status, cmdout] = run_dos_cmd(model_file_name);
    if status ~ = 0
        disp('*****');
    end
    result = post_process(Len,ic,S);
    results = [results; result]; % #ok <AGROW>
end


function [S, se, Len] = exact_data(code)
code_sec = regexp(code,'R = . * ?];', 'match','once');
code_sec = regexprep(code_sec, '\.\.\.\\r\\n','');
eval(code_sec);
se = str2double(regexpi(code,...
        'reaction_chain\(R,(\d + ),(\d + )\),((\d + \.? \d + )|(inf))','tokens','once'));
Len = max(nonzeros(R(:,1:2)));
S = accumarray(R(:,1:2), R(:,3),[Len,Len],@min , 1000);
end


function model_file_name = replace_info_and_save_file(model, ic, S, se, Len)
dlmwrite('ds_file.txt', S);
model = regexprep(model, '[ $ ]1', sprintf('1.. % d',Len));
model = regexprep(model, '[ $ ]2', sprintf('% d',se(1)));
model = regexprep(model, '[ $ ]3', sprintf('% d',se(2)));
```

```
model_file_name = sprintf('Lingo_%d.txt',ic);
fileID = fopen(model_file_name,'w');
fprintf(fileID,'%s',model);
fclose(fileID);
end

function [status, cmdout] = run_dos_cmd(model_file_name)
    dos(sprintf('cd %s',pwd));
    [status, cmdout] = dos(sprintf('runlingo %s',model_file_name));
end

function result = post_process(Len,ic,S)
    xx = load('result.txt');
    sol = reshape(xx, Len, Len)';
    obj = sum(sol.*S,'all');
    result.test_no = sprintf('%d',ic);
    result.sol = sol;
    result.obj = obj;
end
```

在 MATLAB 环境中，运行代码 223 返回如下两个结果：

✍ 一组命名方式为"▤Lingo_n.txt"的文本文件，其中 n 为测试数据的编号。系列文件存储的是对应每种测试数据的 Lingo 模型（都是从步骤 2 编写的"▤lingo_ex_model.lng"基本 Lingo 模型），以正则替换三个参数（化合物集合总数、起始化合物编号和目标化合物编号）之后，得到同一系列下的衍生模型文件；

✍ 工作空间中的 results 结构数组存储全部结果数据，包括目标函数、最短路节点信息等，以测试数据第 10 组的数据结果为例（见代码 224）。

代码 224   MATLAB 调用 Lingo 的计算结果（第 10 组测试数据）

```
≫ [i,j] = find(results(9).sol);
≫ [i,j]
ans =
    12     3
     3     9
     9    10
    11    12
    18    15
    10    18
    15    20
≫ obj = results(9).obj
obj =
    17.8069
```

results 变量第 9 组数据即为原测试数据第 10 组，起始化合物编号和目标化合物编号分别为 11,20,结果路径为：11→12→3→9→10→18→15→20,最短时间反应路径最优值为 17.806 9 min。

10.6   小   结

本章主要学习利用 MATLAB 图论工具箱命令 shortestpath 和 distances,MATLAB/LindoAPI,以及 MATLAB/Lingo 联合优化等几种手段，求解化合物时间赋权的最短反应路径问题，并提供了几种不同的代码方案。

必须指出，数学建模遇到的模型，一般情况下用好两个软件中任意一款就可以了。但如果符合如下特定场景之一时，可以尝试考虑软件的协同优化方式。

✍ 模型原始数据的处理比较复杂，Lingo 可能不易写出比较简洁的代码。

✍ 非线性混合整数规划等模型的求解，如果不使用启发式算法，在 MATLAB 求解比较困难的问题。

当然，MATLAB 和 Lingo 的协同优化方式，对用户的代码能力也提出了一定的要求。例如处理时间最短化合物反应路径优化模型时，数据包含了多达 17 组测试项，部分测试数据存在两个化合物间多条不同反应时间的邻接（化学反应）状况，这样的数据对其分组预处理，对 Lingo 的多数普通用户而言都可能是复杂和棘手的。但调用 MATLAB 中的 accumarray 函数，则会降低数据处理的难度；此外，多组测试数据也可以在 MATLAB 环境中用 runlingo 方便对其调用和求解，返回结果又可以通过正则表达式结合数据的 I/O 自动返回到 MATLAB，便于后续的数据处理及可视化工作。Lingo 拥有求解混合整数规划模型的能力，在一些情况下这可能发挥出特定的作用，如果 MATLAB 可以调用 Lingo 的模型，可能为用户节省大量在两种语言之间相互"翻译"的时间和精力。

第 11 章　时限以内的化合物反应路径模型

　　本章是第 10 章讨论的延续,仍然是一道化工产物反应路径求解的 Cody 习题[9]。前一章问题 10.1 主要探讨的是针对已知产物关系的反应化合物集合,寻找从起始化合物到目标化合物之间总反应时间最短的反应路径,可以用图论中的最短路模型求解。本章的问题则考虑给定总反应时间上限条件,在已知产物关系的反应化合物集合中,搜索所有低于该时间上限的不同反应路径数量。

11.1　时限内反应路径数量问题描述

　　问题 11.1:有 N 个化合物的列表集合:$1,2,\cdots,N$,如果给出该集合内的某种化合物转换为另一种化合物(仍然在集合内)的有效反应(例如指明从“1→2”是有效反应),且列出这些有效反应的完成时间。利用这些信息可以生成一系列有效反应的步骤,这些步骤就称之为“反应路径”,即一个接一个地发生和执行,示例如代码 225 所示。

　　给定起始化合物 S,要求计算出总完成时间不超过 T 分钟的可能反应路径数。

代码 225　问题 11.1 中的最快反应路径描述

```
Given N = 4 and the following valid reactions:
    Reaction 1: 1 --> 2 takes 1.5 mins
    Reaction 2: 1 --> 3 takes 2.5 mins
    Reaction 3: 2 --> 3 takes 0.6 mins
    Reaction 4: 3 --> 4 takes 4.1 mins
    Reaction 5: 4 --> 2 takes 3.2 mins
    Sample reaction chains: 1 --> 3 --> 4 takes (2.5 + 4.1) mins
                            1 --> 2 --> 3 --> 4 takes (1.5 + 0.6 + 4.1) mins
                            4 --> 2 --> 3 takes (3.2 + 0.6) mins
```

　　✍注:转化反应默认不是相互的,它只能向前进行,但如果在反应列表中,明确指出了有可能在相同的两种化合物之间完成转化,则反应路径就只能采用多条途径中的一个。

　　如果两种化合物间能进行多个有效反应:例如例题列表出现化合物 1→2 分别耗时 1.5 min 和 2.5 min,这两个反应将被定义为不同的弧。此外,反应路径服从“路(Path)”的定义,即:同一路径中不得重复某个相同的化合物,比如 3→7→3→···为非法路径,这是因为化合物 3 出现两次进而构成了“圈(Cycle)”。

问题 11.1 有 R,S 和 T 三个输入参数:S 为起始化合物,T 为限定的反应时间,变量 R 是 $n×3$ 矩阵,每行包括起始化合物与生成化合物编号以及反应时间,例如第 i 行矩阵信息的意义是从 $R(i,1)→R(i,2)$ 的产物生成过程,需要 $R(i,3)$ 分钟",反应过程有如下假定:

✍ 变量 N,T 均为正数,且化合物总数 $2≤N≤20$,时间 T 满足 $1≤T≤100(\min)$;

✍ S,T 和矩阵 R 的前两列元素都是 N 以下的正整数;

✍ 反应路径完成时间都是 $[1,10]$ 以内的实数;

✍ 编号 $1\sim N$ 的每个化合物在矩阵 R 中至少出现一次,故通过矩阵 R 就能够推断出化合物 N 的总数量。

根据上述分析,不妨用测试数据(见代码 228)中的第 2 组来说明问题期望获得的结果(见代码 226)。

代码 226　对第 2 组测试数据求解后应当返回的结果

```
≫ R = [1 2 1.5; 1 3 2.5; 2 3 0.6; 3 4 4.1; 4 2 3.2]
R =
    1.0000    2.0000    1.5000
    1.0000    3.0000    2.5000
    2.0000    3.0000    0.6000
    3.0000    4.0000    4.1000
    4.0000    2.0000    3.2000
≫ reaction_chain2(R,1,5)
ans =
    3
≫ reaction_chain2(R,1,10)
ans =
6
```

代码 226 中的矩阵 R 前两列的最大值为 4,代表化合物集合一共有 4 种不同的化合物;行数为 5,说明化合物存在 5 种不同的化学反应。现要求找到从起始化合物 $S=1$ 开始,分别满足:总反应时间 $T≤5$ min 和 $T≤10$ min 条件的反应路径总数,例如在上述给定信息条件下,满足 $T≤5$ min 的反应路径共有 3 条,满足 $T≤10$ min 的反应路径共计 6 条。代码 227 显示了这些满足条件的反应路径。

代码 227　第 2 组测试数据中的合法反应路径

```
(1.50 mins) 1 --> 2
(2.10 mins) 1 --> 2 --> 3
(6.20 mins) 1 --> 2 --> 3 --> 4
(2.50 mins) 1 --> 3
(6.60 mins) 1 --> 3 --> 4
(9.80 mins) 1 --> 3 --> 4 --> 2
```

11.2　时限内最快反应路径问题的测试算例

问题 11.1 共给出 9 组测试数据(不计第 1 组防作弊代码),在 assert 函数验证语句中包括该组测试数据的正确结果,只有编写出确保全部 9 条测试数据均能通过运行的代码才能够在 Cody 成功提交。

代码 228　问题 11.1 的程序测试数据

```
%% 1
filetext = fileread('reaction_chain.m')
assert(isempty(strfind(filetext, 'rand')))
assert(isempty(strfind(filetext, 'fileread')))
assert(isempty(strfind(filetext, 'assert')))
assert(isempty(strfind(filetext, 'echo')))
%% 2
R = [1 2 1.5; 1 3 2.5; 2 3 0.6; 3 4 4.1; 4 2 3.2];
assert(isequal(reaction_chain2(R,1,5),3))
assert(isequal(reaction_chain2(R,1,10),6))
%% 3
R = [2 1 1.5592;1 2 2.4465;7 6 5.9819;7 6 1.9563;5 7 4.9169;9 10 2.6206; ...
        9 10 3.6554;10 9 6.9576;2 1 1.5000;2 13 9.0677;13 2 7.3477;4 5 8.9883; ...
        5 4 7.8082;6 5 0.7312;10 8 2.5875;8 9 4.9516;10 9 3.9300;12 1 0.0830; ...
        1 12 9.7302;13 12 6.0841;3 5 0.0807;3 5 5.3663;4 5 2.4256;7 9 0.1973; ...
        7 9 8.2272;8 9 1.6038;11 12 8.2550;13 11 1.9458;13 11 1.3879;2 4 9.8468; ...
        3 2 4.8237;2 3 5.5103;7 6 9.9712;7 8 5.0623;7 6 8.8766;11 12 4.6054; ...
        10 12 1.0703;10 12 5.3461;3 2 5.4698;1 2 5.6282;2 1 2.9354;7 6 1.5597;...
        6 5 8.5908;5 7 7.9862;9 11 5.0525;9 11 3.1038;11 10 2.6583];
assert(isequal(reaction_chain2(R,4,100),1966))
assert(isequal(reaction_chain2(R,2,3),3))
assert(isequal(reaction_chain2(R,1,20),74))
%% 4
R = [3 2 8.2070;2 1 1.0576;5 6 4.3201;5 6 1.1111;6 7 5.3338;11 10 9.7877; ...
        10 11 5.9987;9 10 4.3743;14 13 2.7591;13 15 8.6333;14 13 5.6640; ...
        17 18 1.6193;17 1 2.8767;17 18 6.9178;4 3 5.6304;4 3 4.3412;5 4 0.5619; ...
        9 8 9.5380;9 7 0.0224;9 8 7.1412;11 13 2.7473;11 12 0.6646;12 11 1.2049; ...
        17 15 8.9250;16 15 3.4592;17 15 0.4951;1 2 4.0666;1 2 0.5611;2 3 6.7063; ...
        6 5 2.7088;5 7 7.1288;5 6 0.6856;11 9 4.1500;11 10 5.9775;9 10 8.3965; ...
        15 14 7.5966;14 15 4.1755;14 13 8.3002;1 18 5.0146;1 17 9.7139; ...
        17 18 0.2792;3 5 5.4500;5 3 2.32;5 3 8.7088;7 8 4.0699;8 7 1.8611; ...
        9 8 7.8793;13 11 7.7952;11 13 5.4524;13 12 1.3119];
assert(isequal(reaction_chain2(R,16,30),42))
assert(isequal(reaction_chain2(R,16,20),9))
assert(isequal(reaction_chain2(R,16,10),1))
%% 5
R = [2 3 3.1864;3 2 4.9359;1 2 7.7339;5 1 5.2448;2 5 1.3431;4 1 4.8876;4 1 9.5712;...
        4 1 2.6840;4 3 0.0273;5 4 1.7028;5 4 5.2548;3 2 4.2046;3 4 8.6170;3 4 9.1101;...
        2 1 3.3861];
assert(isequal(reaction_chain2(R,1,20),8))
assert(isequal(reaction_chain2(R,3,11),14))
assert(isequal(reaction_chain2(R,3,12),18))
assert(isequal(reaction_chain2(R,3,13),20))
assert(isequal(reaction_chain2(R,3,14),23))
assert(isequal(reaction_chain2(R,3,15),24))
assert(isequal(reaction_chain2(R,3,100),44))
%% 6
R = [4 16 0.4237;2 9 0.0306;8 11 0.6388;1 13 0.1693;2 16 0.3843;8 6 0.5554; ...
        6 7 0.3490;17 7 0.1930;17 6 0.5509;17 2 0.2577;8 11 0.8995;4 18 0.4340; ...
        15 10 0.3313;8 13 0.9162;17 3 0.1199;17 12 0.0403;10 17 0.3857;6 5 0.2009; ...
        7 11 0.2684;12 15 0.1040;14 12 0.4747;17 2 0.5991;5 1 0.5799;16 11 0.8399; ...
        4 12 0.1740;6 1 0.7015;18 14 0.7567;10 6 0.2449;6 18 0.2307;10 4 0.434; ...
        3 7 0.7936;15 17 0.5404;15 13 0.0432;3 5 0.2467;4 5 0.2755;18 7 0.2973; ...
        8 6 0.7573;7 3 0.6172;16 9 0.0776;17 6 0.6139;12 4 0.9600;12 10 0.8690; ...
```

```
            11 1 0.4827;15 14 0.5723;1 13 0.4494;12 14 0.8047;1 15 0.5674;2 5 0.1335; ...
            11 10 0.0689;18 5 0.3155;6 1 0.5279;5 8 0.9475;17 3 0.5919];
    assert(isequal(reaction_chain2(R,9,100),0))
    assert(isequal(reaction_chain2(R,3,100),3812))
    assert(isequal(reaction_chain2(R,3,1),4))
    assert(isequal(reaction_chain2(R,3,2),42))
    %% 7
    R = [1 2 5;1 2 9];
    assert(isequal(reaction_chain2(R,1,10),2))
    assert(isequal(reaction_chain2(R,2,10),0))
    %% 8
    R = [3 1 9.1338;2 1 2.7850;1 2 9.6489;5 2 9.5717;1 2 1.4189;5 1 7.9221;1 5 0.3571; ...
            5 4 7.0605;3 5 6.9483;3 5 0.3445;5 3 4.8976;4 2 6.7970;3 2 1.1900;3 4 3.4039; ...
            2 1 7.5127;1 2 6.9908;3 1 8.1428;5 2 3.4998;5 2 7.5373];
    assert(isequal(reaction_chain2(R,4,7),1))
    assert(isequal(reaction_chain2(R,1,5),3))
    %% 9
    R = [3 1 3.9978;1 3 4.3141;7 5 2.6380;7 6 3.5095;5 6 0.4965;10 9 7.8025;10 9 4.0391; ...
            1 10 0.5978;3 4 8.2119;4 5 6.4775;5 3 6.8678;7 8 6.2562;9 7 9.2939; ...
            9 8 4.3586;2 1 5.0851;2 3 7.9483;3 2 6.2248;6 5 3.0125;6 5 8.4431];
    assert(isequal(reaction_chain2(R,2,23),21))
    assert(isequal(reaction_chain2(R,2,25),25))
    %% 10
    R = [1 2 3.1110;3 2 1.8482;6 5 6.0284;7 5 1.1742;6 5 2.6248;11 9 9.2885; ...
            11 10 5.7853;9 10 9.6309;13 15 9.1329;15 13 2.6187;14 15 1.3655;4 2 6.5376; ...
            3 4 7.1504;4 2 0.3054;8 7 4.7992;8 7 6.1767;6 7 1.6793;11 10 6.8197; ...
            10 12 8.1755;12 10 6.5961;15 1 6.4899;1 15 4.3239];
    assert(isequal(reaction_chain2(R,3,30),4))
    assert(isequal(reaction_chain2(R,12,30),1))
    assert(isequal(reaction_chain2(R,6,30),4))
```

11.3　时限内反应路径数量问题的分析

问题 11.1 寻求在给定时间范围,所有总反应时间均未超限的化合物反应路径数。已知参数与问题 10.1 的题意条件相似,但求解思路和实现代码上的差异却很明显:此类指定起始搜索节点,在某个节点集内搜索符合特定条件路径集合的问题,适合采用深度优先搜索算法。

11.3.1　预备知识:深度搜索优先算法

1. 深度搜索优先算法简介

深度优先搜索(Depth First Search, DFS)是图论中的经典算法之一,利用深度优先搜索算法可以生成目标图的相应拓扑排序表。简单地讲,DFS 记录每个可能的分支路(Path),直至深入到条件无法允许而停止,且节点集合内的任意节点在当前路径中各不重复。DFS 代码通常需要完成以下四个关键环节的实施:

✍ 终止条件:当前路径的搜索过程按规则进行,通常看是否满足 if 判断条件而停止;

✍ 剪枝搜索:当前路径在搜索中间节点时,遵循某些预设规则,把不可能达到要求的无效路径"裁剪"掉;

✍ DFS:继续向前搜索下一个邻近节点;

✎ 回溯：某层中间节点可能存在不止一条的下属分支子路径，即：分叉口可能都存在有效路径，因此搜索其中一条后，还要回溯到上层节点继续另一个方向的前向搜索。

在一个 DFS 搜索代码中，通常都会体现上述 4 个模块或环节的实施过程。

2. 一个简单 DFS 搜索的代码实例

先通过一个实例说明 DFS 算法求解问题的基本原理和机制。

问题 11.2：给定代码 229 所示邻接矩阵，列举出所有自起始顶点 1 起始，连接节点的总数为 3 的边。

代码 229　问题 11.2 的邻接矩阵数据

```
M = [0 1 1 0 0 0 0;...
     0 0 0 1 1 0 0;...
     0 0 0 0 0 1 1;...
     0 0 0 0 0 0 0;...
     0 0 0 0 0 0 0;...
     0 0 0 0 0 0 0;...
     0 0 0 0 0 0 0];
```

调用 MATLAB 图论工具箱有向图函数 digraph，按邻接矩阵生成图对象（见代码 230）。

代码 230　问题 11.2 数据的有向图绘制代码

```
G = digraph(M);
plot(G)
```

运行结果如图 11.1 所示，容易看出，长度为 3 的边共计 4 条，分别是"1-2-4""1-2-5""1-3-6"和"1-3-7"。

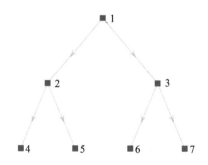

图 11.1　邻接矩阵数据对应的有向图

下面主要探讨的是怎么编写程序（见代码 231），通过快速遍历节点的 DFS 程序把图 11.1 这 4 条路径都找出来。

代码 231　用 DFS 求解问题 11.2

```
mx = full(sparse(repelem(1:3,2), 2:7, 1,7,7));
paths = DFSTraversal(1,M+M');
celldisp(paths)
% -------------------------------------------------
function paths = DFSTraversal(startNode,M)
paths = {};                    % 路径库初始化
path = 1;                      % 当前搜索路径初始化
DFSRecursion(startNode,M);     % 调用 nested function
    function DFSRecursion(startNode,M)
        if length(path) == 3       % 模块1:终止条件 -----------------------------(11)
```

```
            paths{end+1} = path;      % 如果路径长度等于3停止搜索并在路径库增加当前路径
            return
        end
        pathb = path;
        for j = 2:length(M)            % 遍历图内的节点
        % 如果邻接矩阵 M 中的剪枝搜索满足下列 2 个条件执行 if 内的语句：
            % 1. 自起始节点(剪枝中动态变化)到搜索节点右边(=1)
            % 2. 当前路径节点总数仍小于 3
            if M(startNode,j)          % 模块 2:剪枝 ------------------------------(20)
                path = [path j];       % 当前节点 j 加入当前路径 --------------------(21)
                DFSRecursion(j,M);     % 模块 3:DFS(继续自当前节点向下搜索) ---------(22)
                path = pathb;          % 模块 4:回溯 ----------------------------(23)
            end
        end
    end
end
```

代码 231 运行结果与图 11.1 中的有向图一致。就是按照"终止条件""剪枝""DFS"和"回溯"这 4 个部分编写对应的功能块,实现了 DFS 对整个图的路径搜索:

✍ 终止条件:代码 231 中的终止条件是在当前路径长度为 3 时,控制程序停止搜索并输出(第 11 行)。当然,用户可以根据问题的不同特征来具体订制终止条件,进而影响最终满足条件的路径集合,即通过构造不同终止条件,同一模型可以产生不同的搜索路径集合;

✍ 剪枝:当前向搜索到的新节点和当前路径的末端节点如果不邻接(邻接矩阵中的 $M(i,j)=0$),进入 if 控制流程,把不符合条件的新节点从路径中剪枝,阻止其加入当前路径;

✍ DFS:深度优先搜索以当前路径的末端节点 j 为起点,重复调用内嵌函数 DFSRecursion 进行下一轮的前向搜索,添加新的后继节点继续寻找路径;

✍ 回溯:代码 231 中的回溯过程体现在第 21 和第 23 行对变量 path 的两次赋值,这是延续路径搜索的两个比较关键的衔接,说明如下:

■ 第 21 行赋值 path 的作用是拼接:将搜索节点 j 加入当前路径,path 长度比赋值前加 1,例如节点 1,2 邻接,节点 2 加入路径,使 path 从"[1]"变成"[1 2]",第 22 行进入下阶段深度搜索;

■ 第 23 行赋值 path 使路径回溯,以起始节点 1 为例,第 21 行尽管找到并拼接了邻接节点 $j=2$,但节点 1 可能还与其他节点相邻(比如本例节点 1,3 间也有邻接弧),因此搜索全部[1,2,...]的后继节点之后,要回溯退至原节点 1,找到 1 的后继节点 3,继续分支遍历的流程[1,3,...],过程如图 11.2 所示。

11.3.2　时限内反应路径数量问题中的 DFS 搜索

问题 11.2 对应程序在进行 DFS 搜索时,把从节点 1 出发,路径长度为 3 的新搜索节点都判定为合法路径节点,最后得到的所有路径长度结果恰好也都是 3,但这是一种巧合,因为假如更改源数据,比如扩大邻接矩阵规模,并要求每条路径都搜索到没有后续节点相邻为止,若继续按照原来的终止条件搜索就很可能发生错误。为此,通过一个新的例子,讨论怎么才能编写出合适的终止条件。

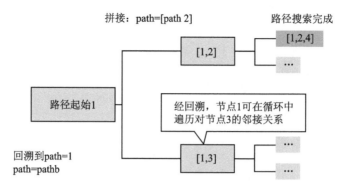

图 11.2   问题 11.2 中的 DFS 回溯过程

问题 11.3：给定如下无向图的邻接矩阵(上三角阵)，搜索自起点 1 开始的全部路径，要求每条路径都要搜索到无法继续再向前为止(见代码 232)，这说明路径集合中每条路的长度可能是不同的。

代码 232   问题 11.3 数据源的邻接矩阵

```
>> mx = randsrc(12,12,[0 1;.6 .4]);
mx = mx - tril(mx)
mx =
     0     0     0     1     0     1     0     0     1     0     0     0
     0     0     0     1     0     0     1     0     0     0     0     1
     0     0     0     0     1     1     1     1     1     1     1     0
     0     0     0     0     1     1     0     0     0     1     1     0
     0     0     0     0     0     1     1     0     1     1     1     0
     0     0     0     0     0     0     1     1     0     1     1     0
     0     0     0     0     0     0     0     1     1     0     1     1
     0     0     0     0     0     0     0     0     1     1     1     1
     0     0     0     0     0     0     0     0     0     1     1     1
     0     0     0     0     0     0     0     0     0     0     1     1
     0     0     0     0     0     0     0     0     0     0     0     1
     0     0     0     0     0     0     0     0     0     0     0     0
```

1. 第 1 种路径搜索终止条件

修改代码 231 中的路径搜索终止条件以及分支节点遍历的循环节这两个部分，问题 11.3 即可得解，代码 233 如下所示：

代码 233   路径搜索的终止条件

```
DFS(1, mx)
% - - - - - - - - - - - - - - - - - - - - - - - - - -
function DFS(p,mx)
if all(mx(p(end),:) == 0)  % - - - - - - - - - - - - - - - - - - - - - - - - - - - - - - - - - - - - - - - - - - - - - - (4)
    disp(p)
    return
end

for node = find(mx(p(end),:))  % - - - - - - - - - - - - - - - - - - - - - - - - - - - - - - - - - - - - - - - - - - - (9)
p(end + 1) = node;
    DFS(p, mx);
    p(end) = [];
end
end
```

代码 233 重新设定了终止条件和节点的循环条件：

✍ 第 4 行终止条件修改为：all(mx(p(end),:)==0)，代表当搜索到原邻接矩阵第 p(end)行，即当前路径终点索引所指向的那一行，该行如果全部是 0，代表该节点和其他节点都不再邻接，搜索终止；

✍ 第 9 行的循环节搜索遍历条件为 find(mx(p(end),:))，这意味着这一行的不为 0 的全部索引编号会成为下一层搜索节点的备择集合，以上述邻接矩阵第 1 行为例（见代码 234）：

代码 234　节点深度搜索的备择集

```
>> find(mx(1,:))
ans =
     4     6     9
```

find 的结果说明从前一层节点继续向下搜索，只有节点 4,6,9 可能与该节点相邻。如果用代码 232 中的邻接矩阵数据替换搜索终止条件的 DFS 程序，可以搜索到 39 条满足该条件的路径，即

✍ 每条路径的两两相邻节点之间存在邻接关系；

✍ 每条路径的终点都无法继续向前搜索（无后继节点）；

✍ 每条路径中都不存在重复节点。

限于篇幅不再列出这 39 条路径的具体节点信息，感兴趣的读者可以运行代码 233 自行查看。

2. 第 2 种路径搜索终止条件

第 1 种路径搜索条件可检索到 39 条合法路径，如果用户感觉选择范围太大，可以继续调整终止条件的搜索策略，比如所有合法路径都以节点 12 结束，且每条路径的长度都不大于 5。只需要将代码 233 的第 4 行修改为代码 235 的形式即可。

代码 235　第 2 种路径搜索的终止条件

```
DFS(1, mx)
% ----------------------------------------
function DFS(p,mx)
if all(mx(p(end),:) == 0) && p(end) == length(mx) && length(p) <= 5
    disp(p)
    return
end
for node = find(mx(p(end),:))
    p(end + 1) = node;
    DFS(p, mx);
    p(end) = [];
end
end
```

在 if 流程的终止判断条件里又增加了 p(end)==length(mx)和 length(p)<=5，可使搜索出的合法路径数量缩减到 13 条，如代码 236 所示。

代码 236　第 2 次修改路径搜索终止条件的 DFS 程序执行结果

1	4	5	6	12
1	4	5	7	12
1	4	5	9	12
1	4	6	7	12

1	4	6	11	12
1	4	6	12	
1	4	11	12	
1	6	7	9	12
1	6	7	12	
1	6	11	12	
1	6	12		
1	9	11	12	
1	9	12		

3. 修改剪枝策略

假如用户觉得搜索到的路径库还是太大,还可以继续增加条件缩小筛选范围。如根据对实际情况的判断和分析,发现原邻接矩阵的路径搜索不需要或不可能经过节点9,就可以根据这个条件,继续增加剪枝策略,让搜索过程绕过节点9,达到进一步缩减合法路径库的目的(见代码237)。

代码 237 修改剪枝策略的 DFS 代码

```
DFS(1, mx)
% ------------------------------------------------
function DFS(p,mx)
if all(mx(p(end),:) == 0) && p(end) == length(mx) && length(p) <= 5
    disp(p)
    return
end
% 遍历该节点的所有分支
for node = find(mx(p(end),:))
    if p(end) == 9      % 对经过节点9的路径剪枝 ------------------------- (10)
        break;
    end                 % ------------------------------------------------- (12)
    p(end + 1) = node;
    DFS(p, mx);
    p(end) = [];
end
end
```

注意到代码237第10~12行增加了对经过节点9的路径剪枝的策略,如果路径搜索到编号为9的节点,用break跳出搜索。该条件使合法路径的数量从13条降低到9条(见代码238)。

代码 238 修改剪枝策略的 DFS 程序执行结果

1	4	5	6	12
1	4	5	7	12
1	4	6	7	12
1	4	6	11	12
1	4	6	12	
1	4	11	12	
1	6	7	12	
1	6	11	12	
1	6	12		

由上述代码分析可知,在DFS搜索过程中,通过剪枝、终止条件的设置,可以按用户的需求搜索和构造出灵活多变的合法路径库。

本节借助问题11.2和问题11.3介绍了与DFS搜索算法相关的代码基础知识,此时问题11.1如何使用DFS搜索求解就比较清楚了。问题11.1要找到总反应时间未超限的化合物反应路径条数,需要围绕邻接矩阵数据编写 DFS 搜索程序,并定义时间终止条件,但不需要把所有反应路径究竟经过哪些节点的细节列出来,只要找到合乎规则的反应路径,循例计数就可以了。

11.4　时限以内化合物反应路径模型的求解代码

11.4.1　简单的穷举＋判断(不推荐)

如果不用 DFS 搜索,单纯从解决问题角度出发,用一系列条件穷举＋判断也能实现反应路径的搜索,但代码不可避免存在许多复杂的条件判断,使流程繁琐。例如下面的代码 239,程序在判断条件部分的设计比较僵硬和勉强,通用性也很差,因此这样的方案并不推荐。

代码 239　用穷举＋判断的思路求解问题 11.1

```
function ans = reaction_chain2(R,S,T)
n = 1;
Com0 = R(R(:,1) == S & R(:,3) <= T,:);
nnz (Com0(:,end) <= T);
while n <= max (nonzeros (R(:,1:end - 1))) - 1
Com1 = [];n = n + 1;
    for i = 1:size (Com0,1)
        idx = R(:,1) == Com0(i,end - 1);
        ComTemp = [repelem (Com0(i,1:n - 1),nnz (idx),1) R(idx,:)];
        ComTemp(:,end) = ComTemp(:,end) + Com0(i,end);
        Com1 = [Com1;ComTemp];
        Com1 = Com1(all (diff (sort (Com1(:,1:end - 1),2),[],2)'),:);
    end
    if isempty (Com1)
        break;
    end
    Com0 = Com1;
    ans + nnz (Com1(:,end) <= T);
end
end
```

11.4.2　第 1 种 DFS 搜索代码方案

在 Mathworks 的 Cody 版块解答该问题中,Rafael S. T. Vieira 提交了利用 DFS 深度搜索优先求解问题 11.1 的代码方案(见代码 240)。

代码 240　第 1 种用 DFS 求解时限内反应路径模型的方案

```
function y = reaction_chain2(R,S,T,t,p)
% Author: Rafael S.T. Vieira
    if nargin < 4
        t = 0;
        p = [];
    end
    if t > T    % -------------------------------------------------- (7)
        y = 0; % -------------------------------------------------- (8)
        return;
    end         % -------------------------------------------------- (10)
```

```
        y = double(t > 0);    % ----------------------------------------------- (11)
for  i = 1 : size (R,1)
    if  R(i,1) == S && all (p ~= R(i,2)) % ----------------------------------------------- (13)
            y = y + reaction_chain2(R,R(i,2),T,t + R(i,3),[p,R(i,1)]); % --------------- (14)
        end
    end
end
```

代码 240 只用了 for + if 流程，函数的选择也很平常。但分析会发现这组代码方案包含了 DFS 算法的全部基本流程，适合 MATLAB 初学者的学习和借鉴，解释如下：

✍ 初值：问题只允许程序 reaction_chain2.m 拥有 R，S，T 三个输入参数，代码 240 却通过 nargin 的个数判定，给 DFS 搜索额外传入两个可选参量：初始化反应路径总消耗时间 t＝0，初始路径 p＝[]。和前一节的示例 DFS 代码不同，问题 11.1 事先不知道哪个节点为起点（当前初始化路径不是[1]而是空集），要在程序中人为指定起始化合物。以 3 个输入参数形式调用 reaction_chain2.m 时，两个初始参数就很自然地带进程序内部了。

✍ 终止条件：第 7～10 行判断流程是反应时间总和超过规定数值 T 时的操作，注意 if 流程里两条语句的作用：

■ 语句 y＝0。这是递归调用的执行终止条件，发生在当前搜索路径化合物链的反应总时间超过设定阈值 T 时。注意第 7 行的"y＝0"现在还处于第 14 条语句后半部分，被递归调用的 reaction_chain2 内，所以 y＝0 仅对递归部分的返回值 y 置零。return 跳出后，第 14 条语句相当于："y ＝ y ＋ (0)"，程序在这里就由前向搜索改为回溯；

■ 语句 return 不是结束整个程序，而是跳出当前递归的 reaction_chain2，即跳出第 14 行最后的搜索部分，当前返回值为 0，原搜索结果 y 就以 y ＝ y ＋ 0 的形式保存下来了。

✍ 计数：第 11 行 y＝double(t＞0)用于计数，程序执行到第 11 行时 t＜＝T，反应路径时间 t 只有大于零和等于零两种情况，执行这条语句后，变量 y 只能是 {0|1} 其中之一，具体情况如下：

■ t＞0：反应时间大于零，当前搜索发生在至少搜索到一个合法反应路径后，此时第 14 行右端 y 处赋值为 1；

■ t＝0：如果是第 1 次执行程序或尚未搜索到合法反应路径，则反应路径总耗时为 0，第 14 行右端 y 的数值记为 0。

✍ 剪枝：程序的剪枝策略设在第 13 行的复合逻辑条件，如果同时满足以下两个要求，就继续进行 DFS 前向搜索：

■ 逻辑条件 R(i,1)＝＝S。意味着当且仅当现节点是前次搜索路径末端点，才进行下次 DFS 前向搜索，注意语句起始节点"S"是前一次在第 14 行递归调用 reaction_chain2 时的第 2 参数 R(i,2)；

■ 逻辑条件 all(p～＝R(i,2))。末端节点不在当前路径。

✍ 其他：时间累加和路径节点延伸迁移体现在代码 240 的第 14 行的第 4 和第 5 个输入参数。

11.4.3　第 2 种 DFS 搜索代码方案

下面列出的第 2 种 DFS 的思路程序设计构思更简洁(见代码 241),合乎时间限制要求的反应集合在 DFS 搜索前就已经剪枝确定完毕。

代码 241　第 2 种用 DFS 求解时限内反应路径模型的方案

```
function ans = reaction_chain2(R,S,T)
% Author: Alfonso Nieto - Castanon
numberofpaths(S,0);
% -----------------------------------------------------
    function ans = numberofpaths(NODES, DISTANCE)
        i = R(:,1) == NODES(1) &~ismember(R(:,2),NODES) & DISTANCE + R(:,3) <= T;
        nnz(i);
        for t = R(i,:)'
            ans + numberofpaths([t(2) NODES],DISTANCE + t(3));
        end
    end
end
```

代码 241 通过第 6 行的复合逻辑条件省略了剪枝过程中的 if 流程判断,循环部分依照 MATLAB 的列优先排布,省去了 1:size(...)而改为直接引用矩阵行元素构造 DFS 搜索的递归部分。

11.5　小　结

本章和前一章以 Mathworks/Cody 版块两个化工问题求解为媒介,通过多种代码求解方案,介绍了图论基本工具箱内的 shortestpath、distances、graph/digraph 以及 DFS 深度优先搜索算法的 MATLAB 代码实现方法。在多组求解方案中,既包含了 for,if,递归流程在程序中的综合应用,也有 accumarray 这样相对"冷门"函数的用法。熟悉应用 MATLAB 工具箱函数,且具有扎实的编程语言基本功都是成功构造数学模型不可缺少的条件。

第 12 章

CUMCM – 1995 – A：
空域飞行管理问题

本章介绍全国大学生本科数学建模竞赛 1995 年赛题- A，即：空域飞行管理问题的模型建立与求解思路以及对应的几种代码方案。

截至本书出版，这道 1995 年的国赛赛题已近"而立"，堪称"高龄"。多年来许多文献针对空域飞行管理问题的模型构造和代码编写的方法展开了讨论。但对这些求解方法和模型假设条件的讨论，还是感觉余韵未尽。例如：空域飞行管理要求构造并求解非线性规划数学模型，其约束条件和目标函数的建立，要考虑飞行角度的象限变换、飞机间相对位置的动态改变等因素，因此原问题求解的是一个空域内仅有 6 架飞机的小规模问题。那么如果继续增加空域内飞机的数量，这些方法的求解效率是否还能被接受？部分文献提出"按对角线飞行的最大时间"来强化飞机之间的极限飞行碰撞条件，这个假设对空域内处于任意位置的飞机是否普遍适用？这些问题都有待于进一步地展开探讨。本章抛砖引玉，将针对这一古老问题的模型构造，提出一些改进的初步思路和见解。

12.1 空域飞行管理问题的重述

问题 12.1： 在约 10 000 m 高空的某边长为 160 km 正方形区域内，经常有若干架飞机做水平飞行。区域内每架飞机的位置和速度向量均由计算机记录，以便进行飞行管理。

当一架预进入该区域的飞机到达区域边缘时，数据记录后立即计算并判断是否会与区域内的其他飞机发生碰撞。如果会发生碰撞，则应计算如何调整各架（包括新进入）飞机飞行的方向角（方向角指飞行方向和 x 轴正向之间的夹角），以避免碰撞，现假定有如下 6 个条件：

🛩 不碰撞的标准为任意两架飞机的距离大于 8 km；

🛩 飞机飞行方向角调整幅度不应超过 30°；

🛩 所有飞机飞行速度均为 800 km/h；

🛩 进入该区域的飞机在到达该区域边缘时，与区域内其他飞机的距离应在 60 km 以上；

🛩 最多需考虑 6 架飞机；

🛩 不必考虑飞机离开此区域后的状况。

对这个避免碰撞的飞行管理问题建立数学模型，列出计算步骤，对以下"飞机位置和方向角记录"数据进行计算（方向角误差不超过 0.01°），要求飞机飞行方向角调整的幅度尽量小。

设该区域 4 个顶点的坐标为 $(0,0),(160,0),(160,160),(0,160)$，进入该空域飞机的编号以及坐标数据如表 12.1 所列。

表 12.1　空域内飞机的已知坐标信息

飞机编号	横坐标/km	纵坐标/km	方向角/(°)
1	150	140	242.0
2	85	85	236.0
3	150	155	220.5
4	130	150	230.0
新进入	0	0	52.0

12.2　空域飞行管理问题中的符号及意义说明

问题 12.1 模型中出现的变量名及含义如表 12.2 所列。

表 12.2　空域内飞机管理问题的符号意义解释

编　号	变量符号	变量符号意义解释
1	$\Delta\theta_i$	飞机 i 的角度调整量
2	θ_i^0	飞机 i 进入空域范围内的初始角度
3	x_i^0	飞机 i 在刚进入空域范围内的初始横坐标
4	y_i^0	飞机 i 在刚进入空域范围内的初始纵坐标
5	$x_i(t)$	飞机 i 在空域范围内 t 时刻的横坐标
6	$y_i(t)$	飞机 i 在空域范围内 t 时刻的纵坐标
7	v	飞机的飞行速度
8	T_i	飞机 i 在空域范围内的飞行总时间
9	$d_{ij}(t)$	飞机 i 和飞机 j 在 t 时刻的距离

12.3　空域飞行管理问题分析

某架新飞机自西南角原点出发（见图 12.1）进入飞行区域后，区域内的飞机（当前总数共计 6 架）如何调整原有已知飞行方向角 θ_i^0 数据，使调整后的方向角 $\theta_i=\theta_i^0+\Delta\theta_i,(i=1,2,\cdots,6)$ 能满足飞机不相撞，且要求方向角角度调整的幅度最小。

空域飞行管理是以飞行角度为决策变量的优化问题，既然要求飞机方向角的角度总调整幅度最小，自然的想法是选择这 6 架飞机的调整角 $\Delta\theta_i,(i=1,2,\cdots,6)$ 作为决策变量，令所有飞机的调整角平方和最小作为目标函数。这个问题的目标函数可以写成两种形式，一种是

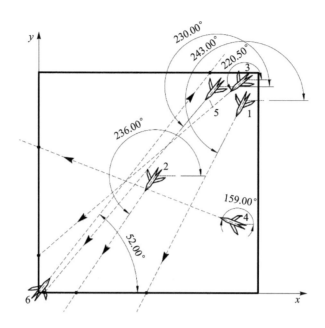

图 12.1 飞机在空域内飞行的轨迹信息

式(12.1)所示的形式：

$$\min \sum_{i=1}^{6} \Delta\theta_i^2 \tag{12.1}$$

另一种是用调整角度的绝对值之和表示的形式，如式(12.2)所示：

$$\min \sum_{i=1}^{6} |\Delta\theta_i| \tag{12.2}$$

式(12.1)和式(12.2)都可以作为目标函数，为尽量降低模型阶次，本章求解代码在决策目标上选择了式(12.2)，即所有飞机调整角度的绝对值求和。

根据问题给定的规则，可以把约束分为3组：对方向角操控范围的限制、对飞机间距的限制和对飞行时间的限制。

✍️ 对方向角操控范围的限制：飞行角度调整最大幅度限制在 $\pm30°$ 范围以内，即

$$|\Delta\theta_i| \leqslant 30° \tag{12.3}$$

✍️ 对飞机间距的限制：任意两架飞机（包括新进入区域的新飞机）在区域内飞行过程中，两机间距的平方 $d_{ij}^2(t)$ 在飞行时间的交集范围 t 内不超过 $8^2=64$ km，即

$$d_{ij}^2(t) = \Delta x_{ij}^2(t) + \Delta y_{ij}^2(t) \leqslant 8^2 = 64 \quad \forall i,j=1,\cdots,6,\ i \neq j \tag{12.4}$$

✍️ 对飞行时间的限制：飞机匀速飞行（$v=800$ km/h），每架飞机在区域内的总飞行时间取飞机自 x 向和 y 向飞出区域两个时间 t_i 和 t_j 的较小值。时间变量和飞机飞行方向角、起点位置有关。如果将坐标和方向角视为变量，一般要根据三个量分情况讨论：飞机进入区域的初始坐标位置、方向角以及最终将在 x 和 y 哪个方向先行离开（只有 $x_i^t=0|160$ 或 $y_i^t=0|160$ 的情况组合）。问题中这些数据均为已知，因此飞机的飞行轨迹如图 12.1 所示，可以确定 6 架飞机在初始方向角 θ_i 和初始位置 (x_i^0, y_i^0) 的基本条件下，离开区域的初始位置。

以图 12.1 中的飞机位置为参照物,也能够初步估计出各架飞机离开区域的大致最小时间,注意:此时式(12.5)计算时间使用的是初始方向角 θ_i^0(还不是加入决策变量寻优后的 $\theta_i^0 + \Delta\theta_i$):

$$
t = \begin{cases}
\min\left\{ -\dfrac{x_i}{v\cos\theta_i^0}, \ -\dfrac{y_i}{v\sin\theta_i^0} \right\} & i = 1,2,3,5 \\[3mm]
\min\left\{ -\dfrac{x_i}{v\cos\theta_i^0}, \ 160 - \dfrac{y_i}{v\sin\theta_i^0} \right\} & i = 4 \\[3mm]
\min\left\{ 160 - \dfrac{x_i}{v\cos\theta_i^0}, \ 160 - \dfrac{y_i}{v\sin\theta_i^0} \right\} & i = 6
\end{cases}
\tag{12.5}
$$

📖 评:关于确定飞行时间的代码,以往资料提供了一些简化方案,例如:按每架飞机在区域内飞行的最大距离,即:该矩形区域自西南角点至东北角点的对角线长度为 $160\sqrt{2}$ km,认定飞机在区域内停留时间是 $160\sqrt{2}/800 \approx 0.2828$ h。并且认为上述操作在简化模型的同时,扩大了飞行距离判定区域,等同于强化了飞行期间不发生碰撞的条件。而且这种模型简化方式在原问题数据中也确实不会产生求解错误,但我们认为这个简化思路和模型初始条件存在矛盾,进一步的探讨及代码见第 12.6 节。

12.4 空域飞行管理问题的数学模型

根据式(12.1)~式(12.5)可以写出完整的数学模型,需求解一个连续的非线性规划模型。此外,模型还包含另一待解事项:飞行时任意两架飞机间相对位置的动态变化,间距 $d_{ij}(t)$ 是关于飞行时间的变量,判断该动态位置之间的距离,也需要一些技巧,针对时间变量处理的一些细节会在下一节展开进一步讨论。

单纯以问题 12.1 提供的 6 架飞机在指定边长的正方形区域内通过初始方位角和坐标数据实现碰撞条件的寻优,部分资料提供的计算方案包括以下两种:一种根据距离公式,推导有关时间变量的极限距离表达式,寻求时间变量与极限碰撞条件的关系;另一种则引入碰撞角 α_{ij},寻找飞机 i 和 j 之间相对速度矢量 $\vec{v}_{ij}$ 与 x 轴正向夹角 β_{ij} 和调整后飞机方向角 $\theta_i + \Delta\theta_i$ 之间的关系[5,10]。对于空域飞行管理问题答卷的述评[11]则提及了逐步求精、隐式枚举、二分甚至包括 Monte Carlo 方法在内的多种先按时间做距离离散化,再做状态穷举的算法,一些资料认为可通过简化避免碰撞的条件,确定空域飞行最大时间为 17 min,最后离散化时间变量求解飞机间距[12]。

在分析和总结文献资料中关于解决飞机在空域内间距动态变化问题的诸多方案后,本章尝试提出另一种直接将约束条件中的时间变量放在飞机间距优化模型内动态求解的模型构造方案,结合 MATLAB 中的 fmincon 以及 fminbnd,将数学模型转变为在约束条件中嵌套无约束优化的非线性规划问题,找到了更加简洁的代码方案。

12.4.1 初步构造的数学模型

不失一般性,统一数学模型(见式(12.6))需讨论方向角(包含调整角度)处于不同象限时,时间 T_i 的表达式。

$$\min \sum_{i=1}^{6} |\Delta \theta_i|$$

$$\text{s. t. :} \begin{cases} |\Delta \theta_i| \leqslant 30°, \quad i=1,2,\cdots,n \\ d_{ij}(t) \geqslant 8, \quad t \in [0, \min\{T_i, T_j\}] \\ d_{ij}(t) = \sqrt{[x_i(t)-x_j(t)]^2 + [y_i(t)-y_j(t)]^2}, \quad i \neq j \\ x_i(t) = x_i^0 + vt\cos(\theta_i^0 + \Delta\theta_i), \quad i=1,2,\cdots,n \\ y_i(t) = y_i^0 + vt\sin(\theta_i^0 + \Delta\theta_i), \quad i=1,2,\cdots,n \\ T_i = \begin{cases} \min\left\{\dfrac{160-x_i^0}{v\cos(\theta_i^0+\Delta\theta_i)}, \dfrac{160-y_i^0}{v\sin(\theta_i^0+\Delta\theta_i)}\right\}, \quad \theta_i^0+\Delta\theta_i \in \left[0, \dfrac{\pi}{2}\right] \\ \min\left\{\dfrac{-x_i^0}{v\cos(\theta_i^0+\Delta\theta_i)}, \dfrac{160-y_i^0}{v\sin(\theta_i^0+\Delta\theta_i)}\right\}, \quad \theta_i^0+\Delta\theta_i \in \left(\dfrac{\pi}{2}, \pi\right] \\ \min\left\{\dfrac{-x_i^0}{v\cos(\theta_i^0+\Delta\theta_i)}, \dfrac{-y_i^0}{v\sin(\theta_i^0+\Delta\theta_i)}\right\}, \quad \theta_i^0+\Delta\theta_i \in \left(\pi, \dfrac{3\pi}{2}\right] \\ \min\left\{\dfrac{160-x_i^0}{v\cos(\theta_i^0+\Delta\theta_i)}, \dfrac{-y_i^0}{v\sin(\theta_i^0+\Delta\theta_i)}\right\}, \quad \theta_i^0+\Delta\theta_i \in \left(\dfrac{3\pi}{2}, 2\pi\right] \end{cases} \end{cases} \tag{12.6}$$

式(12.6)约束条件 $d_{ij}(t) \geqslant 8$ 中，左端与时间有关的飞机间距 $d_{ij}(t)$ 代表任意两架飞机 i,j 同时存在于空域内的时间范围 $[0, t_{\min}]$，其中 $t_{\min} = \min\{T_i, T_j\}$，时间范围上限取两机离开空域时的最小值，最后求解以时间 t 为变量的嵌套无约束优化模型的最优解。

时间 T_i 的分段函数表达式是容易理解的：空域内任意一点 (x_i, y_i) 为相对坐标原点，第 1 象限发出的射线，穿出空域只可能是在 $x=160, y=160$ 这两条边，因此计算穿出空域交点到 (x_i, y_i) 的间距时，应如式(12.7)所示，以取得两个时间 t_x, t_y 的最小值，其余三个表达式类推。

$$\begin{cases} x_i^0 + vt_x \cdot \cos(\theta_i^0 + \Delta\theta_i) = 160 \\ y_i^0 + vt_y \cdot \sin(\theta_i^0 + \Delta\theta_i) = 160 \end{cases} \tag{12.7}$$

求解得到的 $d_{ij}(t)$，在模型求解过程中代入以上总模型的约束条件，确保经优化得到的飞机间距最小时，都能够确保极限距离不小于 8 km，即 $d_{ij}(t) \geqslant 8$，这样飞机不相撞的条件自然在指定全空域飞行范围内得到满足了。

12.4.2　改进的空域飞行管理数学模型

根据式(12.6)所示的数学模型，可以编写一个用于求解空域飞行管理问题的初步程序。在该约束条件中再嵌套一层无约束优化子模型，这种动态求解任意两架飞机最小间距的思路，避免了多数方案中通过时间离散化，枚举不同时间步的多组规划模型，也避免了比较繁琐的公式推导，间距求解变换为优化问题嵌入主体模型的约束条件，在一定程度上也降低了代码编写的负担。

但求解模型时存在一个困难，即任意坐标位置的飞机飞出空域的时间 T_i 与飞行角度的象限有关，需要分情况讨论，所以模型对 T_i 的表达，是四段形式的分段函数，要用多路分支判断的 if 或 swithc - case 流程，该分段函数借助 sgn 函数，可以简化为如下统一表达式形式：

$$T_i = \min\left\{\frac{80[1 + \mathrm{sgn}(\cos(\theta_i^0 + \Delta\theta_i))] - x_i}{v\cos(\theta_i^0 + \Delta\theta_i)}, \frac{80[1 + \mathrm{sgn}(\sin(\theta_i^0 + \Delta\theta_i))] - y_i}{v\sin(\theta_i^0 + \Delta\theta_i)}\right\}$$

$$(12.8)$$

对角度表达式做修正之后，模型式(12.6)转换为式(12.9)所示的形式：

$$\min \sum_{i=1}^{6} |\Delta\theta_i|$$

$$\mathrm{s.t.}: \begin{cases} |\Delta\theta_i| \leqslant 30° \quad i = 1, 2, \cdots, n \\ d_{ij}(t) \geqslant 8 \quad t \in [0, \min\{T_i, T_j\}] \\ d_{ij}(t) = \sqrt{[x_i(t) - x_j(t)]^2 + [y_i(t) - y_j(t)]^2} \quad i \neq j \\ x_i(t) = x_i^0 + vt\cos(\theta_i^0 + \Delta\theta_i) \quad i = 1, 2, \cdots, n \\ y_i(t) = y_i^0 + vt\sin(\theta_i^0 + \Delta\theta_i) \quad i = 1, 2, \cdots, n \\ T_i = \min\left\{\dfrac{80[1 + \mathrm{sgn}(\cos(\theta_i^0 + \Delta\theta_i))] - x_i}{v\cos(\theta_i^0 + \Delta\theta_i)}, \dfrac{80[1 + \mathrm{sgn}(\sin(\theta_i^0 + \Delta\theta_i))] - y_i}{v\sin(\theta_i^0 + \Delta\theta_i)}\right\} \end{cases}$$

$$(12.9)$$

✍ 评：关于飞机在空域内的停留时间 T_i，统一的计算表达式是用函数 sgn 结合三角函数正负号手动构造的。这在本质上仍然属于分段函数的写法，只是包含了一个隐藏的逻辑判断。例如：当式(12.9)中 $\cos(\sin(\theta_i^0 + \Delta\theta_i)) < 0$ 时，$\mathrm{sgn}(\cos(\sin(\theta_i^0 + \Delta\theta_i))) = -1$，分子上可以人为构造出 0 值。表达式这种拆分联合的构造技巧，是许多问题代码编写的常用手段。当然，表达式要考虑 $\sin(\theta_i^0 + \Delta\theta_i) = 0$ 的情况，但这可以在代码中通过逻辑索引运算，把 $\sin(\theta_i^0 + \Delta\theta_i) = 0$ 替换为 eps 以避免运算错误。

12.5　空域飞行管理数学模型的求解代码

仔细分析会发现，空域飞行管理问题中，有一些为当年参加比赛的同学精心设计的"技术陷阱"，即使从今日所使用工具软件的角度，此题仍具有很高的训练价值。粗看模型表达式(12.6)和式(12.9)，似乎只需求解带有一组避免碰撞的极限距离约束的非线性规划问题，但观察模型内部变量间的关系，则发现飞机空域停留时间是由方向角和起始坐标位置决定的变量，换句话说，由于方向角和初始进入坐标的不同，每架飞机在指定空域内停留时间也各不相同，故考虑飞行碰撞条件时，需要先求解任意两架飞机在空域内停留的公共时间范围 T_{ij}。因此要理解极限碰撞条件 $d_{ij}(t) \geqslant 8$ 指的是整个时间范围（$0 \leqslant t \leqslant T_{ij}$）内，飞机 i, j 的间距均大于 8 km。

为解决任意两架飞机在空域停留时间为变量的问题，一些资料想出了迂回的简化方式：首先，全时间范围内，飞机 i, j 的距离条件 $d_{ij}(t) \geqslant 8$ 等效视作满足 $\min d_{ij}(t) \geqslant 8$。但此时模型相当于在距离约束条件里又嵌套了距离最小的子模型求解，这种两层优化模型用 Lingo 表述是困难的，有人设想能否将模型时间变量简化为常量。例如将距离条件扩展到无限大空域，此时只需要简单地把距离约束视作数学形式的二次函数，按求根判别式计算距离约束是否满足；还有一种变向的"大 M"思路，求飞机在空域内最大时间包络值，即用飞机沿对角线的飞行时间（常数），代替变量形式的任意两架飞机在空域内的共同停留时间（变量）。这种迫使时间从变量简化为常量，并扩大空域范围的求解思路是否合理，将在第 12.6 节阐述。

此外，Lingo 在两层优化模型中遇到的求解困难，对 MATLAB 而言则比较简单，由于 MATLAB 可以在其目标函数、约束条件、输入参数等位置用子函数编写多条执行语句，也允许在约束中编写嵌套的优化子模型。因此根据分析以及数学模型的表达形式，可以直接写出相关求解代码，且 MATLAB 丰富的工具箱函数确保了能有多种求解方案，本节接下来就将介绍这些方案。

12.5.1　求解初步构造的数学模型

依照模型表达式(12.6)来表述模型(分段函数形式表述飞机 i 在空域内的停留时间 T_i)，代码如下(见代码 242)。

代码 242　针对初步构造模型表达式的代码方案

```matlab
a = struct('x',{150,85,150,145,130,0},...
           'y',{140,85,155,50,150,0},'th',{243,236,220.5,159,230,52});
v = 800;
x0 = rand(1,6);
[x, fvl] = fmincon(@(x)sumabs(x), x0, [], [], [],[],...
                   zeros(1,6) - 30, zeros(1,6) + 30, @(x)mycon(x,a,v));
function [c,ceq] = mycon(x,a,v)
[c,ceq] = deal([]);
% 用方向角增量 x(i) 和原方向角 a(i).th 相加
xn = x + [a.th];
for i = 1 : length(a) - 1
    for j = i + 1 : length(a)
        % 飞机 i 和 j 在区域内飞行时间的最小值(任意飞机飞出即无需测距)
        tt = min(get_T(xn(i),a(i).x,a(i).y,v),get_T(xn(j),a(j).x,a(j).y,v));
        % f = (xi - xj)^2 + (yi - yj)^2——构造飞机 i 和飞机 j 的距离匿名函数
        f = @(t)(a(i).x + v * cosd(xn(i)) * t - a(j).x - v * cosd(xn(j)) * t)^2 + ...
                (a(i).y + v * sind(xn(i)) * t - a(j).y - v * sind(xn(j)) * t)^2;
        % 寻求区域内飞机 i 和 j 的最小距离
        [~,vl] = fminbnd(f,0,tt);
        % 确保 vl 大于等于 8^2 = 64(km)
        c = [c ; 64 - vl];
    end
end
end

function t = get_T(th,xi,yi,v)
switch ceil(th/90)
    case 1
        t = min((160 - xi)/(v * cosd(th)) , (160 - yi)/(v * sind(th)));
    case 2
        t = min((-xi)/(v * cosd(th)) , (160 - yi)/(v * sind(th)));
    case 3
        t = min((-xi)/(v * cosd(th)) , (-yi)/(v * sind(th)));
    otherwise
        t = min((160 - xi)/(v * cosd(th)) , (-yi)/(v * sind(th)));
end
end
```

代码 242 的运行结果如代码 243 所示。

代码 243　空域飞行管理问题：代码 242 运行结果

```
>> x'
ans =
      0.0000
   - 0.0000
      2.7985
   - 0.0000
      0.0000
      0.9328
>> fvl
fvl =
      3.7312
```

结果表明飞机方向角调整幅度的绝对值之和为 3.731 2°，需要飞机 3 和新进入的飞机 6 在原有飞入角度基础上分别调整 2.798 5°和 0.932 8°，其他飞机无需调整。

模型代码 242 按照式（12.6）编写，约束条件子函数"mycon"内部嵌套了通过调用 fminbnd 求解两架飞机同时处于空域内全程相距最近距离的无约束模型，即寻找防止飞机 i，j 在空域内相撞的极限距离状态。

代码 242 还能进一步优化，因为模型式（12.6）通过分段函数求解空域飞行时间时，采用 switch－case 流程判断象限，并分不同的情况选择对应表达式计算，比较繁琐。为此考虑按式（12.8）编写统一形式的计算代码，另外式（12.8）在 MATLAB 中还能采用矢量化方式简化，即同时计算所有 n 架飞机的飞行时间。按照该想法对代码 242 的结构作出调整，取消时间计算子函数"get_T"，将时间计算的语句放在约束条件中，根据每次方向角数值 $\theta_i^0 + \Delta\theta_i$ 动态计算，如代码 244 所示。

代码 244　针对初步构造模型表达式的代码方案

```
a = struct('x',{150,85,150,145,130,0},'y',{140,85,155,50,150,0},...
                'th',{243,236,220.5,159,230,52});
v = 800;
x0 = rand(1,6);
[x, fvl] = fmincon(@(x)sumabs(x),x0,[],[],[],[], ...
                zeros(1,6) - 30,zeros(1,6) + 30, @(x)mycon(x,a,v));
function [c,ceq] = mycon(x,a,v)
[c,ceq] = deal([]);
xn = x + [a.th]; % 原始方向角和当前优化迭代方向角之和
vArr = v + zeros(size(a));
t = vArr.\min(cosd(xn).\(80 * (1 + sign(cosd(xn))) - [a.x]),...
                sind(xn).\(80 * (1 + sign(sind(xn))) - [a.y]));
for i = 1 : length(a) - 1
    for j = i + 1 : length(a)
        f = @(t)(a(i).x + v * cosd(xn(i)) * t - a(j).x - v * cosd(xn(j)) * t)^2 + ...
            (a(i).y + v * sind(xn(i)) * t - a(j).y - v * sind(xn(j)) * t)^2;
        [~,vl] = fminbnd(f,0,min(t(i),t(j)));
        c = [c ; 64 - vl];
    end
end
end
```

计算飞行时间的语句采用矩阵向量化操作方式".\"，当参与操作的数据是数组，它和点除效果类似，只是被操作数据顺序与点除相比刚好颠倒，例如，下方代码 245 两个运算为等价形式。

代码 245　MATLAB 矢量化运算中的左除与右除示例

```
>> [1 2 3].\[2 3 4]
ans =
    2.0000    1.5000    1.3333
>> [2 3 4]./[1 2 3]                        % 输入参数位置颠倒
ans =
    2.0000    1.5000    1.3333
```

代码 242 或代码 244 的最优解能够满足所有飞机不发生碰撞的条件，但计算结果 $\sum \Delta\theta_i = 3.731\,2°$ 是次优解，与全局解 $3.629\,46°$ 还有小幅差距。

12.5.2　第 1 种模型改进方案

代码 242 和代码 244 没能找到全局最优，但观察运行得到的最优结果发现：6 架飞机仅有第 3 架和第 6 架的方向角有调整。因此不妨假设最优解仅这两架飞机有调整方向角的必要，不再把飞机 1,2,4,5 方向角作为决策变量，仅优化第 3 和第 6 架飞机的调整角，利用 fmincon 做二次优化，如代码 246 所示。

代码 246　第一种改进方案：缩减决策变量个数

```
clear;clc;close all
format longG
a = struct('x',{150,85,150,145,130,0},'y',{140,85,155,50,150,0},...
                 'th',{243,236,220.5,159,230,52});
v = 800;
x0 = rand(1,2);
[x, fvl] = fmincon(@(x)sumabs(x),x0,[],[],[],[],...
                 [2.7 0.5],[2.8 1.0],@(x)mycon(x,a,v));
% --------------------------------------------------------------------
function [c,ceq] = mycon(x1,a,v)
[c,ceq] = deal([]);
x = [0 0 x1(1) 0 0 x1(2)];    % 飞机 1,2,4,5 方向角变化改为常数 0
xn = x + [a.th];
vArr = v + zeros(size(a));
t = vArr.\min(cosd(xn).\(80 * (1 + sign(cosd(xn))) - [a.x]),...
                 sind(xn).\(80 * (1 + sign(sind(xn))) - [a.y]));

for i = 1 : length(a) - 1
    for j = i + 1 : length(a)
        f = @(t) (a(i).x + v * cosd(xn(i)) * t - a(j).x - v * cosd(xn(j)) * t)^2 + ...
            (a(i).y + v * sind(xn(i)) * t - a(j).y - v * sind(xn(j)) * t)^2;
        [~,vl] = fminbnd(f,0,min(t(i),t(j)));
        c = [c ; 64 - vl];
    end
end
end
end
```

代码 246 运行结果如代码 247 所示。

代码 247　第 1 种改进方案：代码 246 运行结果

```
>> x'
ans =
    2.74915808020357
    0.88030154150583
>> fvl
```

```
fvl =
        3.6294596217094
```

第一种改进方案是在初步模型方案的基础上，基于不同飞机初次优化的角度变量变化结果进行的拓展优化。经过 fmincon＋fminbnd 的两重嵌套调用，减少了决策变量，降低了模型的优化计算规模，也找到了最优解。

12.5.3　第 2 种模型改进方案

一般在数学模型中用方向角作为一个与距离有关的决策变量，其三角函数的运用是不可避免的，但三角函数的周期性会导致问题出现多解，也很容易掉入局部极值陷阱。不过，如果善用 MATLAB 全局优化工具箱提供的全局寻优函数，可以获得良好的求解效果。问题 12.1 可采用粒子群算法命令 particleswarm，再混合 patternsearch/fmincon 的局部搜索功能，直接找到全局最优解（见代码 248）。

代码 248　第 2 种改进方案：调用粒子群函数全局寻优

```
clear;clc;close all
tic ;
a = struct ('x',{150,85,150,145,130,0},'y',{140,85,155,50,150,0},...
                    'th',{243,236,220.5,159,230,52});
v = 800;
options = optimoptions (@particleswarm);
options.HybridFcn = @patternsearch;
[x, fvl] = particleswarm ((@(x)sumabs (x) + 10 * max (max (mycon(x,a,v)),0),...
                    6 ,zeros (1,6) - 30,zeros (1,6) + 30, options)
tX = toc ;      % 运行时间
```

代码 248 的运行结果如代码 249 所示。调用粒子群求解模型时的子函数 myfun 和代码 244 相同，此处省略。

代码 249　第 2 种改进方案：代码 248 运行结果

```
x =
  Columns 1 through 5
     6.3658e - 08       1.5615e - 07        2.7854       - 1.8834e - 08     - 3.6982e - 08
  Column 6
       0.8440
fvl =
       3.6295
 ≫ tX
tX =
       58.3272
```

借助 MATLAB 全局搜索工具箱中的粒子群搜索命令 particleswarm，结合 optimoptions 的 HybridFcn 参数设置，混合用于局部搜索的 patternsearch/fmincon，一次调用就搜索得到全局最优，用时约 1 min。值得注意的是，由于粒子群算法属于基于概率的随机自搜索算法，可能每次搜索的结果不尽相同，但通常运行 2～3 次，基本都能得到满意结果。

12.5.4　第 3 种模型改进方案

选择 MATLAB 的粒子群命令 particleswarm 可以一次搜索到全局解，但粒子群算法在小规模问题中的计算效率相对不太高，对于空域仅 6 架飞机的算例，笔者计算机的运算时间为 58.327 2 s，空域飞行管理的对象是多架高速飞行的飞机，很多情况下可能需要在 1 s 以内就得到在空域内是否发生碰撞,所以粒子群求得的全局解,实际情况下可能还不如一些运行较快的局部最优解方案(毕竟快速提供一个需要以更大幅度的操控角度来保证飞机的安全,远比迟迟无法算出结果,人为缩短了反应时间的全局解更优)。因此提高运算速度是本章接下来讨论的一个侧重点。

实际上,如果查看 fmincon 函数关于 options 参数提供的多种可选算法,即使不改动模型,只修改 fmincon 指定的算法,问题 12.1 也是能找到全局解的(见代码 250)。

代码 250 第 3 种改进方案:optimoptions 修改 fmincon 预设算法

```
a = struct('x',{150,85,150,145,130,0},'y',{140,85,155,50,150,0},...
                  'th',{243,236,220.5,159,230,52});
v = 800; x0 = rand(1,6);
op = optimoptions('fmincon','algorithm','sqp');   % 更改 fmincon 内置算法
[x, fvl] = fmincon(@(x)sumabs(x), x0,[],[],[],[], ...
                    zeros(1,6)-30,zeros(1,6)+30, @(x)mycon(x,a,v),op);
```

fmincon 函数是一系列非线性约束优化算法的集合[1],它可以指定 interior - point (default),trust - region - reflective,sqp,sqp - legacy 和 active - set 在内 5 种算法中的任一种。求解问题 12.1 时,用 active - set 或 sqp,可直接搜索到全局解。

12.6 对扩大空域飞行时间条件的进一步思考

空域飞行管理问题要求飞机间距满足极限避碰距离 $d_{ij}(t) \geqslant 8$ km,指的是两架飞机距离不能小于 8 km,但赛题要求模型仅在空域范围内考虑碰撞条件,意味着该距离受到空域范围限定,如果写数学模型表达式时脱离这个限制条件,随意扩大空域范围简化问题,就存在丢失可行解的潜在可能性。例如一些资料编写了式(12.10)所示的数学模型:

$$\min \sum_{i=1}^{6}(\Delta\theta_i)^2$$
$$\text{s.t.:} \begin{cases} \Delta_{ij}=b_{ij}^2-4a_{ij}c_{ij}<0, \quad 1\leqslant i\leqslant 5, i+1\leqslant j\leqslant 6 \\ |\Delta\theta_i|\leqslant\dfrac{\pi}{6}, i=1,2,\cdots,6 \end{cases} \quad (12.10)$$

式(12.10)中对应参数项表示如下:

$$a_{ij}=4\sin^2\frac{\theta_i-\theta_j}{2}$$
$$b_{ij}=2\{[x_i(0)-x_j(0)](\cos\theta_i-\cos\theta_j)+[y_i(0)-y_j(0)](\sin\theta_i-\sin\theta_j)\}$$
$$c_{ij}=[x_i(0)-x_j(0)]^2+[y_i(0)-y_j(0)]^2-64$$

模型表达式(12.10)的数学意义是清晰的:把 $d_{ij}\geqslant8$ 条件转换为二次函数求根判别式 $b_{ij}^2-4a_{ij}c_{ij}<0$。表面上似乎没有问题,但模型决策变量是飞机调整角度,而非飞机的实时坐标,按该判别式无法约束坐标区域,因此条件表述的实际上是无穷大空域范围内,各架飞机间极限距离不能高于 8 km,按照该模型编写的优化求解程序如代码 251 所示。

---

[1] fmincon 函数的算法选择说明见 https://ww2.mathworks.cn/help/optim/ug/choosing-the-algorithm.html .

代码 251　模型方案：按式编写碰撞条件

```
[del,value] = fmincon(@(delta)sum(delta.^2),...
                      rand(6,1),[],[],[],[],-30*ones(6,1),30*ones(6,1),@func31)
% ---------------------------------------------------------------
function [f,g] = func31(x)
g = [];
th0 = [243 236 220.5 159 230 52]';
th = th0 + x;
x0 = [150 85 150 145 130 0]';
y0 = [140 85 155 50 150 0]';
k = 1;
for i = 1:5
    for j = i+1:6
        aij = 4*(sind(.5*th(i)-.5*th(j)))^2;
        bij = 2*((x0(i)-x0(j))*(cosd(th(i)) - cosd(th(j))) + ...
               (y0(i)-y0(j))*(sind(th(i)) - sind(th(j))));
        cij = (x0(i)-x0(j))^2 + (y0(i)-y0(j))^2 - 64;
        f(k) = bij^2 - 4*aij*cij;
        k = k+1;
    end
end
end
```

方向角寻优以 $0 \leqslant \theta_0^{(i)} \leqslant 1$ 的随机数为初值，求解得到的方向角会随初值不同而变化，经多次反复运行，调整角度最小为"sum(abs(del))=17.459"，这个调整角的结果和全局最优解 $\sum_{i=1}^{6} |\Delta \theta_i| \approx 3.62°$ 相差甚远。

当然上述结果也可能是由于随机初值所导致的局部极值陷阱问题，为此，调用全局搜索优化工具箱函数 GlobalSearch，重新求解该模型（见代码 252）：

代码 252　调用 GlobalSearch 函数求解式

```
rng default % For reproducibility
gs = GlobalSearch;
problem = createOptimProblem('fmincon','objective',@(delta)sumabs(delta),...
          'Aineq',[],'bineq',[],'Aeq',[],'beq',[],'x0',rand(6,1),...
          'lb',-30*ones(6,1),'ub',30*ones(6,1),'nonlcon',@func31);
[x,fvl] = run(gs,problem)
% ---------------------------------------------------------------
x =
   -6.6662
    0.33339
    2.0624
   -0.4955
    6.3333
    1.567
```

运行结果和代码 251 一致，如果将目标函数 $\sum_{i=1}^{6} \Delta \theta_i^2$ 改为 $\sum_{i=1}^{6} |\theta_i|$，求解结果有小幅度的改善（16.747），但与全局最优解仍然相去甚远。

将全局最优解的答案，即 $x = [0 \quad 0 \quad 2.820\ 5 \quad 0 \quad 0 \quad 0.808\ 98]$，代入代码 251 中的约束函数"fun31"求值，验证模型表达式的准确性（见代码 253）：

代码 253　验证模型表达式

```
>> [f,~] = func31(x)
f =
```

```
Columns 1 through 11
  - 381.45      - 45.528      - 9306.9      11.628      - 40684      - 2635.3      - 13125
  - 270.66      - 4628.2      - 1889.4      - 27.084
Columns 12 through 15
  992.04      - 251.33      - 258.08      320.4
```

结果表明 15 组约束中有 3 组显著超过了 8 km 的极限碰撞限制,证实如果用无限大空域范围作为避碰条件,是不合理的,因为在应用情境中,越过空域范围后的碰撞并不符合实际(飞机很可能已经降落或不再处于同一海拔高度等)。

此外,还有另一种简化空域飞行管理模型的看法,即任意两架非平行轨迹飞机只存在一次接近的机会,之后的相对距离会越离越远,因此部分求解方案考虑直接通过区域对角线长度和速度数值,直接求得一个最大的时间值 $t^{(*)}$

$$t^{(*)} = 160\sqrt{2}/800 = \frac{\sqrt{2}}{5}(\mathrm{h}) \approx 0.3(\mathrm{h}) \tag{12.11}$$

可用式(12.11)的计算常数代替任意两架飞机停留在空域内的时间,其理由是:计算每两架飞机停留空域的最小时间是没必要的,况且"通过最大时间 $t^{(*)}$ 扩大了飞机间是否相撞的空间区域",飞行条件反而被"加强"了。

那么该结论对不对呢?修改原题子函数,优化时用式(12.11)的估算扩展时间 $t^{(*)}$ 代替时间计算和最小值判断,的确得到和之前相同的计算结果,计算程序如代码 254 所示。

代码 254　按扩展时间条件求解模型

```
clear;clc;close all
a = struct('x',{150,85,150,145,130,0},'y',{140,85,155,50,150,0},...
                'th',{243,236,220.5,159,230,52});
x0 = rand(1,6);
options = optimoptions(@particleswarm);
options.HybridFcn = @patternsearch;
[x, fvl] = particleswarm(@(x)sum(abs(x)) + 10 * max(max(mycon(x,a)),0),...
                6 ,zeros(1,6) - 30,zeros(1,6) + 30, options)
% --------------------------------------------------------------
function [c,ceq] = mycon(x,a)
[c,ceq] = deal([]);
xn = x + [a.th];
for i = 1 : length(a) - 1
    for j = i + 1 : length(a)
        f = @(t) (a(i).x + 800 * cosd(xn(i)) * t - a(j).x - 800 * cosd(xn(j)) * t)^2 + ...
                 (a(i).y + 800 * sind(xn(i)) * t - a(j).y - 800 * sind(xn(j)) * t)^2;
        [~,vl] = fminbnd(f,0,.3);              % fminbnd用 t = 0.3 定义时间范围上界
        c = [c ; 64 - vl];
    end
end
end
```

从目前情况看,似乎按对角线飞行长度扩大时间范围的假设是正确的。但如果改变输入参数,用代码 255 所示的 6 架飞机的数据作为问题 12.1 的初值。

代码 255　一组新的飞机坐标及方向角数据

```
>> TData = table([20,35,150,145,130,0]',...
            [20,20,155,50,150,0]', [275,265,223.5,159,230,53]');
>> TData.Properties.VariableNames = ["x","y","theta"]
TData =
```

```
6 × 3 table
    x       y      theta
   ---     ---     -----
    20      20      275
    35      20      265
   150     155     223.5
   145      50      159
   130     150      230
     0       0       53
```

直接看数据不容易看出规律,不妨绘制如图 12.2 所示的新坐标参数下飞机离开空域的距离。

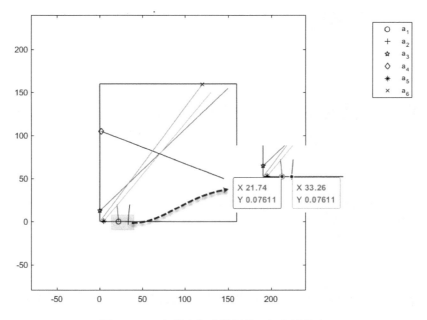

图 12.2 一组新坐标参数下的飞机空域轨迹

图 12.2 中,底部两个坐标点间距满足:$33.26 - 21.74 = 11.52 > 8$ km,满足国赛原题的极限碰撞要求,这是可行解,但当时间全部以 $0.2\sqrt{2}$ 统一处理,也就是空域范围扩大后,两架飞机在离开空域不久就相撞,相撞时间 $t < 0.2\sqrt{2}$,于是刚刚算出的"可行解"又"不可行"了。

造成这种矛盾的原因,就在于统一时间处理的思路与原题第 6 条要求(不必考虑飞机离开此区域后的状况)相矛盾。因此,按对角线最长距离处理时间范围条件,并非原有不碰撞条件的"强化",而属于对题意不必要的过度解读,会造成潜在的"漏解"可能。

✏️ 评:必要的条件假设、次要因素的忽略,可以简化模型结构并提高运算效率,这是数学建模比赛中常用的手段。但条件假设要注意是否符合问题的实际要求,简化或忽略的因素是否属于次要因素?一旦对问题条件做出不合理或不符合实际的假设判断,就有可能让模型的求解和分析朝着错误方向演化,致使计算结果"失之毫厘谬以千里"。

此外,绘制图 12.2 中飞机相对位置实时演示的 MATLAB 代码,由演示飞机实时相对位置的主程序、空域布局相关飞机间距的实时演示子程序和飞机实时轨迹实时演示子程序 3 部分组成。

① 演示飞机实时相对位置的主程序(见代码256):

代码256　飞机实时相对位置显示主程序

```
clc;clear;close all;
iscontinue = false;
a = struct ('x',{150,85,150,145,130,0},'y',{140,85,155,50,150,0},...
            'th',{243,236,220.5,159,230,52});
v = 800;
reg = region (160, 160);
cc = 'rbmkcg';
mm = 'o+pd*x';
for i = 1 : length (a)
    p(i) = airplane(a(i).x , a(i).y , a(i).th , v, cc(i), mm(i), reg);
end
legend ([p.head], sprintfc ('a_%d',1:6));
tf = false(1,6);
air_pos = zeros (6,2);
for t = 0 : 10/3600 : 3600
    for j = 1 : 6
        [tf(j),air_pos(j,1), air_pos(j,2)] = p(j).update_trace(t, iscontinue);
        if ~tf(j) && ~iscontinue
            air_pos(j,1) = NaN;
            air_pos(j,2) = NaN;
        end
        pause (0.1)
    end
    dst = dist (air_pos, air_pos');
    reg.update_pic(dst);
    if all (~tf)
        break
    end
end
```

② 飞机间距实时演示子程序-1:自定义空域布局如代码257所示。布局类定义空域范围坐标属性、7个子图轴(包括6个飞机间距实时显示子坐标轴、1个显示空域飞机轨迹子坐标轴)和子图 bar 的对象属性,对子图设置布局可选择 R2019b 版本的函数 tiledlayout + nexttile,因此程序只能在高于或等于这个版本以上的 MATLAB 运行。

代码257　子程序-1:自定义空域布局类

```
classdef region < handle
    properties
        xv;
        yv;
        ax;
        b;
    end

    methods
        function obj = region(xL, yL)
            obj.xv = [0 xL xL 0 0];
            obj.yv = [0 0 yL yL 0];
            figure ('position', get (0,'ScreenSize') * 0.8);
            tiledlayout (3,4);
            ax(1) = nexttile;
            ax(7) = nexttile ([2, 3]);
```

```
            for i = 2 : 6
                ax(i) = nexttile ;
            end
            for i = 1 : 6
                ax(i).YTickMode = 'manual';
                obj.b{i} = bar (ax(i),zeros (1,5) + 160, 'g');
                yl = yline(ax(i), 8,' - -','min space','LineWidth',3);
                yl.LabelHorizontalAlignment = 'center';
                yl.Color = [.80 0 .40];
                ylim(ax(i), [0 16]);
                title(ax(i),sprintf ('a_ % d', i));
            end
            obj.ax = ax;
            p = fill (ax(7),obj.xv,obj.yv,'y');
            p.FaceAlpha = 0.2;
            axis (ax(7),'equal');
            axis (ax(7),[ - xL/2 3 * xL/2, - yL/2, 3 * yL/2])
        end
    end

    methods
        function update_pic(obj, dst)
            for  i = 1 : 6
                dst_j = dst(i,setdiff (1:6, i));
                lst_v = get (obj.b{i}, 'YData');
                set (obj.b{i},'YData',dst_j);
                set (obj.ax(i),'Xticklabel', sprintfc ('a_ % d', setdiff (1:6, i)));
                idx = find ((lst_v - 8). * (dst_j-8) < 0);
                if  ~isempty (idx)
                    obj.b{i}.FaceColor = 'flat';
                    for j = 1 : length (idx)
                        if isequal (obj.b{i}.CData(idx(j),:) , [0, 1, 0])
                            obj.b{i}.CData(idx(j),:) = [1 0 0];
                        else
                            obj.b{i}.CData(idx(j),:) = [0 1 0];
                        end
                    end
                end
            end
            mk = mink (unique (dst(:)), 2);
            title (obj.ax(7), sprintf ("min space : % 6.2f", mk(2)));
        end
    end
end
```

③ 飞机间距实时演示子程序 - 2:自定义飞机实时轨迹。飞机实时轨迹通过 obj.
trajectory 定义,用 R2014b 函数 animatedline 绘制,如代码 258 所示。

代码 258　子程序-2:自定义飞机实时轨迹类

```
classdef airplane < handle
    properties
        x0;
        y0;
        th;
        v;
        region;
```

```
            trajectory;
            head;
        end

    methods (Access = protected )
        function [cx, cy] = get_current_pos(obj, t)
            cx = obj.x0 + obj.v * cosd(obj.th) * t;
            cy = obj.y0 + obj.v * sind(obj.th) * t;
        end
    end
    methods
        function obj = airplane(x0,y0,th,v, c, m, region)
            obj.x0 = x0;
            obj.y0 = y0;
            obj.th = th;
            obj.v = v;
            obj.region = region;
            obj.trajectory = animatedline (region.ax(7), x0, y0,'Color', c);
            obj.head = line (region.ax(7), 'marker',m,...
                            'linestyle','none', 'xdata',x0,'ydata',y0);
        end
    end

    methods
        function [tf,cx,cy] = update_trace(obj, t, iscontinue)
            [cx, cy] = obj.get_current_pos(t);
            if  inpolygon (cx,cy,obj.region.xv,obj.region.yv) || iscontinue
                addpoints (obj.trajectory ,cx, cy);
                set (obj.head,'xdata',cx,'ydata',cy);
                tf = true;
            else
                tf = false;
            end
        end
    end
end
```

　　飞机动态轨迹绘制的程序代码 256～代码 258 中用到了 MATLAB 编程方面的几个技术手段和技巧:两个自定义引用型类 region 和 airplane,分别用于描述空域的坐标属性细节和飞机动态轨迹的相关特征;region. update_pic 中,当距离低于 8 km 时的颜色变化设置、6 幅飞机相对位置的坐标子图,借助 YTickMode 将属性修改为 manual,确保 8 km 参考横线位置不发生变动等。

12.7　效率视角下的空域飞行管理模型优化

12.7.1　对空域飞行管理问题的进一步分析

　　飞行管理问题的核心是通过调整当前空域内若干架飞机的飞行角度,以确保任意飞机之间不会相撞。所建立数学模型的优化目标则是让该空域内匀速飞行的飞机方向角调整量的总和为最小。值得注意的是,这道 1995 年的国赛问题,实际上已经对已知条件做了一定程度的简化。

如图 12.3 所示,在空域的几何形状、飞机的数量和飞机的速度这三个方面,竞赛原题和实际情况有一定区别:

① 空域几何形状:问题 12.1 给定常量边长 $L(0 \leqslant L \leqslant 160 \text{ km})$ 的正方形区域,但实际情况下,可能期望更灵活地定义被管理区域的大小和几何形状,例如任意边长的矩形。

② 进入管理空域的飞机数量:问题 12.1 规定空域内被管理飞机数量 $n = 6$,任意两架飞机只有 $C_6^2 = 15$ 个实时的间距约束条件,完全能通过枚举表述飞机间距约束。但飞机架次增多时,枚举方式的构造效率可能难以保证。

③ 飞机飞行速度:问题 12.1 规定所有飞机以恒定速率 800 km/h 飞行。现实情况下,尽管飞机在特定空域中,一般不会频繁改变既定速率,故在某个较短的时间内,飞机速率可视作匀速,但不同类型的飞机,其速率参数各不相同。

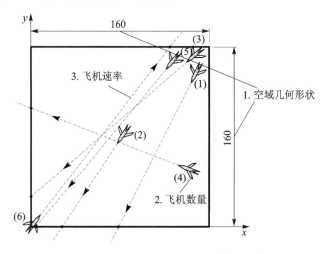

图 12.3　问题 12.1 模型特征的简化示意图

综上,简化模型的关注点在于问题思考的角度和新意,但按照问题所限定的范围,构造出的模型只能反映实际问题的部分特点,如果将模型向现实应用环境中推广则仍然是不够的,以上述 3 个限定条件(或者之一)为例,需考虑模型的运算效率是否能被接受。

从现实角度出发,评价空域飞行管理模型的执行效果,首先要保证飞机及机上乘客与机组人员的人身安全,因此避碰防撞条件的判断应精准而迅速。与该目标相比,决策目标(飞行操控角度尽可能地小)的要求属于次级目标(毕竟飞行角度变化更多是影响乘机舒适度),一般幅度的方向角调整不足以对人身安全这一根本前提形成威胁,因此确保计算准确度的前提下,模型计算效率才是向现实工作环境推广的根本条件。

12.7.2　运行效率提高方案 - 1:table/double 类型

为比较模型的计算时间,用 readtable 函数读取了代码 259 所示的初始共计 12 架飞机坐标的 Excel 数据文件"📄data_plane12.xlsx",并以变量名 plane 存放在 MATLAB 工作空间。

代码 259　调用 readtable 读取的飞机坐标数据

```
>> plane = readtable('data_plane12.xlsx',"PreserveVariableNames", true)
plane =
  12 × 5 table
```

编号	横坐标	纵坐标	角度	速度
1	150	140	243	800
2	85	85	236	1000
3	150	155	220.5	800
4	145	50	159	750
5	130	150	230	800
6	0	0	52	900
7	20	140	0	900
8	40	112	90	870
9	123	25	137	910
10	72	111	332	750
11	12	155	133	850
12	142	5	154	785

为避免发生各种潜在的不可测情况，现实情况下也不允许在很小的空域中容纳过多的飞机，如果仍然在 160×160 大小的空域判断飞机是否相撞，测试数据的飞机数量上限取 12 架。

在管理空域内放置 3~12 架飞机，从 Excel 文件中读取相应飞机数量的坐标、方向角和速度数据，代入程序运算，并在获得最优解的前提下，列出各次计算时间。首先调用工具箱 fmincon 函数，选择序列二次规划算法，如代码 260 所示。

代码 260　调用 fmincon 求解新飞机坐标数据（table 类型）

```
clear;clc;close all
tic ;
Len = 13;
Range = "A1:E" + Len;
plane = readtable ('data_plane12.xlsx',"range",Range,"PreserveVariableNames", true);
region = struct ("width", 160, "height", 160);
[max_dth,min_dist] = deal (30,8);
pij = nchoosek (1:numel(plane.("编号")), 2);
[dth, fvl]  = solve_model(plane, region, max_dth, min_dist,pij);
tT = toc ;


function [dth, fvl] = solve_model(plane, region, max_dth, min_dist,pij)
n = size (plane, 1);
[dth, fvl] = fmincon ((@(x)sumabs (x), 0.5 - rand (n,1), [],[],[],[],...
                       zeros (n,1) - max_dth, zeros (n,1) + max_dth, ...
                       @(x)mycon(x,plane,region,min_dist,pij),...
                       optimoptions ('fmincon','algorithm','sqp'));
end
% --------------------------------------------------------------
function [c,ceq] = mycon(dth,plane,region,min_dist,pij)
ceq = [];
th = dth + plane.("角度") ;
th(~th) = eps;
T = plane.("速度").\min(cosd (th).\(region.width/2 * (1 + sign (cosd (th))) - ...
                plane.("横坐标")),sind (th).\(region.height/2 * ...
                (1 + sign (sind (th))) - plane.("纵坐标")));
Xt = @(t,i)plane.("横坐标")(i) + t * plane.("速度")(i). * cosd (th(i));
Yt = @(t,i)plane.("纵坐标")(i) + t * plane.("速度")(i). * sind (th(i));

[~,dst] = arrayfun (@(i,j)fminbnd (@(t)norm([Xt(t,i) - Xt(t,j),Yt(t,i) - Yt(t,j)]),...
                    0,min (T(i),T(j))),pij(:,1),pij(:,2));
c = min_dist - dst;
end
```

代码 260 中的空域尺寸、飞机速度、飞机架数、允许的飞机方向角等参数均可根据实际情况自行指定,通过变量 Len 指定数据选择范围,得到如表 12.3 所列的最优解与运行时间。

表 12.3　第 1 组不同飞机数量时的运行效率比较(源数据为 table 类型)

飞机数量/架	运算时间/s	约束条件数量	求解成功标识	$\sum \Delta\theta_i^*$
3	5.59	3	是	0
4	12.73	6	是	0
5	23.44	10	是	2.118 5
6	31.92	15	是	5.343 0
7	63.68	21	是	5.343 0
8	73.17	28	是	11.165 9
9	138.32	36	是	11.170 8
10	252.59	45	是	19.642 1
11	376.46	55	是	19.641 8
12	415.52	60	是	19.668 7

表 12.3 的数据表明:同类型约束条件从 3 条增加到 60 条,且运行时间增长较快(从 5.6 s→415.5 s),用 profile 查看代码 260 的各个步骤运行耗时状况,如图 123.4 所示。

Profile Summary (Total time: 40.684 s)

▶ **Flame Graph**

Generated 27-Aug-2020 18:07:15 using performance time.

Function Name	Calls	Total Time (s)	Self Time* ↓ (s)	Total Time Plot (dark band = self time)
tabular.subsrefDot	337398	15.384	15.383	
...>@(t.i)plane.("横坐标")(i)+t*plane.("速度")(i).*cosd(th(i))	84094	16.446	6.578	
...>@(t.i)plane.("纵坐标")(i)+t*plane.("速度")(i).*sind(th(i))	84094	16.390	6.554	
tabular.subsref	337398	19.769	4.385	
FunctionStore>accessMap	1	1.868	1.442	
demo111>@(t)norm([Xt(t.i)-Xt(t.j),Yt(t.i)-Yt(t.j)])	42047	33.892	1.056	
fminbnd	3825	35.732	0.889	
fminbnd>terminate	3825	0.524	0.524	
readSpreadsheet	1	0.828	0.323	

图 12.4　调用 profile 查看代码 260 的运行耗时

由图 12.4 可知,相当一部分时间消耗在调用 subref 对 table 数据的索引上,耗时比例远超 fminbnd 对最小间距的寻优时间(0.889 s),这证实 MATLAB 中采用循环频繁调用 table 数据,执行效率很低。因此可以将代码 260 输入的数据从 table 类型修改为 double 类型,提高访问效率,如代码 261 所示。

代码 261　调用 fmincon 求解新飞机坐标数据(double 类型)

```
clc;clear;close all;
tic ;
%基本数据
data = [1 150 140 243 800; 2 85 85 236 1000;3 150 155 220.5 800; 4 145 50 159 750;...
        5 130 150 230 800; 6 0 0 52 900;7 20 140 0 900; 8 40 112 90 870;...
        9 123 25 137 910;10 72 111 332 750;11 12 155 133 850;12 142 5 154 785];
plane = data(1:height(plane),2:end);
region = struct("width", 160, "height", 160);
[max_dth,min_dist] = deal(30,8);
pij = nchoosek(1:height(data), 2);
[dth, fvl] = solve_model(plane, region, max_dth, min_dist,pij);
tT = toc ;
% --------------------------------------------------------------------
function [dth, fvl] = solve_model(plane, region, max_dth, min_dist,pij)
n = size(plane, 1);
[dth, fvl] = fmincon (@(x)sumabs(x), 0.5 - rand(n,1), [], [], [], [],...
                zeros(n,1) - max_dth, zeros(n,1) + max_dth, ...
                @(x)mycon(x,plane,region,min_dist,pij),...
        optimoptions('fmincon','algorithm','sqp'));
end

function [c,ceq] = mycon(dth,plane,region,min_dist,pij)
ceq = [];
th = dth + plane(:,3) ;
th(~th) = eps;
T = plane(:,4).\min(cosd(th).\(region.width/2 * (1 + sign(cosd(th))) - plane(:,1)),...
sind(th).\(region.height/2 * (1 + sign(sind(th))) - plane(:,2)));
Xt = @(t,i)plane(i,1) + t * plane(i,4). * cosd(th(i));
Yt = @(t,i)plane(i,2) + t * plane(i,4). * sind(th(i));
[~,dst] = arrayfun(@(i,j)fminbnd(@(t)norm([Xt(t,i) - Xt(t,j),Yt(t,i) - Yt(t,j)]),...
                0,min(T(i),T(j))),pij(:,1),pij(:,2));
c = min_dist - dst;
end
```

表 12.3 的数据无论以 table 或 double 类型调用都不会影响求解结果,因此代码 261 的运行结果仅列出求解时间,如表 12.4 所示。

表 12.4　空域不同飞机数量时的运行效率比较-2

飞机数量/架	运算时间/s	飞机数量/架	运算时间/s	飞机数量/架	运算时间/s
3	0.421 9	7	2.034 7	11	7.852 2
4	0.607 9	8	3.234 5	12	14.975 3
5	0.936 5	9	4.674 2	—	—
6	1.319 6	10	4.750 2	—	—

以 table 和 double 类型源数据分别调用优化程序的运行时间,可以用图 12.5 所示双 y 轴曲线来比较,左侧 y 轴刻度为 table 类型,右侧 y 轴则为 double 类型,此外,图 12.5 表明程序的运行时间与空域内飞机的数量近似呈二次函数的变化关系,但绝对运行时间相差较大:飞机数量 $n=12$ 时,时间对比是 415:15,二者有近 30 倍的差距。

读取 double 类型的原始数据,重新用 profile 查看模型代码 261 的运行耗时细节,如

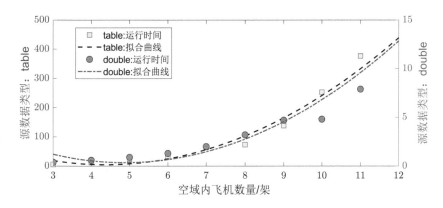

图 12.5　取不同飞机数量的模型运行时间 table/double 双 y 轴曲线

图 12.6 所示。可以看出改为自 double 数组抽取数据,约束条件内部利用 fminbnd 求解任意两架飞机间距的寻优步骤重新成为程序主要时间消耗项。

函数名称	调用次数	总时间 (秒)	自用时间* (秒) ↓	总时间图 (深色条带 = 自用时间)
fminbnd>terminate	60324	3.142	3.142	
fminbnd	60324	8.312	1.975	
demoTestT>@(t)norm([Xt(t,i)-Xt(t,j), Yt(t,i)-Yt(t,j)])	582283	3.122	1.753	
demoTestT>@(t,i)plane(i,1)+t*plane(i,4),*cosd(th(i))	1164566	0.691	0.691	
demoTestT>@(t,i)plane(i,2)+t*plane(i,4),*sind(th(i))	1164566	0.678	0.678	
demoTestT>mycon	914	9.150	0.482	
demoTestT>@(i,j)fminbnd(@(t)norm([Xt(t,i)-Xt(t,j),Yt(t,i)-Yt(t,j)]),0,min(T(i),T(j)))	60324	8.669	0.357	
fminbnd>@(x)isa(x,'double')&&isscalar(x)&&isfinite(x)	120648	0.074	0.074	
sqpInterface	1	9.197	0.027	
fmincon	1	9.260	0.018	

图 12.6　读取 double 源数据的程序运行 profile

12.7.3　运行效率提高方案 - 2:向量化方式计算极值

前一节用 double 类型输入飞机坐标数据,在飞机数量为 $n = 12$ 时,总体寻优时间约为 15 s,该运行效率仍不尽如人意,因为空域管理的对象是高速飞行的飞机,对信息处理的速度有特定的要求,飞机有时可能无法等待塔台在 15 s 后才提供的起落建议。况且图 12.5 表明运行时间与飞机数量呈现"近二次函数"变化规律,因此增加飞机的数量,运行时间还要继续快速增加,本节将从模型构造的角度分析应当如何进一步提高程序的运算效率。

观察图 12.6 所示的 profile 报告结果的运行耗时情况,程序中通过 fminbnd 搜索 $d_{ij}^{(*)}$ 耗时最多,想提高运算效率,就应考虑降低该步骤的计算时间。

fminbnd 求解的目标函数实际上是和时间有关的距离公式,如果设任意飞机 i 在 t 时刻的坐标位置为 (x_i, y_i),则有

$$\begin{cases} x_i = x_i^0 + v_i \cdot t\cos\theta_i \\ y_i = y_i^0 + v_i \cdot t\sin\theta_i \end{cases} \tag{12.12}$$

式(12.12)和实时坐标表达式不同之处在于:不同飞机的速度 v_i 不是常数,而是各飞机的变

量,且方向角包含决策变量 $\Delta\theta_i$,即 $\theta_i=\theta_i^0+\Delta\theta_i$,根据任意飞机实时坐标数据,飞机 i 和 j 间的实时距离平方写成如下关于时间 t 的表达式

$$
\begin{aligned}
d_{ij}^2(t) &= (x_i-x_j)^2+(y_i-y_j)^2 = \\
&(x_i^0+v_i \cdot t\cos\theta_i-x_j^0-v_j \cdot t\cos\theta_j)^2+(y_i^0+v_i \cdot t\cos\theta_i-y_j^0-v_j \cdot t\cos\theta_j)^2 = \\
&at^2+bt+c \qquad i\neq j
\end{aligned}
\tag{12.13}
$$

式(12.13)中 $d_{ij}^2(t)$ 为关于时间 t 的二次函数,系数 a,b,c 可表述为式(12.14)所示的形式:

$$
\begin{cases}
a=a_x^2+a_y^2 \\
b=2a_x(x_i^0-x_j^0)+2a_y(y_i^0-y_j^0) \\
c=(x_i^0-x_j^0)^2+(y_i^0-y_j^0)^2
\end{cases}
\tag{12.14}
$$

其中

$$
\begin{cases}
a_x=v_i\cos\theta_i-v_j\cos\theta_j \\
a_y=v_i\sin\theta_i-v_j\sin\theta_j
\end{cases}
$$

注意式(12.13)和式(12.14)中的二次函数尚未限定时间和空域范围的定义域、值域,需要根据二次函数的性质以及时间本身大于 0 这两个条件,寻找飞机最小间距出现的确切范围。

$d_{ij}^2(t)$ 最小值是由抛物线中轴($t=-b/2a$)以及 $t=0$ 点进行比较得出结果,先找到 $d_{ij}^2(0)$ 和 $d_{ij}^2(t_x)$ 的较小值($t_x=\min\{T_i,T_j\}$)所在的横坐标点,再以此坐标点处的 $d_{ij}^2(t)$ 和 $t=0$ 截距 c 比较,找到函数值较大者,即为两架飞机的最小间距,如图 12.7 所示。

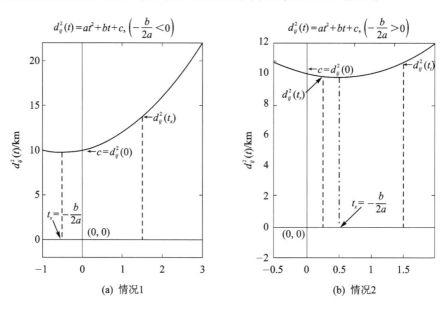

图 12.7　飞机距离的二次函数特性分析

图 12.7 展示了不同情况下,任意两架飞机的最小间距表示方法:

① 情况 1:抛物线顶点坐标 $t=-b/2a$ 落在横轴负半轴上,如图 12.7(a)所示,抛物线在正半轴单调递增,飞机间距的极小值在 $t=0$ 位置,即两架飞机后续距离越来越远。

② 情况 2:抛物线顶点坐标 $t=-b/2a$ 落在横轴正半轴,如图 12.7(b)所示,此时又下分两种不同的子情况:

■ 第1种子情况是飞行时间区间右端点 t_r 位于 t_x 左侧,即 $t_r < -b/2a$ 时($t_r = \min \{T_i, T_j\}$),如图 12.7(b)中的粗虚线和抛物线相交位置,显然 $\min\{t_r, -b/2a\} = t_r$,再取 $\max\{t_r, 0\} = t_r$,飞机间距最小值发生在 t_r 时刻;

■ 第2种子情况是飞行时间区间右端点 t_l 位于 t_x 右侧,也就是 $t_l > -b/2a$ 时($t_l = \min \{T_i, T_j\}$),由:$\min\{t_l, -b/2a\} = -b/2a$,取 $\max\{-b/2a, 0\} = -b/2a$,飞机间距出现最小值的时刻是 $t = -b/2a$(图 12.7(b)抛物线与粗点划线相交位置)。

由上述几种最小距离位置的分析,用如下统一表达式可以表示当两架飞机同在空域内,相互间距离为 $d_{ij}(t)$ 的时刻 $t^{(*)}$

$$t^{(*)} = \max\left\{\min\left\{\min\{T_i, T_j\}, -\frac{b}{2a}\right\}, 0\right\} \tag{12.15}$$

式(12.15)可以代替约束条件内部 fminbnd 对任意两架飞机最短距离的寻优搜索,且该表达式在 MATLAB 中很容易矢量化,一次计算全部最短距离,完整方案如代码 262 所示。

代码 262　问题 12.1　最终 MATLAB 求解方案

```
clc;clear;close all;
tic ;
data = [1 150 140 243 800; 2 85 85 236 1000;3 150 155 220.5 800; 4 145 50 159 750;...
        5 130 150 230 800; 6 0 0 52 900;7 20 140 0 900; 8 40 112 90 870;...
        9 123 25 137 910;10 72 111 332 750;11 12 155 133 850;12 142 5 154 785];

plane = data(1:height(plane),2:end);
region = struct("width", 160, "height", 160);
[max_dth,min_dist] = deal(30,8);
pij = nchoosek(1:height(data), 2);
[dth, fvl,exitflag] = solve_model(plane, region, max_dth, min_dist, pij)
tT = toc ;
function [dth, fvl,exitflag] = solve_model(plane, region, max_dth, min_dist, pij)
n = size(plane, 1);

options = optimoptions('fmincon','Algorithm','sqp','display','none');
[dth, fvl,exitflag] = fmincon(@(x)sumabs(x), 0.5 - rand(n,1), ....
              [], [], [], [],zeros(n,1) - max_dth, zeros(n,1) + max_dth,...
              @(x)mycon(x,plane,region,min_dist,pij), options);
end


function [c,ceq] = mycon(dth,plane,region,min_dist, pij)
ceq = [];
[i,j] = deal(pij(:,1),pij(:,2));
th = dth + plane(:,3);
th(th == 0) = th(th == 0) + eps;
T = @(i)plane(i,4).\min(cosd(th(i)).\(region.width/2 * (...
            1 + sign(cosd(th(i)))) - plane(i,1)),sind(th(i)).\(region.height/2 * ...
            (1 + sign(sind(th(i)))) - plane(i,2)));
ax = plane(i,4). * cosd(th(i)) - plane(j,4). * cosd(th(j));
ay = plane(i,4). * sind(th(i)) - plane(j,4). * sind(th(j));
xa = ax.^2 + ay.^2;
xb = 2 * (plane(i,1) - plane(j,1)). * ax + 2 * (plane(i,2) - plane(j,2)). * ay;
xc = (plane(i,1) - plane(j,1)).^2 + (plane(i,2) - plane(j,2)).^2;
TT = max(min(min(T(i),T(j)), - xb./xa/2),0);
c = min_dist - sqrt(xa. * TT.^2 + xb. * TT + xc);
end
```

以飞机数量 $n=12$ 为例,上述程序计算时间约为 0.19 s,相对于采用 fminbnd 优化求解飞机距离的方案,其效率提高了约 80 倍,用该程序重新计算前述飞机数量 $n=3\sim12$,连同之前的两组计算时间汇总如表 12.5 所列。

表 12.5　不同飞机数量的 3 种代码运行时间比较

飞机数量/架	运行时间/s		
	代码 260	代码 261	代码 262
3	5.59	0.421 9	0.050 8
4	12.73	0.607 9	0.061 3
5	23.44	0.936 5	0.068 8
6	31.92	1.319 6	0.064 7
7	63.68	2.034 7	0.061 4
8	73.17	3.234 5	0.087 6
9	138.32	4.674 2	0.102 3
10	252.59	4.750 2	0.109 6
11	376.46	7.852 2	0.128 8
12	415.52	14.975 3	0.189 3

从表格中代码 262 的执行时间可以看出,通过分析距离极值中的规律,挖掘隐含条件,结合 MATLAB 向量化操作手段,空域飞行管理代码执行效率被大幅提高,模型拓展后的向量化版本满足在空域内,当飞机数量 $n=3$ 时其运算时间 $t=0.051$ s,增加到 12 架飞机,程序寻优时间仅仅增加约 0.13 s,改进模型的运算速度能适应实时和动态空余管理的要求。

12.7.4　用 Lingo 编写的极值区间代码方案

确定飞机最近间距对应时刻 $t^{(*)}$ 的表达式,由于间距的极值求解在二次函数中被转换成了一组最值的比较,故无需采用嵌套结构形式,这样以极值区间求解极限避碰条件的模型就可以编写对应的 Lingo 代码了,步骤如下:

✍ 步骤 1:编写数据文件"data.txt"。一共存放 5 组数据,依次为:飞机数量集合 1～6,方向角控制上限 30°,飞机进入空域的初始横、纵坐标与方向角(即 x_i^0、y_i^0 和 θ_i^0),如代码 263 所示。针对问题的实际情况,6 架飞机的数据信息量较小,数据完全可以直接写进 Lingo 程序,不过要是想在 MATLAB 环境内运行,用 runlingo 调用 Lingo 代码,则把数据与模型分离更合理一些。

代码 263　按间距极值求解问题 12.1:Lingo 代码坐标源数据

```
1..6~
30~
150,85,150,145,130,0~
140,85,155,50,150,0~
243,236,220.5,159,230,52~
```

✍ 步骤 2:单击菜单栏 Solver〉options,在弹出的 Lingo Ooptions 对话框选择 Global Solver 〉Use Global Sover 〉OK,即勾选使用全局优化求解器。

✍ 步骤 3：编写代码 264 所示 Lingo 模型文件（保存为 lng 后缀的纯文本文件），注意模型读取步骤 1 产生的 5 组数据是依次读入的。

代码 264　按间距极值求解问题 12.1：Lingo 模型源码

```
model:
sets:
plane/@file('data.txt')/:theta0,theta0d,x0,y0,theta,T0;
link(plane, plane)|&1＃lt＃&2:t,a,b,c,d,ax,ay;
endsets

data :
Th = @file('data.txt');
x0 = @file('data.txt');
y0 = @file('data.txt');
theta0d = @file('data.txt');
v = 800;
enddata

@for(plane: theta0 = theta0d * 0.0174532925199433);

@for(plane: @free(theta);
        @abs(theta) <= Th * 0.0174532925199433;
);
@for(plane(i): T0(i) = @smin((80 * (1 + @sign(@cos(theta0 + theta))) -
                x0(i))/v/@cos(theta0 + theta),(80 * (1 + @sign(@sin(theta0 + theta))) -
                y0(i))/v/@sin(theta0 + theta));
);
@for(link(i,j):
    @free(ax(i,j));
    @free(ay(i,j));
    @free(a(i,j));
    @free(b(i,j));
    @free(c(i,j));

    ax(i,j) = v * @cos(theta0(i) + theta(i)) - v * @cos(theta0(j) + theta(j));
    ay(i,j) = v * @sin(theta0(i) + theta(i)) - v * @sin(theta0(j) + theta(j));
    a(i,j) = ax(i,j)^2 + ay(i,j)^2;
    b(i,j) = 2 * ax(i,j) * (x0(i) - x0(j)) + 2 * ay(i,j) * (y0(i) - y0(j));
    c(i,j) = (x0(i) - x0(j))^2 + (y0(i) - y0(j))^2;
    t(i,j) = @smax(0,@smin(@smin(T0(i),T0(j)), -b(i,j)/2/a(i,j)));
    d(i,j) = a(i,j) * t(i,j)^2 + b(i,j) * t(i,j) + c(i,j);
    d(i,j) > = 64;
);
min = @sum(plane:@abs(theta)) / 0.0174532925199433;

init:                  ! ------------------------------------------------- (42)
theta = 0 0 .05 0 0 .05;
endinit                ! ------------------------------------------------- (44)
```

笔者计算机用 Lingo 18.0 运行 451 s 得到全局最优解，结果如代码 265 所示。

代码 265　按间距极值求解问题 12.1：代码 264 的运行结果信息

```
Global optimal solution found.
Objective value:                       3.629460
Objective bound:                       3.629460
Infeasibilities:                       0.000000
```

```
Extended solver steps:                      103
Total solver iterations:               11267905
Elapsed runtime seconds:                 451.26

Model Class:                                 NLP
```

代码 264 第 42～44 行用 init 模块给出了调整角度 θ_i，$i=1,2,\cdots,6$ 的初值，这是考虑到恰当的初值可能加快求解。经测试发现代码 264 不同初值对于求解速度有一定影响，感兴趣的读者可以测试其他初值，或者删除整个 init 模块，由 Lingo 自选初值计算并比较运算效率的波动情况。

12.8 小 结

本章对数学建模国赛 1995 - A(空域飞行管理问题的模型搭建及代码方案求解)进行了比较详尽的探讨。通过该问题的分析与研究以及多种代码方案的改进与模型拓展，发现 1995 年国赛原题所给的原始数据规模比较小，任意两架飞机的间距约束条件总数仅为 15 个，这可能是考虑到了当时计算机软件硬件水平的限制，故在考察算法代码实现方面是比较轻松的，参赛学生在程序编写时有更充分的回旋操作空间，例如可以把时间离散化的步长取得较小，甚至可能采用不太适合于求解此类问题的枚举方法(如 Monte - Carlo 等)。

时至计算机软硬件空前发展的今日，空域飞行管理这个堪称古老的经典问题，在求解方法、模型评价与推广，尤其是运算效率上，已经值得重新审视，甚至将其作为现今的本科数学建模培训阶段的训练题目，也并不乏价值。

本章从多架飞机飞行间距 $d_{ij}(t)$ 实时动态演示，到空域飞行时间 T_{ij} 范围的计算，再到约束条件中任意两架飞机在空域内最小间距 $d_{ij}^{(*)}$ 的计算处理，给出了自己的见解。例如：通过一组数据测算，提出了对飞行时间是否应当扩大为目前所熟知的 $\sqrt{2}/5$(h)的个人见解；在前人研究基础上，增加了利用初等数学知识计算飞机间距的简便方法，借助向量化的代码编写方式，大幅提高模型的求解效率(文中很多步骤的代码方案都不止一种)；在飞机轨迹动态演示验算的代码中，采用面向对象的程序风格，还尝试通过采取启发式搜索的粒子群算法结合局部搜索获得全局最优解，结合匿名函数与子函数完成参数传递，构造约束条件嵌套无约束优化问题求解最小距离的复杂模型等。以上这些方法和代码思路对于正在进行数学建模培训的学生和老师，应该有一定的借鉴意义。

第 13 章

华数杯-2022-B:
水下机器人组装计划

近几年,复杂生产规划和多周期运营问题以不同形式频繁出现在国内外数学建模竞赛的赛题中。例如国赛 2021 年 C 题:"生产企业原材料的订购与运输"、华数杯 2022 年 B 题:"水下机器人的组装计划"、国赛 2022 年 E 题:"小批量物料的生产安排";还有些问题表面看似与多周期生产运营无关,例如 2022 年美赛 C 题"量化交易策略(Trading Strategies)",但其主要约束条件也要用到多周期运营模型构造的技巧和方法。这些问题的共性是生产或交易的客体对象,在每个周期的数量变化方面,存在或维系着某种相互依赖的平衡关系。

多周期背景下的生产计划订制、企业具体运营规划方案大多可以构造出线性的数学模型,模型主要为决策者回答:"做什么""什么时候做"以及"在哪里做"等方面的问题。本章将在第 5 章的复杂生产计划模型基础之上,继续深入探讨多周期运行规划模型,尤其是围绕生产或交易对象客体的平衡约束的编写方法。最后通过建立华数杯 B 题的数学模型,展示这类经典规划问题的构造与求解技巧。

13.1 预备知识:多周期生产运营规划模型中的供需平衡约束

第 5 章的复杂生产计划已经介绍了企业在批量生产产品时,如果成品与子组件存在数量上的依赖关系,应如何编写不同生产周期的产品供需平衡约束。供需约束也是生产运营数学模型中需要表达的一个关键点,因此本节将继续这个话题,通过几个约束构造的训练问题,构造出此类约束条件的抽象形式。

13.1.1 车辆支架组件生产数量的平衡约束基本构造

先用一个车辆支架组件的供需关系,说明平衡约束的基本构造方法。

问题 13.1:某公司要生产一种车辆的主体支架,有外部需求的是产品 1 和产品 2,其两种组件的物料清单生产后继关系如图 13.1~图 13.3 所示。例如组件 3,需要用 2 个零件 5 和 1 个零件 7 制造出来,所以组件 3 是零件 5 和零件 7 的后继产品,其余类推。此外,所有产品、组件和零件都是该公司自行生产的。所有产品、组件和零件中,只有产品 1 和产品 2 具有外部的市场需求,要求在满足产品 1 和产品 2 的外部市场需求 d_1, d_2 的情况下,写出各个零部件与产品的平衡约束。

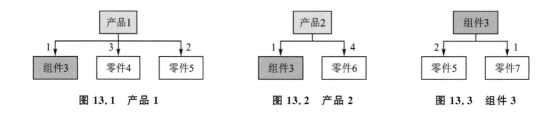

图 13.1　产品 1　　　　　　图 13.2　产品 2　　　　　图 13.3　组件 3

13.1.2　车辆支架组件问题分析

1. 决策变量

生产规划问题的研究对象为工厂或公司生产的零件、组件或产品,遵从零件的装配数量关系,因此决策变量为生产周期内,各对象(产品、组件或零件)的生产数量,即:$x_i \triangle$ 产品 i 在一个生产周期内的生产数量,满足:$x_i \geqslant 0, \forall i = 1, \cdots, 7$。

2. 约束条件

约束条件分为成品的外部需求约束和内部的零件数量关系两类。

🖐 需求约束:支架模型中向外供应的成品为 x_1, x_2,应确保满足市场需求 d_1, d_2,即

$$\begin{cases} x_1 \geqslant d_1 \\ x_2 \geqslant d_2 \end{cases} \tag{13.1}$$

🖐 组件内部需求依赖关系约束:根据图 13.1~图 13.3 的箭头数量,组件内部存在组件 3、零件 4~7,一共 5 个数量关系需要得到满足。

■ 组件 3 的生产数量约束。生产单位产品 1 和产品 2 对组件 3(各有 1 个需求):

$$x_3 \geqslant x_1 + x_2 \tag{13.2}$$

■ 零件 4 的生产数量约束。生产单位产品 1 对零件 4 有 3 个需求:

$$x_4 \geqslant 3x_3 \tag{13.3}$$

■ 零件 5 的生产数量约束。生产单位产品 1 对零件 5 有 2 个需求,生产组件 3 对零件 5 有 2 个需求:

$$x_5 \geqslant 2x_1 + 2x_3 \tag{13.4}$$

■ 零件 6 的生产数量约束。生产单位产品 2 对零件 6 有 4 个需求:

$$x_6 \geqslant 4x_2 \tag{13.5}$$

■ 零件 7 的生产数量约束。成品对零件 7 没有直接需求,但单位生产组件 3 对零件 7 有 1 个需求:

$$x_7 \geqslant x_3 \tag{13.6}$$

联立式(13.1)~式(13.6),模型成品的外部需求和公司内部零部件、组件之间的数量关系就可以确定了。

13.1.3　对车辆支架组件供需平衡约束的拓展

按照式(13.1)~式(13.6)是可以写出产品内部和外部的需求关系的,但如果生产的产品很多,相互间的层级关系更复杂时,针对每个组件对象单独列写数量约束关系就不是非常方便了。由此是否存在一个相对通用,且比较简洁的方案,能够把所有零件之间的相互关系以整体

的形式表达出来。

尽管一个公司生产的各种产品服务目标和功能定义有所不同，但产品的需求流向总是由两个部分构成：一是直接的外部市场需求，也是公司利润的来源，通常以最小化成本或最大化利润的形式出现在目标函数中；另一个是间接的内部需求，也就是其他物资生产对当前对象的需求。对于车辆支架问题，出现了 7 种物资对象，分别是产品 1,2，组件 3 和零件 4～7，它们之间存在的关系可以用矩阵表述：

$$\boldsymbol{x} = \boldsymbol{d} + \boldsymbol{A} \times \boldsymbol{x} = \begin{bmatrix} d_1 \\ \vdots \\ d_7 \end{bmatrix} + \begin{bmatrix} 0 & 0 & 0 & 0 & 0 & 0 & 0 \\ 0 & 0 & 0 & 0 & 0 & 0 & 0 \\ 1 & 1 & 0 & 0 & 0 & 0 & 0 \\ 3 & 0 & 0 & 0 & 0 & 0 & 0 \\ 2 & 0 & 2 & 0 & 0 & 0 & 0 \\ 0 & 4 & 0 & 0 & 0 & 0 & 0 \\ 0 & 0 & 0 & 0 & 0 & 0 & 0 \end{bmatrix} \begin{bmatrix} x_1 \\ \vdots \\ x_7 \end{bmatrix} \tag{13.7}$$

式（13.7）中，向量 $\boldsymbol{d}$ 表示产品 i 的外部需求量为 d_i，$i=1,\cdots,7$；矩阵 $\boldsymbol{A}$ 表示每生产 1 个 k 位置的组件对象，所需要的在位置 i 处生产/提供的组件数量为 $a_{i,k}$。

式（13.7）中的产品供需平衡条件可以写成如下统一形式。

$$x_i = d_i + \sum_k a_{i,k} x_k \tag{13.8}$$

13.1.4 发动机组件的供需平衡约束表示方法

式（13.8）表达了某个工厂所生产产品的供需平衡关系，现代产品制造过程的物流高流通性决定了一个产品的生产往往需要多个公司或工厂的相互协助，对于需要不同制造厂协同或某个企业内部多分工厂间的协调，则供需平衡条件就要在式（13.8）基础上继续拓展，例如下面这个发动机厂商的供需平衡约束表述的问题。

问题 13.2： 某发动机厂在工厂 $p=1,\cdots,n$ 中均可生产成品发动机和对应的子组件 $i=1,\cdots,m$。发动机和组件的终端需求是 $d_{i,p}$，剩余的用于公司内部生产需求。生产每单位组件 k 需要子组件 i 的数量为 $a_{i,k}$。

子问题 1 中，该发动机厂拥有多家分工厂，且均具备独立生产的能力，因此分工厂 p 生产组件 i 的数量 $x_{i,p}$ 除了满足该分厂的外部市场需求，还要能供应内部其他组件的依赖需求：

$$x_{i,p} = d_{i,p} + \sum_k a_{i,k} \cdot x_{k,p} \quad \forall p \tag{13.9}$$

式（13.9）表示在 p 厂生产组件 i 的数量，等于 p 厂组件 i 的外部需求，与 p 厂组件 k 对组件 i 的内部需求二者之和。产品管理变成了每个分厂内部更进一步地调度运营。

子问题 2 中，发动机厂不但拥有多家分工厂，而且各分厂的产品还可以相互调货互补有无，也就是分厂 a 的组件可以因内部需求而运输到分厂 b。这个问题可以继续在式（13.9）基础之上扩展。假设各分厂的组件需求相互独立，也就是分厂 p 生产的组件 i 的外部市场需求 $d_{i,p}$ 与其他分厂的外部需求无关。则：p 厂生产的所有组件 i 数量应不小于两项之和，第一项为 p 厂组件 i 的外部需求；第二项则是所有分厂内的所有组件 k，对 p 厂组件 i 的内部需求之和。

$$\sum_q x_{i,p,q} = d_{i,p} + \sum_{k,q} a_{i,k} \cdot x_{k,p,q} \tag{13.10}$$

13.1.5 多周期生产模型中的平衡约束

多周期模型又称多阶段模型，这类模型必有一项指标为时间，模型中的常量、变量，在以时间划分的阶段或周期内会重复出现。此外，多周期模型不同阶段的决策变量要依据现实情况分别制定，但不能彼此完全独立（总会有前一阶段的参量变化，影响后续阶段的决策制订）。不同阶段的决策变量产生的交互作用，就是本节提到的阶段平衡约束。下面通过实例说明多周期模型中的平衡约束的具体编写方法。

问题 13.3：某公司生产一种季节性很强的产品，预计明年 4 个季度的销售量分别为 2 800/500/100/850 个。每个季度该公司的生产上限是 1 200 个，因此某些季节需要库存一定数量才可以满足旺季需求。设每个产品的库存成本是 15 元/季度。该公司期望在满足市场需求的前提下最小化库存成本。请考虑无限周期的情形，构建多周期 LP 模型并制订生产计划。

多周期模型的每个生产周期内，期初库存量来自前一周期的产品剩余。题目要求考虑"无限周期"的情形，无限周期模型和有限周期模型的区别主要是第 1 个周期的期初库存。有限周期模型的第 1 个周期的期初库存和最后一个周期的期末库存通常均为 0，适合于一次性的短期运营规划；无限周期模型中的第 1 个周期的期初库存定义为最后一个周期的期末剩余量，如果企业的生产活动是长期和持久进行的，则应当采用无限周期模型。

问题 13.3 建立的无限周期模型以一年为一个完整的生产活动，下标引为季度 $q,q \in Q$，决策变量有两组：分别是季度 q 的产品产量 x_q 和库存量 $h_q, q \in Q$。

已知参数包括该公司在季度 q 的产品的外部需求量为 D_q 和该产品的季度单位库存成本 H。在每个生产季度（周期）内，有

本季度的库存量＝上季度的库存＋本季度产量－本季度的外部市场需求

数学表达式为

$$h_{q-1} + x_q - D_q = h_q \quad \forall q = 1, \cdots, 4 \tag{13.11}$$

无限周期要求首季度期初库存为末季度产品存量，还要附加一组相关等式约束如下：

$$h_0 = h_{|Q|} \tag{13.12}$$

目标函数是总的库存成本最小，即

$$\min H \sum_q h_q \tag{13.13}$$

按照模型表达式就能写出问题式建模的 MATLAB 代码（见代码 266）。

代码 266 问题 13.3 多周期模型 MATLAB 代码

```
clc;clear;close all;
D = [2800 500 100 850];
F = 15;
L = 1200;

x = optimvar("x",4,'LowerBound',0,'UpperBound',L);
h = optimvar("h",4,'LowerBound',0);

prob = optimproblem("Objective",F * sum(h));
% 无限时间模型
prob.Constraints.Con1 = x(1) + h(4) - D(1) == h(1);
```

```
prob.Constraints.Con2 = x(2:4) + h(1:3) - D(2:4)' == h(2:4);

% 有限时间模型
% prob.Constraints.Con = x + [0;h(1:3)] - D' == h;% 模型不可解

[sol,fvl] = prob.solve;
```

还可以采用 Python 调用 Gurobi 求解相同的模型(见代码 267)。

代码 267　问题 13.3 多周期模型 Python＋Gurobi 代码

```python
from gurobipy import *

Q = list(range(1, 5))

H = 15
D = {1: 2800, 2: 500, 3: 100, 4: 850}
P = 1200

m = Model("ex20")

x = m.addVars(Q, lb = 0, ub = P, name = "x")
h = m.addVars(Q, lb = 0, obj = H, name = "x")

m.addConstrs((h[q-1] + x[q] - D[q] == h[q] for q in Q[1:]), "Balance1")
m.addConstrs((h[Q[-1]] + x[q] - D[q] == h[q] for q in Q[:1]), "Balance2")
m.optimize()

hv = m.getAttr("X", h)
print(hv)
hv = m.getAttr("X", x)
print(hv)
```

两个代码的结果一致,库存最小的生产计划要让第 1～4 季度的库存量分别为:0/150/1 250/1 600;生产量则分别为:1 200/650/1 200/1 200 件,总费用为 45 000 元。该模型如果采用期初库存为零的有限周期模型,因首季度的产量小于需求量,模型无解。

13.2　水下机器人生产规划问题重述

2022 年华数杯的 B 题,水下机器人生产规划是一个较为典型的多周期运营规划问题。在生产过程中,机器人成品、组件或零件之间存在依赖关系,本节将介绍该问题的求解过程和具体代码方案。

问题 13.4:自来水管道清理机器人(Water pipe cleaning robot,WPCR)是一种可在水下移动、具有视觉和感知系统、通过遥控或自主操作方式、使用机械臂代替或辅助人去完成自来水管道垃圾清理任务的装置。某工厂生产的 WPCR 装置需要用 3 个容器艇(用 A 表示)、4 个机器臂(用 B 表示)、5 个动力系统(用 C 表示)组装而成。容器艇(A)由 6 个控制器(A1)、8 个划桨(A2)和 2 个感知器(A3)组成。机器臂(B)组成比较复杂,简单可划分为 2 个力臂组件(B1)和 4 个遥感器(B2)组成。动力系统(C)由 8 个蓄电池(C1)、2 个微型发电机(C2)和 12 个发电螺旋(C3)组成。也就是说组装一个完整的 WPCR 装置,需要 3 个容器艇(A),包括 18 个控制器(A1)、24 个划桨(A2)以及 6 个感知器(A3)。组装一台 WPCR 需要的其他部件数以此类推。组装 WPCR 所需要的产品统称为组件,包括 A 和 A1、A2、A3,B 和 B1、B2,C 和 C1、

C2、C3。

该工厂每次生产的计划期为一周(即每次按照每周7天的订购数量实行订单生产)，只有最终产品WPCR有外部需求，其他组件不对外销售。容器艇(A)、机器臂(B)、动力系统(C)生产要占用该工厂最为关键的设备，因而严格控制总生产工时。

A、B、C的工时消耗分别为3时/件、5时/件和5时/件，即生产1件A需要占用3个工时，生产1件B需要占用5个个工时，生产1件C需要占用5个工时。每天的WPCR外部需求数及关键设备总工时限制如表5所列。

为了顺利生产WPCR，工厂在某一天生产组件产品时，需要支付一个与生产数量无关的固定成本，称为生产准备费用。比如第一天生产了A，则要支付A的生产准备费用，若第二天再生产A，则需要再支付A的生产准备费用。如果某一天结束时某组件有库存，则工厂必须支付一定的库存费用(与库存数量成正比)。数据如表6所列。另外，按照工厂的信誉要求，目前接收的所有订单到期必须全部交货，轻易不能有缺货事件发生。

■ 子问题(1)：若该工厂第一天(周一)开始时没有任何组件库存，也不希望第7天(周日)结束后留下任何组件库存。每天采购的组件马上就可用于组装，组装出来的组件也可以马上用于当天组装成WPCR。若要求总成本最小，请问如何制订每周的生产计划？将结果填入表13.1(题目给定格式的结果表单)。注意表13.1省略了周二到周六，完整内容可扫二维码见书配文件📄Result.xlsx。

表13.1 问题求解结果表格格式

日 期	WPCR组装数量	A组装数量	B组装数量	C组装数量	生产准备费用	库存费用
周一						
周二						
⋮						
周六						
周日						
总和					总成本：	

■ 子问题(2)：然而，事实上，组件A，B，C需要提前一天生产入库才能组装WPCR，A1，A2，A3，B1，B2，C1，C2，C3也需要提前一天生产入库才能组装A，B，C。在连续多周生产情况下，需要统筹规划。比如在周一生产WPCR前一天(上周周日)必须事先准备好组件库存，而且在本周日必须留下必要的组件库存用以保障下周一的生产。每周的WPCR需求和关键设备工时限制以及每次生产准备费用和单件库存费用数据见表13.3和表13.4所列，请问如何制订每周7天的生产计划以求总成本最低？将结果填入表13.1(题目给定格式的结果表单)。注意：子问题(1)，(2)是两个格式相同但结果内容不同的单列表格。

■ 子问题(3)：接子问题(2)：为保障生产的持续性，工厂在30周必须设置7次停工检修，每次检修时间1天。检修后关键设备生产能力有所提高，检修后的第一天A，B，C生产总工时限制将会放宽10%，随后逐日减少放宽2%的比例，直至为0(如第一天放宽10%，第二天就放宽8%，...)。检修日的订单只能提前安排生产，当天不能生产任何组件。假设每周的关键设备工时限制以及每次生产准备费用和单件库存费用数据不变,任意两次检修之间要相隔 6 天以上,请问,检修日放在哪几天最为合适(总成本最小)? 将结果填入表 13.2(填入某天的序号即可,如 26,就表示是第 26 天)。30 周的 WPCR 外部需求数据如表 13.5 所列。

表 13.2　子问题(3)的结果表格格式

第 1 次	第 2 次	第 3 次	第 4 次	第 5 次	第 6 次	第 7 次	总成本

除了问题本身提供的表格格式,题目还包括三个已知数据表格,一个是表 13.3 所列的外部需求与关键设备工时瓶颈。

表 13.3　每日 WPCR 需求与关键设备工时限制

天	周一	周二	周三	周四	周五	周六	周日
WPCR 需求/个	39	36	38	40	37	33	40
A,B,C 生产总工时限制/工时	4 500	2 500	2 750	2 100	2 500	2 750	1 500

第 2 个是所示的生产准备费用和单件库存费用。

表 13.4　每次生产准备和单件库存费用

产　品	WPCR	A	A1	A2	A3	B	B1	B2	C	C1	C2	C3
生产准备费用	240	120	40	60	50	160	80	100	180	60	40	70
单件库存费用	5	2	5	3	6	1.5	4	5	1.7	3	2	3

第 3 个是表 13.5 所列的连续 30 周 WPCR 历史需求数据。限于篇幅,该表格仅显示部分数据,读者同样可扫码在书配文件中找到完整的数据或者在华数杯官网下载获取竞赛原题。

表 13.5　连续 30 周的 WPCR 需求数据/个

时　间	周一	周二	周三	周四	周五	周六	周日
第 1 周	39	36	38	40	37	33	40
第 2 周	39	33	37	43	34	30	39
第 3 周	42	36	35	38	36	35	41
⋮	⋮	⋮	⋮	⋮	⋮	⋮	⋮
第 30 周	37	41	39	41	36	32	44

13.3　水下机器人生产规划问题的分析

首先,按照 WPCR 的组装关系,可以绘制出各个单元组件、子组件和成品之间的装配层级关系,如图 13.4 所示。

图 13.4 中的 A,B,C 组件由于占用关键设备,生产占用时间要受表 13.3 所列的生产时间限制,箭头中间括号内的数字表示为生产后继产品所需的数量,例如加工 1 个 WPCR 需要

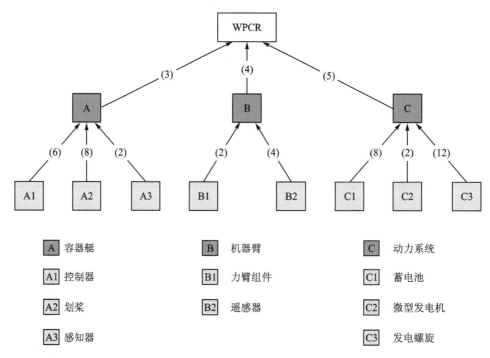

图 13.4　WPCR 组件依赖关系结构与名称

3 个 A,4 个 B 和 5 个 C。

子问题(1)需要为厂家设计期初(周一前)与期末(周日后)库存均为零的有限周期生产规划数学模型,由于每日生产组件均可直接用于组装,其库存压力相对较小。该模型的关键在于表述式(13.8)和式(13.11)所示,一个周期内每日生产的供需平衡约束条件。

子问题(2)和子问题(1)主要有如下两点区别：

① 用于组装的子组件需提前一天生产备货,因此每天组装 WPCR 和 A,B,C 这 4 种成品或组件的下游子组件,或者用于组装成品 WPCR 的 A,B,C,当天的组装数量都不能超过前一天的库存；

② 子问题(1)是期初和期末库存为零,组件只供应外部需求 7 天,子问题(2)则从子问题(1)的期初零库存有限周期模型转变为无限生产周期模型,每个周期的期末库存是下一生产周期期初库存。子问题(2)的模型更加适合持续生产的工厂实际运营模式。

子问题(2)和子问题(1)的数学模型结构都要建立以成本最小化为目标的生产规划数学模型,难点在于当日生产组件不得用于组装后继产品,如果分情况列写出所有当日组件的数量约束关系是非常繁琐的,而且没有必要,只需要统一表达出:"当日组装所需组件的数量分别不高于前一日库存量"即可。

子问题(3)增加了检修日,生产过程可能在连续 30 个周期内被中断最高 7 次,问题特征如下：

✍ 在 30 周共计 210 天内限定设置常数 7 次停工检修,每次持续 1 天,且当天不能有任何组装或其他生产活动；

✍ 检修后 5 天内,以组装工时上涨一定幅度的形式作为产能提高的表现；

✍ 任意两次检修时间的间隔规定为至少 6 天。

按照上述需求与安排，新引入一组 $\{0|1\}$ 决策变量 z_t，表示在第 t 个生产日是否检修，并且需要表达至少间隔 6 天，且总检修次数为 7 的要求。

13.4　基于有限生产周期的水下机器人组装数学模型

13.4.1　下标指引集合

子问题（1）的数学模型有两项下标指引：

☘ $T \triangle$ 以天为单位的时间/阶段集合（$t = 1, \cdots, 7$）；

☘ $J \triangle$ 组件种类集合（其中包括成品 WPCR），按组件结构图下方部件列表以"从上到下、自左至右"次序（$j = 1, \cdots, 12$）排列，如表 13.6 所列。

表 13.6　组件种类的下标与序号对应意义列表

序　号	1	2	3	4	5	6
名　称	成品	容器艇	控制器	划桨	感知器	机器臂
代　号	WPCR	A	A1	A2	A3	B
序　号	7	8	9	10	11	12
名　称	力臂组件	遥感器	动力系统	蓄电池	微型电机	发电螺旋
代　号	B1	B2	C	C1	C2	C3

13.4.2　决策变量

子问题（1）设置组件日产量、库存量和是否生产共 3 组决策变量。

☘ $x_{j,t}$：在第 t 天生产组件 j 的数量（大规模生产活动允许设为连续变量）；

☘ $h_{j,t}$：在第 t 天组件 j 的库存量；

☘ $y_{j,t}$：在第 t 天是否生产组件 j，1 表示生产，否则为 0。

13.4.3　已知参数与符号意义

☘ a_j：组件 j 的单位组装加工消耗时间（子组件未指定组装时间即为 0）；

☘ b_j：部件 j 的单位库存费用；

☘ c_j：部件 j 的生产准备费用；

☘ $d_{j,t}$：在第 t 天，组件 j 的需求量；

☘ $f_{j,i}$：每组装一个单位的组件 i，所需要组件 j 的数量；

☘ q_t：第 t 天的加工可用总时间上限；

☘ M：用于约束线性表述的大数。

13.4.4　约束条件

除了必要的范围约束，问题（1）的零库存周期生产模型共计包括 4 组约束条件：生产平衡条件、组装总时间上限条件、期初与期末零库存条件,以及组件生产数量的限定条件。

1. 供需平衡约束

组件之间存在数量的平衡与依赖关系,以 7 天为周期,期初库存、当期产量、当期组装消耗量、当期期末库存、外部需求之间满足如下关系:

期初库存+当期产量-当期组装消耗量-外部需求=期末库存

各组件之间的供需关系以数学形式表示如下:

$$h_{j,t-1} + x_{j,t} - \sum_i f_{j,i} x_{j,t} - d_{j,t} = h_{j,t} \quad \forall j \in J, t \in T \tag{13.14}$$

式(13.14)构造了各组件前期库存与当期库存、内部与外部消耗/需求以及当期产量间的动态关系,约束结构与式(13.11)相同,而表达各组件在生产活动内部需求的 $\sum f_{j,i} x_{j,t}$ 则源自式(13.9)。

📖 注:$d_{j,t}$ 在模型中可以写成 d_t,因为只有 WPCR 有外部需求,写成 $d_{j,t}$ 目的是变成更加通用的形式,当中间产品或者组件也具有外部需求的情况下,式(13.14)同样适用。

2. 组装总时间上限约束

A,B,C 这三个组件需要占据工厂的关键设备,安装时消耗/占用的时间受设备使用总时间的限制,其产能约束条件为

$$\sum_j a_j x_{j,t} \leqslant q_t \quad \forall t \in T \tag{13.15}$$

3. 期初期末零库存约束

依照问题(1)题意要求,生产周期(7 天)的期初和期末库存要清零,则有

$$h_{j,0} = h_{j,|T|} = 0 \tag{13.16}$$

式(13.19)中的下标 $|T|$ 表示集合 $\{T\}$ 的元素个数,故这里是该周期的最后一天(期末)。

4. 组件生产数量的限定约束

指定生产计划时,不必每天都生产全部的组件,决策变量 $x_{j,t}$ 的产量只有在"$\{0|1\}$ 变量"$y_{j,t}$ 为 1 的情况下才有意义,以下约束条件表达了仅当组件 j 生产时,其产量才允许高于 0。

$$x_{j,t} \leqslant My_{j,t} \quad \forall j \in J, t \in T \tag{13.17}$$

13.4.5 成本最小化目标函数

模型的目标是让生产周期 $t \in T$ 的所有天内,全部组件 $j \in J$ 的库存费用与组装费用之和最小,即

$$\min \sum_{j \in J, t \in T} (b_j h_{j,t} + c_j y_{j,t}) \tag{13.18}$$

13.4.6 子问题(1)有限周期生产规划数学模型

综合式(13.14)~式(13.18),就得到了子问题(1)中,水下机器人期初期末零库存有限周期生产规划数学模型,如式(13.19)所示。

$$\min \sum_{j,t}(b_j h_{j,t}+c_j y_{j,t})$$

$$\text{s. t. :}\begin{cases} h_{j,t-1}+x_{j,t}-\sum_i f_{j,i}x_{j,t}-d_{j,t}=h_{j,t} & \forall j,t \\ \sum_j a_j x_{j,t}\leqslant q_t & \forall t \\ h_{j,0}=h_{j,|T|}=0 & \forall j \\ x_{j,t}\leqslant My_{j,t} & \forall j,t \\ x_{j,t},h_{j,t}\geqslant 0 & \forall j,t \\ y_{j,t}=\{0\mid 1\} \end{cases} \tag{13.19}$$

13.4.7　子问题(1)的两种代码方案及结果

按照上述数学模型，可以写出对应的问题式建模计算程序，如代码 268 所示。

代码 268　子问题(1)MATLAB 代码方案

```
% 数据
% 组件列表
Item = ["WPCR","A","A1","A2","A3","B","B1","B2","C","C1","C2","C3"];

% 组装单位组件耗时
Itemaj = num2cell([0 3 0 0 0 5 0 0 5 0 0 0]);
aj = table(Itemaj{:},'VariableNames', Item);
% 单件库存费用
Itembj = num2cell([5 2 5 3 6 1.5 4 5 1.7 3 2 3]);
bj = table(Itembj{:},'VariableNames', Item);

% 组件生产准备费用
Itemcj = num2cell(10 * [24 12 4 6 5 16 8 10 18 6 4 7]);
cj = table(Itemcj{:},'VariableNames', Item);

% 第 t 天对组件 j 的需求量
djt = [[39 36 38 40 37 33 40];zeros(numel(aj)-1,7)];

% 组件依赖关系
fji = [0 3 0 0 0 4 0 0 5 0 0 0;...
    0 0 6 8 2 zeros(1,7);...
    zeros(3,12);...
    zeros(1,6) 2 4 zeros(1,4);...
    zeros(2,12);...
    zeros(1,9) 8 2 12;...
    zeros(3,12)]';

% 在第 t 天的加工总时间
qt = 10 * [450 250 275 210 250 275 150];

% 大 M
M = 1E6;

% 模型
% 决策变量
x = optimvar("x",numel(Item),numel(qt),'LowerBound',0,'Type','integer');
h = optimvar("h",numel(Item),numel(qt),'LowerBound',0,'Type','integer');
```

```
y = optimvar ("y",numel(Item),numel(qt),'LowerBound',0,'UpperBound',1,'Type','integer');

prob = optimproblem ("Objective",sum (repmat (table2array (bj)',1,numel (qt)). * h,"all") +...
    sum (repmat (table2array (cj)',1,numel (qt)). * y,"all"));

Con1 = cell (width (x));
for t = 1:width (x)
    if t == 1
        Con1{t} = x(:,t) - fji * x(:,t) - djt(:,t) == h(:,t);
    elseif t == width (x)
        Con1{t} = h(:,t-1) + x(:,t) - fji * x(:,t) - djt(:,t) == 0;
    else
        Con1{t} = h(:,t-1) + x(:,t) - fji * x(:,t) - djt(:,t) == h(:,t);
    end
end

prob.Constraints.Con1 = [Con1{:}];
prob.Constraints.Con2 = table2array (aj) * x <= qt;
prob.Constraints.Con3 = x <= M * y;

% show(prob)
[sol,fvl] = solve (prob)
[xSol,ySol,hSol] = deal (sol.x',sol.y',sol.h')
```

运行代码 268 得到问题(1)的求解结果如下(见代码 269):

代码 269　子问题(1)计算结果

```
>> fvl = 6.2609e + 03
>> xSol = 7 × 12
    83     249    1494    1992     498     332     664    1328     416    3328     832    4992
     0       0       0       0       0     344     688    1376       0       0       0       0
    81     243    1458    1944     486       0       0       0     404    3232     808    4848
     0       0       0       0       0       0       0       0       0       0       0       0
    48     144     864    1152     288     173     346     692     240    1920     480    2880
    51     153     918    1224     306     203     406     812     255    2040     510    3060
     0       0       0       0       0       0       0       0       0       0       0       0
```

上述结果表明最优生产计划中,工厂一周期工作 4 天:第 1,3,5,6 天分别组装 83,81,48,51 台 WPCR,周日没有生产计划,以这样的方式,可以在库存和生产准备成本之和的目标值最小(6 260.9 元)的情况下,完成外部需求及内部生产与组装方案计划。最优计划库存情况如下(见代码 270):

代码 270　子问题(1)生产计划的库存状况

```
>> hSol = 7 × 12
    44     0     0     0     0       0     0     0     1     0     0     0
     8     0     0     0     0     344     0     0     1     0     0     0
    51     0     0     0     0      20     0     0     0     0     0     0
    11     0     0     0     0      20     0     0     0     0     0     0
    22     0     0     0     0       1     0     0     0     0     0     0
    40     0     0     0     0       0     0     0     0     0     0     0
     0     0     0     0     0       0     0     0     0     0     0     0
```

代码 270 中的库存情况表明当使用当天生产的组件或零件来组装后继产品,库存压力很小(很多零元素),除了 B 组件在第 2 天需要提前生产 344 个,其余库存量都小于 100。

汇总后,可按照问题要求的格式(详见表 13.1),在 📄Result. xlsx 文件中填写子问题(1)的相关数据，如表 13.7 所列。

表 13.7 子问题(1)模型的运行结果

日 期	WPCR 组装数量	A 组装数量	B 组装数量	C 组装数量	生产准备费用	库存费用
周一	83	249	332	416	1 200	221.7
周二	0	0	344	0	340	557.7
周三	81	243	0	404	860	285
周四	0	0	0	0	0	85
周五	48	144	173	240	1 200	111.5
周六	51	153	203	255	1 200	200
周日	0	0	0	0	0	0
总和	263	789	1 052	1 315	总成本：	6 260.9

按照数学模型表达式(13.19)，可以编写所示的 Python＋Gurobi 的求解方案(见代码 271)。

代码 271 子问题(1) 模型的 Python＋Gurobi 代码方案

```
from gurobipy import *

# Indices
from gurobipy import Model

T = ["Mon", "Tue", "Wed", "Thu", "Fri", "Sat", "Sun"]
J = ["W", "A", "A1", "A2", "A3", "B", "B1", "B2", "C", "C1", "C2", "C3"]

# Input Parameter
d = {("W", "Mon"): 39,
     ("W", "Tue"): 36,
     ("W", "Wed"): 38,
     ("W", "Thu"): 40,
     ("W", "Fri"): 37,
     ("W", "Sat"): 33,
     ("W", "Sun"): 40}

c = {"W": 240,
     "A": 120, "A1": 40, "A2": 60, "A3": 50,
     "B": 160, "B1": 80, "B2": 100,
     "C": 180, "C1": 60, "C2": 40, "C3": 70}
b = {"W": 5,
     "A": 2, "A1": 5, "A2": 3, "A3": 6,
     "B": 1.5, "B1": 4, "B2": 5,
     "C": 1.7, "C1": 3, "C2": 2, "C3": 3}
a = {"A": 3, "B": 5, "C": 5}
q = {"Mon": 4500, "Tue": 2500, "Wed": 2750, "Thu": 2100, "Fri": 2500, "Sat": 2750, "Sun": 1500}
f = {("A", "W"): 3, ("B", "W"): 4, ("C", "W"): 5,
     ("A1", "A"): 6, ("A2", "A"): 8, ("A3", "A"): 2,
     ("B1", "B"): 2, ("B2", "B"): 4,
     ("C1", "C"): 8, ("C2", "C"): 2, ("C3", "C"): 12}
M = 1_000_000
```

```
# Decision variable
m: Model = Model("B")
x = m.addVars(J, T, vtype = GRB.INTEGER, lb = 0, name = "x")
h = m.addVars(J, T, vtype = GRB.INTEGER, lb = 0, name = "h")
y = m.addVars(J, T, vtype = GRB.BINARY, name = "y")

# Constraints
for j in J:
    for t in range(len(T)):
        m.addConstr((h[j, T[t - 1]] if t > 0 else 0) +
                    x[j, T[t]] -
                    quicksum(f.get((j, i), 0) * x[i, T[t]] for i in J) -
                    d.get((j, T[t]), 0) == (h[j, T[t]] if t < len(T) - 1 else 0))

m.addConstrs((quicksum(a.get(j, 0) * x[j, t] for j in J) <= q[t] for t in T), "C2")
m.addConstrs((x[j, t] <= M * y[j, t] for j in J for t in T), "C4")

m.setObjective(quicksum(b[j] * h[j, t] + c[j] * y[j, t] for j in J for t in T))
m.write("Prohs2022b.lp")
m.optimize()
if m.Status == GRB.OPTIMAL:
    xv = m.getAttr("X", x)
    for t in T:
        print(t, end = ":")
        for j in ["W", "A", "B", "C"]:
            print(j, ":", xv[j, t], end = ", ")
        print("")
```

代码 271 运行结果同前面所述（不再赘述）。应当注意的是，Python 用字典和元组类型来组织模型数据，这一点适合用于构造较为复杂的模型。

13.5 基于无限周期的水下机器人组装数学模型

13.5.1 子问题（2）无限周期数学模型表达式

子问题（1）属于理想化的期初期末零库存的有限周期模型，子问题（2）在这个模型基础上，增加了当日所有子组件/零件不参与当日装配，且将每个周期末尾的期末库存作为下周期的期初库存这两个条件。

根据上述两个条件，在决策变量不发生变化的情况下，只需要为原模型增加"当天组装成品与组件所需的子组件数量不高于前一天的相应库存"的约束，再将 0 期初库存修改为期末库存就可以了。

✍ 约束 1：当天组装成品与组件所需的子组件数量不高于前一天的相应库存。

$$\sum_i f_{j,i} x_{j,t} \leqslant h_{j,t-1} \quad \forall j, t \tag{13.20}$$

✍ 约束 2：期初库存与期末库存相等。

$$h_{j,0} = h_{j,|T|} \quad \forall j \tag{13.21}$$

综合上述分析，子问题（2）的完整数学模型表达式如下：

$$\min \sum_{j,t} (b_j h_{j,t} + c_j y_{j,t})$$

$$\text{s.t.} : \begin{cases} h_{j,t-1} + x_{j,t} - \sum_i f_{j,i} x_{j,t} - d_{j,t} = h_{j,t} & \forall j, t \\ \sum_i f_{j,i} x_{j,t} \leqslant h_{j,t-1} & \forall j, t \\ \sum_j a_j x_{j,t} \leqslant q_t & \forall t \\ h_{j,0} = h_{j,|T|} & \forall j \\ x_{j,t} \leqslant M y_{j,t} & \forall j, t \\ x_{j,t}, h_{j,t} \geqslant 0 & \forall j, t \\ y_{j,t} = \{0 \mid 1\} \end{cases} \quad (13.22)$$

13.5.2　子问题(2)的两种代码方案与运行结果

按照(13.22)可以写出 MATLAB 模型构造与求解代码(见到代码 272)。

代码 272　子问题(2)MATLAB 代码方案

```
clc;clear;close all;
% 数据
% 组件列表
Item = ["WPCR","A","A1","A2","A3","B","B1","B2","C","C1","C2","C3"];
% 组装单位组件耗时
Itemaj = num2cell([0 30 0 0 5 0 0 5 0 0 0]);
aj = table(Itemaj{:},'VariableNames', Item);
% 单件库存费用
Itembj = num2cell([5 2 5 3 6 1.5 4 5 1.7 3 2 3]);
bj = table(Itembj{:},'VariableNames', Item);
% 组件生产准备费用
Itemcj = num2cell(10 * [24 12 4 6 5 16 8 10 18 6 4 7]);
cj = table(Itemcj{:},'VariableNames', Item);
% 第 t 天对组件 j 的需求量
djt = [[39 36 38 40 37 33 40];zeros(numel(aj)-1,7)];
% 组件依赖关系
fji = [0 30 0 0 4 0 0 5 0 0 0;...
    0 0 6 8 2 zeros(1,7);...
    zeros(3,12);...
    zeros(1,6) 2 4 zeros(1,4);...
    zeros(2,12);...
    zeros(1,9) 8 2 12;...
    zeros(3,12)]';

% 在第 t 天的加工总时间
qt = 10 * [450 250 275 210 250 275 150];
% 大 M
M = 1E6;
% 模型
% 决策变量
x = optimvar("x",numel(Item),numel(qt),'LowerBound',0,'Type','integer');
h = optimvar("h",numel(Item),numel(qt),'LowerBound',0,'Type','integer');
y = optimvar("y",numel(Item),numel(qt),'LowerBound',0,'UpperBound',1,'Type','integer');
```

```
prob = optimproblem ("Objective",sum (repmat (table2array (bj)',1,numel (qt)). * h,"all") + ...
          sum (repmat (table2array (cj)',1,numel (qt)). * y,"all"));

Con1 = optimconstr (height (x));
for t = 1:width (x)
    if t == 1
        Con1(:,t) = h(:,end) + x(:,t) - fji * x(:,t) - djt(:,t) == h(:,t);
    else
        Con1(:,t) = h(:,t-1) + x(:,t) - fji * x(:,t) - djt(:,t) == h(:,t);
    end
end
prob.Constraints.Con1 = Con1;
prob.Constraints.Con2 = table2array (aj) * x <= qt;
prob.Constraints.Con3 = x <= M * y;
prob.Constraints.Con4 = fji * x <= circshift (h',1)';   % ---------------------------(49)

[sol,fvl] = solve (prob);

[xSol,ySol,hSol] = deal (sol.x',sol.y',sol.h')
Week = ["周一" "周二" "周三" "周四" "周五" "周六" "周日"]';
VarNames = [...
    "日期" "WPCR组装数量" "A组装数量" "B组装数量" "C组装数量" "生产准备费用" "库存费用"];
Res01 = num2cell ([Week xSol(:,[1 2 6 9]) ySol * table2array (cj)' hSol * table2array (bj)'],1);
T2Res = table (Res01{:},'VariableNames', VarNames)
```

运行代码272即获得子问题(2)的结果,总成本(fvl)和每个周期的生产计划 $x_{j,t}^*$ 汇总如下(见代码273):

代码273 子问题(2)的生产计划与最优成本目标值结果

```
>> fvl = 1.7721e + 05
>> xSol = 7×12
    0    246      0      0      0    341      0      0    411   4000   1000   6000
   82      0   1800   2400    600      0    740   1480    500      0      0      0
    0    300      0      0      0    370      0      0      0      0      0      0
  100      0      0      0      0      0    682   1364      0      0      0      0
    0      0   1458   1944    486    341      0      0      0   3232    808   4848
    0    243      0      0      0      0      0      0    404      0      0      0
   81      0   1476   1968    492      0    682   1364      0   3288    822   4932
```

上述生产计划表示成品的组装发生在第2,4,7三天,组装总数为263台,组装总数与问题(1)相同。每个周期(7天)内,12种成品和零件子组件的库存计划 $h_{j,t}^*$ 如下(见代码274):

代码274 子问题(2)的库存计划

```
hSol = 7×12
    2    246      0      0      0    358      0      0    411   4000   1000   6000
   48      0   1800   2400    600     30    740   1480    501      0      0      0
   10    300      0      0      0    400      0      0    501      0      0      0
   70      0      0      0      0      0    682   1364      1      0      0      0
   33      0   1458   1944    486    341      0      0      1   3232    808   4848
    0    243      0      0      0    341      0      0    405      0      0      0
   41      0   1476   1968    492     17    682   1364      0   3288    822   4932
```

从上述运行结果看,由于生产组装所用到的组件必须用至少1天前的库存来完成,导致周期内任意生产日的库存费用相比问题(1)有比较显著的提高,产生的总成本费用与问题(1)相比也增加了接近30倍。

汇总上述结果,按问题要求的格式(详见表13.1),在📄Result. xlsx文件中填写子问题(2)

的数据，如表 13.8 所列。

表 13.8　子问题(2)模型的运行结果

日　期	WPCR 组装数量	A 组装数量	B 组装数量	C 组装数量	生产准备费用	库存费用
周一	0	246	341	411	630	33 737.7
周二	82	0	0	500	750	31 296.7
周三	0	300	370	0	280	3 101.7
周四	100	0	0	0	420	9 899.7
周五	0	0	341	0	480	4 2572.2
周六	0	243	0	404	300	1 686
周日	81	0	0	0	740	52 318.5
总和	263	789	1 052	1 315	总成本：	177 212.5

比较表 13.7 和表 13.8，增加当日组件不参与组装条件后，优化结果得到的组装成品不变（仍然是 263 台）。从比例看，问题(1)的生产准备费用为 4 800 元，问题(2)准备费用降至3 200 元，但库存费用却从 1 460.9 元提高到约 17.4 万，涨幅约 119 倍。库存组件的数量比较如图 13.5 所示。

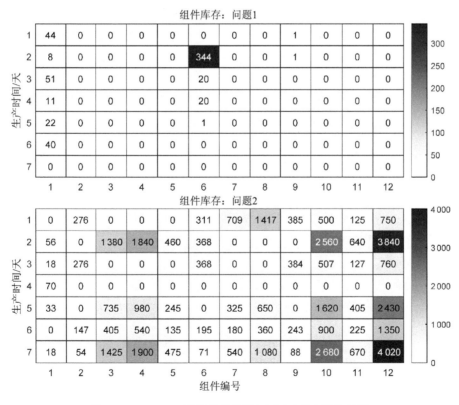

图 13.5　heatmap 绘制的子问题(1)&(2)库存量比较图

综上，仅使用库存进行组装的计划对降低企业生产成本总体是不利的。

与子问题(1)类似,也可按数学模型表达式(13.22)编写代码 275 所示的 Python＋Gurobi 子问题(2)求解方案。

代码 275　子问题(2)模型的 Python＋Gurobi 代码方案

```
from gurobipy import *

# Indices
from gurobipy import Model

T = ["Mon", "Tue", "Wed", "Thu", "Fri", "Sat", "Sun"]
J = ["W", "A", "A1", "A2", "A3", "B", "B1", "B2", "C", "C1", "C2", "C3"]

# Input Parameter
d = {("W", "Mon"): 39,
     ("W", "Tue"): 36,
     ("W", "Wed"): 38,
     ("W", "Thu"): 40,
     ("W", "Fri"): 37,
     ("W", "Sat"): 33,
     ("W", "Sun"): 40}

c = {"W": 240,
     "A": 120, "A1": 40, "A2": 60, "A3": 50,
     "B": 160, "B1": 80, "B2": 100,
     "C": 180, "C1": 60, "C2": 40, "C3": 70}
b = {"W": 5,
     "A": 2, "A1": 5, "A2": 3, "A3": 6,
     "B": 1.5, "B1": 4, "B2": 5,
     "C": 1.7, "C1": 3, "C2": 2, "C3": 3}
a = {"A": 3, "B": 5, "C": 5}
q = {"Mon": 4500, "Tue": 2500, "Wed": 2750, "Thu": 2100,
     "Fri": 2500, "Sat": 2750, "Sun": 1500}
f = {("A", "W"): 3, ("B", "W"): 4, ("C", "W"): 5,
     ("A1", "A"): 6, ("A2", "A"): 8, ("A3", "A"): 2,
     ("B1", "B"): 2, ("B2", "B"): 4,
     ("C1", "C"): 8, ("C2", "C"): 2, ("C3", "C"): 12}
M = 1_000_000

# Decision variable
m: Model = Model("B")
x = m.addVars(J, T, vtype = GRB.INTEGER, lb = 0, name = "x")
h = m.addVars(J, T, vtype = GRB.INTEGER, lb = 0, name = "h")
y = m.addVars(J, T, vtype = GRB.BINARY, name = "y")

# Constraints
for j in J:
    for t in range(len(T)):
        m.addConstr(h[j, T[t - 1]] +
                x[j, T[t]] -
                quicksum(f.get((j, i), 0) * x[i, T[t]] for i in J) -
                d.get((j, T[t]), 0) == h[j, T[t]])

m.addConstrs((quicksum(f.get((j, i), 0) * x[i, T[t]]
                for i in J) <= h[j, T[t - 1]]
            for j in J for t in range(len(T))))
```

```
m.addConstrs((quicksum(a.get(j, 0) * x[j, t] for j in J) <= q[t] for t in T), "C2")
m.addConstrs((x[j, t] <= M * y[j, t] for j in J for t in T), "C4")

m.setObjective(quicksum(b[j] * h[j, t] + c[j] * y[j, t] for j in J for t in T))
m.write("Prohs2022b_2.lp")
m.optimize()
if m.Status == GRB.OPTIMAL:
    xv = m.getAttr("X", x)
    for t in T:
        print(t, end = ":")
        for j in ["W", "A", "B", "C"]:
            print(j, ":", xv[j, t], end = ", ")
        print("")
```

上述求解方案结果同前面所述，不再赘述。

13.6　带检修条件的无限周期水下机器人组装数学模型

13.6.1　检修条件的规则分析

子问题(3)在前一问的基础之上再增加一组检修条件，检修规则如下：

✍ 在 30 周(共计 210 天)内限定设置 7 次停工检修，每次持续 1 天，且当天不能组装或其他生产活动；

✍ 检修后 5 天内，以组装工时上涨一定幅度的形式作为产能提高的表现，但检修日的订单要在其他生产日提前安排；

✍ 任意两次检修间隔至少 6 天。

为了在模型中表述可能发生的检修停工状态，新引入一组 $\{0 \mid 1\}$ 决策变量 z_n，表示在第 n 个生产日是否检修，并且表达任意两次检修至少间隔 6 天，且检修次数总数为 7 次的要求。

13.6.2　子问题(3)带检修无限周期生产规划数学模型

1. 新增下标索引集合与决策变量

子问题(3)需要计算 30 周(共 210 天)内的生产计划，为区别于前两个子问题在一个周期内的生产日期集合 T，新增下标索引集合 N，表示生产日的编号集合 $(n = 1, \cdots, 210)$。

2. 新增约束条件

引入 $\{0 \mid 1\}$ 决策变量 z_n 表示第 n 天是否检修。围绕这一新设变量，增加如下约束条件。

✍ 约束 1：前后两天不能同时维修，约束 1 用于后续设置连续 τ 天不检修的条件。

$$z_{n-1} + z_n \leqslant 1 \quad \forall n > 1 \tag{13.23}$$

✍ 约束 2：在相隔连续 τ 天以内不进行维修 1 次以上 $(\tau = 6)$，对从第 $1 \sim |N| - 2$ 的每一天，都向前判断满足 $k \in [n+2, \min\{n+\tau, |N|\}]$ 的范围内没有检修。

$$z_n - z_{n+1} \leqslant 1 - z_k \quad k \in [n+2, \min\{n+\tau, |N|\}] \quad \forall n \leqslant |N| - 2 \tag{13.24}$$

为满足连续 τ 天不检修，约束 2 是从 $n = 1$ 到 $n = |N| - 2$ 向前循环，每个 n 都要满足上述条件，且需考虑如下几种情况：

■ 情形 1. $z_n = z_{n+1} = 0$：当连续两天不检修时，后续 $n+2$ 到 $\min\{n+\tau, |N|\}$ 几天内，z_k

允许处于检修或不检修任意状态;

■ 情形 2.$z_n=1$,$z_{n+1}=0$:这种情况下,如果后续 $n+2$ 到 $\min\{n+\tau,|N|\}$ 天内任意 $z_k=1$,会出现:$1-0>1-1=0$ 的情况,因违背了约束定义使 $z_k=1$ 不会发生(这条约束迫使后续几天 z_k 只能为零);

■ 情形 3.$z_n=z_{n+1}=1$:违背了约束 1,情形 3 不会发生;

■ 情形 4.$z_n=0$,$z_{n+1}=1$:该条件是通过约束 2 整体实现的,例如 $z_k=1$ 的情况下,有:

$$z_n-z_{n+1}=-1\leqslant 1-z_k=1-1=0 \tag{13.25}$$

表面上看,情形 4 的式(13.25)没有起到约束的效果,不妨以图 13.6 所示的 z_{n+1} 和 z_{n+4} 这两个检修日为例,二者均为 1 且仅隔 3 天,违背了问题的要求,单独看式(13.25),是没能起到限定至少相隔 7 天检修的作用的。但要注意:完整的"连续 τ 天不检修"约束是要从第 1 天起向前逐步"滚动",约束 1 已经要求任意连续两天不能都检修,所以生产进行至下一天,即当迭代到第 $n+1$ 天时,约束将自动转换、且必然转换为情形 2 的 $z_n=1$,$z_{n+1}=0$ 状态,因为此时的第 $n+1$ 天按约束 1 是不可能检修的,这就迫使小于 τ 天相隔发生两次检修的情况不能发生了。

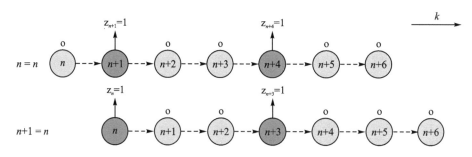

图 13.6 连续不检修条件的前向迭代过程

约束 3:总维修次数为 7 次,如式(13.26)所示。

$$\sum_n z_n=7 \tag{13.26}$$

约束 4:考虑因检修浮动因素的产能上限约束。问题(2)单个周期内,每日生产能力上限原本为常数,问题(3)中会因为与检修日的关联而存在浮动可能性,故定义第 n 天的实际组装时间为:

$$q_n+q_n(0.1z_{n-1}+0.08z_{n-2}+0.06z_{n-3}+0.04z_{n-4}+0.02z_{n-5}) \tag{13.27}$$

式(13.27)代表第 n 天产能上限因$(n-5)$:$(n-1)$是否为检修日而存在 $\sigma=5$ 种增幅可能,也就是在第 n 天的历史前 $\sigma=5$ 天内,如果发生/不发生检修活动,对第 n 天(当天)组装时间的影响程度。

为便于循环表达组装时间浮动与相邻天是否检修两种状态之间的联系,引入 5 天内每日组装生产总时间增幅系数 R_k,即

$$R_k=\begin{bmatrix} 0.1 & 0.08 & 0.06 & 0.04 & 0.02 \end{bmatrix}$$

对应可以表达出任意第 n 天的实际允许组装时间上限为

$$\sum_j a_j x_{j,n} \leqslant q_n+q_n \cdot \left[\sum_{k=1}^{\min(\sigma,n)} (R_k z_{n-k}) \right] \quad \forall n \in N \tag{13.28}$$

式(13.28)中,$\{0|1\}$变量 z_{n-k} 表达第 $n-k$ 天是否检修,如图 13.7 所示。红色 $z_{n-1}=1$ 代表

第 n 天的前一天发生检修,因此检修后,当前的第 n 天发生 10% 的生产时间增幅,依此类推,每一天都根据前 $\min\{5,n\}$ 天的情况判断当天的生产增幅。

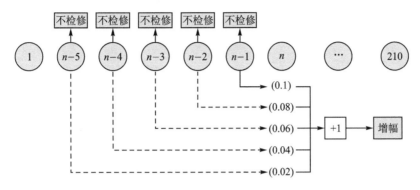

图 13.7　因检修发生的组装时间增幅示意图

✐ 约束 5:这是用于表达产能关联限制的约束,第 n 天是否检修(z_n)的状态与是否生产($y_{j,n}$)的状态之间存在如下逻辑关系,即二者不能同时为 1。

$$y_{j,n} \leqslant 1 - z_n \tag{13.29}$$

3. 子问题(3)数学模型

由式(13.23)～式(13.29),参考子问题(2)数学模型表达式(13.22),得到如下式(13.30)所示的问题(3)的完整数学模型,这是一个整数线性规划问题。

$$\min \sum_{j,n}(b_j h_{j,n} + c_j y_{j,n})$$

$$\text{s.t.}: \begin{cases} h_{j,n-1} + x_{j,n} - \sum_i f_{j,i} x_{j,n} - d_{j,n} = h_{j,n} & \forall j,n \\ \sum_i f_{j,i} x_{j,n} \leqslant h_{j,n-1} \\ h_{j,0} = h_{j,|N|} & \forall j \in J \\ x_{j,n} \leqslant M y_{j,n} & \forall j,n \\ z_{n-1} + z_n \leqslant 1 & \forall n > 1 \\ z_n - z_{n+1} \leqslant 1 - z_k \quad k \in [n+2, \min\{n+\tau, |N|\}] & \forall n \leqslant |N|-2 \\ \sum_n z_n = 7 \\ \sum_j a_j x_{j,n} \leqslant q_n + q_n \cdot \left[\sum_{k=1}^{\min(\sigma,n)} (R_k z_{n-k}) \right], & \forall n \in N \\ y_{j,n} \leqslant 1 - z_n & \forall j \in J, n \in N \\ x_{j,n}, h_{j,n} \geqslant 0 & \forall j \in J, n \in N \\ y_{j,n} = 0 \mid 1 \end{cases}$$

$$\tag{13.30}$$

13.6.3　子问题(3)代码方案与运行结果

问题(3)同样可根据式(13.30)编写相关 MATLAB 求解代码,如代码 276 所示。

代码 276　子问题(3)MATLAB 代码方案

```matlab
clc;clear;close all;
% 数据
% 30 周外部需求
D = readmatrix("DataPro03.xlsx","Range","B2:H31")';
N = 210;% 共计 30*7 个生产日
tau = 6;% 至少不检修的连续相隔天数
Dr = 7;% 规定的检修日期总数
% 组件列表
Item = ["WPCR","A","A1","A2","A3","B","B1","B2","C","C1","C2","C3"];

% 组装单位组件耗时
Itemaj = num2cell([0 3 0 0 0 5 0 0 5 0 0 0]);
aj = table(Itemaj{:},'VariableNames', Item);
% 单件库存费用
Itembj = num2cell([5 2 5 3 6 1.5 4 5 1.7 3 2 3]);
bj = table(Itembj{:},'VariableNames', Item);

% 组件生产准备费用
Itemcj = num2cell(10*[24 12 4 6 5 16 8 10 18 6 4 7]);
cj = table(Itemcj{:},'VariableNames', Item);

% 组件依赖关系
fji = [0 3 0 0 0 4 0 0 5 0 0 0;...
    0 0 6 8 2 zeros(1,7);...
    zeros(3,12);...
    zeros(1,6) 2 4 zeros(1,4);...
    zeros(2,12);...
    zeros(1,9) 8 2 12;...
    zeros(3,12)]';

% 在第 t 天的加工总时间
q1 = 10*[450 250 275 210 250 275 150];
qn = repmat(q1,1,30)';

% 工时增幅系数
Rk = flip(.02:.02:.1);

% 大 M
M = 1E6;

% 模型
% 决策变量
x = optimvar("x",numel(Item),N,'LowerBound',0,'Type','integer');
h = optimvar("h",numel(Item),N,'LowerBound',0,'Type','integer');
y = optimvar("y",numel(Item),N,'LowerBound',0,'UpperBound',1,'Type','integer');
z = optimvar("z",N,'LowerBound',0,'UpperBound',1,'Type','integer');

prob = optimproblem("Objective",sum(repmat(table2array(bj)',1,N).*h,"all")+...
    sum(repmat(table2array(cj)',1,N).*y,"all"));

% 本例约束条件仅适合于只有成品具有外部需求的情况
Con1 = optimconstr(height(x));
i = 1;
for t = 1:width(x)
```

```
    djt = [D(i);zeros(numel(Item)-1,1)];
    if t == 1
        Con1(:,t) = h(:,end) + x(:,t) - fji * x(:,t) - djt == h(:,t);
    else
        Con1(:,t) = h(:,t-1) + x(:,t) - fji * x(:,t) - djt == h(:,t);
    end
    i = i + 1;
end
prob.Constraints.Con1 = Con1;

prob.Constraints.Con2 = fji * x <= circshift(h',1)';

Expr3 = optimexpr(N,1);
for t = 1:N
    tmRk = t - (1:numel(Rk));
    idx = find(tmRk > 0);
    if isempty(idx)
        Expr3(t) = qn(t);
    else
        Expr3(t) = qn(t) + qn(t) * (Rk(idx) * z(tmRk(idx)));
    end
end
prob.Constraints.Con3 = (table2array(aj) * x)' <= Expr3;

prob.Constraints.Con4 = x <= M * y;
% ------------ 检修间隔不小于 7 天的第 1 种代码方案(Con5 & Con6) --------------------
prob.Constraints.Con5 = z(1:end-1) + z(2:end) <= 1; % --------------------------- (80)

Con6 = cell(1,N-2);
for t = 1:N-2
    K = t+2:min(t+tau,N);
    Con6{t} = repmat(z(t),1,numel(K)) - repmat(z(t+1),1,numel(K)) <= 1 - z(K)';
end
prob.Constraints.Con6 = [Con6{:}]; % --------------------------- (87)

prob.Constraints.Con7 = sum(z) == 7;
prob.Constraints.Con8 = y <= 1 - repmat(z',numel(Item),1);

opts = optimoptions("intlinprog",...
                    "display",                "none",...
                    "AbsoluteGapTolerance",   0.01,...
                    "MaxTime",                3600,...
                    "RelativeGapTolerance",   0.01);
[sol,fvl] = solve(prob,'Options',opts)
```

代码 276 求解的是 $30 \times 7 = 210$ 天的生产规划，模型规模相比子问题(1)，(2)有一定的扩大，因此可选择在 MATLAB 环境内调用 Gurobi 加速优化模型的求解，笔者计算机经过 274.6 s 运行得到代码 277 所示的结果。应当注意的是，为加速求解，将 Gap 值统一设成了 0.01(下同)，这表明运行结果是一组次优解。

代码 277　子问题(3)的生产计划与最优成本目标值结果

```
>> fvl = 5.3335e + 06
>> Pw = reshape(sol.x(1,:),7,[])'
Pw = 30 × 7
```

0	111	0	34	0	33	50
46	85	0	46	0	50	50
10	36	35	38	36	39	37
38	83	26	38	72	46	29
0	48	0	40	40	34	39
40	71	0	35	34	36	37
45	57	73	0	51	0	43
33	82	0	81	0	46	51
0	74	38	0	73	0	81
0	111	0	0	61	8	59
44	83	0	0	53	47	51
0	83	46	0	17	35	76
0	75	0	38	42	29	45
51	83	47	0	0	66	61
0	83	0	51	39	0	79
0	77	37	0	61	47	51
0	100	0	46	0	49	54
0	72	35	51	0	46	37
30	90	0	41	21	74	0
37	87	0	51	38	47	51
0	82	0	100	0	0	80
0	79	0	48	39	16	81
0	71	0	81	0	73	50
0	28	86	46	0	62	0
30	78	0	71	0	62	51
0	75	0	67	0	58	35
43	84	0	46	0	50	52
3	30	37	51	39	46	51
0	75	49	0	38	47	51
0	56	65	0	68	0	89

```
>> zRepair = find(sol.z)'
zRepair = 1 × 7
    3    10    29    46    115    166    185
```

上述结果表明在 $7 \times 30 = 210$ 天内,库存与生产准备费用总花费最小为 5.333 5 百万元,变量 P_w 代表在 30 周内 WPCR 每日的组装数量;7 个检修日可用变量 z_n 中 1 所在索引确定,结果表明,需要在第 3,10,29,46,115,166,185 天设置检修日。

按数学模型表达式(13.30)还可以编写如代码 278 所示,Python 调用 Gurobi 的求解方案。

代码 278　子问题(3)Python+Gurobi 代码方案

```python
from gurobipy import *
import pdfplumber
import os
# Indices
from gurobipy import Model

with pdfplumber.open("2022华数杯全国大学生数学建模竞赛B题.pdf") as pdf:
    table_page = pdf.pages[2]
    tables1 = table_page.extract_tables()
    need_1 = tables1[-1]
    table_page = pdf.pages[3]
    tables2 = table_page.extract_tables()
    need_2 = tables2[0]
```

```
T = list(range(1, 211))
J = ["W", "A", "A1", "A2", "A3", "B", "B1", "B2", "C", "C1", "C2", "C3"]


# Input Parameter
t0 = 1
tau = 6
d = {}
for week in need_1[1:]:
    for day in week[1:]:
        d[("W", t0)] = int(day)
        t0 = t0 + 1
for week in need_2:
    for day in week[1:]:
        d[("W", t0)] = int(day)
        t0 = t0 + 1


c = {"W": 240,
    "A": 120, "A1": 40, "A2": 60, "A3": 50,
    "B": 160, "B1": 80, "B2": 100,
    "C": 180, "C1": 60, "C2": 40, "C3": 70}
b = {"W": 5,
    "A": 2, "A1": 5, "A2": 3, "A3": 6,
    "B": 1.5, "B1": 4, "B2": 5,
    "C": 1.7, "C1": 3, "C2": 2, "C3": 3}
a = {"A": 3, "B": 5, "C": 5}
q1 = {1: 4500, 2: 2500, 3: 2750, 4: 2100, 5: 2500, 6: 2750, 7: 1500}
q = {}
for t in T:
    q[t] = q1[(t - 1) % 7 + 1]

f = {("A", "W"): 3, ("B", "W"): 4, ("C", "W"): 5,
    ("A1", "A"): 6, ("A2", "A"): 8, ("A3", "A"): 2,
    ("B1", "B"): 2, ("B2", "B"): 4,
    ("C1", "C"): 8, ("C2", "C"): 2, ("C3", "C"): 12}

add_q = {1: 0.1, 2: 0.08, 3: 0.06, 4: 0.04, 5: 0.02}
M = 1_000_000


# Decision variable
m: Model = Model("B")
# x = m.addVars(J, T, vtype = GRB.CONTINUOUS, lb = 0, name = "x")
# h = m.addVars(J, T, vtype = GRB.CONTINUOUS, lb = 0, name = "h")
x = m.addVars(J, T, vtype = GRB.INTEGER, lb = 0, name = "x")
h = m.addVars(J, T, vtype = GRB.INTEGER, lb = 0, name = "h")
y = m.addVars(J, T, vtype = GRB.BINARY, name = "y")
z = m.addVars(T, vtype = GRB.BINARY, name = "z")
# Constraints
for j in J:
    for t in range(len(T)):
        m.addConstr(h[j, T[t - 1]] +
                x[j, T[t]] -
                quicksum(f.get((j, i), 0) * x[i, T[t]] for i in J) -
                d.get((j, T[t]), 0) == h[j, T[t]])

m.addConstrs((quicksum(f.get((j, i), 0) * x[i, T[t]]
                for i in J) <= h[j, T[t - 1]]
```

```
                    for j in J for t in range(len(T))))
    m.addConstrs((quicksum(a.get(j, 0) * x[j, t]
                for j in J) <= q[t] + q[t] * quicksum(add_q[k] * z.get(t - k, 0)
                        for k in range(1, 6)) for t in T), "C2")
    m.addConstrs((x[j, t] <= M * y[j, t] for j in J for t in T), "C4")

    m.addConstrs((z[t - 1] + z[t] <= 1 for t in T[1:]), "C5") # ---------------- (78)
    m.addConstrs((z[t] - z[t + 1] <= 1 - z[k] for t in T[:-2] # ---------------- (79)
                for k in range(t + 2, min(t + tau + 1, len(T) + 1))), "C6") # -------- (80)
    m.addConstr(z.sum() == 7)
    m.addConstrs((y[j, t] <= 1 - z[t] for j in J for t in T), "C7")

    m.setObjective(quicksum(b[j] * h[j, t] + c[j] * y[j, t] for j in J for t in T))
    m.Params.MIPGap = 0.01          # Gap 值与 MATLAB 一样设置为 0.01

    m.write("Prohs2022b_3.lp")
    m.optimize()
    if m.Status == GRB.OPTIMAL:
        xv = m.getAttr("X", x)
        for t in T:
            print(t, end = ":")
            for j in ["W", "A", "B", "C"]:
                print(j, ":", xv[j, t], end = ", ")
            print("")
        zv = m.getAttr("X", z)
        for t, zvs in zv.items():
            if zvs > .5:
                print(t, end = ",")
```

笔者计算机经过约 6 min 的运行，获得了结果。

13.7　延伸思考-1：对水下机器人生产规划模型的拓展

13.7.1　定义更灵活的当日生产是否参与当日组装条件

子问题（1）和（2）在问题的设定和要求方面，除了期初库存条件不同，最大的差异是：后者当日生产的零件与组件，不允许参与当日组装。为此，每天组装后继产品或成品时，只能通过库存量实现。这产生了一个矛盾：期望利润最大，要通过增加库存提高产量，但提高库存量又增大了库存成本。因此，当日组件不参与组装的约束，使这两个子问题的优化结果产生了很大的不同。

从最后的优化结果看，子问题（2）的最优库存成本（173 612.5 元）是允许完全使用当日生产组件组装后继产品时的库存费用（1 460.9 元）的 118.84 倍。而子问题（2）的生产准备成本（3 600 元）甚至还低于子问题（1）的（4 800 元），但总量的悬殊差距决定了该生产规划问题的最优成本主要决定于库存量，而不是生产准备费用。

鉴于当前规模生产的库存费用占据的成本比例远高于生产准备费用，通过模型结果的分析，对厂家的建议之一是进行技术改进，尽可能创造能让当日组件参与当日组装的条件。

现在值得关注的是，假设技术改进只能令一部分当日生产组件参与组装，当日参与组装的组件数量总比率对成本控制会产生什么样的影响？

首先,对应子问题(2)当日组件禁止参与当日组件生产的条件见式(13.20),与之对应的是代码 272 的第 49 行约束 Con4:"fji * x <= circshift(h',1)'",该约束的表达式左侧为当日组装量,右侧显然是对应的当日组件库存。因此维持模型其他部分不变,只需给右侧库存增加 $k \cdot x$,其中 $k (0 \leqslant k \leqslant 1)$ 为 "松弛系数",kx 代表允许参与当日组装的当日生产组件数量,因此就可以适当超过当日库存量的限制了。比如:"fji * x <= circshift(h',1)'+0.2 * x",代表除本日的库存之外,其他参与组装的组件可以额外使用来自当日组装数量的 20%。修改该条件后,运行程序结果为 143 774.6 元,成本比禁止全部当日组件参与组装时有所降低。表 13.9 所列表达了当日生产组件参与当日组装比率不同时,最优成本的变化情况,如果对这些散点连线绘图,会发现是比较接近一条直线。此外,还可以对不同组件设置不同的组装比例,感兴趣的读者可以将之前提到的系数 k 改为和 x 同维的向量,为不同组件选择不同的当日允许装比率。

表 13.9　当日组件参与当日组装比率对最优成本的影响

	允许参与当日组装的当日生产组件数量比率						
系数 k/%	0	20	40	60	80	90	100
优化结果(万元)	17.721	14.377	10.934	7.469	4.134	2.474	0.626

从上述约束条件的拓展案例可以看出,对数学模型的抽象化和参数化,可以延伸出一些更有趣和灵活的探讨,对于解决更多的实际生产问题也有参考意义。

13.7.2　检修时间间隔条件的改进替换方案-1

问题(3)模型中,用式(13.23)和式(13.24)联合定义了"连续 τ 天不超过 1 次的检修"的约束条件。固然,这是通过一组或多组表达式联合交叉限定某种情形发生的示例,但有关检修间隔条件的表达方式不止一种。

式(13.23)和式(13.24)可以用下面式所示的一组条件替换:

$$z_n \leqslant 1 - z_k \quad k \in [n+1, \min\{n+\tau, N\} \quad \forall n \in 1, \cdots, N-1 \quad (13.31)$$

从生产开始的第 $n \in [1, N-1]$ 天范围之内,任意第 n 天是否检修,与其后续天的检修状态存在式(13.31)所示的互斥关系,这样就能用更加简单的形式摆脱多组表达式交叉限定间隔检修的方式了。

对应上述表达式的 MATLAB 语句如代码 279 所示。只需要用它替换代码 276 中第 80~87 行约束组 5 和 6,保持其他部分不变即可。

代码 279　子问题(3)约束 Con5&Con6 改进替换代码方案-1

```
Con56 = optimconstr;
for t = 1:N-1
    K = t+1:min(t+tau,N);
    Con56 = [Con56 z(t) <= 1 - z(K)'];
end
prob.Constraints.Con56 = Con56;
```

经测试,替换上述条件后,笔者计算机模型运行时间减少到 89.8 s,结果有少许变化(见代码 280)。

代码 280　替换约束 Con5&Con6 后的模型运行结果

```
fvl =
    5.3312e + 06
Elapsed time is 89.834302 seconds.
Pw =
      29      83       0      68       0      61      51
       0      94       0      63       0      20      81
       0      71       0      38      36      35      58
      21      42      31      81       0      62      50
       0      76       0      80       0      34      47
      44      83      45       0       0      36      37
      41      77       0      48      39      46      51
       0      71      33      51       0      70       0
      43      83       0      51       0      40      81
       0      77       0      37      36      52      61
       0     100       0      46       0      46      24
      56      85       0      46       0      35      41
      35      79       0      81       0      46      51
       0      83       0      35      35      36      38
      40      83       0      69       0      40      38
      35      74       0      45      39      39      42
      44      83      15       0      44      36      61
       0      77       0      81       0      35      81
       0      71      46      54       0      59       0
      30      77       0      54      62       0      81
       0      83      46      49       4       0      80
       0      79       0      73       0      28      43
      44      83      46       0      73       0      81
       0      90       0      46       0      50      54
       0      71      28      50       0      40      45
      28      75       0      37      30      49      42
      44      83       0      46       0      47      57
       0      69       0      41      34      40      38
      35      83       0      38      36      35      73
       0     116       0       0      68       0      54
zRepair =
      10      73      80     131     164     185     207
```

检修时间有所变化,且成本进一步降低了约 2 300 元。

同样地,对于代码 278,只需用代码 281 所示的语句替换第 78 行约束 C5,并注释或删除第 79~80 行的约束条件 C6,就获得与 Python+Gurobi 对应的改进方案代码。

代码 281　Python+Gurobi 方案:式对应的检修间隔约束-1

```
m.addConstrs((z[t] + z[k] <= 1 for k in range(t + 1, min(len(T), t + tau + 1))
                              for t in T), "C5")
```

13.7.3　检修时间间隔条件的改进替换方案-2

方案 2 与前一种替换方案在模型方面没有差别,只是把连续 τ 天检修次数不高于 1 改成如下所示的求和形式:

$$\sum_{k=n}^{n+\tau} z_k \leqslant 1 \quad \forall n \in [1, N-\tau] \tag{13.32}$$

对应替换方案的代码形式相比于第 1 种替换方案又有所简化,如代码 282 所示。

代码 282　子问题(3)约束 Con5＆Con6 改进替换代码方案 - 2

```
idxz = (1:N - tau)' + (0:tau);
prob.Constraints.Con56 = sum(z(idxz),2) <= 1;
```

经过约 238.7 s 运行，结果与代码 280 显示相同。对应的 Python＋Gurobi 方案，则用代码 283 所示的语句替换代码 278 第 78 行约束 C5，并注释/删除第 79～80 行的约束条件 C6 即可。

代码 283　Python＋Gurobi 方案：式对应的检修间隔约束 - 2

```
m.addConstrs((quicksum(z[k] for k in range(t, t + tau + 2)) <= 1
                        for t in T[: -tau - 1]), "C5")
```

针对检修间隔约束，本章各提供了 3 种 MATLAB＋Gurobi 和 Python＋Gurobi 的写法，通过同一台计算机的运行，不同方案的求解运行时间四舍五入至整数，如表 13.10 所列。

表 13.10　两类方案的求解时间比较(单位：s)

	MATLAB＋Gurobi	Python＋Gurobi
原模型方案：式(13.23)＆式(13.24)	275	129
改进模型方案 - 1：式(13.31)	88	118
改进模型方案 - 2：式(13.32)	135	239

6 种方案的代码均可在书配程序中找到，感兴趣的读者可扫码获取这些程序，自行查看和比较其运行结果。

如果用 MATLAB 的优化工具箱直接求解子问题(3)，其运行时间较长，即使通过 MATLAB 或 Python 调用 Gurobi 求解，也需要设置一个相对较大的 Gap 值，本书中设置 GapTolerance 的数值为 0.01，读者也可以尝试将这一数值改得更小，观察模型运行时间的变化。但无论如何修改 Gap 值，在可以接受的运行时间内，获得的结果都是次优解。这一点也解释了为什么原模型(代码 276)和两种替换方案对约束条件做了等效替换，其求解结果的目标值却出现了约 2% 的差距。这可能是不同的模型结构，在 Gurobi 求解器中以不同的搜索方向优化而导致的。

13.8　延伸思考 - 2：构造更合理的模型目标与条件

子问题(2)提出了："当日生产组件不参与当日组装"的要求。有不少参赛同学围绕这一问题需求，针对每种组件与其他父组件的关系，制订了一套堪称繁琐和庞杂的数量关系约束条件。其实这是没有必要的，因为只需要从整体建模的角度出发，令："当天组装成品与组件所需的子组件数量不高于前一天的相应库存"，问题要求就自动满足了，而且数学形式简洁，很容易用代码实现。

构造模型时，强行干预模型内部的逻辑关系，"教"模型怎么优化，是绝对忌讳的。模型寻优是模型自己的工作，构造模型的我们仅承担观察问题需求和限制条件之间的内在联系与规律，并构建一套逻辑自洽，确保最优解不遗漏、不冲突的合适规则体系的工作，等同于裁判的角色。可如果既当裁判又做运动员，模型本身的质量会受影响，建模过程的辛苦自不必提，更有甚者搞错了约束间的关系，以至于弄巧成拙，做得越多错得越多。

无独有偶,2021 年的国赛 C 题也是多周期生产运营规划问题,也存在一个和华数 2022 - B 题相似的适合从模型整体层面把握的条件表述。

13.8.1　CUMCM2021 - C:生产企业原料的订购运输模型

2021 年高教社杯国赛问题C:生产企业原材料的订购与运输,是一道集供货商质量评价、企业订购、下游原料商供货以及转运公司运输的多周期生产运行规划问题,涉及多个生产环节,且包含了随机损耗与供货方原料供应波动等条件,具有综合性、开放性的特点。以下将重点分析该问题中的第 3 问。

问题 13.5: 某建筑和装饰板材的生产企业所用原料总体可分为 A,B,C 三种类型。该企业每年按 48 周排产,要提前制定 24 周的原材料订购和转运计划,即根据产能要求确定需要订购的原材料供应商(称为"供应商")和相应每周的原材料订购数量(称为"订货量"),确定第三方物流公司(称为"转运 商")并委托其将供应商每周的原材料(称为"供货量")转运到企业仓库。

该企业每周产能 2.82 万立方米,每立方米产品消耗 A 类原材料 0.6 立方米(或 B 类原材料 0.66 立方米或 C 类原材料 0.72 立方米)。由于原材料的特殊性,供应商不能保证严格按订货量供货,实际供货量可能多于或少于订货量。为了保证正常生产的需要,该企业要尽可能保持不少于满足两周生产需求的原材料库存量,为此该企业对供应商实际提供的原材料总是全部收购。

实际转运过程中,原材料有一定的损耗(损耗量占供货量的百分比称为"损耗率"),转运商实际运送到企业仓库的原材料数量称为"接收量"。每家转运商运输能力为 6 000 立方米/周。通常情况下,一家供应商每周供应的原材料尽量由一家转运商运输。

原材料的采购成本直接影响到企业的生产效益,实际中 A 类和 B 类原材料的采购单价分别比 C 类原材料高 20% 和 10%。三类原材料运输和储存的单位费用相同。

(1)略。

(2)略。

(3)现在为了压缩生产成本重新制定订购计划和装运方案,计划尽可能多地订购 A 类原材料并且尽可能少地订购 C 类原材料,以减少转运和仓储的成本,同时希望转运商的转运损耗率尽可能少,并针对所得结果,分析方案的实施效果。

(4)略。

✍ 注:CUMCM - C 题的完整求解过程较长,限于篇幅仅分析其中与问题 13.4 所述的与模型整体构造技巧方面有一定关联的第(3)问。如果有对其他几个子问题感兴趣的读者,可在 CUMCM 官网下载原题求解。

13.8.2　CUMCM2021 - C 题第(3)问的分析

第(3)问包含了企业订购、供货量波动预测、转运公司转运、库存量计算和供货能力计算这五个生产行为(或环节)。且诸多环节(或行为)之间环环相扣,存在先后呈递的逻辑关系,因此想获得"尽可能倾向于采购 A 类原料"的合理生产运营规划方案的模拟结果,就要先厘清这五个行为之间的前后关联。

13.8.3　模型中用到的符号及其含义

模型中用到的各类常量符号意义如表 13.11 所列。

表 13.11　CUMCM-2021-C 题模型中的常量符号及其意义

符　号	含义说明
M	生产计划周数
K	转运公司个数
L	转运商运输能力上限
N	原料供货企业总数
E	企业每周产能
F_j	第 j 个企业供货上限（根据历史数据计算获取）　　$\forall j=1,\cdots,N$
D_j	第 j 个企业每 m^3 材料可生产 $D_j\,\text{m}^3$ 成品　　$\forall j=1,\cdots,N$
$\mu_j^{(1)}$	企业 j 供货与订货量相对差的均值
$\mu_k^{(2)}$	转运公司 k 历史数据损失率的均值
$g_{i,j}$	企业 j 第 i 周的供货量
$s_{i,k}$	第 i 周第 k 个转运公司的损失率
$h_{i,k}$	第 i 周第 k 个转运公司的损失量
t_i	第 i 周的库存（$i=1,2,\cdots,M$）
$\sigma_j^{(1)}$	企业 j 供货量与订货量相对差的标准差
$\sigma_k^{(2)}$	转运公司 k 历史数据损失率的标准差
$r_{i,j}$	均值为 0，标准差为 1 的随机数
$z_{i,j,k}$	第 i 周企业 j 使用转运公司 k 的转运量
u_i	第 i 周的接收量

定义如下两组决策变量：

- $x_{i,j}$：第 i 周第 j 个企业的订货量（$i=1,\cdots,M$；$j=1,\cdots,N$）。
- $y_{i,j,k}$：第 i 周企业 j 的货物是否交给转运公司 k 运输（$i=1,\cdots,M$；$j=1,\cdots,N$；$k=1,\cdots,K$）。

13.8.4　CUMCM2021-C 子问题（3）数学模型

子问题（3）涉及订购、供货、运输、仓储，对应供货波动、运输损耗等生产行为，单一模型很难直接表示这样一个综合性的生产流程的集合，因此本节将这些过程分解为 5 个子步骤，分别对应 5 个模型：订购模型、供货量预测模型、转运模型、库存量计算模型和供货能力计算模型。

1. 订购模型

问题定义单位原料 A，B，C 体积占比为：A：B：C＝0.60：0.66：0.72，第（3）问要求尽可能倾向于订购体积占比最小的原料 A 来实现原料加工企业的生产过程。

在解决原料品种订购倾向时，当年许多参赛队伍选择对 A，B，C 三种原料，手动设置不同的采购权重系数来设置决策目标。这看起来似乎是个容易做出的决定，因为只需要给生产原料 A 的供货商增加一个相对更大的权重因子就可以解决采购倾向性的问题。可是，人为权重因子的打分,不可避免又会带来一系列由打分因子主观性引发的问题:为什么设置这样一组特定比例的权重?什么样的理论或者既有工程经验能支持这个具体的比例?要怎么解释比例设置的依据?这些都是很难回答的问题。

此时不妨换个思路:对原料 A 的采购倾向,本质无疑是减小库存环节的运输与仓储成本压力,如果抓住这个特点,从模型整体结构出发,解决采购倾向实际上是非常简单的:只需要把采购模型的目标函数设为令采购原料的总体积最小化,就可以了。模型在寻优时就会自动优先寻找原料 A 的供货商。具体如下:

✍ 目标函数:生产 1 m³ 产品,所消耗的原料 A＜B＜C,以降低转运和仓储成本为目的,将目标函数设置为订购原料总体积最小化,就能自动实现对原料采购优先级的倾向

$$\min \sum_{j=1}^{N} x_{i,j}$$

✍ 约束条件:限制订购的条件主要有:下游原料商的供货上限、转运上限和产能约束这三组:

■ 约束条件 1:订购量小于供货上限,因此在第 i 个生产周期内,企业向原料商 j 发出的原料订单数量不高于该原料商的供货上限,即

$$x_{i,j} \leqslant F_j \qquad \forall i,j$$

■ 约束条件 2:因为一家下游原料供货商只能找一家转运公司,因此第 i 个生产周期内,对原料商 j 的原料订购量不高于转运商运输能力,即

$$x_{i,j} \leqslant L \qquad \forall i,j$$

■ 约束条件 3:订购量受到发出原料订单的企业自身对原料的产能限制,因此:"上周库存 ＋ 本周订购量≥2 倍产能",即

$$T_{i-1} + \sum_{j=1}^{N} x_{i,j} D_j \geqslant 2E$$

汇总上述目标和条件,得到式(13.33)所示的订购模型。

$$\min \sum_{j=1}^{N} x_{i,j}$$
$$\text{s.t.} : \begin{cases} x_{i,j} \leqslant F_j & \forall i,j \\ x_{i,j} \leqslant L & \forall i,j \\ T_{i-1} + \sum_{j=1}^{N} x_{i,j} D_j \geqslant 2E \end{cases} \tag{13.33}$$

2. 供货量波动预测模型

下游的原料供应商供货率不是定值,从题意来看,一方面波动状况与供货商的生产条件、环境有关,无法直接使用历史数据预测;另一方面,历史数据的确可以为供货量的波动提供一个大致的范围。假设供货量与订货量之差满足正态分布,由历史数据可以算出正态分布的均值与方差,再通过正态分布随机数来模拟,即

$$(g_{i,j} - x_{i,j})/x_{i,j} \sim N(\mu_j^{(1)}, \sigma_j^{(1)}) \tag{13.34}$$

生成一组服从正态分布的随机数 $r_{i,j}$,满足 $r_{i,j} \sim N(0,1)$,则有

$$g_{i,j} = (r_{i,j}\sigma_j^{(1)} + \mu_j^{(1)}) x_{i,j} + x_{i,j} \tag{13.35}$$

3. 转运模型

在每个生产周期,下游原料供货商要把自己生产的原料交给 8 家转运公司之一,由其统一运送至企业。显然,为了控制成本,转运环节期望损耗量最小(供货量具有一定波动)。因此转运模型是以运输损耗最小化为目标函数的数学模型。

✍ 目标函数:第 i 周,8 家转运公司运输沿途损耗原料的数量总和最小化,即

$$\min = \sum_{k=1}^{K} h_{i,k}$$

✍ 约束条件:转运模型共有转运上限和转运公司数量两组约束,以及运输量、损耗量和损失率这 3 组计算(后面三组计算服务于目标函数与约束条件中相关的变量运算)。

■ 约束条件 1:在生产周期 i,第 k 家转运公司转运量不能高于转运上限,即

$$\sum_{j=1}^{N} z_{i,j,k} \leqslant L \quad \forall i,k$$

■ 约束条件 2:限定每家下游供货商只能找不高于 1 家转运公司,即

$$\sum_{k=1}^{K} y_{i,j,k} = 1 \quad \forall i,j$$

■ 计算运输量:第 i 周第 j 个企业使用第 k 个转运公司的转运量为供货量与第 i 周供货商 j 是否采用转运公司 k 转运这两组变量的乘积,即

$$z_{i,j,k} = g_{i,j} \cdot y_{i,j,k} \quad \forall i,j,k$$

■ 计算转运损耗量:目标函数中的损耗量 $h_{i,k}$ 有如下计算公式:

$$h_{i,k} = s_{i,k} \sum_{j=1}^{N} z_{i,j,k} D_j$$

■ 计算转运时的原料损耗率:由前述可知,损耗率 $s_{i,k}$ 并非确定量,假设在历史供货损耗数据中,检验其服从正态分布,有

$$s_{i,k} \sim N(\mu_k^{(2)}, \sigma_k^{(2)})$$

注意:$s_{i,k}$ 中随机数 $r_{i,k}$ 的产生方法同之前的供货预测模型,有

$$s_{i,k} = r_{i,k} \sigma_k^{(2)} + \mu_j^{(2)}$$

根据上述目标函数和约束条件的表达,得到式(13.36)所示,以原料运输体积最小为目标的转运模型表达式。

$$\min = \sum_{k=1}^{K} h_{i,k}$$

$$\text{s.t.} : \begin{cases} \sum_{j=1}^{N} z_{i,j,k} \leqslant L & \forall i,k \\ \sum_{k=1}^{K} y_{i,j,k} = 1 & \forall i,j \\ z_{i,j,k} = g_{i,j} \cdot y_{i,j,k} & \forall i,j,k \\ h_{i,k} = s_{i,k} \sum_{j=1}^{N} z_{i,j,k} D_j \\ s_{i,k} \sim N(\mu_k^{(2)}, \sigma_k^{(2)}) \\ s_{i,k} = r_{i,k} \sigma_k^{(2)} + \mu_j^{(2)} \end{cases} \quad (13.36)$$

4. 企业库存量计算模型

整个生产运输链条的终端:企业的库存量与本周自外部(转运)得到的接收原料、企业上周的原料库存以及本周因生产而消耗的原料,这三个变量有关。

企业本周期内的原料接收量是转运公司本周期转运总量扣除沿途损耗获得的,有

$$u_i = \sum_{j=1}^{N} \sum_{k=1}^{K} z_{i,j,k} - \sum_{k=1}^{K} h_{i,k} \tag{13.37}$$

因此企业本生产周期的当前库存量采用如下方式计算:

$$\text{本周期库存量} = \text{上个周期库存量} + \text{本周期接收量} - \text{本周期生产消耗量}$$

其数学表达如式(13.38)所示:

$$\begin{cases} t_i = t_{i-1} + u_i - E \\ t_0 = 0 \end{cases} \tag{13.38}$$

5. 供货能力计算模型

第 i 个下游原料供应商的供给能力上限并不是一个确定量,假设可通过供应商历史供货能力数据的上四分位数确定,即:剔除异常值后的最大值,作为供应商的供货能力上限。

6. 子问题(3)的总体计算步骤

在多周期的生产过程中,以上 5 个子步骤/模型的优化过程是相互联系的,以单个生产周期为基本单元,可以建立一个 24 周的总体原料订购、运输、仓储和生产的模型,步骤如下:

✍ 步骤 1:第 1 个生产周期($i=1$),根据第 1 个子模型优化求解,确定第 i 周企业的订购量方案 $x_{i,j}$;

✍ 步骤 2:根据第 2 个子模型,计算出考虑波动的第 i 周企业 j 的原料供给量 $g_{i,j}$;

✍ 步骤 3:依照第 3 个子模型,计算出 8 家转运公司对下游原料向企业运送的转运方案 $z_{i,j,k}$,以及沿途运送导致的损耗量 $h_{i,k}$;

✍ 步骤 4:计算本周的库存量 t_i;

✍ 步骤 5:如果 $i \neq 24$,返回步骤 1;若 $i = 24$,退出。

7. 子问题(3)求解程序

按照上述步骤,将模型求解过程分为订购量、供货量、运输量和其他这 4 个部分,分别编写 4 个成员方法函数,定义了子问题(3)的求解静态类:Help,如代码 284 所示。

代码 284　CUMCM2021－C 题第(3)问求解主程序

```matlab
classdef Help
    % 数据处理
    methods(Static)
        function data = get_basic_data
            % 读入数据
            demand = readtable("附件 1 近 5 年 402 家供应商的相关数据.xlsx",...
                sheet = "企业的订货量(m³)", VariableNamingRule = "preserve");
            supply = readtable("附件 1 近 5 年 402 家供应商的相关数据.xlsx",...
                sheet = "供应商的供货量(m³)", VariableNamingRule = "preserve");
            lack_of_rate = readtable("附件 2 近 5 年 8 家转运商的相关数据.xlsx",...
                sheet = "运输损耗率(%)", VariableNamingRule = "preserve");
            demand = mergevars(demand, 3 : width(demand));
            supply = mergevars(supply, 3 : width(supply));
```

```
        demand_matrix = demand.(3);
        supply_matrix = supply.(3);
        data.M = 24;
        data.N = height(demand_matrix);
        data.K = 8;
        data.E = 2.82e4;
        data.L = 6000;
        D = [0.6, 0.66, 0.72].\1;
        data.D = D(double(categorical(demand.(2))));
        mu_1 = zeros(data.N, 1);
        sigma_1 = zeros(data.N, 1);
        F = zeros(data.N, 1);
        for i = 1:data.N
            i_supply = supply_matrix(i,:);
            i_demand = demand_matrix(i,:);
            idx = i_demand > 0;
            rate = (i_supply(idx) - i_demand(idx))./i_demand(idx);
            mu_1(i) = mean(rate);
            sigma_1(i) = std(rate, 1);
            F(i) = quantile(i_supply(idx),1);
        end
        data.F = F;
        data.mu_1 = mu_1;
        data.sigma_1 = sigma_1;
        lack_of_data = lack_of_rate{1:end,2:end}/100;
        data.mu_2 = mean(lack_of_data, 2);
        data.sigma_2 = arrayfun(@(i) std(lack_of_data(i,:),1), 1:data.K)';
        data.x = NaN(data.M, data.N);
        data.y = cell(data.M,1);
        data.z = cell(data.M,1);
        data.g = NaN(data.M, data.N);
        data.h = NaN(data.M, data.K);
        data.u = NaN(data.M,1);
        data.t = [0;NaN(data.M, 1)];
    end
end
% 模型
methods(Static)
    function data = model_1_demand(data, i)
        % 1.定义模型
        prob = optimproblem('ObjectiveSense','min');
        % 2.决策变量和约束条件1
        x = optimvar('x', data.N, Type = 'integer',LowerBound = 0, UpperBound = data.F);
        % 3.约束条件2
        prob.Constraints.two = x <= data.L;
        % 4.约束条件3
        prob.Constraints.thr = data.t(i) + data.D * x >= 2 * data.E;
        % 3.目标函数
        prob.Objective = sum(x);
        % 4.求解
        [sol, ~] = solve(prob);
        data.x(i,:) = sol.x;
    end

    function data = model_2_supply(data, i)
        r = randn(1, data.N)/10;
```

```
            data.g(i,:) = min (data.L,...
                max (0, ceil ((1 + r. * data.sigma_1' + data.mu_1'). * data.x(i,:))));
        end

    function data = model_3_transport(data, i)
        prob = optimproblem ('ObjectiveSense','min');
        y = optimvar ('y', data.N, data.K, ...
            Type = 'integer', LowerBound = 0, UpperBound = 1);
        r = randn (1, data.K);
        lack_rnd = min(0.05,max (0,r. * data.sigma_2' + data.mu_2'));
        % 1.目标函数
        prob.Objective = data.g(i,:). * data.D * y * lack_rnd';
        % 2.约束条件1
        prob.Constraints.one = data.g(i,:) * y <= data.L;
        % 3.约束条件2
        prob.Constraints.two = sum(y,2) == 1;
        [sol, ~] = solve (prob);
        data.y{i} = sol.y;
        data.z{i} = data.g(i,:)'. * sol.y;
        data.h(i,:) = ceil (data.g(i,:). * data.D * sol.y . * lack_rnd);
    end

    function data = model_4_rest(data, i)
        data.u(i) = sum (data.z{i},'all') - sum (data.h(i,:));
            data.t(i + 1) = data.t(i) + data.u(i) - data.E;
        end
    end
end
```

以下为调用代码 284 的求解主程序(见代码 285)。

代码 285 子问题(3)主调程序

```
clear;clc;close all
% 0.读取数据
rng (1);
data = Help.get_basic_data;
addpath ("C:\gurobi1000\win64\examples\matlab")
addpath ("C:\gurobi1000\win64\matlab")
% 1.开始计算
for i = 1 : data.M
    data = Help.model_1_demand(data, i);
    data = Help.model_2_supply(data, i);
    data = Help.model_3_transport(data, i);
    data = Help.model_4_rest(data, i);
end
% 2 输出结果
Out_3_Demand = [data.x';sum (data.x,2)'];
Out_3_Demand(~Out_3_Demand) = nan ;
writematrix (Out_3_Demand,"Data/附件 A 订购方案数据结果.xlsx",...
    "Sheet","问题 3 的订购方案结果","Range","B7");
Out_3_Transport = zeros(width(data.x) + 1,numel(data.h));
for i = 1:height (data.x)
    temp = data.z{i,1};
    Out_3_Transport(:,(i - 1) * width (data.h) + 1:width (data.h) * i) = [temp;sum (temp)];
end
Out_3_Transport(~Out_3_Transport) = nan ;
writematrix (Out_3_Transport,"Data/附件 B 转运方案数据结果.xlsx",...
    "Sheet","问题 3 的转运方案结果","Range","B7");
```

运行代码 285,笔者计算机约 3 s 时间得到优化结果。按原问题要求,将企业订购量和经转运公司的转运量数据通过 writematrix 函数导入原题提供的 Excel 文件"📄 附件 A 订购方案数据结果.xlsx",表 13.12 所列为 24 周向全部 402 家原料供货商提出的订购方案。"

表 13.12　企业 24 周的原料订购方案

第 1 周	33 840	第 9 周	31 503	第 17 周	31 385
第 2 周	32 504	第 10 周	31 394	第 18 周	31 418
第 3 周	31 787	第 11 周	31 584	第 19 周	31 193
第 4 周	31 907	第 12 周	31 828	第 20 周	31 313
第 5 周	31 776	第 13 周	31 343	第 21 周	31 330
第 6 周	31 553	第 14 周	31 219	第 22 周	31 656
第 7 周	31 484	第 15 周	31 021	第 23 周	31 858
第 8 周	31 647	第 16 周	31 214	第 24 周	31 453

8. CUMCM2021－C 第(3)问的模型小结

CUMCM2021 年的 C 题第(3)问是整个问题建模最关键的部分,模型涉及多个生产流程,因此对于问题本身的分析、模型的层次关系的内在联系与环节解构,需要有清楚的认识,才能相对准确地写出符合题意要求的每个生产环节的优化模型。

与订购方案类似,8 家转运公司在每个生产周期内每家公司的转运量数据 Out_3_Transport 也已导入原题配发的 Excel 结果文档"📄 附件 B 转运方案数据结果.xlsx"。读者可通过运行书配程序后,查看这两个结果文件。

13.9　小　结

与多周期数学模型有关的案例在近几年的竞赛题目中频繁出现,事实上,多周期多阶段的建模思想并不是仅能用于一般的生产、仓储、在途运输等流程:本书最后一章将要介绍的是针对国赛 2020B 题,即:沙漠穿越模型的拓展,也可以采用多周期建模的思想来求解。因此掌握多周期、多阶段模型的构造技巧,对于数学建模竞赛和建模技巧的提高是有启发性的。

本章通过 3 个小的建模案例和 2 个数学建模竞赛中的实际模型案例,阐述了多周期模型以时间为标引,构造模型以及编写代码的最基本技巧。尤其当产品生产流程较为复杂,比如多种组件和成品间存在内部加工制造的依存或继承关系时,库存、生产、运输等环节在不同的相邻时间周期内,应如何表达供需平衡约束条件,以及不同阶段,关键决策变量间的数量内在关联。

第14章

CUMCM - 2020 - B：
沙漠穿越问题

沙漠穿越问题是 2020 年 CUMCM 的 B 题，要求玩家在一张地图上亲历行走、采矿、停留、补给等状态转移行为，并获得最大资金收益的完整游戏决策。完成该游戏首先需要针对沙漠地图预设规则，将地图（关卡）中发生行为状态迁移的元素，抽象为普通节点和村庄、矿山、起终点等特征节点间的约束，构造出以资金最大化为决策目标的统一数学模型。这是 CUMCM 第一次出现游戏主题的优化模型求解，很有新意。

沙漠穿越包含 5 个子问题，一个求解的关键因素是游戏开始时，能否根据问题(1)中的地图关卡 1 和关卡 2，在已知天气状态时搭建出单人游戏的资金收益最大化数学模型。该模型的构造涉及整体分层简化、状态量和过程量区分定义、确定玩家特征行为状态转移方程等一系列步骤；编写模型代码方案也对参赛学生对图论最短路、深度优先搜索等算法的理解程度提出了要求；沙漠穿越模型的代码相对而言是比较复杂的，为了方便今后进一步地延伸和拓展，以及代码的后期维护等，可能还需要了解一些面向对象的编程知识，如：工厂模式、策略模式、抽象类定义等，这些都会自然地出现在模型求解过程中。

综上，2020 年国赛 B 题沙漠穿越，对处于大学本科阶段的初学数学建模同学来讲，想在规定时限内做出完整方案并得到合理运行结果并不容易：无论求解思路的开放性、建模和代码知识的综合性以及难度的挑战性方面，都堪称是一道趣味性与训练价值兼具的经典好题。本章将重点针对问题(1)的地图关卡 1 和关卡 2 的求解，探讨几种不同的代码思路与实施方案，其余子问题则留给感兴趣的读者自行实现。

14.1 沙漠穿越问题的重述

14.1.1 基本问题与游戏规则的描述

考虑如下小游戏：玩家凭借一张地图，利用初始资金购买一定数量的水和食物（包括食品和其他日常用品），从起点出发，在沙漠中行走。途中会遇到不同的天气，也可在矿山、村庄补充资金或资源，目标是在规定时间内到达终点，并保留尽可能多的资金。

游戏中，玩家应当知悉如下 8 条基础规则：

✎ 以"天"为基本时间单位，游戏的开始时间为第 0 天，玩家位于起点。玩家必须在截止

日期(或之前)到达终点,一旦到达终点,即宣布该玩家本次游戏结束;

🌢 穿越沙漠需要准备水和食物两种资源,最小计量单位均为"箱"。每天玩家拥有的水和食物质量之和不超过负重上限。若未到达终点而水或食物已耗尽,视为游戏失败;

🌢 天气条件分:"晴朗""高温""沙暴"三种状况(不同天气有不同的基础物资消耗和行进状态),任意一天内,沙漠所有区域天气相同;

🌢 每天玩家可从地图某个区域到达与之相邻的另一区域,也可在原地停留。沙暴日必须在原地停留;

🌢 玩家原地停留一天消耗资源数称为基础消耗量(关卡1&2在不同天气情况下的基础物资消耗量数据如表14.3所列),行走一天消耗资源数量为基础消耗量的2倍;

🌢 玩家第0天在起点用初始资金以基准价格购买水和食物,允许玩家在起点停留或行走过程中重新返回起点,但不能多次在起点购买资源,玩家到达终点退回剩余的水和食物,每箱退回价格为基准价格的一半;

🌢 玩家在矿山停留时,可通过采矿获取资金收益,采矿一天所获资金称为基础收益。如果采矿,消耗资源数量为基础消耗量的3倍;如果不采矿,消耗资源数量为基础消耗量。到达矿山当天不能采矿,沙暴日也可采矿;

🌢 玩家经过或在村庄停留时可用初始资金剩余部分或采矿获得的资金随时购买水和食物,每箱食物和水价格为基准价格的2倍。

基于上述规则,请根据游戏的不同设定建立数学模型,假设只有1名玩家,在整个游戏时段内每天天气状况事先全部已知,试给出一般情况下玩家的最优策略。求解附件中的"第一关"和"第二关",并将相应结果分别填入 Result.xlsx,表格文件格式如表14.1所列。

表 14.1　关卡 1 & 2 返回结果 Result.xlsx 的格式列表

日　　期	所在区域	剩余资金数	剩余水数量	剩余食物数量
0	1			
1				
⋮				
30				

🌢 注:表格 Result.xlsx 中,游戏到达终点花费的全部时间不能超过限制规定的 30 天,但可以提前结束。

沙漠穿越根据单人、多人游戏,及天气情况(已知/未知)等条件提出5个子问题,本章重点讨论子问题(1),即:天气情况已知的前提下,制订确保玩家在游戏结束时资金收益最大化的策略,其他问题不展开讨论,感兴趣的读者可以在 CUMCM 官网①查找和下载完整赛题。

14.1.2　游戏关卡 1 和关卡 2 数据与地图

玩家在游戏第1关和第2关(一次完整的游戏过程)所携带的初始资金、采矿的基本收益(每天)、游戏时限、携带物资的上限数据如表14.2所列。

在游戏地图行进时玩家每天需要消耗一定食物和水(游戏仅规定了两种消耗物资类别),

---

① CUMCM 官网地址:http://www.mcm.edu.cn/index_cn.html.

关卡1&2中规定的食物/水价格及各自单箱重量如表14.3所列。

表14.2 关卡1&2基础信息-1

负重上限/kg	截止日期(时限)/天	初始资金/元	基础收益/元
1 200	30	10 000	1 000

表14.3 关卡1&2基础信息-2

资源	重量(kg·箱$^{-1}$)	基础价格(元·箱$^{-1}$)	晴朗(箱·天$^{-1}$)	高温(箱·天$^{-1}$)	沙暴(箱·天$^{-1}$)
水	3	5	5	6	10
食物	2	10	7	8	10

关卡1的天气情况已知,每天的天气状态如表14.4所列。

表14.4 关卡1&2的天气状态数据

	天气状态									
日期	1	2	3	4	5	6	7	8	9	10
天气	高温	高温	晴朗	沙暴	晴朗	高温	沙暴	晴朗	高温	高温
日期	11	12	13	14	15	16	17	18	19	20
天气	沙暴	高温	晴朗	高温	高温	高温	沙暴	沙暴	高温	高温
日期	21	22	23	24	25	26	27	28	29	30
天气	晴朗	晴朗	高温	晴朗	沙暴	高温	晴朗	晴朗	高温	高温

表14.2~表14.4中的基础数据被关卡1和关卡2共享。地图则分别如图14.1和图14.2所示。关卡1和关卡2的两张地图上,都有起点、村庄、矿山和终点这4种特征节点,但关卡2有两个用于补给的村庄节点和两个用于采矿增加收益的矿山节点,相比关卡1,额外增加一对矿山和村庄,且节点数量从关卡1的27个增至64个。

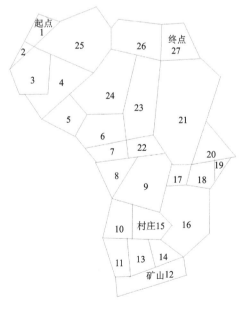

图14.1 关卡1地图

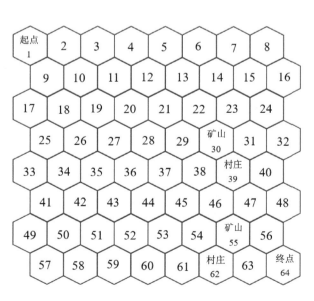

图14.2 关卡2地图

注:有公共地理边界的两个区域定义为"相邻"。例如图 14.1 中的区域 26 与 27、或图 14.2 中的区域 30 与 39 等,都被视为相邻;仅有公共顶点而没有公共边界的两个区域不视作相邻。例如图 14.1 中的区域 1 与 3、或区域 6 与 22,都仅有公共顶点而无公共边,不能视为相邻。

14.2　沙漠穿越问题中用到的符号

沙漠穿越模型中的符号数量较多,分成标量常量、向量常量、矩阵常量和变量这 4 类。

标量常量共有 10 个,如表 14.5 所列。

表 14.5　沙漠穿越模型中的标量常量

符　号	意　义	符　号	意　义	符　号	意　义
T	游戏时间上限	W_1	水的单箱重量	L	负重上限
J	初始资金	P_2	食物的价格	M	人为设置的大数,用于控制物质购买的边界约束
P_1	水的价格	G	采矿收益		
N	划分的区域总数	W_2	食物的单箱重量		

向量常量共计 6 个,如表 14.6 所列,其中区域的角标: $i,j=1,2,\cdots,N$,时间的角标: $t=1,2,\cdots,T$。

表 14.6　沙漠穿越模型中的向量常量

符　号	意　义	符　号	意　义	符　号	意　义
C_t	第 t 天是否沙暴天气	B_t	第 t 天基础食物消耗	E_i	区域 i 是否是矿山
A_t	第 t 天基础水消耗	D_i	区域 i 是否是村庄	F_i	区域 i 是否是终点

矩阵常量只有 1 个 H_{ij},用于描述区域 i 和区域 j 是否相邻;

变量共计 15 个,如表 14.7 所列。

表 14.7　沙漠穿越模型中的变量列表

符　号	意　义	符　号	意　义	符　号	意　义
a_t	第 t 天是否到达村庄	c_t	第 t 天是否原地停留	b_t	第 t 天是否可采矿
d_t	第 t 天是否到达终点	w_t	第 t 天是否采矿	s_t	第 t 天的剩余金额
y_t	第 t 天的水补给	z_t	第 t 天的食物补给	$u_t^{(1)}$	第 t 天补给前的水剩余
$u_t^{(2)}$	第 t 天补给后的水剩余	$v_t^{(1)}$	第 t 天补给前食物剩余	$v_t^{(2)}$	第 t 天补给后食物剩余
$x_{t,i}$	第 t 天是否到达区域 i	$Y_{t,i}$	第 t 天是否在区域 i 停留	s_t	第 t 天资金剩余

14.3　沙漠穿越问题的分析

14.3.1　沙漠穿越问题的游戏规则解析

玩家游历指定关卡的沙漠地图,可能途经图 14.3 所示的起点、村庄、矿山、普通节点和终点这 5 种位置。玩家在这五种位置允许发生的状态变化或行为在图中做了标识。玩家利用手中的起始资金,按照游戏规则购买必要物资,从起点出发,在游戏规定时间范围内,每天发生物资的消耗、补给、获取资金收益等奖惩行为,到达终点后统计剩余资金数量。

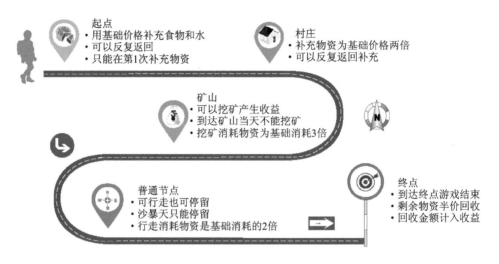

图 14.3 沙漠穿越地图出现的 5 种特征节点及功能

根据规则,在游戏截止前玩家只要拥有超过 1 天的物资,且当天的天气不是沙暴,就能在满足邻接关系的节点间以任意次序往返,或在任意节点因天气或其他原因保持停留状态,例如:"节点→矿山→村庄→矿山→…"或"矿山→节点→村庄→矿山→…"等,都是属于地图规则允许的行为;同样地,玩家处于村庄节点时,可以仅停留而不补充物资,或者在矿山节点也可不采矿;一切状态的改变和具体行为,都以游戏结束时,赚取最大资金收益为目标。

以动态规划为基础的各类算法肯定是一种思路,剩余资金最大化的目标函数容易令人联想到贪心策略,即建立资金数从终点逐步倒溯回起点的流程。此外,沙漠穿越是附加了天气和物资补给两个限定条件的一系列路径决策,因此不是地理意义上的距离最短。以图 14.1 所示的关卡 1 为例,构造邻接矩阵,通过 MATLAB 函数 shortestpath,得到地理位置最短路径为图 14.4 所示的"1→25→26→27",该路径耗时最少,按关卡 1 天气和物资价格情况,消耗资源 295 元购买对应数量的物资,到达终点剩余资金为 9 705 元。但这条路径不经过矿山采矿,无法提供资金收益,只能以物资消耗最少的状态到达终点,不能保证实现最大剩余资金的优化目标;而图 14.5 从起点到达矿山 12 就需要行走 8 天,时间尽管更长,却可以通过采矿来提高收益。两相权衡,后者显然才是这道题目的正确求解方向。

注:邻接矩阵是在图论中构造出的"{0|1}"矩阵,其行列索引序号分别表示图对象特征区域或节点编号,矩阵数值用{0|1}表示两者是否存在通路或"边":有"边"时,该矩阵对应位置元素值为 1,反之为 0。如果通路存在方向,例如 $i→j$ 和反向 $j→i$ 代表两条不同通路,称为"有向图",反之称为"无向图"。关卡 1 地图计有 27 个区域,则两区域 i,j 间是否存在通路,可用表 14.8 的形式描述成维度 27×27 的邻接矩阵。例如第(2,3)位置元素为 1,说明区域 2,3 相邻;同理,区域 2,4 没有相邻关系,因此对应元素值为 0。

地图规则的资源补给规则是令村庄的补给价格为起点的 2 倍、食物与水任一种资源如果中途耗尽,均视为游戏失败。因此玩家在起点应在初始资金及负重上限范围内尽可能购买食

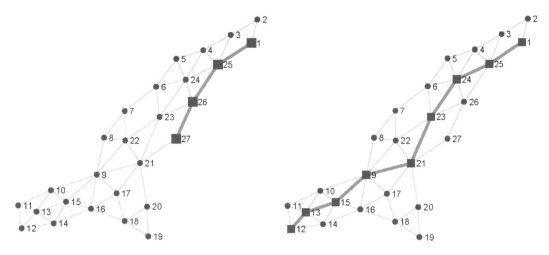

图 14.4　"起点-终点"最短路径　　　　图 14.5　"起点-矿山"最短路径

表 14.8　关卡 1 邻接矩阵格式示意

	(1)	(2)	(3)	(4)	…	(25)	(26)	(27)
(1)	0	1	0	0	…	1	0	0
(2)	0	0	1	0	…	0	0	0
(3)	0	0	0	1	…	1	0	0
(4)	0	0	0	0	…	1	0	0
⋮	⋮	⋮	⋮	⋮	⋮	⋮	⋮	⋮
(25)	0	0	0	0	…	0	1	0
(26)	0	0	0	0	…	0	0	1
(27)	0	0	0	0	…	0	0	0

物和水,且二者比例恰当,食物和水的数量应确保满足如下条件:

✍ 玩家有足够物资,确保在某座矿山连续采矿(资源消耗是正常的 3 倍);

✍ 从矿山到村庄做二次补给时,预留村庄→矿山往返所需的食物/水数额;

✍ 采矿完毕,剩余物资能支持抵达村庄或终点,确保游戏正常进行。

食物和水的购买数量、比例、作为待求参量的路径信息,和玩家的行走、停留、采矿以及游戏时间等状态直接相关,因此食物和水的具体购买数量、比例在游戏开始前同样是未知量,购买物资的方案也是问题求解的要点之一。

14.3.2　沙漠穿越问题的求解思路分析

针对补给方式与待求未知量间存在相互耦连关系,最大资金剩余和路径不容易直接计算的问题,提出以下解决思路:

✍ 思路 1:根据游戏规则,构造以剩余资金最大为目标的完整数学模型,该模型属于最高项次为 3 的混合整数非线性规划问题。这类模型用市面上的各种求解器计算,求解难度一般比较高,因此还要进一步简化模型。一种简化思路是把游戏天数作为已知量,减少变量个数和整个模型的阶数,转化为混合整数二次规划问题,借助 Gurobi 计算最优解;另一种思路是将乘积形式的非线性约束做线性化处理,转换为整数线性规划问题,降低求解难度,这样既不用再遍历游戏时间,又可以用 MATLAB、Lingo 和 Gurobi 等软件求解。

✍ 思路2:将多条合法路径作为已知条件循环代入最大资金剩余为目标的优化模型并求解。考虑到天气和物资消耗因素与待求最优路径的关联,遵循如下步骤:

■ 步骤1:找到地图所有合法邻接的路径,构造初始路径库集合,路径的"合法性"是以节点是否依次邻接、起终点位置是否符合题意要求为依据判定的;

■ 步骤2:给定购买物资的初值,根据确定的天气状况,遍历初始路径集合,获得对应的收益估计值;

■ 步骤3:按收益估计值从大到小排序,抽取头部排名的若干条路径,构造一个用于优化的"新路径库";

■ 步骤4:遍历新构成的路径库,以剩余资金最大为目标、每天食物/水/资金的剩余、是否采矿作为决策变量,求解满足单日负重、食物水剩余约束条件的整数线性规划模型,取求解结果中剩余资金最大者,对应即为最优路径。

✍ 思路3:与思路2类似,但把遍历特征节点和扩展解耦路径这两个过程作为独立的运算单元,具体步骤如下:

■ 步骤1:构造剪枝策略,针对起点/终点/矿山/村庄4类特征节点,形成"拓扑"路径库;

■ 步骤2:按地图节点和天气状况遍历可能的采矿天数,将拓扑路径再恢复和扩展成为实际地图路径;

■ 步骤3:构造优化数学模型并编写代码求解(同思路2)。

总的来说,思路1是把路径作为变量,以整体构造的数学模型统一寻优,相当于思路2和思路3中模型的推广;思路2中把玩家行走的路径改为已知量(路径库/集合事先已经求解得到),优化计算获得其余的未知参数,因为符合地理邻接约束的路径有很多条,要重复代入不同路径,做相同的多次优化计算;而思路2和思路3的区别则在于路径库节点的类别:前者路径由地图所有实际节点组成,包括非村庄"/"矿山的普通节点;后者则只有起点、终点、村庄、矿山这4类特征节点。显然,特征节点邻接矩阵的规模远小于全图节点路径规模,因此特征节点路径库内的路径数量和遍历次数相对于全国节点大幅减少,随后只需按照每条特征路径,寻找通过特征节点间的最短路,最后拼接恢复成全图路径。这种拆成两个子问题分步求解的优化方式,避开了对绝大多数无效路径的搜索。相比而言,思路2路径的剪枝效率更高,但二者本质上都是在遍历已知路径库。整体来讲,第1种思路构造的是一般化的普适数学模型,也是命题人期望在论文答卷看到的结果,但沙漠穿越的一般化数学模型比较复杂,对大学生的模型构造和代码实现的综合能力都提出了有力的挑战。如果在有限的竞赛时间内无法写出这样的数学模型,可以降低要求,把路径作为已知量,降低模型求解的规模和阶次,例如第2和第3种思路就是如此。

14.4　沙漠穿越问题的数学模型

本节内容主要构造问题(1)的数学模型。该模型的决策变量和约束条件较多,相互之间的逻辑关系也比较复杂。为便于理解,首先提出难于直接求解的一般模型,再逐步处理约束条件和变量,通过线性化处理部分非线性约束条件,并提供详细的处理步骤与对应的代码,以减少模型变量或降低模型阶次。

14.4.1　决策变量

表 14.8 列出了 15 个变量,但这些变量又相互关联,因此基本的决策变量只有如下 4 个:

✍ $x_{t,i}$:第 t 天是否到达区域 i(⟨0|1⟩整数变量);

✍ y_t:第 t 天水的补给数量;

✍ z_t:第 t 天食物的补给数量;

✍ w_t:当天是否采矿(⟨0|1⟩整数变量)。

下标索引: $i=1,\cdots,N$, $t=1,\cdots,T$,也可简写为 $\forall i,t$,注意起点物资补给发生在游戏正式开始前的第 0 天。

14.4.2　目标函数

目标函数是当到达终点时的资金剩余 s_t,以及半价回收水与食物的金额,即玩家所获得的全部资金,也就是总收益,如式(14.1)所示。

$$\max = s_t + \frac{1}{2}(u_T^{(2)} P_1 + v_T^{(2)} P_2) \tag{14.1}$$

14.4.3　约束条件

1. 约束条件列表与 MATLAB 代码表述

模型包含对玩家位置、资金数量、负重上限、增加收益与物资消耗,以及各类状态转移形式的描述,加上用于辅助计算的中间变量,共计 8 类 21 组约束条件,方便叙述和查询,本节条件分析将对应的代码也放在相关约束的数学表达式后。

(1)辅助决策变量计算‐1:第 t 天是否到达村庄(补给点),该条件通过玩家当前位置($x_{t,i}$)和位置自身是否属于村庄(D_i)这两个量的乘积形式确定。

$$a_t = \sum_{i=1}^{N} x_{t,i} \cdot D_i$$

(2)辅助决策变量计算‐2:如果第 $t-1$ 天到达矿山,第 t 天(次日)才能采矿($t=2,\cdots,$ T)。条件包含三要素:第 $t-1$ 和 t 天玩家必须都在矿山,即: $x_{t-1,i}=x_{t,i}=1$,位置点 i 必须是矿山节点,因此

$$b_t = \sum_{i=1}^{N} x_{t-1,i} \cdot x_{t,i} \cdot E_i = \sum_{i=1}^{N} Y_{t,i} \cdot E_i$$

理解该条件,首先要界定游戏时间单位: b_t 用于明确第 t 天是否能够或有条件采矿,该变量和游戏的基本时间单位("天")有关,"1 天"按照如下方式定义:

$$\underbrace{0 \rightarrow 1}_{\text{第1天}} \rightarrow 2 \rightarrow \cdots \rightarrow \underbrace{(t-1) \rightarrow t}_{\text{第}t\text{天}} \rightarrow t+1 \rightarrow \cdots \rightarrow T$$

因此"天"是以 24 小时计量的状态量，假设 $t-1$ 天玩家处于向矿山前进的路上，当天抵达矿山却无法采矿——采矿行为应从次日（第 t 天）算起；最后，通过引入约束 1 中的变量 $Y_{t,i}$，同样线性化处理当前约束；

（3）辅助决策变量计算-3：本组约束表示玩家在第 t 天是否要在当前的位置停留，$\forall t = 1,2,\cdots,T-1$，它仍然能以乘积形式表示，但引入 $Y_{t,i}$ 可将其做线性化处理。

$$c_t = \sum_{i=1}^N x_{ti} \cdot x_{t+1,i} = \sum_{i=1}^N Y_{t,i}$$

（4）辅助决策变量计算-4：本组约束用于表述在第 t 天是否到达终点：

$$d_t = \sum_{i=1}^N x_{t,i} F_i$$

以上用于辅助决策变量计算的 4 组约束以 MATLAB 的矩阵化形式书写（变量名称与符号的对应关系见 14.2 小节中对应的表格），如代码 286 所示。

代码 286　决策变量的辅助中间变量

```
a = x * D';
b = Y * E';
c = sum(Y,2);
d = x * F';
```

（5）非线性约束的线性化处理形式：本组约束与约束条件 3 相同，用于判定是否原地停留：$Y_{t,i} = x_{t-1,i} \cdot x_{t,i}$。但当决策变量 $x_{t,i}$ 存在乘积形式时，模型的阶次升高了，因此要对该约束条件进行线性化处理，降低模型阶数。$x_{t,i}$ 为"$\{0|1\}$"决策变量，乘积约束转化为式所示三个线性约束的联合形式。

$$\begin{cases} Y_{t,i} \leqslant x_{t,i} \\ Y_{t,i} \leqslant x_{t-1,i} \\ x_{t-1,i} + x_{t,i} \leqslant Y_{t,i} + 1 \end{cases} \tag{14.2}$$

式（14.2）中的约束用如下代码 287 表述：

代码 287　原地停留约束的线性化处理

```
prob.Constraints.nonlin2lin_1 = Y <= x(1:end-1,:);
prob.Constraints.nonlin2lin_2 = Y <= x(2:end, :);
prob.Constraints.nonlin2lin_3 = x(1:end-1,:) + x(2:end,:) <= Y + 1;
```

（6）变量边界约束-1：本组约束为 $y_t \leqslant Ma_t$，表示除起点外仅在村庄购买水。因为 $\{0|1\}$ 变量 a_t 出现在约束条件中，第 t 天水的购买量存在两种情况：当 $a_t = 0$，代表第 t 天未抵达村庄，此时 $0 \leqslant y_t \leqslant 0$，迫使在当前位置购入水的数量是 $y_t = 0$，即不补给；当 $a_t = 1$，表示玩家抵达村庄，M 作为一个相对大数，只需要大过负重上限，这样水的购买数量就只受到其他约束中的负重上限限制了；

（7）变量边界约束-2：本组约束为 $z_t \leqslant Ma_t$，表示除起点外仅在村庄购买食物，意义同前；

（8）变量边界约束-3：本组约束表达当玩家第 t 天到达矿山后，是否选择采矿：$w_t \leqslant b_t$。b_t 也是 $\{0|1\}$ 变量，当 $b_t = 1$ 时，w_t 可以为 0 也可以等于 1，因此就有两个选择：采矿或不采矿；如果 $b_t = 0$，则只能有一种选择，即：$w_t = 0$，被迫只能选择不采矿。总之，该条件确保了当玩家不在矿山无法采矿，在矿山则能选择采矿或不采矿。约束条件（6）～（8）在程序中的表示

如代码 288 所示。注意第 1 天在起点（允许补给），因此水/食物的村庄补给量 y_t，z_t 都是从第 2 天开始统计的。

代码 288　变量边界约束条件的代码表述

```
prob.Constraints.var_bound_1 = y(2:end) <= M * a(2:end);
prob.Constraints.var_bound_2 = z(2:end) <= M * a(2:end);
prob.Constraints.var_bound_3 = w <= b;
```

（9）终点约束：本组约束表达了到达终点的单向性，也就是迫使玩家到达终点后，无法回退到地图其他节点，数学形式如下：

$$d_{t-1} \leqslant d_t$$

该表达式说明：当玩家第 $t-1$ 天到达终点（$d_{t-1}=1$），如果第 t 天还能返回地图其他节点，则 $d_t=0$，与约束矛盾，如代码 289 所示；

代码 289　终点约束条件的代码表述

```
prob.Constraints.end_point = d(1:end-1) <= d(2:end);
```

（10）状态转移约束-1：本组约束表示第 1 天补给前，水/食物的数量为 0；

$$u_1^{(1)}，v_1^{(1)} = 0$$

（11）状态转移约束-2：本组约束表示补给连续性：在第 t 天补给后水/食物的数量等于补给前数量加补给量；

$$\begin{cases} u_t^{(2)} = u_t^{(1)} + y_t \\ v_t^{(2)} = v_t^{(1)} + z_t \end{cases}$$

（12）状态转移约束-3：本组约束表达了当日玩家在补给前所拥有的物资。这是根据天气情况、处于停留、行走或采矿状态下的消耗计算方式得到的，该约束已经过线性化处理，关于线性化处理过程的解释和分析详见下一小节。

$$\begin{cases} u_t^{(1)} = u_{t-1}^{(2)} - (2w_t - c_t + 2 - d_{t-1})A_t \\ v_t^{(1)} = v_{t-1}^{(2)} - (2w_t - c_t + 2 - d_{t-1})B_t \end{cases}$$

（13）状态转移约束-4：本组约束表达了出发日补给后剩余资金量：

$$s_1 = J - P_1 y_1 - P_2 z_1$$

（14）状态转移约束-5：本组约束表达了剩余的资金数量在每一天内的连续性。第 t 天剩余资金是前一天剩余资金扣除第 t 天当天村庄补给的花费再加当天的采矿所得，即

$$s_t = s_{t-1} + Gw_t - 2P_1 y_t - 2P_2 z_t$$

状态转移约束共计 8 条，如代码 290 所示。

代码 290　剩余资金数量连续性的状态转移条件

```
prob.Constraints.tranfer_1 = u1(1) == 0;
prob.Constraints.tranfer_2 = v1(1) == 0;
prob.Constraints.tranfer_3 = u2 == u1 + y;
prob.Constraints.tranfer_4 = v2 == v1 + z;
prob.Constraints.tranfer_5 = u1(2:end) == u2(1:end-1) - (2 * w - c + 2 - d(1:end-1)). * A';
prob.Constraints.tranfer_6 = v1(2:end) == v2(1:end-1) - (2 * w - c + 2 - d(1:end-1)). * B';
prob.Constraints.tranfer_7 = s(1) == S0 - P1 * y(1) - P2 * z(1);
prob.Constraints.tranfer_8 = s(2:end) == s(1:end-1) + G * w - 2 * P1 * y(2:end) - 2 * P2 * z(2:end);
```

（15）路线约束-1：本组约束用于表述玩家出发第 1 天应位于第 1 个站点：

$$x_{11} = 1$$

(16) 路线约束-2:本组约束表示在截止日第 T 天,玩家必须位于终点 N,数学形式:

$$x_{TN} = 1$$

该条件使得玩家即便提前结束游戏,后续也要维持在终点停留的状态,不再消耗任何物资,剩余资金数值也不发生变动;

(17) 路线约束-3:本组约束表达了玩家位置的唯一性,即:任何一天玩家处于且仅能处于地图中的某一个地点:

$$\sum_{i=1}^{N} x_{t,i} = 1 \quad \forall\, t = 1, 2, \cdots, T$$

(18) 路线约束-4:本组约束限定了玩家行进路径上的节点必须是依次邻接的,即:路径中任意两相邻区域 i,j 满足:

$$x_{t,i} + x_{t+1,j} \leqslant H_{ij} + 1$$

当玩家第 t 和第 $t+1$ 连续两天分别处于区域 i,j 时,上述表达式左值为 2,右值为 1(因为 $H_{ij} + 1 = 0 + 1 = 1$),因此就滤除了两区域不相邻路径结果。路线约束如代码 291 所示,第 4 组约束条件通过 optimineq 构造不等式约束数组循环实现。

代码 291　路径节点相邻约束的代码表示方法

```
prob.Constraints.road_1 = x(1) == 1;
prob.Constraints.road_2 = x(T,N) == 1;
prob.Constraints.road_3 = sum(x,2) == 1;
constr = optimineq(T-1, N, N);
for t = 1 : T - 1
    for i = 1 : N
        constr(t,i,:) = x(t,i) + x(t+1,:) - H(i,:) - 1 <= 0;
    end
end
prob.Constraints.road_4 = constr;
```

(19) 负重上限约束:本组约束表达游戏第 t 天在补给前后的负重均不超过规定上限

$$u_t^{(2)} W_1 + v_t^{(2)} W_2 \leqslant L$$

负重约束如代码 292 所示。

代码 292　负重上限的代码表示方法

```
prob.Constraints.load = u2 * W1 + v2 * W2 <= L;
```

(20) 天气条件约束:本组约束表达了当处于沙暴天气($C_t = 1$)时,数值 $c_t = 1$,即原地停留的变量为真,如代码 293 所示。

代码 293　沙暴天停留约束的代表表示方法

```
prob.Constraints.weather = c(C > 0) == 1;
```

(21) 生存条件约束:本组约束表达了玩家在游戏过程中能拥有的物资最低数量,即:补给前水/食物剩余量不小于 0(否则游戏失败):

$$u_t^{(1)}, v_t^{(1)} \geqslant 0$$

上述条件在 optimvar 定义决策变量时,用参数"LowerBound"设置,详见代码 295。

2. 物资消耗状态转移约束的线性化表述

前一小节的第 12 条约束表示食物和水这两种物资消耗的状态转移,这是经过线性化处理之后的表达式。鉴于在构造数学建模的条件时,线性化处理约束的一些技巧和手段具有通用性,本小节将通过两种思路,介绍线性化处理约束12的详细过程。

首先在给出线性化处理前,玩家每天物资补给和消耗的状态转移的初始表达式:第 t 天补给前物资的数量 $(u_t^{(1)}, v_t^{(1)})$ 应当等于第 $t-1$ 天补给后的物资量 $(u_{t-1}^{(2)}, v_{t-1}^{(2)})$ 与当日(第 t 天)按照天气、行走、停留、采矿等规则的实际消耗量的差值,如式(14.3)所示。

$$\begin{cases} u_t^{(1)} = u_{t-1}^{(2)} - [(1+2w_t)b_t + (2-c_t)(1-b_t)] \cdot A_t \cdot (1-d_{t-1}) = Q \cdot A_t \\ v_t^{(1)} = v_{t-1}^{(2)} - [(1+2w_t)b_t + (2-c_t)(1-b_t)] \cdot B_t \cdot (1-d_{t-1}) = Q \cdot B_t \end{cases} \quad (14.3)$$

式(14.3)的各符号意义如表14.6和表14.8所列,这组公式统一表述了玩家处于不同状态的物资消耗情况。w_t, b_t, c_t, d_t 都是中间决策变量,因此当前是一组三阶的表达式。线性化(降阶)的关键在于对表达式右端乘积因子系数 Q 的处理,式(14.3)各乘积项解释如下:

✎ 在矿山时的物资消耗:玩家在矿山停留时,物资消耗系数与玩家是否在矿山(b_t)、是否选择采矿(w_t)这两个"$\{0|1\}$"变量有关,取值分段情况如式(14.4)所示:

$$\begin{cases} (1+2w_t) \cdot b_t = 0 & b_t = 0 & \text{(不在矿山)} \\ (1+2w_t) \cdot b_t = 1 & b_t = 1, w_t = 0 & \text{(在矿山但不采矿)} \\ (1+2w_t) \cdot b_t = 3 & b_t = w_t = 1 & \text{(在矿山且采矿)} \end{cases} \quad (14.4)$$

✎ 在行走停留时的物资消耗:玩家不在矿山时只有行走和原地停留的选项,物资消耗系数和是否在矿山($1-b_t$)、是否原地停留(c_t)这两个"$\{0|1\}$"变量有关,取值分段情况如式(14.5)所示:

$$\begin{cases} (2-c_t) \cdot (1-b_t) = 0 & b_t = 1 & \text{(在矿山)} \\ (2-c_t) \cdot (1-b_t) = 1 & b_t = 0, c_t = 1 & \text{(不在矿山且原地停留)} \\ (2-c_t) \cdot (1-b_t) = 2 & b_t = c_t = 0 & \text{(不在矿山且行走)} \end{cases} \quad (14.5)$$

✎ 每天实际消耗的物资量:每日实际消耗的物资量与按天气计算的第 t ($t=1,2,\cdots,T$) 天基础消耗量(A_t, B_t),以及第 $t-1$ 天是否到达终点($1-d_{t-1}$)这两项因素有关,取值分段情况如式(14.6)所示。注意:之所以第2项使用了变量 d_{t-1} 而不是 d_t,是因为抵达终点次日无消耗,但抵达终点的当天是有物资消耗的。

$$\begin{cases} (A_t \mid B_t) \cdot (1-d_{t-1}) = 0 & d_{t-1} = 1 & \text{(已经到达终点)} \\ (A_t \mid B_t) \cdot (1-d_{t-1}) = (A_t \mid B_t) & d_{t-1} = 0 & \text{(尚未到达终点)} \end{cases} \quad (14.6)$$

式(14.4)~式(14.6)解释了式(14.3)中,从行走、停留到采矿等一系列状态转移的判定和处理方法,可以算出每一天的补给量,数学意义是清晰的。但式(14.3)存在多个因子(包含决策变量)的连续乘积,使约束条件在形式上转变为非线性约束,相应模型变成非线性混合整数规划问题,人为提高了解算难度,计算规模受到很大限制。因此有必要在优化计算前,减少模型阶次以提高求解速度,这就是线性化处理约束条件的原因。为此,本小节提出两种约束条件降阶的方法:试凑法和待定系数法。

(1)试凑法

图14.6所示为玩家在不同状态下对应的具有四种取值的每日资源消耗系数分段函数。线性化处理的目标是将分段函数用最高阶次为1的统一线性表达式来代替。针对表达式的具体结构,想到用试凑法"凑"出表达式系数。

试凑法要按到达终点前后,分两阶段修正消耗因子。

① 第1阶段:先考虑停留、采矿和是否在矿山这三种因子交叉时的表达式(14.4)~式(14.5),

物资消耗因子

抵达终点消耗因了：0
早于截止期抵达后剩余时间的约定

原地停留消耗因子：1
针对沙暴天气或矿山选择不挖矿

挖矿消耗因子：3
玩家处于矿山并选择挖矿

行走消耗因子：2
玩家在地图邻接区域上移动

图 14.6　每天物资消耗因子的四种状态及对应系数值

观察 b_t 和 w_t，以及 b_t 和 c_t 之间的关系，这两对变量均存在重叠取值的情况。因此将式(14.3)第 1 部分乘积项中，与 b_t 有关的乘积因子先去掉，"试凑"成式(14.7)所示的线性表达式

$$Q = (1 + 2w_t) + (2 - c_t) = 2w_t - c_t + 3 \tag{14.7}$$

然后观察表达式的结构来微调参数：当 $w_t = 1, c_t = 1$ 时，原地停留采矿，有

$$Q = 2w_t - c_t + 3 = 4 \neq 3$$

故常数项再减 1，"凑"成

$$Q = 2w_t - c_t + 2$$

观察下列 3 种情况：

🪏 矿山停留采矿，$c_t = w_t = 1$，有 $2w_t - c_t + 2 = 2 - 1 + 2 = 3$，符合规则定义；

🪏 行走，$c_t = w_t = 0$，有 $2w_t - c_t + 2 = 0 - 0 + 2 = 2$，符合规则定义；

🪏 停留不采矿，$c_t = 1, w_t = 0$，有 $2w_t - c_t + 2 = 0 - 1 + 2 = 1$，同样符合规则定义。

② 第 2 阶段：继续考虑到达终点后的消耗，根据式(14.6)，玩家抵达终点到游戏完全结束，每天食物和水消耗因子还要表示为 $Q \cdot (1 - d_{t-1})$ 形式。由模型约束条件 7：即使玩家游戏提前结束，计算过程中视为玩家仍然维持在终点停留的状态，只是每天不消耗任何物资(消耗量为 0)，剩余资金也维持玩家到达终点时的数量，直至游戏截止期(第 30 天)为止。

综合以上分析，只要找到同时满足：$d_{t-1} = 1 \Rightarrow 0$ 和 $d_{t-1} = 0 \Rightarrow Q$ 这两个条件的系数线性表达式就可以了。图 14.7 解释了模型约束条件 4 关于终点"停留"的状态：用两个实心小圆节点代表在时间轴上第 $t-1$ 天正式开始的时刻，和第 t 天正式开始的时刻，当且仅当玩家在这两个时刻均处于终点时，才能说玩家第 $t-1$ 天"停留"在终点区域。

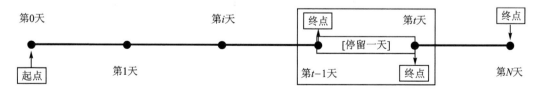

第0天　　　　　　　　　第i天　　　　　　　　　　　　　终点　　　　第t天　　　　　　终点

起点　　　　　第1天　　　　　　　　　　　第t-1天　　　　终点　　　　第N天

[停留一天]

图 14.7　沙漠穿越模型对"停留"概念的解释

停留在终点直至游戏截止日期的这段时间,玩家处于不行走、不消耗物资、不采矿,在无损耗的同时也没有收益的特殊状态。因此当 $Q=1,d_{t-1}=1$ 时,$Q-d_{-1}=0$ 表述了终点消耗为 0 的约束;如果玩家第 $t-1$ 天还未到达终点,则 $d_{t-1}=0,Q-d_{-1}=1$,维持原消耗因子 Q 不变。综合以上信息,式(14.3)中玩家的消耗因子 Q 就可以用式(14.8)线性化形式来等效描述。

$$Q-d_{t-1}=2w_t-c_t-d_{t-1}+2 \tag{14.8}$$

(2) 待定系数法

试凑法在线性化处理全部"$\{0|1\}$"变量的非线性约束时,属于介于猜测试算和推理之间的方法。显然,在约束中的变量个数较多时"凑"出一个恰当的表达式,难度是比较大的,下面再介绍另一种通过待定系数法完成约束条件线性化处理的半通用思路。

首先,既然是将非线性约束做线性化处理,一个自然的想法是假定物资消耗因子能通过"$\{0|1\}$"变量线性表述,如式(14.9)所示。

$$y=\begin{bmatrix} a_1 & a_2 & a_3 & a_4 & a_5 \end{bmatrix} \cdot \begin{bmatrix} w_t \\ b_t \\ c_t \\ d_{t-1} \\ 1 \end{bmatrix} \tag{14.9}$$

接下来需要通过已知状态条件,确定待定系数 $a_i(\forall i=1,2,\cdots,5)$ 的具体数值,先定义玩家可能存在的 5 种行动状态的基本数据:

🪨 在矿山采矿。状态条件:$w_t=b_t=c_t=1,d_{t-1}=0$,有
$$a_1+a_2+a_3+a_5=3$$

🪨 在矿山停留。仅做停留不采矿时,状态条件:$w_t=0,b_t=c_t=1,d_{t-1}=0$,有
$$a_2+a_3+a_5=1$$

🪨 在不是矿山的区域停留。$w_t=0,b_t=0,c_t=1,d_{t-1}=0$,有
$$a_3+a_5=1$$

🪨 行走。状态条件:$w_t=0,b_t=0,c_t=0,d_{t-1}=0$,有
$$a_5=2$$

🪨 抵达终点。状态条件:$w_t=0,,b_t=0,c_t=1,d_{t-1}=1$,有
$$a_3+a_4+a_5=0$$

非补给情况下,玩家在地图上的行动状态将处于上述 5 种情形之一,恰好构成 5 个方程 5 个未知数的恰定线性方程组,求解过程如代码 294 所示。

代码 294　待定系数法:非线性约束的线性化处理

```
>> A = [1 1 1 0 1;0 1 1 0 1;0 0 1 0 1;0 0 0 0 1;0 0 1 1 1];
>> b = [3 1 1 2 0];
>> x = (A\b')'
x =
    2    0   -1   -1    2
```

代码 294 通过线性方程组求解待定系数,得到消耗量系数与式(14.8)相同。

🪨 评:相比于试凑法(根据表达式形式观察、推理和试凑的思路),待定系数法线性化处理"$\{0|1\}$"变量的非线性约束更通用,尤其针对变量数量更多,待定系数法的优势就更明显。通过假定非线性约束存在一组系数,可将其线性化表述(这是初等数学工具和手段在优化问题

中的应用），该方法体现了线性相关的概念，非线性约束究竟能不能被线性表述取决于能否找到和系数数量对应的状态最大无关组。

14.4.4　沙漠穿越问题完整数学模型

综合前一节对沙漠穿越问题的目标函数、决策变量和约束条件的描述，这是以游戏结束时，玩家拥有的剩余资金最多为目标、以游戏回合行动中遵从特定天气状况下物资补给消耗、采矿增加收益、负重、地图邻接等一系列规则的混合整数线性规划数学模型，如式（14.10）所示。

$$\max = s_t + \frac{1}{2}(u_T^{(2)} P_1 + v_T^{(2)} P_2)$$

$$\begin{cases}
a_t = \sum_{i=1}^{N} x_{ti} D_i & \forall t \\
b_t = \sum_{i=1}^{N} Y_{t,i} E_i & \forall t = 2, \cdots, T \\
c_t = \sum_{i=1}^{N} Y_{t,i} & \forall t = 1, \cdots, T-1 \\
d_t = \sum_{i=1}^{N} x_{ti} F_i & \forall t \\
Y_{t,i} \leqslant x_{t,i} & \forall t, i \\
Y_{t,i} \leqslant x_{t-1,i} & \forall i, t = 2, \cdots, T \\
x_{t-1,i} + x_{t,i} \leqslant Y_{t,i} + 1 & \forall i, t = 2, \cdots, T \\
y_t \leqslant M a_t & \forall t = 2, \cdots, T \\
z_t \leqslant M a_t & \forall t = 2, \cdots, T \\
w_t \leqslant b_t & \forall t \\
d_{t-1} \leqslant d_t & \forall t = 2, \cdots, T \\
u_1^{(1)}, v_1^{(1)} = 0 \\
u_t^{(2)} = u_t^{(1)} + y_t & \forall t, \\
v_t^{(2)} = v_t^{(1)} + z_t & \forall t, \\
u_t^{(1)} = u_{t-1}^{(2)} - (2w_t - c_t + 2 - d_{t-1}) A_t & \forall t = 2, \cdots, T \\
v_t^{(1)} = v_{t-1}^{(2)} - (2w_t - c_t + 2 - d_{t-1}) B_t & \forall t = 2, \cdots, T \\
s_1 = J - P_1 y_1 - P_2 z_1 \\
s_t = s_{t-1} + G w_t - P_1 y_t - P_2 z_t & \forall t = 2, \cdots, T \\
x_{11}, x_{TN} = 1 \\
\sum_{i=1}^{N} x_{ti} = 1 & \forall t \\
x_{ti} + x_{t+1,j} \leqslant H_{ij} + 1 & \forall t = 1, \cdots, T-1 \\
u_t^{(2)} W_1 + v_t^{(2)} W_2 \leqslant L \\
c_t = 1, \quad 当 C_t = 1 & \forall t = 1, \cdots, T-1 \\
u_t^{(1)}, v_t^{(1)} \geqslant 0
\end{cases} \tag{14.10}$$

本书下一章介绍的沙漠穿越拓展模型在形式上也与式(14.10)有紧密联系。

14.5　第 1 类方案:按数学模型

按照前一节的分析,因为高阶次约束条件都已经做了线性化处理,采用 MATLAB、Lingo 或 Gurobi 等不同的计算软件都能求解式(14.10)所示的沙漠穿越问题数学模型,本节将探讨其代码方案的多种编写思路。

主要介绍如下 6 种代码方案。这些求解程序可以帮助读者加深对 MATLAB、Lingo、Yalmip 以及 Gurobi 等软件和求解器各种技巧综合运用的理解程度,并对不同软件或工具箱在复杂规划模型中的求解效率有更深入的体会。

① MATLAB 环境调用 Gurobi 求解 MATLAB 问题式模型;
② MATLAB 环境调用 Gurobi 求解 Yalmip 问题式模型;
③ Lingo 求解模型;
④ Python 环境调用 Gurobi 求解模型;
⑤ Gurobi 命令行求解 mps 模型;
⑥ MATLAB 环境以更多参数调用 gurobi 求解器。

14.5.1　方案 1－1:MATLAB/solve 函数调用 Gurobi 求解器

调用 Gurobi 优化求解器计算 MATLAB 搭建的问题式模型,实现方式包含两种:第一种是通过环境配置,借助 MATLAB 优化工具箱的 solve 函数,优先调用 Gurobi 提供的 intlinprog 函数求解模型,这是 Gurobi 在 MATLAB 环境下求解 LP 或 MILP 问题的官方推荐方式;另一种是在 MATLAB 环境下使用 Gurobi 的 gurobi 函数。

代码 295 就是用 solve 函数调用 Gurobi 整数规划函数 intlinprog 的代码方案,求解前已将问题基本参数(表 14.2～表 14.4),以及构造的邻接矩阵等,事先存储在 data.mat 文件内,该数据文件的相对路径位置:"🗀 X:/.../data_input/data.mat",读者可以自行定义路径,但注意要同时修改代码 295 第 2 行的路径名称;此外,指定求解关卡 1 或 2 的数据,可按代码注释给出的步骤,修改第 2 行第 2 参数;第 2 行提取数据的方法函数"Help.get_data"隶属于值型类 Help,该函数功能包括但不限于提取数据,剩余多个成员方法函数在沙漠穿越问题其他求解方案还要继续使用(相关解释见第 14.6 和第 14.7 节)。

代码 295　方案 1－1:MATLAB/solve 调用 Gurobi 求解器

```
clear;clc;close all
data = Help.get_data("data_input\data.mat", 1);  % 第 2 参数选择 1 或者 2,代表关卡
tic
% 1.定义常量
T = 31;          M = data.jisy;            G = data.jisy;     L = data.fzsx;
S0 = data.cszj;  W1 = data.szl;            W2 = data.wzl;     P1 = data.sjg;
P2 = data.wjg;   N = height(data.G.Nodes);
Q = 1:N;
A = data.sxh_d;                            B = data.wxh_d;
C = +(data.tq(1:T-1) == "沙暴");           D = +ismember(Q, data.cz);
E = +ismember(Q, data.ks);                 F = horzcat(zeros(1,numel(Q)-1),1);
% 注意对角元素为 1,因为停留是允许的
```

```
H = full(data.G.adjacency) + eye(N);
% 2.定义决策变量
prob = optimproblem('ObjectiveSense','maximize');
% x是状态量,记录第 t 天是否到达的区域 i,第 1 个值是第 0 天所在位置,即起点位置
x = optimvar("x", T, N, "Type", "integer", "LowerBound", 0, "UpperBound",1);
% Y是过程量,表示第 t 天是否在区域 i 停留,因此维度为 T-1
Y = optimvar("Y", T-1, N, "Type", "integer", "LowerBound", 0, "UpperBound",1);
% y是状态量,表示每 t 天到达后购买的水的数量,维度为 T,第 1 个值表示在起点购买的水数量
y = optimvar("y", T,    "Type", "integer", "LowerBound", 0);
% z是状态量,表示每 t 天到达后购买的食物的数量,维度为 T,第 1 个值表示在起点购买的食物数量
z = optimvar("z", T,    "Type", "integer", "LowerBound", 0);
% w是过程里,表示第 t 天是否采矿,维度为 T-1
w = optimvar("w", T-1,   "Type", "integer", "LowerBound", 0, "UpperBound",1);
% u1是状态量,表示每 t 天到达后剩余水的数量,维度为 T
u1 = optimvar("u1", T,    "Type", "integer", "LowerBound", 0);
% v1是状态量,表示每 t 天到达后剩余食物的数量,维度为 T
v1 = optimvar("v1", T,    "Type", "integer", "LowerBound", 0);
% u2是状态量,表示每 t 天到达后购买完水之后水的数量,维度为 T
u2 = optimvar("u2", T,    "Type", "integer", "LowerBound", 0);
% v2是状态量,表示每 t 天到达后购买完食物后食物的数量,维度为 T
v2 = optimvar("v2", T,    "Type", "integer", "LowerBound", 0);
% S是状态量,表示每天的剩余资金
s = optimvar("S", T);
% 3.计算中间变量,即辅助决策变量
a = x * D';    b = Y * E';    c = sum(Y,2);    d = x * F';
% 4 约束条件
% 4.1 x_{t,i} * x_{t-1,i}转为线性约束
prob.Constraints.nonlin2lin_1 = Y <= x(1:end-1,:);
prob.Constraints.nonlin2lin_2 = Y <= x(2:end, :);
prob.Constraints.nonlin2lin_3 = x(1:end-1,:) + x(2:end,:) <= Y + 1;
% 4.2 变量的边界约束
prob.Constraints.var_bound_1 = y(2:end) <= M * a(2:end);
prob.Constraints.var_bound_2 = z(2:end) <= M * a(2:end);
prob.Constraints.var_bound_3 = w <= b;
% 4.3 对终点的约束
prob.Constraints.end_point = d(1:end-1) <= d(2:end);
% 4.4 状态转移方程
prob.Constraints.tranfer_1 = u1(1) == 0;
prob.Constraints.tranfer_2 = v1(1) == 0;
prob.Constraints.tranfer_3 = u2 == u1 + y;
prob.Constraints.tranfer_4 = v2 == v1 + z;
prob.Constraints.tranfer_5 = u1(2:end) == u2(1:end-1) - (2*w-c+2-d(1:end-1)).*A';
prob.Constraints.tranfer_6 = v1(2:end) == v2(1:end-1) - (2*w-c+2-d(1:end-1)).*B';
prob.Constraints.tranfer_7 = s(1) == S0 - P1*y(1) - P2*z(1);
prob.Constraints.tranfer_8 = s(2:end) == s(1:end-1) + G*w - 2*P1*y(2:end) - 2*P2*z(2:end);
% 4.5 线路约束
prob.Constraints.road_1 = x(1) == 1;
prob.Constraints.road_2 = x(T,N) == 1;
prob.Constraints.road_3 = sum(x,2) == 1;
constr = optimineq(T-1, N, N);
for t = 1 : T-1
    for i = 1 : N
        constr(t,i,:) = x(t,i) + x(t+1,:) - H(i,:) - 1 <= 0;
    end
end
prob.Constraints.road_4 = constr;
```

```
% 4.6 负重约束
prob.Constraints.load = u2 * W1 + v2 * W2 <= L;
% 4.7 沙暴天约束
prob.Constraints.weather = c(C > 0) == 1;
% 5.目标函数
prob.Objective = s(T) + 0.5 * (P1 * u2(T) + P2 * u2(T));
t1 = toc;
% 6.求解
addpath('C:\gurobi1000\win64\examples\matlab')
tic;
opt = optimoptions('intlinprog','MaxTime',70000,'MaxFeasiblePoints',5e6);
[sol, fvl] = solve(prob,'options',opt);
t2 = toc;
rmpath('C:\gurobi1000\win64\examples\matlab')
% 7.保存结果
save mydata
```

问题 1 的关卡 2 地图有 64 个节点,所构造的模型是求解具有 31 个连续变量、4 120 个整数变量、约 13 万条约束的整数线性规划问题,这样规模的模型,其构造方式和求解效率是需要考虑的。运行代码 295 发现,针对“路线途径区域 i,j 依次邻接”的路线约束 4,在模型生成阶段耗费了较多的时间。条件 4 相关解释表达的意思是一条穿越沙漠的路径上,任意两个相邻区域 i 和 j,在第 t 天是否邻接。该条件与玩家的游戏时间,以及所处空间位置均有关系,因此要借助邻接矩阵 H_{ij} 的数据,通过遍历时间来判定,不可避免要生成区域位置不同、而形式相同的一系列约束条件。这在 MATLAB 中有多种代码的构造思路,例如代码 296 所示的三重循环构造邻接约束族,这是逐条描述约束的常用方法。

代码 296 用三重循环表示区域邻接路径约束条件

```
constr = optimineq([T-1, N, N]);
for t = 1:T - 1
    for i = 1:N
        for j = 1:N
            constr(t,i,j) = x(t,i) + x(t+1,j) <= H(i,j) + 1;
        end
    end
end
prob.Constraints.road_4 = constr;
```

三重循环每两个区域的邻接关系约束都是逐条生成的,形式简单容易理解,也符合线路邻接约束表达式自身的实际意义,代码没有语法和逻辑错误,运行可以得到正确结果。但模型生成时,用循环方式构造这组约束条件非常耗时,例如:地图关卡 1 只有 27 个区域,运行程序后显示仅是用于构造模型所花时间就有 $t_1 = 832$ s ≈ 14 min,求解时间 t_2 尚未计算在内,不难推断随着地图中的区域数量逐渐增多,运行效率还会进一步下降。

为加快 MATLAB 中的模型构造速度,采用矢量化方式批量生成约束:代码 295 第 62～68 行就采用了“半矢量化”表示方式。注意条件“x(t,i) + x(t+1,:) − H(i,:) − 1 <= 0”在循环内调用 optimneq 函数,构造以天数 t($\forall t = 1, \cdots, T-1$)和区域 i($\forall i = 1, \cdots, N$)遍历的所有路线区域邻接约束,没有代码 296 中的角标 j,意味着第 t 天玩家处于区域 i 的状态,并和次日所有区域同时交叉构造了一组约束,这确保对首尾邻接路线约束的“批量”构造,相当于三重循环降为两重,在完成这种替换后,测试关卡 1 的模型构造时间降至 4.11 s。模型构造效率提高了 200 倍。

受此启发，继续考虑另一种完全向量化的约束构造方案，即：采用代码 297 所示的两条语句，替换代码 295 第 62～68 行。代入关卡 1 和关卡 2 数据重新运行，模型构造时间分别为 $t_1 = 0.1$ s 和 $t_1 = 0.13$ s。以关卡 1 数据为例，第 1 和第 3 种方案的模型构造效率相差约 8 000 倍。

代码 297　完全矢量化的邻接约束构造方法

```
constr = repmat(x(1:T-1,:),1,1,N) + ...
         repmat(reshape(x(2:T,:),T-1,1,N),1,N,1) - repmat(shiftdim(H,-1), T-1, 1, 1) - 1;
prob.Constraints.road_4 = constr <= 0;
```

近几年 MATLAB 新版本的数组循环运算往往不逊色于向量化代码执行速度。因此代码 295 出现如此悬殊的效率反差，有些出乎意料。初步推测其原因是 optim 优化类属于全新的对象化数据类型，优化工具箱与问题式建模有关的 optimeq/optimneq/optimconstr 等函数，尚未加入对循环的效率优化支持，这一点有待于更多更复杂优化案例的后续测试验证，也需要持续关注未来 MATLAB 版本的相关变化。

14.5.2　方案 1－2：MATLAB/gurobi 函数调用 Gurobi 求解器

代码 295 是在 MATLAB 环境通过 solve 函数调用 Gurobi/intlinprog 来求解沙漠穿越的数学模型。本节再介绍另一种在 MATLAB 环境调用 Gurobi/gurobi 函数来求解数学模型的方法。

函数"📄Gurobi/gurobi.m"是 Gurobi 软件 built－in 接口函数，源代码不可见，接口执行程序是同文件夹下的 MEX 文件 gurobi.mexw64），位于路径："🗀 C:/gurobi1000/win64/matlab"。它和 Gurobi/intlinprog 函数都可以在 MATLAB 环境求解整数规划模型，区别在于：Gurobi/gurobi 函数求解的是 Gurobi 软件所定义格式的优化模型，不是 MATLAB 的问题式模型。这个方案的难点是在 MATLAB 环境转换和构造出 Gurobi 优化模型。

对照 Gurobi 模型参数，先以面向对象编程方式编写静态值型类"📄Help_LP.m"，将问题式模型转换和求解过程分成下面的 5 个步骤：

步骤 1：构造 MATLAB 问题式模型。成员方法函数"Help_LP.build_model"可以在 MATLAB 环境按问题式建模方式搭建沙漠穿越优化模型，程序内容同代码 295 第 2～74 行，代码结构如图 14.8 右侧流程；

步骤 2：模型格式转换。成员方法函数"Help_LP.prob2gurobi"将 MATLAB 问题式模型转换为 Gurobi 模型；

步骤 3：求解转换模型。成员方法函数"Help_LP.solve"经 gurobi 函数调用 Gurobi 求解器寻优计算；

步骤 4：结果名称及维度匹配。成员方法函数"Help_LP.paser_result"重新把 Gurobi 的求解结果转换为问题式模型的变量名称和维度；

步骤 5：结果信息写入文件。把原竞赛问题提供的"Result.xlsx"空白表格文件放入路径"🗀 X:/.../data_input/"，每次运行成员方法函数"Help_LP.save_sol_to_xls"时，在当前文件夹复制一个空表，并将对应关卡结果信息按表 14.1 指定次序写入"🗀 X:/.../Result.xlsx"文件。

图 14.8 中的程序"Help_LP.m"如代码 298 所示，程序分为：模型构造、模型（MATLAB －－> Gurobi）转换、模型求解和结果维度匹配这 4 个部分，每个子程序内通过 tic/toc 函数统

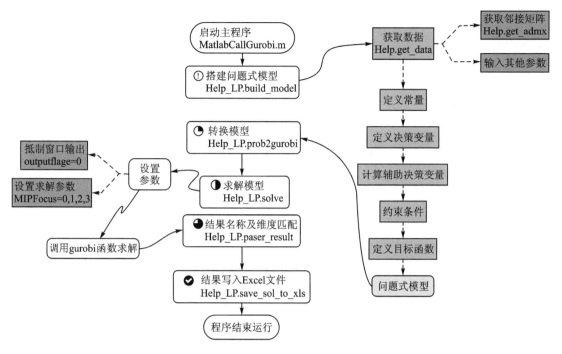

图 14.8　MATLAB/gurobi 调用 Gurobi 求解器方案 1－2 代码流程

计了各自的运行时间。由于对应方案 1－2 的主体代码和代码 295 相同,故在子程序 build_
model 中略去。Help_LP.m 是在 MATLAB 环境调用 gurobi 模型的通用流程,适用于求解
LP 和 MILP 问题。

代码 298　方案 1－2：MATLAB/gurobi 函数调用 Gurobi 求解器

```
classdef Help_LP
    methods(Static)
        function sol = paser_result(prob, result, fvl)
            tic
            sol = struct ;
            idx = varindex(prob);
            names = fieldnames(prob.Variables);
            for i = names'
                iddx = getfield(idx, i{1}); % #ok <* GFLD>
                v = reshape(result(iddx), size(getfield(prob.Variables, i{1})));
                sol = setfield(sol, i{:}, v);
            end
            sol = setfield(sol, 'obj', fvl); % #ok <* SFLD>
            toc
        end
        function model = prob2gurobi(prob)
            tic
            model_s = prob2struct(prob);
            model.A = [model_s.Aeq; model_s.Aineq];
            if isempty(model.A)
                model.A = spalloc(0,length(model_s.lb),0);
            end
            model.obj = full(model_s.f);
            model.rhs = [model_s.beq; model_s.bineq];
```

```
        model.sense = repelem('=  <  ', [numel(model_s.beq), numel(model_s.bineq)]);
        model.vtype = repmat('C', 1, length(model_s.lb));
        model.vtype(model_s.intcon) = 'I';
        model.modelsense = 'min';
        model.lb = model_s.lb;
        model.ub = model_s.ub;
        if isfield(model, "H")
            model.Q = model_s.H/2;
        end
        model.objcon = model_s.f0;
        toc
    end

    function prob = build_model(num)
        tic
        % 问题式模型搭建代码与前一节相同,略去
        toc
    end

    function result = solve(model)
        tic
        params.outputflag = 0;    % 订制输出结果显示形式为:不显示
        params.MIPFocus = 2;      % MIP 问题求解结果搜索偏好度
        result = gurobi(model, params);
        toc
    end
    function save_sol_to_xls(file_name, sol, num)
        tic
        copyfile(sprintf("data_input/%s", file_name), pwd, "f");
        [~, road] = find(sol.x);
        mat = [road,round(sol.S,2), round(sol.u2), round(sol.v2)];
        writematrix(mat, file_name, "Range", sprintf('%c4','B' + (num-1) * 6));
        toc
    end
    end
end
```

代码 298 用到了一些基础的面向对象程序编写知识,属于 MATLAB 的静态值型类,用点调用方式就可以调用其内部的各个成员方法函数,如代码 299 所示。修改变量"level"的数值,运行即可得到关卡 1&2 的结果 sol,以及与关卡对应的 Result 表格数据信息。

代码 299　方案 1-2:主调用程序

```
clear;clc;close all
level = 1;      % 取 1 或 2,分别代表两个关卡
prob = Help_LP.build_model(level);            % 1. 模型构造
model = Help_LP.prob2gurobi(prob);            % 2. 模型(MATLAB --> Gurobi)转换
result = Help_LP.solve(model);                % 3. 模型求解
sol = Help_LP.paser_result(prob, result.x, result.objval);  % 4. 结果维度匹配
Help_LP.save_sol_to_xls("Result.xlsx", sol, level);         % 5. 写入 Excel 文件
```

比较方案 1-1(代码 295)和方案 1-2(代码 298～代码 299),两组方案都是在 MATLAB 环境内,用 Gurobi 提供的整数线性规划求解器针对问题式模型的优化计算。区别在于代码 298 要在优化计算之前,把 MATLAB 模型转成 Gurobi 能识别的模型(struct 类型),优化结果也转换为结构体类型以增加可读性。两个方案各有利弊,方案 1-1 代码更简单,方案 1-2 增

加了格式转换的步骤，但支持更多 Gurobi 求解器参数设置，这在比较复杂且需要更多参数支持的模型求解时是非常重要的。例如，代码 298 第 45 行出现的参数 MIPFocus 用于设置 gurobi 求解 MIP 问题时的结果偏好策略。中间迭代时，在"继续寻找新的可行解"和"证明当前结果为最优解"两种策略间做出倾向性的选择，Gurobi 为这个参数设置了如下 4 种选择：

① MIPFocus＝0(默认)：两种策略的倾向性大致平衡；

② MIPFocus＝1：两种策略倾向于快速找到新的可行解；

③ MIPFocus＝2：当确定能够相对容易地找到高质量的可行解，更加倾向于证实当前结果即为最优解时，该参数值适合于设置成 2；

④ MIPFocus＝3：当目标的边界值移动缓慢或几乎不移动的情况下，选择当前值 3。

如果代入关卡 2 的数据，代码 298 设置 MIPFocus＝0，花费约 23 s 可求得全局最优解－12 730；将该参数修改为 2，笔者计算机耗时约 32 s 得到相同结果。侧面说明通过 Gurobi 内置参数的设置，能更彻底解放求解器的优化解算能力，这一点对复杂模型求解时，效率差异有时是显著的。不过，不同版本的 Gurobi 求解器在同一台机器上的求解表现也有可能不同，不能简单说哪一种更优。

14.5.3　方案 1－3：MATLAB＋Yalmip＋Gurobi 求解模型

Yalmip 是用于优化建模和计算的 MATLAB 的第三方工具箱，在本书开始时已经就 Yalmip 在 MATLAB 中的安装与使用方法做了简单介绍。本节将在 MATLAB 环境中，利用 Yalmip 构造式所示模型表达式(14.10)的代码，并指定调用 Gurobi 求解(见代码 300)。

代码 300　方案 1－3：MATLAB/Yalmip＋Gurobi 求解沙漠穿越模型

```
clear;clc;close all
data = Help.get_data("data_input\data.mat", 1);
tic ;
% 1.定义常量
T = 31;              M = data.jisy;       G = data.jisy;       L = data.fzsx;
S0 = data.cszj;      W1 = data.szl;       W2 = data.wzl;       P1 = data.sjg;
P2 = data.wjg;       N = height (data.G.Nodes);
Q = 1 : N;
A = data.sxh_d;                           B = data.wxh_d;
C = + (data.tq(1:T-1) == "沙暴");         D = + ismember (Q, data.cz);
E = + ismember (Q, data.ks);              F = horzcat (zeros (1,numel (Q) - 1),1);
% 注意对角元素是 1,因为停留是允许的
H = full (data.G.adjacency) + eye (N);
% 2.定义决策变量
% x 是状态量,记录第 t 天是否到达的区域 i,第 1 个值是第 0 天所在位置,即起点位置
x = binvar(T,   N);
% Y 是过程量,表示第 t 天是否在区域 i 停留,因此维度为 T-1
Y = binvar(T-1, N);
% y 是状态量,表示每 t 天到达后购买的水的数量,维度为 T,第 1 个值表示在起点购买的水数量
y = intvar(T, 1);
% z 是状态量,表示每 t 天到达后购买的食物的数量,维度为 T,第 1 个值表示在起点购买的食物数量
z = intvar(T, 1);
% w 是过程量,表示第 t 天是否采矿,维度为 T-1
w = binvar(T-1, 1);
% u1 是状态量,表示每 t 天到达后剩余水的数量,维度为 T
u1 = intvar(T, 1);
% v1 是状态量,表示每 t 天到达后剩余食物的数量,维度为 T
```

```
v1 = intvar (T, 1);
% u2 是状态量,表示每 t 天到达后购买完水之后水的数量,维度为 T
u2 = intvar (T, 1);
% v2 是状态量,表示每 t 天到达后购买完食物后食物的数量,维度为 T
v2 = intvar (T, 1);
% S 是状态量,表示每天的剩余资金
s = sdpvar (T, 1);
% 3.计算中间变量,即辅助决策变量
a = x * D';      b = Y * E';      c = sum (Y,2);      d = x * F';
% 4 约束条件
% 4.1 x_{t,i} * x_{t-1,i}转为线性约束
CSTR = [];
CSTR = [CSTR, Y <= x(1:end-1,:)];
CSTR = [CSTR, Y <= x(2:end,  :)];
CSTR = [CSTR, x(1:end-1,:) + x(2:end,:) <= Y + 1];
% 4.2 变量的边界约束
CSTR = [CSTR, y(2:end) <= M * a(2:end)];
CSTR = [CSTR, z(2:end) <= M * a(2:end)];
CSTR = [CSTR, w <= b, y >= 0, z >= 0, u1 >= 0, v1 >= 0];
% 4.3 对终点的约束
CSTR = [CSTR, d(1:end-1) <= d(2:end)];
% 4.4 状态转移方程
CSTR = [CSTR, u1(1) == 0];
CSTR = [CSTR, v1(1) == 0];
CSTR = [CSTR, u2 == u1 + y];
CSTR = [CSTR, v2 == v1 + z];
CSTR = [CSTR, u1(2:end) == u2(1:end-1) - (2*w-c+2-d(1:end-1)).*A'];
CSTR = [CSTR, v1(2:end) == v2(1:end-1) - (2*w-c+2-d(1:end-1)).*B'];
CSTR = [CSTR, s(1) == S0 - P1 * y(1) - P2 * z(1)];
CSTR = [CSTR, s(2:end) == s(1:end-1) + G*w - 2*P1*y(2:end) - 2*P2*z(2:end)];
% 4.5 线路约束
CSTR = [CSTR, x(1) == 1];
CSTR = [CSTR, x(T,N) == 1];
CSTR = [CSTR, sum(x,2) == 1];
% -------------------- 完全矢量化约束写法 --------------------
CSTR = [CSTR,repmat(x(1:T-1,:),1,1,N) + ...
             repmat(reshape(x(2:T,:),T-1,1,N),1,N,1) - ...
             repmat(shiftdim(H,-1), T-1, 1, 1) - 1 <= 0];
% -------------------- 半矢量化的约束写法 --------------------
% for t = 1 : T - 1
%     for i = 1 : N
%          CSTR = [CSTR,x(t,i) + x(t+1,:) - H(i,:) - 1 <= 0];
%     end
% end
% -------------------- 三重纯循环约束写法 --------------------
% for t = 1 : T - 1
%     for i = 1 : N
%         for j = 1 : N
%             CSTR = [CSTR, x(t,i) + x(t+1,j) <= H(i,j) + 1];
%         end
%     end
% end
% ------------------------------------------------------------
% 4.6 负重约束
CSTR = [CSTR, u2 * W1 + v2 * W2 <= L];
% 4.7 沙暴天约束
```

```
CSTR = [CSTR, c(C > 0) == 1];
% 5.目标函数
F = s(T) + 0.5 * (P1 * u2(T) + P2 * u2(T));
t1 = toc;
tic;
% 6.求解
options = sdpsettings('solver','gurobi','verbose',0);     % Yalmip 指定 gurobi 求解器求解
diagnostics = optimize(CSTR, -F,options);
t2 = toc;
% 7.保存结果
obj = value(F);
```

MATLAB 官方工具箱和 Yalmip 两种方式的问题式建模代码的构造流程、函数功能等方面很相似,例如:MATLAB 定义决策变量的函数 optimvar 与 Yalmip 的 sdpvar/intvar/binvar 对应;MATLAB 求解命令 solve 与 Yalmip 的 optimize 对应;MATLAB 定义模型参数的 optimoptions 与 Yalmip 的 sdpsettings 在"名称－值"的参数定义方式基本相同等。

MATLAB 官方工具箱和 Yalmip 也存在区别,例如:约束条件的程序结构不同,MATLAB 问题式建模定义了专门的类型 OptimizationConstraint,Yalmip 没有对应的数据类;Yalmip 的 sdpsettings 可以指定 gurobi 为求解器,且能调用 gurobi 的一些模型选项参数,MATLAB 官方工具箱的 optimoptions 函数截至 R2022b 尚不支持横跨软件的参数,尤其是求解器选择的赋值设置。

另一个问题是 Yalmip 工具箱的模型构造效率,表 14.9 列出了在分别传入关卡 1 和关卡 2 的数据后,调用 Gurobi 求解沙漠穿越问题 Yalmip 模型的程序求解时间。

表 14.9　方案 1－3:Yalmip＋Gurobi 求解沙漠穿越问题运行时间/s

邻接约束描述方法	关卡 1		关卡 2	
	模型构造	模型求解	模型构造	模型求解
三重循环代码	14.524 3	6.937 0	107.501 6	122.486 2
半矢量化代码	0.739 4	4.289 9	1.843 4	95.823 4
完全矢量化代码	0.059 0	5.549 1	0.073 4	111.833 2

表 14.9 中所列时间是用同一台计算机完成的,对模型构造和求解的时间消耗关系是:矢量化方案 ≪ 半矢量化 ≪ 纯三重循环解析。此外,用 Yalmip 的模型解析效率整体高于 MATLAB 官方工具箱。例如:三重循环条件下的关卡 1 地图,用 Yalmip 的模型构造时间大致为 14 s,MATLAB 问题式建模耗时大致为 832 s,从侧面印证了 MATLAB 优化类 optim 在循环执行效率以及类型转换方面可能还有进一步优化的空间。

14.5.4　方案 1－4:Lingo 求解数学模型

本节将提供一个用优化求解软件 Lingo 编程求解沙漠穿越问题(1)的方案,如代码 301 所示。
代码 301 方案 1－4:Lingo 代码求解沙漠穿越问题

```
model :
sets :
days/1..31/:weather,A,B,C,y,z,w,u1,u2,v1,v2,s,sa,sb,sc,sd;
locs/1..27/:D,E,F;
link1(locs, locs):H0,H;
```

```
    link2(days, locs);x,by;
    endsets

    data :
    H0 = @file('X:\...\LingoDesert\data.txt');
    weather = 0,0,2,1,2,0,1,2,0,0,1,0,2,0,0,0,1,1,0,0,2,2,0,2,1,0,2,2,0,0,0;
    T, N = 31, 27;
    M, G, S0, L = 1000, 1000, 10000, 1200;
    W1, W2, P1, P2 = 3, 2, 5, 10;
    enddata

    ! process H;
    @for (link1(i,j):
        H(i,j) = @if(i #eq# j,1,@smax(H0(i,j), H0(j,i)));
        );

    @for (days(I):
        A(I) = @if(weather(I) #eq# 0,8,@if(weather(I) #eq# 1,10,5));
        B(I) = @if(weather(I) #eq# 0,6,@if(weather(I) #eq# 1,10,7));
        C(I) = @if(weather(I) #eq# 1,1,0);
        );

    @for (locs(I):
        D(I) = @if(I #eq# 15,1,0);
        E(I) = @if(I #eq# 12,1,0);
        F(I) = @if(I #eq# 27,1,0);
        );
    @for (link2:
        @bin(x);
        @bin(by);
        );
    @for (days:
        @gin(y);
        @gin(z);
        @bin(w);
        @gin(u1);
        @gin(u2);
        @gin(v1);
        @gin(v2);
        );
    @for (days(I):
        sa(I) = @sum(locs(J):x(I,J) * D(J));
        sb(I) = @sum(locs(J):by(I,J) * E(J));
        sc(I) = @sum(locs(J):by(I,J));
        sd(I) = @sum(locs(J):x(I,J) * F(J));
        );
    @for (link2(I,J)|I #lt# T:
        by(I,J) <= x(I,J);
        by(I,J) <= x(I+1,J);
        x(I,J) + x(I+1,J) <= by(I,J) + 1;
        );
    @for (days(I)|I #gt# 1:
        y(I) <= M * sa(I);
        z(I) <= M * sa(I);
        );
    @for (days(I)|I #lt# T:
```

```
    w(I) <= sb(I);
    sd(I) <= sd(I+1);
    );

u1(1) = 0;
v1(1) = 0;
@for (days(I):
    u2 = u1 + y;
    v2 = v1 + z;
    );
@for (days(I)|I #lt# T:
    u1(I+1) = u2(I) - (2*w(I) - sc(I) + 2 - sd(I)) * A(I);
    v1(I+1) = v2(I) - (2*w(I) - sc(I) + 2 - sd(I)) * B(I);
    s(I+1) =    s(I) + G*w(I) - 2*P1*y(I+1) - 2*P2*z(I+1);
    );
s(1) = S0 - P1*y(1) - P2*z(1);

x(1,1) = 1;
x(T,N) = 1;
@for (days(I):
    @sum (locs(J):
        x(I,J)) = 1;
    );
@for (link1(K,L0)|K #ne# L0:
    @for (days(I)|I #lt# T:
        x(I,K) + X(I+1,L0) <= H(K,L0) + 1);
    );
@for (days(I):
    u2(I) * W1 + v2(I) * W2 <= L;
    );
@for (days(I)|C(I) #eq# 1:
    sc(I) = 1;
    );

max = s(T) + 0.5 * (P1*u2(T) + P2*v2(T));
```

代码 301 是依照模型表达式（14.10）所编写的 Lingo 程序，结构与代码 295、代码 298相同。

📎 评：切换关卡数据要改动代码 301 的三个部分：第 4 行 locs 索引集合范围"/1..27(64)/"；第 10 行路径▢X:/.../data.txt}存放对应关卡文本格式的邻接矩阵数据（路径同代码 301 的存放位置）；最后一处将第 12 行区域节点数量相应修改为 27(64)，括号内是关卡 2的节点区域数量。

图 14.9 和图 14.10 是代码 301 输入两个关卡数据的运行结果，由于经过了约束条件的线性化处理，故求解的仍然是一个混合整数线性规划问题。关卡 1 共计 1 887 个整数变量、23 950 条约束，经过约 1 小时 30 分钟的运行时间，Lingo 得到全局最优解（剩余资金 10 470）；关卡 2 有 4 181 个整数变量、127 180 条约束，运行约 7 小时 50 分钟，得到的最优解为 12 600，该结果并不是全局最优(12 730)。

结果运行时间表明：Lingo 在求解此类变量个数和约束条件相对较多的整数线性规划问题时，效率与 Gurobi 相比还有一定差距，另外，调用 MATLAB 官方整数规划求解命令 intlinprog 时，其求解速度也比较慢，例如关卡 1，如果使用 MATLAB 官方工具箱求解函数

intlinprog,其求解时间接近 2 小时。

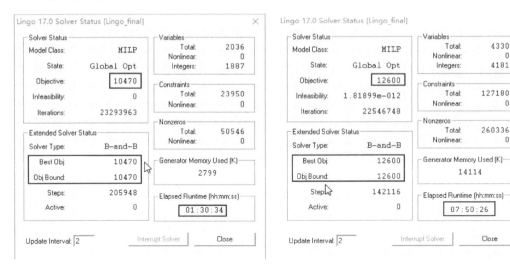

图 14.9　代码 301 的关卡 1 运行结果　　　　图 14.10　代码 301 的关卡 2 运行结果

14.5.5　方案 1-5:Python＋Gurobi 求解沙漠穿越模型

Gurobi 对 Python 语言提供了更为完善的接口,因此更适合于采用 Python 语言对模型进行构造与求解,对 Python 的新手而言,推荐 Anaconda 安装 Python 环境,简要的安装步骤如下[①]:

步骤 1:下载安装 Anaconda,安装时需要勾选"增加 Anaconda 到环境变量路径"的复选框设置选项;

步骤 2:为 Anaconda 安装 Gurobi 的 package,步骤如下:

a) 键入"Win + R",输入"cmd"打开 DOS 命令窗口;

b) 输入如下语句,将 Gurobi Channel 添加到 Anaconda Channels(见代码 302);

代码 302　添加 Gurobi Channel

```
conda config - - add channels https://conda.anaconda.org/gurobi
```

c) 命令窗口输入如下语句(见代码 303)安装 Gurobi Package。

代码 303　在 Anaconda 中添加 Gurobi package

```
conda install gurobi
```

按上述步骤配置完毕,在 Anaconda/Spyder 中复制代码 304 并保存为文件"📄 DesertTravel. py",就能在 Python 环境调用 Gurobi 求解器了。为确保正常运行,在保存文件夹下前先放入两个关卡邻接矩阵数据文件"📄 data1. txt"和"📄 data2. txt";变换关卡时,修改第 13 行变量 gk 的值(gk＝1,2)。笔者计算机运行求解关卡 1 数据的时间约为 0.95 s,运行关卡 2 数据的时间约为 9.4 s,均能找到资金收益的全局最优解。

---

① 更多更详细有关安装的步骤与方法见 Gurobi 文档:📂 C:/gurobi950/win64/docs/quickstart\windows. pdf.

代码 304　方案 1－5：Python＋Gurobi 求解沙漠穿越问题

```python
import gurobipy as gp
import pandas as pd
from gurobipy import GRB


def readfile(filename):
    res = []
    with open(filename, 'r') as f:
        for line in f.readlines():
            linestr = line.strip()
            linestrlist = linestr.split("\t")
            res.append([int(i) for i in linestrlist])
    return res
gk = 1                     #关卡
T = 31                     #天数
if gk == 1:                #地点数
    N = 27
else:
    N = 64
M = 1000                   #足够大的数字
G = 1000                   #每日采矿收益
S0 = 10000                 #初始金额
W1 = 3                     #水的重量
W2 = 2                     #食物的重量
P1 = 5                     #水的价格
P2 = 10                    #食物的价格
L = 1200                   #负重限制
#天气。0,高温,1,沙暴,2,晴朗
# C = [0,0,2,1,2,0,1,2,0,0,1,0,2,0,0,0,1,1,0,0,2,2,0,2] # 24 days
C = [-1,0,0,2,1,2,0,1,2,0,0,1,0,2,0,0,0,1,1,0,0,2,2,0,2,0,0] # 24 days,第 0 天天气为－1
A = [0 for _ in range(T)]                        #水的基础消耗
B = [0 for _ in range(T)]                        #食物的基础消耗
for i in range(1,T):
    if C[i] == 0:
        A[i] = 8
        B[i] = 6
    elif C[i] == 1:
        A[i] = 10
        B[i] = 10
    elif C[i] == 2:
        A[i] = 5
        B[i] = 7
print(A)
print(B)
#地点标记,1,起点,2,村庄,3,矿山,4,终点
if gk == 1:
    Q = [1,0,0,0,0,0,0,0,0,0,0,0,3,0,0,0,2,0,0,0,0,0,0,0,0,0,0,4]
else:
    Q = [1,0,0,0,0,0,0,0,0,0,0,0,0,0,0,0,0,0,0,0,0,0,0,0,0,0,0,0,0,0,0,3,\
        0,0,0,0,0,0,0,2,0,0,0,0,0,0,0,0,0,0,0,0,0,0,0,0,3,0,0,0,0,0,0,2,0,4]
BK = [0] * N              #起点
D = [0] * N              #村庄
E = [0] * N              #矿山
F = [0] * N              #终点
for i in range(N):
```

```python
        if Q[i] == 1:
            BK[i] = 1
        elif Q[i] == 2:
            D[i] = 1
        elif Q[i] == 3:
            E[i] = 1
        elif Q[i] == 4:
            F[i] = 1
if gk == 1:                              #邻接矩阵
    H0 = readfile("data_input/data1.txt")
else:
    H0 = readfile("data_input/data2.txt")
print(H0)
H = [[0] * N for _ in range(N)]
print(H)
for i in range(len(H0)):
    for j in range(len(H0[i])):
        if i == j:
            H[i][j] = 1
        else:
            H[i][j] = max(H0[i][j], H0[j][i])
print(H)


model = gp.Model('desert_travel')
a = model.addVars(T, vtype = GRB.BINARY, name = 'a')            #第 t 天是否到达村庄
b = model.addVars(T, vtype = GRB.BINARY, name = 'b')            #第 t 天是否可以采矿
c = model.addVars(T, vtype = GRB.BINARY, name = 'c')            #第 t 天是否停留
d = model.addVars(T, vtype = GRB.BINARY, name = 'd')            #第 t 天是否到达终点
w = model.addVars(T, vtype = GRB.BINARY, name = 'w')            #第 t 天是否采矿
y = model.addVars(T, vtype = GRB.INTEGER, name = 'y', lb = 0)   #第 t 天购买水的数量
z = model.addVars(T, vtype = GRB.INTEGER, name = 'z', lb = 0)   #第 t 天购买食物的数量
u1 = model.addVars(T, vtype = GRB.INTEGER, name = 'u1', lb = 0) #第 t 天补给前剩余水数量
v1 = model.addVars(T, vtype = GRB.INTEGER, name = 'v1', lb = 0) #第 t 天补给前剩余食物数量
u2 = model.addVars(T, vtype = GRB.INTEGER, name = 'u2', lb = 0) #第 t 天补给后剩余水数量
v2 = model.addVars(T, vtype = GRB.INTEGER, name = 'v2', lb = 0) #第 t 天补给后剩余食物数量
S = model.addVars(T, vtype = GRB.CONTINUOUS, name = 'S')        #第 t 天剩余资金
X = model.addVars(T, N, vtype = GRB.BINARY, name = 'X')
Y = model.addVars(T, N, vtype = GRB.BINARY, name = 'Y')


for t in range(1, T):
    for i in range(N):
        model.addConstr((Y[t,i] <= X[t,i]),"c01_" + str(i))
        model.addConstr((Y[t, i] <= X[t - 1, i]), "c02_" + str(i))
        model.addConstr((X[t, i] + X[t - 1, i] <= Y[t,i] + 1), "c02_" + str(i))
for i in range(T):                                              # (1) 第 t 天是到达村庄
    model.addConstr((gp.quicksum(X[i,j] * D[j] for j in range(N)) - a[i] == 0),"c1_" + str(i))
    model.addConstr((gp.quicksum(X[i, j] * F[j] for j in range(N)) - d[i] == 0), "c11_" + str(i))
for i in range(1,T):                                            # (2) 第 t 天是否可以采矿
    model.addConstr((gp.quicksum(Y[i,j] * E[j] for j in range(N)) - b[i] == 0),"c2_" + str(i))
for i in range(1,T):                                            # (3) 第 t 天是否停留
    model.addConstr((gp.quicksum(Y[i,j] for j in range(N)) - c[i] == 0),"c3_" + str(i))
model.addConstr(X[0,BK.index(1)] == 1, "c5")                    # (5) 第 0 天在起点
model.addConstr(X[T - 1,F.index(1)] == 1, "c6")                # (6) 第 T - 1 天在终点
for i in range(T):                                              # (7) 每天只能在一个点
    model.addConstr((gp.quicksum(X[i,j] for j in range(N)) - 1 == 0),"c7_" + str(i))
for k in range(T - 1):                                          # (8) 相邻两天区域相邻
```

```
    for i in range(N):
        for j in range(N):
            model.addConstr((X[k,i] + X[k + 1,j] <= H[i][j] + 1), "c8_%s_%s_%s"%(k,i,j))
for i in range(1,T):                                              # (9)
    if C[i] == 1:
        model.addConstr((c[i] == 1),"c9_" + str(i))
for i in range(1,T):                                              # (10)(11)
    model.addConstr((y[i] <= M * a[i]), "c10_" + str(i))
    model.addConstr((z[i] <= M * a[i]), "c11_" + str(i))
model.addConstr((b[0] == 0), "c13_")                              # (12)
for i in range(1,T):                                              # (13)
    model.addConstr((w[i] <= b[i]),"c13_" + str(i))
model.addConstr((u1[0] == 0),"c14_")                              # (14)(15)
model.addConstr((v1[0] == 0),"c15_")
for i in range(T):                                                # (16)(17)
    model.addConstr((u2[i] == u1[i] + y[i]),"c16_" + str(i))
    model.addConstr((v2[i] == v1[i] + z[i]), "c17_" + str(i))
for i in range(1,T):
    model.addConstr((d[i - 1] <= d[i]), "c188_" + str(i))
for i in range(1,T):                                              # (18)(19)
    model.addConstr((u1[i] == u2[i - 1] - (2 * w[i] - c[i] + 2) * A[i] * (1 - d[i - 1])), "c18_" + str(i))
    model.addConstr((v1[i] == v2[i - 1] - (2 * w[i] - c[i] + 2) * B[i] * (1 - d[i - 1])), "c19_" + str(i))
for i in range(T):                                                # (22)
    model.addConstr((u2[i] * W1 + v2[i] * W2 <= L),"c22_" + str(i))
model.addConstr((S[0] == S0 - P1 * y[0] - P2 * z[0]),"c23_")      # (23)
for i in range(1,T):                                              # (24)
    model.addConstr((S[i] == S[i - 1] + G * w[i]  - 2 * P1 * y[i] - 2 * P2 * z[i]), "c24_")
model.setObjective((S[T - 1] + P1 * u2[T - 1]/2 + P2 * v2[T - 1]/2), GRB.MAXIMIZE)
model.optimize()
model.write("new.sol")
solution = model.getAttr('X', X)
road = []
for k, v in solution.items():
    if v > 0.5:
        road.append(k[1] + 1)
print(road)
yv = []
for i in range(T):
    yv.append(y[i].x)
zv = []
for i in range(T):
    zv.append(z[i].x)
dd = []
for i in range(T):
    dd.append(d[i].x)
u1v, v1v, u2v, v2v, Sv, wv, fzv = [], [], [], [], [], [], []
for i in range(T):
    u1v.append(u1[i].x)
    v1v.append(v1[i].x)
    u2v.append(u2[i].x)
    v2v.append(v2[i].x)
    Sv.append(S[i].x)
    wv.append(w[i].x)
    fzv.append(u2[i].x * W1 + v2[i].x * W2)

df = pd.DataFrame(road)
```

```
df.insert(1, '购买水数量', yv, allow_duplicates = False)
df.insert(2, '购买食物数量', zv, allow_duplicates = False)
df.insert(3, '未补给前水的数量', u1v, allow_duplicates = False)
df.insert(4, '未补给前食物的数量', v1v, allow_duplicates = False)
df.insert(5, '补给后水的数量', u2v, allow_duplicates = False)
df.insert(6, '被给后食物的数量', v2v, allow_duplicates = False)
df.insert(7, '是否采矿', wv, allow_duplicates = False)
df.insert(8, '负重', fzv, allow_duplicates = False)
df.insert(9, '金钱', Sv, allow_duplicates = False)
df.to_csv(r'res_%s.csv'%T)
print(df)
print(dd)
```

为便于读者对照模型表达式学习,代码304中标出了每条约束对应式(14.10)的约束条件索引号,与模型表达式次序一致。

14.5.6 方案1-6:Gurobi求解器直接优化沙漠穿越问题的mps模型

Gurobi支持mps格式优化文件的读取和求解。本书之前介绍了MATLAB+Gurobi+Lingo三软件协同的模型转换与mps文件读写详细步骤的示例,并提供了具体代码方案,这同样适用于整数线性规划问题。本节将介绍通过自编函数将MATLAB问题式模型转换为Gurobi模型,再以gurobi_write函数将模型写入mps文件,最后调用Gurobi求解器求解沙漠穿越问题的具体步骤。

步骤1:自编函数prob2gurobi.m(见代码87)将问题式模型转换为Gurobi可以接受的模型形式;

步骤2:MATLAB环境下,调用Gurobi函数:"gurobi_write"生成mps文件,将其保存在某个路径下,比如D盘根目录:"□D:/E.mps",如代码305所示;

代码305 用gurobi_write生成mps文件

```
model = prob2gurobi(prob);
gurobi_write(model, 'E.mps');
```

步骤3:打开Gurobi命令行窗口,输入代码306所示的两条语句求解。

代码306 在gurobi命令窗口调用mps文件求解沙漠穿越问题

```
M = read('D:/E.mps')
M.optimize()
```

利用上述方法,关卡1求解时间约为2.3 s,关卡2约12.1 s,均一次得到全局最优解。

14.6 第2类方案:全路径遍历

完成沙漠穿越问题(1)的第1种方案的求解,关键在于能准确写出其数学模型,但从比赛实际状况来看,限定3天的竞赛时间,写出完整数学模型及代码方案,对绝大多数本科生是一项有挑战性的任务[13]。例如:模型大致需要设置约15组决策变量,要能辨析与游戏时间有关的状态量和过程量的差异,准确描述出可能多达24组不同的约束条件,并通过线性化方法来处理约束条件以降低模型阶次等。建立沙漠穿越问题的数学模型对学生的优化理论水平、数学模型构造基本功、计算机编程与算法水准,以及逻辑推理能力均提出了堪称严格的要求。

于是就引出了另一个问题:在规定的72小时竞赛时间,如果无法及时准确构造出式(14.10)

所示的数学模型，是否有其他相对理论和算法"门槛"相对较低的途径，也能快速获得问题的全局最优解呢？本节将重点探讨这一问题。

沙漠穿越问题最大剩余资金路径寻优的算法实现，难点在于当区域数量较多，路径寻优时的组合爆炸导致难以快速甚至无法求解。为降低计算规模，可以事先手动剔除一部分不太可能出现在最优路径上的区域，例如图 14.1 中的区域 5,18,19,20 等，都没有出现在关键节点间的最短路上；同理，村庄与矿山左侧区域 10,11 也可先剔除。按照这种思路，关卡 1 可以去除接近一半的区域，在此基础上编写的 Lingo 代码，曾有人在 10 s 内运算得到最优解。

但本书不会按照事先剔除节点的算法编写相应的程序，原因有两个：一方面这种方法同属暴力穷举的范畴，求解效率也没有本质的改善和提升；另一方面，事先剔除部分区域要依赖求解前的人为判断，模型很难具有通用性和可拓展性：当矿山、村庄的位置、数量发生变化，则要重新手动剔除一部分区域。故更倾向于能找到一种计算机可自动、快速寻优的计算方法，按这个要求，前述"半手动事先剔除部分区域"的思路就不适合在特征节点和区域总数都更多的复杂地图中应用了。

基于上述分析，本节探讨的求解方案是借助深度优先搜索（DFS）算法，先找到从起点到终点的合法路径集合，将每条路径作为已知条件循环代入以最大剩余资金为目标的简单整数规划模型，按资金从大到小排序，找到最大值所对应的路径，以获取资金最优解。

14.6.1　路径信息已知的 Yalmip 模型方案及求解代码

首先，假设原问题给定一条从起点到终点，考虑因天气变化和采矿等停留情况的路径，则只需要解出式（14.11）所示的简单整数线性规划模型，就可以算出当前路径的最大剩余资金数，以及在该路径上（包括起点在内）各村庄的补给数量和每个区域每天的剩余资金和物资。

$$\max = S(T)$$

$$\text{s. t. :} \begin{cases} b_{\text{water}}, b_{\text{food}} \geq 0 & \text{村庄购买水／食物数量不小于零} \\ l_{\text{water}}, l_{\text{food}} \geq 0 & \text{每日水／食物剩余量大于零} \\ l_{\text{water}} \cdot m_w + l_{\text{food}} \cdot m_f \leq W_{\max} & \text{携带水／食物重量不超限} \\ s_{\text{water}}, s_{\text{food}} \geq 0 & \text{游戏结束时剩余水／食物量不小于零} \end{cases} \quad (14.11)$$

将村庄买水和食物的数量，以及玩家在矿山第 t 天是否采矿作为决策变量，其中：水／食物变量的维度比村庄数量多 1，这个"1"代表起点；因为起点也是补给点。例如关卡 2 有两个村庄，则水和食物决策变量 buy_w 和 buy_f 的维度就是 1×3；矿山是否采矿的"$\{0|1\}$"变量维度 is_wk 和已知路径 road 中矿山实际停留的天数相同。例如关卡 1 的矿山区域编号为 12，如果路径中等于 12 的元素个数为 5，且仅连续停留了 1 次，则决策变量 is_wk 维度是 1×4，由于采矿需要持续完整的一天，路径中的元素只代表当天到达某地，故在 5 天中减 1。

按模型式（14.11），可以在 MATLAB 环境编写如代码 307 所示的方案，用 Yalmip 构造模型，调用 Gurobi 求解器，解出变量 buy_w、buy_f 和 is_wk 的优化解，再结合天气情况和已知路径 road，获得路径全部区域在游戏时间内每天的物资消耗以及资金剩余情况。

代码 307　路径做已知量的模型求解方案：MATLAB＋Yalmip＋Gurobi

```
clc;clear;close all;
Level = 1;      % 指定关卡(输入值 1|2)
switch Level
```

```
        case 1
            road = [1 25 24 23 23 21 9 9 15 13 12 12 12 12 12 12 12 12 12 12 12 13 15 9 21 27];
        case 2
            road = [1 2 3 4 4 5 13 13 22 30 39 39 46 55 55 ...
                    55 55 55 55 62 55 55 55 55 55 55 55 55 56 64];
    otherwise
            error('Wrong Level Value.')
end
data = Help.get_data_for_pro_1(Level);   % 关卡其他相关数据导入
road(ismember(road(1:end-1),data.ks)&~ismember(road(2:end),data.ks)) = 0;
[ncz,nks] = deal(nnz(ismember(road,data.cz)), nnz(ismember(road,data.ks)));
buy_w = intvar(1, ncz + 1);        % 整数决策变量:村庄买水数量
buy_f = intvar(1, ncz + 1);        % 整数决策变量:村庄买食物数量
is_wk = binvar(1, nks);            % 0-1决策变量:矿山是否采矿
[s,t] = deal(1);
for i = 1 : length(road)
    if i == 1
        m(i) = data.cszj - buy_w(i) * data.sjg - buy_f(i) * data.wjg;
        s_w(i) = buy_w(i);
        s_f(i) = buy_f(i);
    elseif ismember(road(i), data.cz)
        t = t + 1;
        m(i) = m(i-1) - buy_w(t) * data.sjg * 2 - buy_f(t) * data.wjg * 2;
        [s_xh, w_xh] = getxh(data, road, i-1, is_wk);      % 按天气等条件计算当日水食物消耗
        s_w(i) = s_w(i-1) - s_xh + buy_w(t);       % 每天剩余水
        s_f(i) = s_f(i-1) - w_xh + buy_f(t);       % 每天剩余食物
        ss_w(t) = s_w(i-1) - s_xh;                 % 扣除当日消耗所余水
        ss_f(t) = s_f(i-1) - w_xh;                 % 扣除当日消耗所余食物
    elseif ismember(road(i), data.ks) || road(i) == 0
        if s == 1
            m(i) = m(i-1);
        else
            m(i) = m(i-1) + (ismember(road(i-1),data.ks)) * is_wk(s-1) * data.jisy;
        end
        [s_xh, w_xh] = getxh(data, road, i-1, is_wk);
        s_w(i) = s_w(i-1) - s_xh;
        s_f(i) = s_f(i-1) - w_xh;
        if road(i) ~= 0
            s = s + 1;
        end
    else
        m(i) = m(i-1);
        [s_xh, w_xh] = getxh(data, road, i-1, is_wk);
        s_w(i) = s_w(i-1) - s_xh;
        s_f(i) = s_f(i-1) - w_xh;
    end
end
m(length(road)) = m(length(road)) + s_w(length(road)) * data.sjg * 0.5 + s_f(length(road)) * data.wjg * 0.5;
% ------------------------- 优化模型求解 -------------------------
C = [buy_w >= 0, buy_f >= 0, s_w >= 0, s_f >= 0, s_w * data.szl + s_f * data.wzl <= ...
        data.fzsx, ss_w >= 0, ss_f >= 0];
F = -m(end);  % 目标函数
options = sdpsettings('solver','gurobi','gurobi.MiPFocus',2);
optimize(C,F,options);
% ------------------------- 优化结果评估 -------------------------
% 生成 table 类型 result
```

```
tbl = table ((1:length(road))', road', value(m)', value(s_w)', value(s_f)');
tbl.Properties.VariableNames = ["游戏天数","区域编号","剩余资金","剩余水","剩余食物"];
fvl = - value(F);
[bys, byf, isw] = deal(value(buy_w), value(buy_f), value(is_wk));
% -------------------- 每 日 消 耗 子 函 数 -------------------- (61)
function [s_xh, w_xh] = getxh(data, road, i, is_wk)
s_xh = data.sxh_d(i) * 2;
w_xh = data.wxh_d(i) * 2;
if ismember(road(i), data.ks)
    idx = nnz(ismember(road(1:i), data.ks));
    s_xh = s_xh + data.sxh_d(i) * (2 * is_wk(idx) - 1);
    w_xh = w_xh + data.wxh_d(i) * (2 * is_wk(idx) - 1);
elseif data.tq(i) == "沙暴"
    s_xh = s_xh - data.sxh_d(i);
    w_xh = w_xh - data.wxh_d(i);
end
end % -------------------------------------------------------- (73)
```

部分运行结果如下（见代码 308）：

代码 308　路径作为已知量的方案代码 307 运行结果

```
% ...
Optimal solution found (tolerance 1.00e-04)
Best objective -1.047000000000e+04, best bound -1.047000000000e+04, gap 0.0000%
>> head(tbl,3)
ans =
    游戏天数    区域编号    剩余资金    剩余水    剩余食物
    _____    _____    _____    _____    _____
       1          1         5780       178       333
       2          25        5780       162       321
       3          24        5780       146       309
>> fvl
fvl =
    10470
```

　　路径在代码 308 搜索寻优时已经是已知量，模型只需根据这条已知路径计算消耗物资和是否采矿。这种情况下模型的决策变量数量较少，无论哪种求解器都可以很快搜索到全局最优解。但问题在于：原赛题给出的信息没有回答这条"事先给定"的路径 road 是如何找到的，而且这个已知路径恰好是沙漠穿越期望能计算出的未知量。所以能否得到这条正确的最优路径，是最终解决沙漠穿越第 1 个子问题的关键。

14.6.2　基于深度优先算法思想的行走路径搜索

　　显然，沙漠穿越地图在起、终点之间有多条合法路径，且随着地图节点数量的增加，合法路径的条数还会呈现指数级的扩大。本书在第 11.3.1 节简要介绍了深度优先搜索（DFS）算法的基本原理，DFS 算法能列举指定起点、终点，并符合特定剪枝策略的全部有效路径。沙漠穿越问题中的最优路径搜索问题也可以使用 DFS 算法实现，但路径寻优是否合理有效，取决于准确表述搜索终止条件和构造一组合理的剪枝策略。路径库 DFS 搜索的关键程序如代码 309 所示。程序所需数据通过静态类 Help 中的成员方法函数 Help.get_data_for_pro 提供。

代码 309　基于深度优先的关卡 1&2 合法路径库搜索

```
function paths = generate_road(data)
%{
```

```
    |-------------------------------------------------------------------|
    | gerenate_road 子程序功能:生成汇总 cell 类型地图所有合法路径编号库            |
    |-------------------------------------------------------------------|
    |输入参数:                                                           |
    | data:已知数据                                                      |
    |-------------------------------------------------------------------|
    |返回参数:                                                           |
    | paths:返回与地图节点有关的所有合法路径库(cell 数组)                     |
    |-------------------------------------------------------------------|
%}
if nargin == 0    % 如成员函数 gerenate_road 无输入参数,指定为关卡 1data 数据
    data = Help.get_data_for_pro_1(1);
end
% 地图所有节点间途径的最少区域数,如关卡 1:1-27,最短途径 3,即:[1]-25-26-27)
dists = distances(data.G);
seclect_point = [1, data.ks, data.cz,length(dists)];   % 起点到终点的所有特征节点总集
[SX, SY] = ndgrid(seclect_point);        % 任意两个特征节点做子路径的始末端点配对集合
SG = arrayfun(@(x,y)shortestpath(data.G,x,y),SX,SY,'uni',0);% 特征节点最短编号序(cell)
for k = 1 : length(SG)
    SG{k,k} = [SG{k,k},SG{k,k}];     % 主对角线特征节点设为自身-自身映射,如:27-27。
end
% 构造任意两个特征节点之间途径的区域数量矩阵
mx = dists(seclect_point,seclect_point) + eye(length(seclect_point));
paths = get_path(mx, data,seclect_point)';   % 调用 get_path 生成路径库

    function paths = get_path(mx, data,seclect_point)
        paths = {};                         % 初始路径库初始化(空库)
        path = 1;                           % 当前路径初始化(起始位置节点号)
        search(1,1);                        % 自第 1 个始发节点,第 1 天起开始搜索
        function search(r, d)
            %{
                |-----------------------------------------------------|
                | search 子程序功能:搜索所有可能路径的节点序               |
                |-----------------------------------------------------|
                |输入参数:                                             |
                | r :当前搜索路径的当前节点序号(road)                    |
                | d :当前经历的时间天数(day)                           |
                |-----------------------------------------------------|
            %}
            % 终止条件-1:时间低于截止时间(例如关卡 1 不多于 30+1 天) ---------------(42)
            if length(path) > data.m
                return
            end
            % 终止条件-2:到达终点
            if path(end) == seclect_point(end)
                paths{end+1} = path;    % 总路径库在尾部扩维,增加一条当前检索符合要求的新路径
                return
            end % ------------------------------------------------------(50)
            if data.tq(d) == "沙暴"              % 情况 1:最后一天遭遇沙暴
                path = [path, path(end)];         % 沙暴,路径节点复制到尾部(原地停留)
                search(r,length(path)); % DFS,第 2 参数为当前路径长度(天数) --------(53)
                path(end) = [];     % 沙暴天气停留在前一节点,删除重复的路径节点
            else                                  % 情况 2:非沙暴
                pathb = path; % 暂存当前路径(以备回退分支遍历)
                for i = 2 :length(mx)     % 遍历,构造子路径始末节点(拼接路径)
                    % 剪枝策略-1:当前路径段长度为 0 或到终点时间超限;跳出循环 ----------(58)
```

```
            if (～ismember(path(end),data.ks) && r == i)|| mx(r,end) + d > data.m
                continue
            end
            % 剪枝策略－2：当前路径"村庄－村庄"：跳出循环
            if ismember(seclect_point(r),data.cz) && ...
                            ismember(seclect_point(i),data.cz)
                continue
            end
            % 剪枝策略－3：当前路径"矿山－矿山"：跳出循环
            if ismember(seclect_point(r),data.ks) && ...
                            ismember(seclect_point(i),data.ks) && r～= i
                continue
            end % ----------------------------------------------------(71)
            ppth = get_path_by(d, SG{r,i}(1:end));    % 构造特征节点间子段路径
            path = [path, ppth(2:end)];               % 当前路径拼接子路径
            search(i,length(path));                   % 继续搜索下一子路径 ------(74)
            path = pathb;                             % 回溯至前一子路径末端 -----(75)
        end
      end
    end
  end


function ppth = get_path_by(start_day, curr_path0)
    % {
        |-----------------------------------------------------------------|
        | get_path_by 子程序功能：返回合法特征节点编号做始末(SG 变量确定)的一路径
        | ----------------------------------------------------------------|
        |输入参数：
        | start_day:当前待判定子路径的起始天数
        | curr_path0:始末两个特征节点间(包含始末端点)的当前子路径经过区域细节
        |----------------------------------------------------------------- |
        |返回参数：
        | ppth:以起点和终点做始末节点、从经过矿山、村庄特征节点的合法路径。
        |----------------------------------------------------------------- |
    % }
    curr_path = curr_path0(1:end-1);              % 去掉末端点(计入下一子路径)
    lx_len = length(curr_path);                   % 子路径长度
    end_day = start_day-1 + lx_len;               % 当前子路径截止日期初始化(可能遇沙暴延后)
    while nnz(data.tq(start_day:end_day)～="沙暴") < lx_len
        end_day = end_day + 1;      % 初始化的起－止时间内增加因沙暴停留的时间
    end
    ppth =  + (data.tq(start_day:end_day)～="沙暴");  % 沙暴天气判断逻辑数组转双精度
    ppth(ppth > 0) = curr_path;      % 除沙暴停留时间(保持 0),其他位置赋值为区域编号
    % 将沙暴停留天数索引的 0 修改为前一天的停留区域编号
    ppth = [fillmissing(standardizeMissing(ppth(1, :),0),'next'),curr_path0(end)];
    end
end
```

代码 309 从地图指定的起点到终点，用 ndgrid 函数两两遍历地图（包括矿山和村庄）的全部特征节点，在特征节点间用 DFS 寻求满足指定剪枝条件的邻接子路径，最后拼接汇总得到全图的合法路径库。其中最核心的部分就是 DFS 搜索，通过递归的方式，定义了包括终止条件、剪枝策略、DFS 搜索和回溯在内的四个模块，对应这几个模块的代码解释如下：

✍ 终止条件。根据地图规则有两个终止条件，一个是游戏截止时间不超过 30 天，一个

是到达指定终点,二者触发其中之一即停止 DFS 搜索过程,见代码 309 的第 42~50
行(注释标识)。

🖉 剪枝策略。剪枝是按照规则剔除不符合要求的路径段,与剪枝有关的策略需要用户
根据问题的具体要求灵活制订,在沙漠穿越问题中,定义了 3 组剪枝策略,如下:

■ 剪枝策略 1:在截止日期未到达终点的路径被剪枝(剔除);
■ 剪枝策略 2:将包含"从村庄到村庄"行为的路径剪枝(剔除),因为玩家不需要在一
个村庄补给完再走到另一个村庄,最大收益不可能在这类路径中产生;
■ 剪枝策略 3:将包含"从矿山到矿山"行为的路径剪枝(剔除)。与剪枝策略 2 同理,
因为不同矿山的收益相同,玩家没必要在一座矿山采集几天,未经补给又去另一矿
山继续采矿,最大收益也不可能发生在这类路径。

🖉 DFS 搜索。DFS 搜索程序 search 作为内嵌函数(Nested function),完全置于程序 get
_path 内部。DFS 使用内嵌函数形式是因为路径库 paths 和当前搜索路径 path 这两
个变量分别要动态增加新路径或新后继节点,内嵌函数的共享变量很适合递归控制
体流程;在代码 309 的第 53 行和第 74 行在 if 流程中调用了 DFS 搜索程序 search,意
思是无论天气状态是否为沙暴,都要搜索路径的后继子节点,区别在于当前深度搜索
的父节点不同:沙暴天气要停留在原处,父节点还是上一次搜索的末端节点;非沙暴
天气玩家不再原地停留,因此要删除 path 的末端节点(去掉一个重复点)。

🖉 回溯。代码 309 的第 75 行语句:"path=pathb"用于回溯到前一段子路径的末端。
因为合法路径可能存在多条子路径分支,例如路径"1-2-3-…"和"1-2-5-…"都
可能到达终点,所以从节点 2 开始,把"2-3-…"路径搜索完毕,还要回退到节点 2,继
续另一组分支"2-5-…",确保搜索不遗漏。

以上是代码 309 基于 DFS 的合法路径集合搜索子程序的说明。除了 DFS 程序本身外,
还要提到 DFS 的两个输入变量:子路径最短路距离 mx 和最短路的节点信息 SG,这是 DFS 搜
索前的数据准备,对这两个变量的解释如下:

🖉 特征节点间最短路矩阵 mx。结合图论工具箱命令 distances 和网格布点函数 ndgrid
联合构造出索引数据。以关卡 1 为例,图 14.1 指明了起点(1)、矿山(12)、村庄(15)
和终点(27)的位置,因此四个特征节点在地图上的最短相互距离如式(14.12)所示。
例如从"起点 1→村庄 15",有 mx(1,3)=6,表示在不考虑天气或停留采矿等因素时,
从起点到达村庄 15 最短需要 6 天。

$$mx = \begin{array}{c} \\ \text{起点 01} \\ \text{矿山 12} \\ \text{村庄 15} \\ \text{终点 27} \end{array} \begin{array}{cccc} \text{起点 01} & \text{矿山 12} & \text{村庄 15} & \text{终点 27} \\ 1 & 8 & 6 & 3 \\ 8 & 1 & 2 & 5 \\ 6 & 2 & 1 & 3 \\ 3 & 5 & 3 & 1 \end{array} \qquad (14.12)$$

🖉 特征节点间途经区域编号集合 SG。用图论工具箱的 shortestpath 函数获取所有子路
径(子路径首末都是特征节点)途经地点的编号信息。如式(14.13)所示,"起点 1→矿
山 12"间最短路径途径节点为:[1,25,24,23,21,9,10,11,12],再如"村庄 15→终点
27"最短路径途径节点为:[15,9,21,27]。

$$SG = \begin{array}{c} \\ 01 \\ 12 \\ 15 \\ 27 \end{array} \begin{bmatrix} [1,1] & [1,25,24,23,21,9,10,11,12] & [1,25,24,23,21,9,15] & [1,25,26,27] \\ [12,\cdots,1] & [12,12] & [12,13,15] & [12,11,10,9,21,27] \\ [15,\cdots,1] & [15,\cdots,12] & [15,15] & [15,9,21,27] \\ [27,\cdots,1] & [27,\cdots,12] & [27,\cdots,15] & [27,27] \end{bmatrix}$$

$$\begin{array}{cccc} & 01 & 12 & 15 & 27 \end{array}$$

(14.13)

✐ **注**：注意式(14.13)下三角元素中的"$[j,\cdots,i]$"所省略的节点,实际上是转置对称位置上路径节点序列的左右翻转,即"$[i,\cdots,j]$"原路返回的路径。例如元素$(4,3)$就是元素$(3,4)$的翻转:$[27,21,9,15]$。

代入关卡 1 和关卡 2 的地图邻接矩阵数据,代码 309 经剪枝搜索分别得到 274 条和 46598 条路径,生成了对应两张地图的基础合法路径库。例如式(14.14)所示的关卡 1 第 273 条路径,表明该路径需要行走 12 天到达终点 27,没有经过矿山节点 12(无资金收益),在第 4,7,11 天的天气状态为沙暴,按规则原地停留,且容易验证路径节点满足依次邻接关系,因此是一条合法路径。

$$\text{path}(273) = \underbrace{1 \to 25 \to 24 \to 23 \to 23 \to 21 \to 9 \to 9 \to 15}_{\text{起点1}\to\text{村庄15}} \to \underbrace{15 \to 9 \to 21 \to 21 \to 27}_{\text{村庄15}\to\text{终点27}}$$

(14.14)

14.6.3　对路径库内路径的评估

所谓"路径评估",评判的是路径库内,玩家走到终点的这条路径是否合理。仍以式(14.14)所示关卡 1 第 273 条路径为例,玩家沿这条路径可以走到终点,但全路径在矿山停留 0 天,无法增加收益,中间还有从节点"$21\to9\to15\to21$"间的无意义往返,可以断定这虽然是合法路径却不是收益最大的最优路径。如果把这条路径作为已知参数输入代码 307,计算出最大收益是 7 780 元,与全局最优解 10 470 元相差较远。同理,基础路径库内还存在很多符合游戏规则,能在时间和物资消耗允许范围内抵达终点,却不是使剩余资金最大化的路径,不妨称为"冗余路径"。尤其当节点数量较多时,此类冗余路径大量存在,例如关卡 2,以当前三条剪枝策略生成了多达 46 598 条路径,想实现路径的评估,理论上要经过相同次数的优化计算(这是非常耗时的),为提高寻优效率,需要事先考虑剔除部分不具备最大剩余资金条件的冗余路径。

减少冗余路径的一种方式是寻求更有效的剪枝策略,制定更加合理的子路径节点排除规则,增加 DFS 搜索精确度和收缩路径库的规模。但剪枝策略由一组判断条件组合而成,往往制订一套非常理想的策略集合是困难的。尽管本书的下一小节要探讨另一种能更有效地剪枝路径的策略组合,但多数情况下,还是会优先考虑更符合建模竞赛时间成本的方法,即:通过以最终资金收益的标准初步计算筛选,消除一部分冗余路径。

为了筛选路径,事先将一些未知参量代入假定的初值,粗略估计资金余额,目的是大致判断该路径是否有可能成为最优路径,因此有如下几个参数的估计和假定:

✐ 假定起点位置按食物与水"44.5%:55.5%"的比率,在负重上限以内尽可能购买物资。当然也可以用其他比率,但这个假定比率会让二者在关卡 1&2 的游戏过程中大体同时消耗完毕。

✐ 假定中间村庄不补给。也就是不计入中途物资消耗造成的资金损失,实际游戏中这样执行当然会导致失败，但目的是简化计算并大体估计最终收益，这样做不会对路径排位产生很大的影响。

✎ 假定在矿山节点停留的天数中，一律选择采矿，使理想化的资金收益最大。

✎ 假定到达终点时，用游戏结束时的剩余资金减去剩余食物/水按 2 倍价格折算的钱数，作为最终的路径资金评估值。之所以按 2 倍而不是规则中的一半价格扣除，目的是让剩余食物/水作为排位惩罚因子，这样，扣除物资折算余量越多的路径，排名越靠后，意味着成为最优路径的可能性越低。

由上述假定，设计如图 14.11 所示，用于路径评估/优化模型构造的"evaluation_model"子程序流程图。该子程序通过"{0|1}"标识变量 flag 的不同取值，按照需要实现程序评估和优化二种功能。

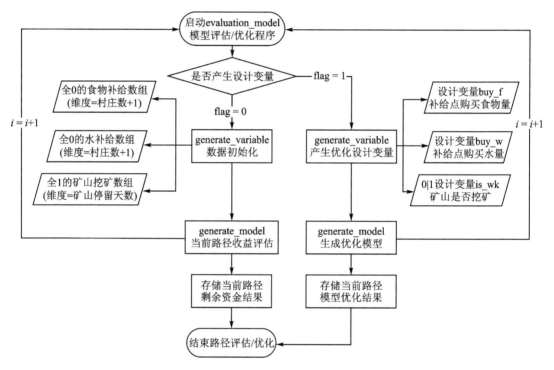

图 14.11　路径评估/优化代码流程图

图 14.11 中主调程序"evaluation_model"调用的两个成员方法函数："Help. generate_variable"和"Help. generate_model"，均被列在静态值型类"Help. m"中，如代码 310 所示。

代码 310　评估模型主程序 evalation_model

```
function y = evaluation_model(road, data)
%{
|------------------------------------------------------------------------|
|子程序 evaluation_model 功能：调用路径求解和评估模型的最终收益。
|------------------------------------------------------------------------|
|输入参数：
| road：指定的游戏合法路径。
| data：关卡基本输入参数。
|------------------------------------------------------------------------|
|返回参数：
```

```
| y:当前路径在游戏截止时获取的评估利润。
|--------------------------------------------------------------|
%}
[buy_w, buy_f, is_wk, road] = Help.generate_variable(road, data, 0, 0.4450);
[~, ~, s_w, s_f, m] = Help.generate_model(road, data, buy_w, buy_f, is_wk);
y = m(end) − abs(s_w(end)) * 2 * data.sjg − abs(s_f(end)) * 2 * data.wjg;
end
```

代码 310 调用的子程序 generate_variable 通过 Yalmip 工具箱建模,该子程序设计具有两种功能用途:既可用于优化模型生成所需的决策变量,也能评估模型构造物资补给初值和采矿条件初值。由第 3 输入参数,即{0|1}变量 flag 控制,flag 取不同数值时,可执行优化/评估两个不同功能,由此 if 流程两部分语句返回的变量类型不同如果执行优化程序,用 intvar/binvar 产生 Yalmip 的决策变量;如果执行评估,则提供了相应维度的 double 类型初值,具体见代码 311 中的注释。

代码 311　生成决策变量/评估模型初值子程序 generate_variable

```
function [buy_w, buy_f, is_wk, road] = generate_variable(road, data, flag, rate)
%{
    |--------------------------------------------------------------|
    |功能:构造决策变量/提供模型评估初值
    |--------------------------------------------------------------|
    |输入参数:
    | road:自生成路径库 paths 中遍历提取的任意一条合法路径
    | data:同前
    | flag:标识符。flag = 0 为评估值;flag = 1 生成变量
    | rate:食物和水的构成比率初值(定为 rate = 0.445)
    |--------------------------------------------------------------|
    |返回参数:
    | buy_w:水购买数量决策变量(Yalmip),维度为村庄数＋起点数(1)
    | buy_f:食物购买数量决策变量(Yalmip),维度为村庄数＋起点数(1)
    | is_wk:矿山停留是否采矿,维度与矿山停留天数相同,0|1 变量
    | road:重新输出当前路径 road,但矿山停留最后一天标识为 0
    |--------------------------------------------------------------|
%}
%查找矿山停留最后一天的索引,标识为 0(收益增加截止点)
road(ismember(road(1:end − 1), data.ks)&~ismember(road(2:end), data.ks)) = 0;
ncz = nnz(ismember(road, data.cz));            % 村庄补给的次数 ------------------(20)
nks = nnz(ismember(road, data.ks));            % 矿山停留的天数
if flag == 1                                    % 情况1:生成优化决策变量
    buy_w = intvar(1, ncz + 1);                 % 在村庄停留时购买的水数量
    buy_f = intvar(1, ncz + 1);                 % 在村庄停留时购买食物数量
    is_wk = binvar(1, nks);                      % 在矿山停留是否采矿(0 − 1 变量)
else                                            % 情况2:提供评估模型初值
    buy_w = zeros(1, ncz + 1);                   % 初始化水资源(村庄＋起点数量)
    buy_f = zeros(1, ncz + 1);                   % 初始化食物资源(村庄＋起点数量)
    is_wk = ones(1, nks);                        % 默认矿山停留全部采矿
    buy_w(1) = floor(data.fzsx * rate/data.szl); % 负重上限以内起点水购买箱数
    buy_f(1) = floor((data.fzsx − data.fzsx * rate)/data.wzl); % 负重上限以内起点食物购买箱数
end
end
```

代码 311 第 20 行是 MATLAB 的矢量化写法:用错位逻辑判断,将矿山停留最后一天所在索引位的元素值赋零,以此标识收益增加的截止点,方便后续统计和计算。

与成员函数 generate_variable 对应的程序 generate_model 也有两种类型的输出参数:既

能返回用于优化计算的目标函数 F 以及确保食物和水沿途任何位置消耗不小于零的约束条件 C,同样也能直接计算出游戏途中的每日消耗剩余。得益于 Yalmip 工具箱基于问题描述模型的特质,程序 generate_model 没有用到标识符 flag:构造优化模型还是评估模型的大致资金收益,取决于"generate_variable"的参数 flag(见代码 312)。

代码 312　优化模型生成/模型评估子程序 generate_model

```
function [C, F, s_w, s_f, m] = generate_model(road, data, buy_w, buy_f, is_wk)
%{
  |-----------------------------------------------------------------------|
  |功能:构造供 YALMIP 工具箱调用的优化模型                                    |
  |-----------------------------------------------------------------------|
  |输入参数:                                                               |
  | road:自 generate_variable 返回,其中矿山停留最后一天的标识为 0 值的路径      |
  | data:同前                                                             |
  | buy_w:决策变量|数组——水购买量,维度为补给次数 +1                          |
  | buy_f:决策变量|数组——食物购买量,维度为补给次数 +1                        |
  | is_wk:在矿山停留当天是否采矿,维度与矿山停留天数相同,0-1 变量               |
  |-----------------------------------------------------------------------|
  |返回参数:                                                               |
  | C:约束条件——确保水、食物不小于 0,且单日负重均小于规定负重上限               |
  | F:构造的目标函数——最终剩余资金数量最大化。                                |
  | s_w:扣除每天在给定天气条件下消耗后的水剩余箱数,维度与路径长度相同           |
  | s_f:扣除每天在给定天气条件下消耗后的食物剩余箱数,维度与路径长度相同         |
  | m:记录每天水和食物后的剩余资金,维度与路径长度相同                         |
  |-----------------------------------------------------------------------|
%}
s = 1;                    % 采矿第 s 天
t = 1;                    % 第 t 次进村庄补给
for i = 1 : length(road)  % 遍历路径确定每天剩余资金 m、水 s_w 及食物 s_f 量
    if i == 1             % 情况1:起点
        % 起点按原始单价扣除购买食物水剩余资金
        m(i) = data.cszj - buy_w(i) * data.sjg - buy_f(i) * data.wjg;
        [s_w(i), s_f(i)] = deal(buy_w(i), buy_f(i));    % 第 1 天出门剩余食物水与购买量相等
    elseif ismember(road(i), data.cz)   % 情况2:村庄
        t = t + 1;
        % 前次剩余资金扣除本次在村庄,以基础价格 2 倍购买食物和水的剩余资金
        m(i) = m(i-1) - buy_w(t) * data.sjg * 2 - buy_f(t) * data.wjg * 2;
        % 当天根据天气、是否采矿等,参照路径途经位置判断食物水消耗量
        [s_xh, w_xh] = getxh(data, road, i-1, is_wk);% ----------------------(33)
        s_w(i) = s_w(i-1) - s_xh + buy_w(t);     % 进村补给后水剩余
        s_f(i) = s_f(i-1) - w_xh + buy_f(t);     % 进村补给后食物剩余
        ss_w(t) = s_w(i-1) - s_xh;               % 进村补给前水剩余
        ss_f(t) = s_f(i-1) - w_xh;               % 进村补给前食物剩余
    elseif ismember(road(i), data.ks) || road(i) == 0 % 情况3:矿点(矿点最后一天标识 0)
        if s == 1
            m(i) = m(i-1);    % 当天进矿山剩余资金同前一天:不采矿无收益
        else
            % 当天采矿按基础收益计入资金进项
            m(i) = m(i-1) + (ismember(road(i-1),data.ks)) * is_wk(s-1) * data.jisy;
        end
        [s_xh, w_xh] = getxh(data, road, i-1, is_wk); % getxh 获取当天消耗 ---------(45)
        [s_w(i), s_f(i)] = deal(s_w(i-1) - s_xh, s_f(i-1) - w_xh); % 扣除当天消耗的剩余
        if road(i) ~= 0
            s = s + 1;        % 采矿天数 +1(仅做采矿天数统计,是否采矿由 is_wk 决定)
        end
```

```
    else                              % 情况 4：非特征节点（依赖天气）
      m(i) = m(i-1);                  % 无资金收益
      % 当天根据天气、是否采矿等，参照路径途经位置判断当天食物和水消耗量
      [s_xh, w_xh] = getxh(data, road, i-1,  is_wk);  % ----------------------- (53)
      [s_w(i), s_f(i)] = deal(s_w(i-1) - s_xh, s_f(i-1) - w_xh);  % 扣除当天消耗的剩余
    end
  end
end
m(length(road)) = m(length(road)) + ...     % 路径最终收益 = 前一天资金剩余 +
  s_w(length(road)) * data.sjg * 0.5 + ...  % 路径终点按半价退回的水资金 +
  s_f(length(road)) * data.wjg * 0.5;       % 路径终点按半价退回的食物资金
% 每天负重(fz)由当日剩余食物/水箱数(s_w,s_f)按各自单箱重量乘积计入
fz = s_w * data.szl + s_f * data.wzl;
% 约束条件：水/食物、剩余水/食物不小于0，单日负重均小于规定负重上限
C = [buy_w >= 0, buy_f >= 0, s_w >= 0, s_f >= 0,fz <= data.fzsx];
% 确保进入村庄前后，食物和水的数量都要大于等于0(维持游戏进行的必要条件)
if any(ismember(road, data.cz))
  C = [C, ss_w >= 0, ss_f >= 0];
end
F = -m(end);   % 目标函数：资金收益最大化(负号代表求解时求最小值)
end
```

代码 312 第 33，45，53 行调用的子程序 getxh（代码 307 第 61～73 行）是根据条件计算每日消耗的通用子程序。

14.6.4　按收益估值筛选路径库子集

对路径的筛选是依据评估模型得到的收益结果，剔除不可能获得最大收益的路径（收益结果很小甚至负值、剩余水和食物过多的路径都可能作为冗余路径被程序排除在该子集之外），再用剩余的优选路径生成路径子集。按 MATLAB 的索引操作很容易实现这个意图（见代码 313）。

代码 313　构造优选路径子集的程序 path_select

```
function path0 = path_select(path00, v, n)
% {
  |------------------------------------------------------------------|
  |功能：依据评估结果遴选最能产生最优收益的路径子集合                 |
  |------------------------------------------------------------------|
  |输入参数：                                                        |
  | path00：子程序 gerenate_road 根据关卡基本数据产生的游戏合法路径总库|
  | v：子程序 evaluation_model 评估指定路径产生的模型收益值           |
  | n：实际路径数量和指定路径条数的最小值，抽取前 n 条收益最大的构成路径子集|
  |------------------------------------------------------------------|
  |返回参数：                                                        |
  | path0：指定 n 条最大收益路径优化计算                              |
  |------------------------------------------------------------------|
% }
[~,idx] = sort(v, 'descend');            % 按模型评估结果收益值降序排列路径索引
iddx = idx(1:min(n,length(idx)));        % 提取前 nx 条路径索引 iddx
path0 = path00(iddx);                    % 提取前 nx 条路径，nx 为 n 和路径库总数的较小值
end
```

代码 313 路径子集优选函数 path_select 的第 3 个输入参数 n 是优选子集的路径总数，鉴于不同关卡计算规模的差异，需要为程序提供相对折中的子集规模，确保既能让全局最优解出现在优选路径中，又让不同规模的问题都有较短的求解时间。因此子集数量定义为某个指定

数量(例如 $n=800$)和实际搜索路径数二者的较小值。针对沙漠穿越问题的关卡 1 和关卡 2:

　✍ 关卡 1 共计 27 个节点,运行代码 309 中的深度搜索优先程序获取共计 274 条合法路径,则优选子集规模为:"n=min(800,274)=274"。

　✍ 关卡 2 共计 64 个节点,运行代码 309 中的深度搜索优先程序获取共计 46 598 条合法路径,则优选子集规模为:"n=min(800,46598)=800"。

14.6.5　优化运算

按代码 313 选定路径的优选子集合后,就能运行代码 307 遍历该路径子集合,逐条优化计算和比较,可获取沙漠穿越问题的资金最大收益,为此编写了代码 314 所示的 compute_best_solution 子程序,它仍然是静态类 Help 的成员方法函数。

代码 314　构造求解 Yalmip 模型:遍历优选路径子集合

```
function [fvl, tbl, bys, byf,isw] = compute_best_solution(road, data)
%{
    |--------------------------------------------------------------|
    |子程序 compute_best_solution 功能:Yalmip 模型构造
    |--------------------------------------------------------------|
    |输入参数:
    |road:指定的游戏合法路径
    |data:关卡基本输入参数
    |--------------------------------------------------------------|
    |返回参数:
    |fvl:游戏获取的最终最大收益值。
    |tbl:返回最大收益条件下的节点路径、每天收益以及食物水剩余情况信息
    |bys:构造的目标函数——最终剩余资金数量最大化
    |byf:扣除每天在给定天气条件下消耗后的水剩余箱数,维度与路径长度相同
    |isw:扣除每天在给定天气条件下消耗后的食物剩余箱数,维度与路径长度相同
    |--------------------------------------------------------------|
%}
[buy_w, buy_f, is_wk, road] = Help.generate_variable(road, data, 1);
[C, F, s_w, s_f, m] = Help.generate_model(road, data, buy_w, buy_f, is_wk);
fvl = Help.solve_model(C,F);
%构造 table 列表返回最大收益条件下的节点路径、每天收益以及食物水剩余情况信息
tbl = table(road', value(m)','value(s_w)', value(s_f)');
idx = find(tbl.(1) == 0);
%将矿山最后一天节点位置信息重新修改为前一天的位置编号
tbl.(1)(idx) = tbl.(1)(idx-1);
%返回特征位置节点购买水、食物以及矿山是否采矿的信息数据
[bys, byf, isw] = deal(value(buy_w),value(buy_f),value(is_wk));
end
```

代码 314 用 cellfun 函数遍历 cell 数据类型路径子集合,compute_best_solution 先调用成员方法函数 generate_variable 和 generate_model 构造 Yalmip 优化模型。函数 generate_variable 运行返回的 buy_w,buy_f 和 is_wk 均属于 Yalmip 优化变量;generate_model 函数返回的 C/F 是 Yalmip 模型的约束条件/目标函数表达式。有了优化模型,再编写代码 315 所示的成员函数 solve_model 求解该模型,返回当前路径当游戏结束时的最大资金剩余。

代码 315　MATLAB+Yalmip:最优资金剩余模型求解

```
function fvl = solve_model(C,F)
%{
    |--------------------------------------------------------------|
```

```
|功能：求解 generate_model 子程序产生的优化模型
|---------------------------------------------------------------|
|输入参数：
|C：约束条件——确保食物水携带数量不小于 0，单日负重均小于规定负重上限
|F：构造的目标函数——最终剩余资金数量最大化
|---------------------------------------------------------------|
|返回参数：
|fvl：当前路径调用 YALMIP 求解得到的最大化收益资金解
|---------------------------------------------------------------|
%}

options = sdpsettings ('solver','gurobi');
diagnostics = optimize (C,F,options);      % 模型优化计算
if diagnostics.problem == 0                % 求解成功判断
    fvl = − value (F);
else
    fvl = − 1;
end
end
```

代码 315 中的成员函数 solve_model 通过 sdpsettings 函数指定了 Gurobi 为求解器，optimize 命令调用该求解器，对指定路径的最大资金剩余 Yalmip 模型寻优，获得当前路径的最大资金剩余目标值 fvl。根据上述三个成员函数的讲解，向代码 310 中的主调程序传入不同的行走路径，就可以算出优选路径子集合内每条路径能够产生的最大资金剩余了。

14.6.6　确定最终路径方案

前一节的程序算出了全部优选路径备择子集合中每条路径的最大资金剩余 fvl，接下来要用 max 函数找到 fvl 当中最大值对应的索引 iidx，反向查找路径库 path0 中该索引指向的路径，将路径节点信息 path0{iidx} 作为输入参数代入 compute_best_solution 程序做最后一次优化计算（见代码 316），得到沙漠穿越问题的全局最优路径、最大剩余资金、采矿和物资补给等信息了。

代码 316　获得最优资金剩余方案

```
[∼,iidx] = max (fvl);
[fvl0, tbl, bys, byf, sw] = Help.compute_best_solution(path0{iidx}, data);
```

14.6.7　模型计算结果

求解结果要填入表格文件 Result.xlsx，表格信息依次为游戏时，每天所在的区域编号、剩余资金数、剩余水和剩余食物数量，如表 14.1 所列。这组结果由 table 类型参数 tbl 输出，如代码 317 所示。

代码 317　关卡 1 的 Result 表格信息

```
Optimal solution found (tolerance 1.00e − 04)
Best objective − 1.047000000000e + 04, best bound − 1.047000000000e + 04, gap 0.0000 %
Elapsed time is 24.034324 seconds.
>> tbl
tbl =
  25 × 4 table
    Var1    Var2    Var3    Var4
```

```
 ____      _____      ____      ____
   1       5780       178       333
  25       5780       162       321

   ...

  15       4150       243       235

   ...

  12       4150       211       211

   ...

  15      10470        36        40

   ...

  27      10470         0         0
```

tbl 中的数据用 writetable 函数可以写入问题给定的 Result. xlsx 文件当中，作为最终正式输出的关卡 1 详细结果（见代码 318）。

代码 318　writetable 函数将求解结果输出 Result 表格

```
writetable(tbl,"Result.xlsx","sheet",1,"Range","B4","WriteVariableNames",0)
```

限于篇幅，以上省略了部分结果，感兴趣的读者可自行尝试执行主调程序，这段程序位于书配代码文件："Chap14/第 II 类方案/Chap14_2. mlx"中。执行完毕，关卡的最优路径求解结果总结如下：

- 🖐 玩家在关卡 1 的特征节点线路为："1 - 15(村庄) - 12(矿山) - 15(村庄) - 27"，中间节点按照式(14.13)变量 SQ 所示的分支子路径扩充，当然要额外考虑沙暴停留时间；
- 🖐 第 0 天在起点购买 178 箱水和 333 箱食物，资金剩余 5 780 元，游戏第 8 天到达村庄 15 补给，补给花费 1 630 元，补给 163 箱水和 0 箱食物，资金剩余 4 150 元；
- 🖐 第 10 天到达矿山 12，第 11 天沙暴天停留(可以采矿但仅停留而未选择采矿)；
- 🖐 第 12~17 天在矿山连续采矿增加资金收益，第 18 天为沙暴天气，在矿山停留但不采矿，第 19 天最后采矿一天后离开，此时剩余资金 11 150 元；
- 🖐 第 21 天返回村庄 12，补给 36 箱水和 16 箱食物；
- 🖐 第 24 天抵达终点，剩余资金为 10 470 元，无剩余食物或水物资。

对关卡 2，求解结果如代码 319 所示。

代码 319　关卡 2 的 Result 表格信息

```
Optimal solution found (tolerance 1.00e - 04)
Best objective - 1.273000000000e + 04, best bound - 1.273000000000e + 04, gap 0.0000 %
Elapsed time is 72.861902 seconds.
>> tbl
  tbl =
    31 × 4 table
     Var1       Var2      Var3      Var4

     ____       _____     ____      ____
      1         5300      130       405
     ...
     39         2750      189       316
     ...
     30         2750      163       294
     ...
     39         5730      196       200
     ...
     55         5730      170       174
     ...
     64        12730        0         0
```

关卡 2 最优路径求解信息总结如下：

- 玩家在关卡 2 特征节点线路为"1－39（村庄）－30（矿山）－39（村庄）－55（矿山）－64"，最优路线不经过村庄 62。具体细节为：玩家在村庄 39 补给，去矿山 30 采矿 6 天，返回村庄 39 二次补给，进入矿山 55 采矿 7 天，不再补给直达终点 64，结束游戏，两个矿区的停留时间无论天气状态均选择采矿；

- 第 0 天起点购买 130 箱水和 405 箱食物，资金剩余 5 300 元；

- 第 10 天到达村庄 39，补给 189 箱水和 33 箱食物，剩余资金 2 750 元，村庄无补给停留一天；

- 第 12 天到达矿山 30，第 13～18 天在矿山连续采矿增加收益，离开矿山 30 时，剩余资金为 8 750 元；

- 第 19 天重返村庄 39，补给 196 箱水和 53 箱食物，剩余资金 5 730 元；

- 第 21 天抵达另一矿山 55，第 22～28 天在矿山连续采矿，第 28 天剩余资金 12 730 元；

- 第 29 天离开矿山 55，中途不再补给，第 30 天截止日期到终点，剩余 12 730 元，无食物和水剩余。

14.6.8　全路径遍历代码方案总结

结果信息显示：关卡 1 计算机用时约 24 秒，剪枝搜索得到 274 条合法路径，最优路径的游戏时间为 24 天，最大资金收益为 10 470 元；关卡 2 计算机用时 73 s，剪枝搜索得到 46 598 条合法路径，对前 800 条路径带入模型寻优计算，最优路径用时 30 天，可获取最大收益 12 730 元，两个关卡均一次搜索出全局最优解。证实第 2 类方案通过 DFS 深度优先搜索产生起点到终点间的路径库，将其作为已知参量，有效降低了搭建数学模型和代码编写的难度，但是代入不同路径的遍历优化方式同样增加了程序运行时间，求解效率总体低于第 1 类方案。

此外，获取路径库子集合时取路径库路径最大数量 $n = 800$，这是针对关卡 2 反复试探的经验值。第 2 类方案是否能求得全局最优，依赖于对路径子集数量的准确选择，凭经验选取子集合路径数，有可能出现"数值偏小无法取得全局最优"或"路径子集数偏大而增加无谓的优化求解时间"的情况。

14.7　第 3 类方案：改进的节点分层搜索方法

第 2 类代码方案将沙漠穿越问题分解为 DFS 构造路径库和遍历路径寻优两个部分，"先对复杂模型解耦，再分步优化计算"的分层优化措施显著降低了数学模型的编写难度。深入分析发现，如果改变初始路径库的生成步骤，修正和改进剪枝策略，第 2 类方案的模型仍有进一步优化的空间。

14.7.1　第 3 类求解方案的代码思路分析

方案 2 在利用深度优先搜索路径库的阶段，特征节点间的分段子路径剪枝搜索和分支路径拼接扩展这两个计算过程消耗的时间比较多。不难看出随着地图规模和途径区域节点数量的增加，合法路径规模呈指数级扩张。例如对关卡 1 实施 DFS 搜索得到 274 条合法路径，关卡 2 节点总数量增至 64，合法路径库的规模就扩展到 46 598 条。因此路径穷举的效率会逐渐变得不可接受，方案 2 的模型求解，尤其是合法路径搜索的算法需要做出一定的调整，思路如下：

    ✍ 剪枝策略。DFS 搜索构造路径库时，增加其他剪枝策略以剔除更多无法产生最大收益的路径，改进程序在原有剪枝策略基础上，增加了"路径内不允许两次经过同一座矿山"等策略，如下：

        ① 如果增加一段前向搜索子路径后，全路径耗费总时长超出游戏截止期，判定为无效路径；

        ② 属于"村庄-村庄"的前向搜索分支路径端节点形式判定为无效路径：因补给后继续补给无意义；

        ③ 属于"矿山-矿山"的前向搜索分支路径端节点形式判定为无效路径：因为单纯矿山间的移动只会因多次往返产生物资与时间消耗而不能增加收益。

    ✍ 路径搜索改为分层搜索。全路径 DFS 解耦为特征节点路径与分支子路径两层搜索：

        ① 按深度优先搜索，构造特征节点间的端点路径库，称为地图"拓扑路径库"，每条拓扑路径上仅包含"起点""终点""矿山"与"村庄"；

        ② 遍历拓扑路径库每条路径，按节点分布和天气条件，编写优化代码获得采用该路径行走方案的全图最大可能采矿天数；

        ③ 按最大采矿天数搜索每条拓扑路径上，两两特征节点间的分支子路径，扩展出地图实际路径；

        ④ 将步骤③生成的实际路径作为已知参数，代入以游戏结束时获得最大剩余资金为目标的数学模型，按方案 2 的求解思路，获得当前路径最大剩余资金。

    第 2 种方案和第 3 种方案的差异主要在剪枝策略和路径搜索步骤的分层解耦。方案 3 没有直接遍历全图节点来搜索每段子路径，而是在搜索前事先增加最大可能采矿天数优化计算的子步骤②，这个改动大幅提高了 DFS 搜索的效率。但整个代码的结构也因此复杂化了，于是在第 3 类方案中，采用了 MATLAB 面向对象的方式重新设计了代码的结构。

14.7.2　沙漠穿越问题中的面向对象代码思路解析

    根据前一小节内容的叙述，沙漠穿越问题的第 3 类代码方案虽然和方案 2 一样要构造合法路径库，并遍历求解线性混合整数规划模型，但路径 DFS 转换成了对拓扑路径和分支子路径的分层搜索，而且要在路径扩展之前先计算出该路径的最大可能采矿时间 x/天，该变化是第 2 种方案所不具有的。

    路径中最大可能采矿时间 x 的计算子程序要在路径库所有路径优化过程里反复调用，执行效率对整个程序的运行时间影响较大。笔者基于不同算法，编写了 3 种采矿时间的求解代码。比较三种算法程序的运算效率，一种备选方案是在主调程序中，配套 switch - case 或 if - esleif 流程调用不同子程序，对多组求解方案/结果的执行情况进行比较和分析。

    但在主程序中配套多个分支选择流程，对于复杂问题（例如不同计算流程或者相同流程采用不同算法等），会使程序结构变得"复杂化"。一般来说，数学建模竞赛的代码方案涉及数据前处理，模型构造与优化计算，还要有一定的数据后处理与可视化，满足这种要求的代码方案，更适合于采用面向对象的程序编写流程。这是因为函数设计的原则中有一条"对修改封闭，对扩展开放"的基本原则，意思是新增加的代码不影响原代码的执行效果，但却能最大程度地利用原程序体,通过新增代码产生一套独立的运行结果。

以沙漠穿越问题 DFS 剪枝策略为例,根据本书前面的介绍,剪枝策略的组合形式灵活多变,且与特征节点的位置和数量、游戏截止的日期、采矿的单位收益等都存在联系,究竟能剔除多少组冗余和无效路径,答案是开放性的。为此,用户可能更期望与剪枝策略有关的新增语句有一定的“独立性”,所添加策略语句尽可能不去影响已经写好的策略语句,更不希望子程序里增加/删除一条策略,还要被迫同时修改主程序的 if 或 switch 控制流程结构。

于是沙漠穿越问题求解代码中,将不同优化算法和剪枝策略作为可替换子模块“嵌入”程序,用户可随时在外部用结构相似的语句修改某个参数来添加策略或设置不同的算法,以达到快速组合与更换的目的。这样,程序就具有了更自由的修改空间。更重要的是,用户不必修改源代码的主体结构,在调用程序中能用相似的语句和不同的属性参数,自行决定是否添加、编辑和删除不同的策略或算法。就好像瑞士军刀一样,每个扩展策略独立存在,不影响其他同级工具的功能,也不会让整体代码结构发生变化。

综上,根据剪枝策略增删和指定程序算法的要求,方案 3 采用了对象化程序设计方式中的工厂模式与策略模式。

1．第 3 类方案代码中的工厂模式

先简单说明一下什么是面向对象编程(Object - Oriented Programming,OOP)。OOP 处理问题模拟了人在遇到比较复杂和棘手问题的一般处理思路:首先将复杂问题分解为一系列简单子问题,提取每个子问题的通用特征,经过比较、分析和归纳,厘清子问题的内在逻辑联结和冲突关系,寻找规律并最终建立针对此类问题的基础解决范式。对象化编程的框架可以用类似方式,理解为以一定的粒度单元,将复杂问题分解和抽象化成一系列独立,彼此却又存在一定关联的单元或对象之间所发生的行为。

OOP 中另一个需要提到的概念是类(Class)。类作为一种基本的封装单元或者抽象数据类型,是面向对象编程的核心概念之一,是复杂问题分解成的一系列子单元特征的集合。但类也是一种逻辑抽象,只有将类实例化,得到具体的对象(Object),才能应用于某些具体问题的描述和求解。例如:“动物”这个类是抽象的,动物可能存在飞、爬、跑、捕食等一系列行为,但行为只是抽象出的一组共性特征,只有把动物进一步实例化才有真实意义,例如具体的老虎、鹰、猫狗等对象,才能和具体的行为对应。所以,抽象的行为特征落在某个具体的动物上,就是类对象的实例化。

接下来简要解释本节代码用到的对象化编程中的“工厂模式”(Factory Pattern)。编写沙漠穿越问题的代码,要完成数据前处理、设置剪枝策略(多种组合)、搜索遍历路径、优化求解、结果后处理等一系列操作,上述需要实现的功能和行为差别很大,不宜简单归为一类。比如前期方案提到的静态值型类“Help. m”,在设计该类时,把包含 DFS 搜索、剪枝策略、模型构造/优化求解等成员方法不加区分地放在了一起。这样的程序虽然也能够解决问题,但设计思路条理性较差,有时会给后期维护带来不便。好比一个工厂想生产矿泉水,但却把加工塑料瓶身的流水线和制水生产线这两个工艺制备环境要求,卫生条件完全不同的流程放在一个车间,这显然是一种错误的设计和规划方式。

但另一方面,剪枝搜索、路径遍历以及优化模型求解这些不同的类,又继承了某些共同的行为,因此程序在执行过程中,存在着交集或逻辑衔接的关系。于是要细分这些类的特征粒度,把其中一些共有的行为特征抽象出来,做成中间子类,在解决各自问题时,对中间类做二次

描述,以决定不同类最终实例化为何种形式,这是面向对象编程时一种常用的处理方式,让类的实例化"延迟"到子类级别,以获得更准确的行为描述,并通过一个公共接口指向实例化的对象,这就是所谓的"工厂模式"。

仍以矿泉水的生产为例,相同的成品水,可以按不同指令输送到瓶身生产车间的不同流水线,再决定究竟罐装在何种外形的瓶内,以产生定价、品牌各自不同的二级产品。

一般需要采用对象化程序的工厂模式描述的问题,代码方案的结构往往都比较复杂,为便于观察和总结此类程序的内部关系,MATLAB 自 R2021a 版本起,提供了分析自定义类内部逻辑关系的命令:"matlab.diagram.ClassViewer",以沙漠穿越问题的第 3 类代码方案为例,运行该新命令可用图形形式展现各子类间的内在关系,如图 14.12 所示。

在图 14.12 中,包括了第 3 类求解方案的 6 个基本功能子类,分别为:post_process 后处理类、solve_help 辅助求解类、abstract_strategory 策略与求解方法抽象类、Help 综合辅助/前处理类、solver 求解类,以及用于 DFS 搜索的 advantage_dfs 类。上述类有些相互之间并没有继承关系,只是为其他类独立地提供一部分成员方法函数,例如 Help、post_process 和 solve_help,另一些类存在直接继承关系,例如 solver 是对 my_solver 的继承,advantaged_opti_tree 是对 advantage_dfs 的继承等。

读者暂时不必究深对象化编程的知识,但建议了解这些类在沙漠穿越问题中对应所起的作用。abstract_strategy 承担了接口功能,三个求解最大可能采矿天数的成员方法函数以及图 14.13 显示的三个剪枝策略,都是经该接口为策略工厂类 StrategyFactory 实例化的对象。

对应图 14.13 的策略子类实例化见代码 320,这是第 3 类方案脚本形式的调用代码。第5~8 行触发了策略工厂类 StrategyFactory 的添加行为。注意:由用户负责添加的策略不用编写选择判断流程,只要用相同结构的"add_strategy"按对应策略名称的参数添加语句(因为添加策略的判断流程都放在了底层策略工厂的接口程序)即可。

代码 320　沙漠穿越问题第 3 类代码方案:主调函数

```
import common_tool. * ;
data = Help.get_data("data_input\data.mat", 2);
data = solve_help.data_ready(data);
st = complement.advantaged_opti_tree(data);
% ----------------------- 工厂模式:添加策略 -----------------------
st.add_strategy("first_village",strategy.StrategyFactory.get_strategy("first_village"));
st.add_strategy("routes_length",strategy.StrategyFactory.get_strategy("routes_length"));
st.add_strategy("cannot_mine",strategy.StrategyFactory.get_strategy("cannot_mine"));

st.DFS(1);
roads = st.res;
roads_raw = cellfun(@(x)data.node_indx(x),roads, 'uni', 0);
celldisp(roads_raw);
s = complement.solver(data); % --------------------------------------------- (14)

tic
s.solve_method = solve_method.loop_method(st);        % 算法1:递归遍历采矿天数
% s.solve_method = solve_method.ga_method(st);        % 算法2:fmincon 优化采矿天数
% s.solve_method = solve_method.fmincon_method(st);   % 算法3:ga 优化采矿天数
global_best = [];
global_money = 0;
for road = roads %  --------------------------------------------------- (22)
```

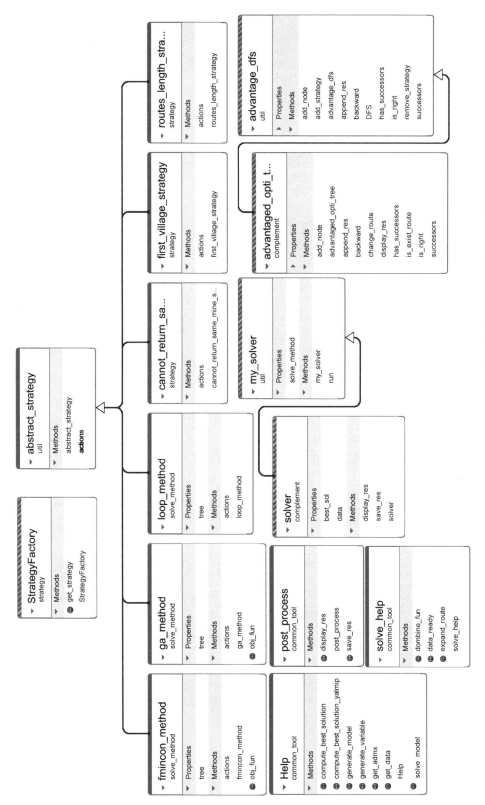

图 14.12　用 matlab.diagram.ClassViewer 展现的沙漠穿越方案 3 自定义类的层级结构

```
        s.run(road{:});
        if s.best_sol.fvl > global_money
            global_money = s.best_sol.fvl;
            global_best = s.best_sol;
            global_best.r = data.node_indx(road{:});
        end
end    % ---------------------------------------------------------------- (29)


toc
file_name = "data_out/Result.xlsx";
Range = "H4";    % H4 for 2
post_process.save_res(global_best, file_name, Range);
```

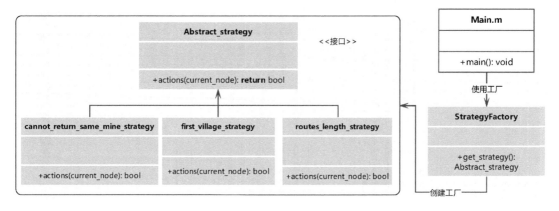

图 14.13　策略工厂对三组剪枝策略子类实例化示意图

　　沙漠穿越问题第 3 类方案中的策略工厂仅包含一个静态成员方法 get_strategy。也许读者想知道策略工厂类的工作机制是怎样的。其实策略工厂顾名思义，就是决定多条策略要具体实例化哪一个的指令中控枢纽，它是 handle 类的继承。

　　观察代码 321 会发现：策略工厂通过 if 流程发出指令，返回三种具体的剪枝策略之一。这很像汽车司机在驾驶室通过观察路面和交通状况，频繁操作切换挡位，而挡位指令传入变速箱，改变了变速齿轮的组合方式，获得不同扭矩。

代码 321　策略工厂类 StrategyFactory 源代码

```
classdef StrategyFactory < handle
    methods (Static)
        function s = get_strategy(s_name)
            if s_name == "first_village"
                s = strategy.first_village_strategy;
            elseif s_name == "routes_length"
                s = strategy.routes_length_strategy;
            elseif s_name == "cannot_mine"
                s = strategy.cannot_return_same_mine_strategy;
            end
        end
    end
end
```

　　接下来解释代码 321 中三个字符串是怎么转化成添加具体策略的。以"路径首个特征节点必为村庄"策略为例。首先，代码 321 第 4~10 行的判断流程接收到字符串指令"first_ village"，进而执行语句"s ＝ strategy. first_village_strategy"，进入代码 322 所示的策略生成子类实例化流程，其中只有一个 actions 的成员方法函数，利用一组构造的逻辑条件，通过返回"True｜False"来决定是否需要对路径剪枝。显然，不同的 actions 对应了不同的逻辑条件构造方式，因此就形成了不同的剪枝策略。

代码 322　添加"首个特征节点必为村庄"策略

```
classdef first_village_strategy < util.abstract_strategy
    methods
        function tf = actions(~, dfs_obj, current_node)
            tf = length(dfs_obj.current_path)~ = 1|dfs_obj.aux_info(current_node) == "村庄";
        end
    end
end
```

策略子类是对抽象策略类 abstract_strategy(代码 323)的继承，actions 用于判定当前的节点对象是否执行了某组自定义行为。该行为在不同剪枝策略中有不同的实例化表现。以代码 322 为例，actions 被具体化为是否服从这样一种逻辑行为(路径剪枝策略)：当前路径长度是否大于 1，或当前搜索节点是否为"村庄"。二者任一为"真"则返回逻辑值"TRUE"。显然，策略工厂是从 DFS 搜索某段扩展子路径左端点开始分发具体策略的，故此时首个特征节点必为村庄。

代码 323　抽象策略类 abstract_strateg

```
classdef abstract_strategy
    methods (Abstract)
        tf = actions(obj, current_node);
    end
end
```

读者到这里可能还是会有疑问：为什么添加剪枝策略要把貌似完整的逻辑判断放在三个程序里，还添加了许多复杂的继承关系：既然所有策略都是为判断加入当前节点(current_code)后的路径是否合法，何不将上述策略涉及的全部逻辑分支条件归纳在一条语句中，用一个复合逻辑条件，一次判断并执行对应的行为呢？

这恰恰是使用工厂模式处理剪枝策略的原因：沙漠穿越问题针对不同地图，策略组合产生的剪枝效果可能完全不同，因此函数设计初期就不希望剪枝策略的代码逻辑被完全封闭。正因为工厂模式细了剪枝策略的判断粒度，所编写对象化程序才有了开放性。路径搜索扩展的规则中，剪枝策略决策与地图路径之间构成了复杂的相互关系、要求策略对不同节点、天气、负重等参数细节有更良好的适应性。这种情境下，把剪枝策略组分解成多个子模块，可以在原有代码架构不发生变化的前提下，简单扩展新的工厂类，迅速改变策略规则。同样，删除策略时，也只需要从代码 320 中去掉某一条策略语句，就能停止向接口发出对应的实例化指令，用户无需修改策略工厂类的 if 流程，这种结构形式适合多人协作，也便于代码的后期维护。

工厂模式除了结构上更加适合应对沙漠穿越问题不同地图的诸多变化，还有一个优势，就是对源代码的设计意图有一定保护作用。策略工厂对接口的指令(代码 321 采用了字符串)是不会在创建对象时，对客户端暴露创建逻辑的，调用者只要熟悉构造策略的具体含义以及接口本身，就能通过外层指令生成策略，不但不会破坏原有策略体系的逻辑完整性，而且源代码编写者还能封装这部分内容，调用者或者用户无法直接看到策略生成代码，在确保代码安全性的前提下，又增强了灵活性和可定制性。

✍ 注：在使用工厂模式前，要分析问题的具体特点，因为增加一条新策略，策略工厂的代码 321 中还是要添加对应工厂子类实例化的创建指令,如果指令过多,整个对象化程序体系中会添加更多的子类,客观上仍然提高了程序的复杂度,对于子类依赖性过高,这并非好事。

2. 第 3 类方案代码中的策略模式

除了工厂模式,第 3 类方案还使用了面向对象的策略模式(Strategy Pattern)。它在对象化程序设计中属于"行为型"模式,主要功能是在程序运行时,局部更改执行某个类的行为,或运行算法类的成员方法函数。

为说明模型运用策略模式定义算法的过程,本节首先以代码 320 为例,说明方案 3 中面向对象策略模式的实施步骤,在解释沙漠穿越问题中,为什么要选择策略模式来指定不同路径各自采矿天数最多的算法程序。

第 3 类代码方案通过"util. abstract_strategy"接口,提供了 3 种路径各自对应采矿天数最多的代码,方法包括:递归遍历(loop_method),fmincon,以及遗传算法 ga 函数。三种方法的子类都继承了抽象策略类 abstract_strategy,通过重定义成员方法函数 actions 的行为,获得相异的实例化求解方法。算法采用的是策略模式,按定义求解器类、指定求解器属性和求解这 3 个步骤,实现对当前路径可能采矿天数的计算。

步骤 1:先实例化求解器的 solver 类。见代码 320 第 14 行,solver 子类继承了代码 324 所示的 my_solver 类(父类包含求解算法属性 solve_method 和求解运行的成员方法函数 run)。由于 solve_method 以及 run 作为公共属性/方法在不同求解算法间可共享以及求解器继承了父类的属性,故 solver 类具有:导入问题数据的 data、存放最优资金数据的 best_sol 和存放指定求解算法的 solve_method(公共)这三个属性(见代码 325)。

代码 324　my_solver 父类

```
classdef my_solver < handle
    properties
        solve_method
    end

    methods
        function set.solve_method(obj, value)
            obj.solve_method = value;
        end
    end

    methods
        function run(obj, param)
            % 检查模型是否指定求解方法 ----------------(14)
            assert(~isempty(obj.solve_method));
            % 运行指定求解方法
            obj.solve_method.actions(obj, param); % (17)
        end
    end

end
```

代码 325　solver 子类

```
classdef solver < util.my_solver
    properties
        data
        best_sol
```

```
    end
    methods
        function obj = solver(data)
            obj.data = data;
            obj.best_sol = [];
        end
    end
    methods
        function display_res(obj)
            G = graph(...
                obj.data.dst,obj.data.node_name_u);
            h = plot(G);
        end
        function save_res(obj)
        end
    end
end
```

步骤2：在代码320的第17～19行指定求解器类算法。注意：指定算法和指定剪枝策略的代码不同：剪枝策略可以添加很多个，但求解算法在一次运行中只能选一种。例如代码320如果选择递归遍历算法loop_method，其他两种算法在主程序中就不能执行。loop_method调用"+common_tool"的成员方法"solve_help.combine_fun"，递归求解出当前路径允许的最多采矿天数，但现在还不清楚哪种采矿天数所允许的剩余资金最大，因此把采矿天数传入"solve_help.expand_route"，获得每个可能采矿天数条件下的路径扩展，并加入路径库，按"common_tool.Help.compute_best_solution"解得所有收益及消耗补给的数据信息，最后找到最大收益 best_sol（见代码326）。

代码 326　loop_method 算法源程序

```
classdef loop_method < util.abstract_strategy
    properties
        tree
    end
    methods
        function obj = loop_method(tree)
            obj.tree = tree;
        end
    end
    methods
        function best_sol = actions(obj, solve_obj, road)
            sp = road(1:end-1);
            ep = road(2:end);
            go_day = sum(obj.tree.G(sub2ind(size(obj.tree.G), sp, ep)))+1;
            wd_locals = nnz(ismember(road,obj.tree.ks_idx));
            rest_days = obj.tree.days - go_day;
            cmb = common_tool.solve_help.combine_fun([], rest_days, wd_locals, {});
            money = 0;
            best_sol = [];
            for r = cmb
                e_road = common_tool.solve_help.expand_route(road,...
                    solve_obj.data, r{:});
                [sol.fvl, sol.sol] = ...
                    common_tool.Help.compute_best_solution(e_road, solve_obj.data);
                if sol.fvl > money
```

```
                money = sol.fvl;
                best_sol = sol;
            end
        end
        solve_obj.best_sol = best_sol;
        end
    end
end
```

在代码 326 中调用的成员方法函数"solve_help. expand_route"和"solve_help. combine_fun"都是辅助求解类"solve_help"的成员方法,源代码如代码 327 所示。

代码 327　辅助求解的静态类 solve_help 代码

```matlab
classdef solve_help
    methods (Static)
        function real_road_with_weather = expand_route(road, data, wd)
            % -------------------------
            % 功能:路径扩充
            % WD:采矿天数
            assert (all(wd > 0));
            [~,ks_idx] = ismember(data.ks, data.node_indx);
            t = ones (size(road));
            t(ismember(road,ks_idx)) = wd + 1;
            road = repelem(road, t);
            real_road = data.node_indx(road(1));
            for i = 1 : length(road) - 1
                pass_road = data.SG{road(i), road(i+1)};
                if length(pass_road) > 1
                    real_road = [real_road, pass_road(2:end)];
                else
                    real_road = [real_road, pass_road];
                end
            end
            real_road_with_weather(1) = real_road(1);
            [id_1, id_2] = deal(2);
            while id_2 <= numel(real_road)
                if data.tq(id_1 - 1) == "沙暴"
                    real_road_with_weather(id_1) = ...
                                real_road_with_weather(id_1 - 1); % #ok <*AGROW>
                else
                    real_road_with_weather(id_1) = real_road(id_2);
                    id_2 = id_2 + 1;
                end
                id_1 = id_1 + 1;
            end
            assert (length(real_road_with_weather) <= 31);
        end
        function data = data_ready(data)
            data.nks = length(data.ks);
            data.ncz = length(data.cz);
            data.node_name = ["起点","终点",repelem("矿山",data.nks),...
                                repelem("村庄",data.ncz)];
            data.node_name_u = ["起点","终点","矿山" + (1 : data.nks),...
                                "村庄" + (1 : data.ncz)];
            data.node_indx = [1,height(data.G.Nodes), data.ks, data.cz];
            data.aux_info = containers.Map(1:length(data.node_name), data.node_name);
```

```
        data.days = data.m ‒ nnz(data.tq(1：data.m‒1) == "沙暴");
        data.dst = distances(data.G, data.node_indx, data.node_indx);
        [SX, SY] = ndgrid(data.node_indx);
        data.SG = arrayfun(@(x,y)shortestpath(data.G,x,y),SX,SY,'uni',0);
    end
    function r = combine_fun(p, d, n, r)
        if ~d || length(p) == n
            if length(p) == n
                r{end + 1} = p；
            end
        else
            for i = 1 ：d
                r = common_tool.solve_help.combine_fun([p,i],d‒i,n,r);
            end
        end
    end
  end
 end
end
```

以上介绍了通过策略模式,选择以递归方式求解路径最大可能采矿天数的 loop_method
程序,另外两个同级的程序分别是 fmincon_method 以及 ga_method,这两个程序分别采用官
方优化命令 fmincon 和 ga 优化求解最大采矿天数。篇幅所限不再列出这两个程序,读者可以
通过扫描书中二维码获取源代码来测试其求解效果。

步骤 3：在获得了允许最大采矿天数的情况下,将路径库内全部可行路径代入模型来求解
最终的结果。脚本形式的调用代码 320 第 22～29 行的 for 循环呈现了该过程。注意 for 循环
中的“run”方法,其内部调用了公共成员函数 actions(见代码 324 第 14～17 行),不同的 action
意味着不同的优化算法/策略行为,这体现了策略模式本身的替换特性。

3. 策略模式和工厂模式的使用情境比较

用于解决沙漠穿越问题的策略模式是求解器类对象指定的三种算法之一,表面看似与用
工厂模式定义和添加剪枝策略思路一样,也用到了抽象策略类 abstract_strategy(接口)的
actions 方法。这就引出了一个问题：既然算法子类和剪枝策略子类都是对抽象策略类
abstract_strategy 的继承,为什么却各自选择了策略模式和工厂模式这两种不同的模式呢?

尽管工厂模式和策略模式定义子类创建对象的行为确实有相似之处,但从实例化的过程
以及效果看,还是有较大区别的。

本质上讲,工厂模式作为创建型设计模式,更关注子类对象的构造,侧重于从接口发出指
令,按指令创建相异的实例化对象,但不关心创建后子类的具体用途,因此允许多个剪枝策略
同时生效。例如沙漠穿越问题中,通过策略工厂类 StrateFactory,只要向接口发出字符串指
令,工厂就会按指令实例化不同子类对象,工厂内部则类似黑箱,调用者从外部只看到接收指
令和输出产品的行为,无法看到工厂内部的具体流程。

策略模式则侧重于行为的可替换性——封装可相互替换的子类,但每次运行仅能够实例
化其中一种,因为策略模式关注子类对象的封装,让不同策略(算法)具有相互替换的功能,在
实例化的整个实现过程中,不同策略就像白盒子,其算法思路和细节都向调用者开放。

理解了策略模式和工厂模式的行为特点和二者之间的差异,接下来解释第 3 类方案为什
么要选择策略模式来触发同一问题的不同算法代码。方案 2 和方案 3 都要构造合法路径库,
遍历每条路径在数学模型中求解最大剩余资金。在路径已知的情况下,受天气、物资消耗、特

征节点分布等条件的制约，每条路径必存在最优采矿总天数。如果路径最大采矿天数已知，则模型在构造合法路径时会大幅缩短其寻优搜索时间。由于用于抵消物资补充的金钱数量远低于每天采矿收益，似乎很容易推出："凡在矿山就必全部采矿"的假定结论。

分析条件很容易发现该假设结论并不合理：采矿时 3 倍于基数的物资消耗设定，结合负重上限和村庄持有资金两个限定条件，可能因为玩家在矿山采矿导致食物和水加速消耗，而被迫提前返回村庄补给。因此，采矿物资的消耗可能导致在游戏时间截止区间内玩家的决策发生本质变化。综上，单纯的贪心策略不适合于沙漠穿越问题的路径搜索，即使处于矿山，也不一定每天都要采矿。以关卡 1 为例，每逢矿山必采矿将得到一些文献提供的最大剩余资金结果 10 430 元，而根据本书其他求解结果的分析，这个数据并非全局最优。

基于上述分析，如何产生最优采矿总天数，是由多个条件制约下的一个优化子问题。为此我们编写了基于递归遍历、fmincon 和 ga 三种算法的代码求解方案。但是，这三种求解方式哪一种能确保最高的求解效率和准确度呢？

所谓效率的孰优孰劣，在程序进行多组数据的实际运行测试之前是无法回答的，所以会三种解法作为同级、独立的成员方法函数，可以彼此平行替换而方便结果的比较，还要允许且便于用户今后基于新的算法而继续添加其他成员函数，以上为沙漠穿越程序需要满足的要求，很多程序开发也需要满足与之相似的需求。策略模式的特点决定了它能满足上述全部要求：不同算法各自封装，实例化成具有可替换性的不同子类对象，避免了多重判断流程，也具有良好的可扩展性（新增算法不会对原有其他算法类产生影响，只需按类似方式新增其他独立求解类就可以了）。

感兴趣的读者可以使用上述三种算法求解最优采矿天数，代入沙漠穿越模型游戏关卡 1 和关卡 2 的数据，运行方案 3 代码查看运行时间与运行结果。在笔者计算机上递归遍历、fmincon 和 ga 对关卡 1 和关卡 2 的运算时间分别为（1.95 s，18.3 s）、（1.29 s，13.7 s）和（2.31 s，20.0 s），均可搜索到全局最优解，与方案 2 相比，计算效率在两个关卡分别提升了至少 10 倍和 3 倍。这就是设计出更加有效的剪枝策略以及路径解耦，分为拓扑路径和子路径分层扩展优化所产生的实际效果。从方案 3 程序的运行结果看，关卡 1 和关卡 2 分别只保留了 2 条和 10 条基本拓扑路径，而方案 2 需要一次性调用 DFS 搜索出 274 条和 46 598 条全图实际合法路径；此外，方案 3 在路径求解之前要先算出本条路径的采矿最优天数，这一措施也大幅度降低了模型在寻优空间内的搜索维度。

一般来说，三种算法里 fmincon 的速度最快，但容易陷入局部极值陷阱，有时会得不到最优解，故需反复运行几次；ga 和递归算法速度相对较慢，但可以获得全局最优解，此外如果地图规模继续增加，递归算法的求解效率可能会迅速降低。

14.8 沙漠穿越问题代码方案总结

本章针对 2020 年全国大学生数学建模竞赛 B 题，即：沙漠穿越游戏第（1）问的求解，给出了基于数学模型和基于深度优先搜索路径库的两类共计 8 种最大收益路径优化思路与对应代码方案。总的来说，沙漠穿越属于路径优化问题（本例求解目标为路径上的最大剩余资金），附加了包括：天气因素、多位置物资补给/消耗、采矿和游戏截止时间等多组限定条件，不容易直接通过贪心策略实现回溯。作为比较典型的 NP 难题，地图规模如果继续增大，与穷举相关的算法有可能遇到因运算效率低下而导致的求解困难情况。

为降低运算规模，减小编写数学模型的难度，本章给出了分层逐步求解模型的思路，即：先按深度优先搜索算法获得从起点到终点之间的路径库集合，将之作为已知参数代入以最大剩余资金为目标的数学模型并优化求解，问题关卡 1 和关卡 2 均一次搜索得到全局最优解。

通过对沙漠穿越问题的多种求解方案比较，发现在数学建模竞赛中，把一个复杂的大问题分解为一系列小问题的分层分组优化，往往能让模型的求解上呈现柳暗花明的良好局面。本书之前已经分析过的路灯优化问题，料场寻址问题，都用到了模型分层思路，而且每个问题的代码求解效率都得到显著提高。模型分解思路不仅能提高模型运算效率，而且问题分解也自然引出了面向对象的程序编写模式，例如方案 3，数据输入输出、路径搜索、求解等部分，被划分为不同的子类，代码彻底对象化，工厂模式、策略模式的采用，最大程度地共享程序的共同部分，又保留和保护了各部分的相异功能，在后期反复进行算法测试时，需要修改的代码数量也较少。这样的代码框架，有利实现竞赛团队的协作编程，便于代码后期的维护，而且复用性优良，例如该框架只需增加少量代码，可用于求解诸如：N 皇后、迷宫、条件数独等其他问题。

本章针对沙漠穿越问题，一开始就建立了式（14.10）所示的完整数学模型，以玩家最大剩余资金为目标，以玩家地理位置、补给和采矿这三种状态变化作为决策变量，以玩家在负重、初始资金、天气等参数为基础构造了包括所有可能的状态转移方程在内的约束条件，经线性化处理转换为整数线性规划问题，用 MATLAB、Gurobi 和 Lingo 等软件求解该模型。经典数学模型解决沙漠穿越问题，不需要用户遍历搜索合法路径，不必考虑地图路径的最大可能采矿天数，思路清晰，求解一步到位。Python 调用 Gurobi 完成模型求解的运行时间甚至分别达到了 0.95 秒（关卡 1）和 9.4 秒（关卡 2）。更重要的是，数学模型有很强的可移植性和可拓展性，只需要对变量或约束条件稍加修改，就能用于其他相似问题的优化求解。下一章将在式（14.10）基础之上，探讨如何构造和求解参变量使其设置更加灵活，适应性更广的拓展模型。

第15章

CUMCM－2020－B 沙漠穿越拓展数学模型

前一章利用深度优先搜索获取沙漠穿越问题的合法路径库集合,再求解以最大剩余资金为目标的简化数学模型,这类思路基于一定数量的剪枝策略,DFS遍历获取的路径信息作为已知量代入模型,降低了构造数学模型的难度。不过,DFS路径遍历也牺牲了计算效率,如果开发类似模式的游戏,地图生成器会频繁进行一系列的设置变更,如改变矿山/村庄的数量或位置,指定某些村庄只购买某种指定物资,修改补给物资的购买价格甚至增加物资种类等。按照DFS相关求解方案,这些条件在参数里修改一次,合法路径集合就要重新搜索一遍,计算效率很难满足用户需求。此时,一个通用且能在合理时间内求解最优方案的数学模型就具有优势了:当问题需求发生变化,只要在模型中增加或删除几个决策变量,或者修改一些参数/变量,添加一定数量的约束条件,就可以解算新模型的结果。

本章将以CUMCM－2020－B题沙漠穿越游戏的基本模型为基础,进一步构造允许用户设置资源种类、矿山和村庄位置等更多数据的拓展数学模型;并依据模型编写Python＋Gurobi和MATLAB＋Gurobi多种代码方案,对呈二阶整数规划和整数线性规划形式的数学模型,以及模型决策变量维度改变情况下的代码求解效率也做了较为细致的分析与比较。

15.1 拓展二阶数学模型中的参数调整说明

原沙漠穿越问题模型表达式(14.10)针对游戏截止时间、区域(节点个数)、初始资金、天气、资源(水和食物)单位重量/价格等一系列条件,线性化处理了包含高阶次乘积的约束条件,形成可以通过Lingo、MATLAB(包括第三方工具箱Yalmip)以及Gurobi等多种求解器优化运算的整数线性规划模型,其中Python调用Gurobi代码方案在10 s内能求解问题要求的两个关卡全部全局最优解。受此启发,对该数学模型做出进一步拓展和改进,尝试更“广谱”地求解与沙漠穿越相类似的其他问题,部分调整的规则和参数列于下:

✍ 有关物资种类的规则:自定义物资参数,例如为游戏添加除水/食物外的其他物资,允许用户通过变量W_k,P_k指定第k项物资的单价和单位重量数据。

✍ 有关购买物资的规则:可自定义地图村庄(不含起点)的补给行为,例如,指定允许购买的物资种类,且补给点(村庄)的位置、数量均可由用户在已知参数中指定。

✍ 有关矿山收益的规则:原问题规定地图所有矿山的收益相同,拓展后的模型则期望考虑更加一般的设定：允许用户指定矿山数量、位置及每座矿山采矿的单日收益。

🖊 有关天气状态的规则：由于沙暴天气 3 倍高消耗及强迫停留特点，这是对游戏策略影响最大的外部参量，因此新增"沙暴天气集合"已知参数，引导玩家因天气剧烈变化而可能产生的特殊行为。

综上，资源补给点的位置、数量、价格、可购买物资的种类，以及资源点收益、位置均能由用户指定，游戏规则更灵活，模型的常量和变量含义、对应维度也相应改动，表现在：

① $W, P, G \Rightarrow W_k, P_k, G_i$：资源将不限于水与食物，可自行制定不同资源，因此原用于指定资源单位重量和价格的标量常量 W, P 变为向量常量 W_k, P_k，同理，前一章数学模型中的采矿收益标量常量 G 要修改成向量形式 G_i，表示玩家在区域 i 的采矿收益。

② $D_i \Rightarrow D_{i,k}$：原模型中，判断当前区域是否为村庄的向量常量 D_i 改成矩阵常量 $D_{i,k}$，表示第 i 个区域是否可以购买第 k 种资源。

③ $y_t, z_t \Rightarrow y_{t,i}, z_{i,k}$：二阶拓展模型这两个新变量与式 (14.10) 中的 y_t, z_t 意义有较大变化。原模型 y_t, z_t 表示第 t 天水/食物补给数量，新模型的 $y_{t,i}$ 表示第 t 天是否在区域 i 停留，$z_{i,k}$ 则表示在区域 i 是否购买第 k 种物资。

④ $A_t, B_t \Rightarrow A_{t,k}$：原模型向量常量 A_t, B_t 表示第 t 天的基础食物/水消耗，在拓展二阶数学模型中将合并为一个矩阵常量 $A_{t,k}$，即第 t 天的资源 k 的基础消耗量。

⑤ $a_i, b_i \Rightarrow a_{i,k}$：变量 a_i, b_i 在原模型表示区域 i 是否为村庄或者矿山，扩展模型中，将其合并为在地图区域 i 是否提供资源 k。

⑥ $[u_t^{(1)}, u_t^{(2)}, v_t^{(1)}, v_t^{(2)}] \Rightarrow [u_{t,k}, v_{t,k}]$：原模型第 t 天补给前后（以上标"(1)"表示补给前；上标"(2)"表示补给后）的食物/水数量，新二阶拓展模型合并表述为"$[u_{t,k}, v_{t,k}]$"，即第 t 个状态点购买资源 k"之前|之后"的数量。

⑦ g_t, s_t：新增 g_t 表示第 t 天的采矿收益，新增 s_t 表示第 t 天玩家的剩余资金。

🖊 注：在前一章沙漠穿越数学模型的基础上进行拓展，并不仅仅简单地把某些"常数改成变量"，或者将"一维决策变量调整成多维变量"。如果模型存在乘积等数学形式时，某个或某几个因子原来为常数，现在变成了决策变量，则模型的类型就会因阶次上升而改变，直接影响求解器的选择以及求解速度。

本章为沙漠穿越拓展问题提供两种方案：二阶拓展模型和基于多周期的线性模型。后一种方案详见第 15.5 节。接下来将要讨论的二阶拓展模型，是在以上规则下重新构造的。拓展后的新模型求解代码，在允许用户自行定义补给点和矿山位置/数量、补给资源的种类/价格/单位重量，以及单日收益和天气状况等条件的情况下，可以计算最大剩余资金，制订所有游戏天数内的补给消耗、采矿停留等路径决策。

15.2　沙漠穿越拓展模型的符号及意义说明

为保持统一，拓展模型继承了第 14.2 节中的表 14.5～表 14.8 中所示部分变量的定义，本章新用到的常量/变量的意义如果和原模型相同并未加解释，则含义同前，另有可由用户自行指定的部分变量如物资的种类和数量等，新模型将用新含义替换原模型的定义。

🖊 新增标量常量。拓展模型需要新增加 2 个常量，如表 15.1 所列；
🖊 新增向量常量。拓展模型需要新增加 3 个向量常量，如表 15.2 所列；

✍ 新增向量常量。拓展模型需要新增加 1 个矩阵常量,如表 15.3 所列。

表 15.1 拓展模型新增加的标量常量

符　号	符号意义说明
K	地图内需要消耗物资的种类(数量)
B	出现沙暴天气状况的天数编号集合

表 15.2 拓展模型新增加的向量常量

符　号	符号意义说明
W_k	第 k 种资源的单位重量,$\forall k=1,2,\cdots,K$
P_k	第 k 种资源的单位价格,$\forall k=1,2,\cdots,K$
G_i	第 i 个区域的采矿收益,$\forall i=1,2,\cdots,N$

表 15.3 新增矩阵常量

符　号	符号意义说明
$D_{i,k}$	第 i 个区域是否可以购买第 k 种资源,$\forall i=1,2,\cdots,N;k=1,2,\cdots,K$

15.3 沙漠穿越问题拓展数学模型

15.3.1 决策变量

沙漠穿越基本模型有 4 组基本决策变量:$x_{t,i}$,y_t,z_t 和 w_t,另外还包括辅助的中间决策变量 a_t,b_t,c_t,d_t(可通过基本变量表示),在约束条件中表达玩家所处的位置和状态。新的拓展二阶模型在此基础上,根据新增的游戏规则,添加了表 15.4 所列的 6 组决策变量。

表 15.4 拓展数学模型新增加的决策变量

符　号	符号意义说明
$y_{t,i}$	第 t 天是否在第 i 个区域停留($\{0\mid1\}$),$\forall t,i$
$z_{t,k}$	玩家第 t 天购买资源 k 的数量($z_{i,k}\in\mathbb{R}^+$),$t=0,\cdots,T;k=1,\cdots,K$
$a_{t,k}$	第 t 天是否允许补给资源 k,$\forall t=0,\cdots,T,k$
$u_{t,k}$	玩家在第 t 天补给前所拥有的资源 k 数量,$t=0,\cdots,T;k=1,\cdots,K$
$v_{t,k}$	玩家在第 t 天补给后所拥有的资源 k 数量,$t=0,\cdots,T;k=1,\cdots,K$
g_t	玩家第 t 天的采矿收益,$\forall t$

表 15.4 出现了 3 种下标索引集合:资源种类有 K 种,因此拓展模型增加了第 k 种资源的标引 $k=1,\cdots,K$。同样地,因补给时要考虑游戏在开始之前在起点处的资源购买量,故表 15.4 出现了第 0 天的标引;此外,以天为单位的时间仍然用集合 $t=1,\cdots,T$ 表示;$i,j=1,\cdots,N$ 仍表示路径或区域节点编号集合,表示路径从起点 1 到节点 N,等效表述为 $\forall i$,在表 15.4 和本书以下关于数学模型的表示方法中,如果遇到上述 3 种从索引 1 起始的资源、时间和区域编号的集合范围,都用 $\forall t,\forall i,j$ 和 $\forall k$ 简化表述,其他标引范围按正常形式列出起点和终点的编号。

15.3.2 约束条件

决策变量的变化,相应导致拓展模型的约束条件做如下调整。

① 新增的辅助决策变量 $a_{t,k}$ 和两个量有关:一个是 $x_{t,i}$,表示第 t 天是否到达区域 i;另一个是 $D_{i,k}$,表示在位置 i 是否允许购买资源 k。由于玩家所处位置的唯一性(地点排他性),约

束 1 表示为式(15.1)所示的形式。

$$a_{t,k} = \sum_{i=1}^{N} x_{t,i} D_{i,k} \quad \forall\, t=0,\cdots,T,k \tag{15.1}$$

② 玩家在第 t 天是否允许采矿的辅助决策变量 b_t 由两个量决定:一个是变量 $y_{t,i}$,指第 t 天是否在区域 i 停留;另一个是 E_i,表示区域 i 是否为矿山。二者同时为真,则第 t 天允许采矿(也以仅在矿山停留而不采矿),如式(15.2)所示。因为到达矿山当天不允许采矿,参与乘积的变量用 $y_{t,i}$ 确保玩家停留,而非到达。

$$b_t = \sum_{i=1}^{N} y_{t,i} E_i \quad \forall\, t \tag{15.2}$$

③ 玩家在第 t 天是否到达终点的辅助决策变量 d_t 由两个量决定:变量 $x_{t,i}$ 和变量 F_i(表示区域 i 是否为终点)。二者同时为真,则第 t 天玩家处于终点位置,式(15.3)所示。因为约束仅需要判断玩家到达终点,乘积变量选择 $x_{t,i}$。

$$d_t = \sum_{i=1}^{N} x_{t,i} F_i \quad \forall\, t=0,\cdots,T \tag{15.3}$$

④ 第 t 天玩家采矿收益 g_t 由 3 个量决定:第 1 个是 $y_{t,i}$,表示第 t 天是否停留在区域 i;第 2 个是 E_i,表示玩家停留的区域 i 是否是矿山;最后一个是 G_i,表示矿山 i 规定的单日采矿收益。约束表示为式(15.4)所示的乘积形式。

$$g_t = \sum_{i=1}^{N} y_{t,i} E_i G_i \quad \forall\, t \tag{15.4}$$

⑤ 玩家限定从区域 1 开始游戏,即玩家在第 0 天位于起点 1,如式(15.5)所示。

$$x_{0,1} = 1 \tag{15.5}$$

⑥ 玩家在截止日期于终点结束游戏,即最后一天(第 N 天)必须到达终点。

$$x_{T,N} = 1 \tag{15.6}$$

⑦ 玩家每天处于且仅能处于地图的一个区域,即游戏位置具有排他性,如式(15.7)所示。

$$\sum_{i=1}^{N} x_{t,i} = 1 \quad \forall\, t=0,\cdots,T \tag{15.7}$$

⑧ 在玩家自起点到终点行走的路径上,如果任意连续两天处于两个不同的区域,则这两个区域必须满足地理邻接关系,如式(15.8)所示。

$$x_{t,i} + x_{t-1,j} \leqslant H_{i,j} + 1 \quad \forall\, t,i,j \tag{15.8}$$

⑨ 玩家在任意村庄补给前,自身资源剩余量不能小于 0,确保玩家在游戏中正常生存,如式(15.9)所示。

$$u_{t,k} \geqslant 0 \quad \forall\, t=0,\cdots,T,k \tag{15.9}$$

⑩ 玩家在资源点补给后,负重量不高于规定上限,数学表达如式(15.10)所示。

$$\sum_{k=1}^{K} v_{t,k} W_k \leqslant L \quad \forall\, t=0,\cdots,T \tag{15.10}$$

⑪ 本条约束限制玩家在沙暴天气状态下必须停留,如式(15.11)所示,B 为游戏事先指定的沙暴天气集合,这些天的停留状态 y 均为 TRUE。

$$\sum_{i=1}^{N} y_{t,i} = 1 \quad \forall\, t \in B \tag{15.11}$$

⑫ 本条约束限制玩家只能在满足采矿实际条件的前提下才可以采矿,但可以选择满足条

件却没有采矿。约束用两个"$\{0|1\}$"变量 b_t, w_t 的逻辑关系表述，如式(15.12)所示。

$$w_t \leqslant b_t \quad \forall t \tag{15.12}$$

⑬ 本条约束限制玩家只能在资源补给点购买相应资源，如式(15.13)所示。

$$z_{t,k} \leqslant M \cdot a_{t,k} \tag{15.13}$$

⑭ 玩家到达终点不允许继续移动，或者返回其他任何区域节点(保持处于终点的状态至截止日期)，式(15.14)所示。

$$d_t \leqslant d_{t+1} \quad \forall t = 0, \cdots, T-1 \tag{15.14}$$

⑮ 玩家第 t 天在区域 i 停留的条件为：第 $t-1$ 和第 t 天同样都在区域 i，因此构造每日玩家的地理位置移动状态转移方程，如式(15.15)所示。

$$y_{t,i} = x_{t-1,i} x_{t,i} \quad \forall t, j$$

上式为玩家在任意地图区域停留的约束条件，形式上是两个"$\{0|1\}$"变量的乘积，其提高了模型的阶次，根据运筹学知识，用式(15.15)所示的形式将约束线性化。

$$\begin{cases} y_{t,i} \leqslant x_{t,i} \\ y_{t,i} \leqslant x_{t-1,i} \\ x_{t-1,i} + x_{t,i} \leqslant y_{t,i} + 1. \end{cases} \tag{15.15}$$

⑯ 第 t 天剩余物资状态转移方程如式(15.16)所示，等于 $t-1$ 天补给后物资(扣除当日消耗)。关于当日物资消耗的系数计算见 14.4.3 小节。

$$u_{t,k} = v_{t-1,k} - \left(2w_t - \sum_{i=1}^{N} y_{t,i} + 2 - d_{t-1}\right) A_{t,k} \quad \forall t, k \tag{15.16}$$

⑰ 每日购买物资状态转移方程如式(15.17)所示，等于购买前剩余量与本日购买量之和。

$$v_{t,k} = u_{t,k} + z_{t,k} \quad \forall t = 0, 1, \cdots, T, k \tag{15.17}$$

⑱ 游戏开始前，玩家不携带任何资源，即第 0 天拥有资源 k 数量为零，如式(15.18)所示。

$$u_{0,k} = 0 \quad \forall k \tag{15.18}$$

⑲ 游戏出发并在起点购买物资后，剩余资金满足式(15.19)，起始资金减去物资购买消费金额。

$$s_0 = J - \sum_{k=1}^{K} z_{0,k} P_k \tag{15.19}$$

⑳ 游戏过程中每天结束时的剩余资金满足式(15.20)，此为每日的资金总额变化状态转移方程，等于前日余额＋当日收益－当日消费金额(系数 2 为村庄补给的价格翻倍)。

$$s_t = s_{t-1} + g_t w_t - 2\sum_{k=1}^{K} z_{t,k} P_k \quad \forall t \tag{15.20}$$

式(15.20)第 2 项"$g_t w_t$"描述了第 t 天玩家因采矿产生的资金收益。但作为乘积因子之一的 g_t 包含了基本决策变量 $y_{t,i}$ 与另一决策变量 w_t 的相乘，因提高了模型阶次，故问题相应转换为整数二次规划；约束 20 的第 t 天剩余资金数量 s_t 取决于前一天的资金剩余 s_{t-1}、当天购买资源以及采矿收益，这两个特征使约束 20 同时具有迭代(状态转移)和非线性(二阶)这两个特征。

㉑ 玩家在游戏过程中，允许且仅允许在起点停留补给 1 次。

$$x_{t,1} = 0, \quad \forall t \tag{15.21}$$

15.3.3 目标函数

补给物资种类可由用户自定义，故剩余资金最大化目标用求和形式表述回收物资：

$$\max = s_T + 0.5\sum_{k=1}^{K} v_{t,k}P_k \quad k=1,2,\cdots,K \tag{15.22}$$

15.3.4　数学模型

联立上述(15.11)～式(15.22)，列出式(15.23)所示完整的沙漠穿越问题拓展二阶数学模型。该模型要求解一个整数二次规划问题。Gurobi(V10.0)目前在 MATLAB 环境下调用求解问题式模型流程时，仅开放了求解线性规划和整数线性规划问题的接口。但 Gurobi 求解器本身支持二次规划问题的解算，因此针对式(15.23)编写了通过 Python 调用 Gurobi 计算的程序。

$$\max = s_T + 0.5\sum_{k=1}^{K} v_{t,k}P_k$$

$$\text{s.t.:}\begin{cases} a_{t,k}=\sum_{i=1}^{N} x_{t,i}D_{i,k} & \forall\, t=0,\cdots,T,k \\ b_t=\sum_{i=1}^{N} y_{t,i}E_i & \forall\, t \\ d_t=\sum_{i=1}^{N} x_{t,i}F_i & \forall\, t=0,\cdots,T \\ g_t=\sum_{i=1}^{N} y_{t,i}E_iG_i & \forall\, t \\ x_{0,1},x_{TN}=1 \\ \sum_{i=1}^{N} x_{t,i}=1 & \forall\, t=0,\cdots,T \\ x_{t,i}+x_{t-1,j}\leqslant H_{i,j}+1 & \forall\, t,i,j \\ u_{t,k}\geqslant 0 & \forall\, t=0,\cdots,T,k \\ \sum_{k=1}^{K} v_{t,k}W_k\leqslant L & \forall\, t=0,\cdots,T \\ \sum_{i=1}^{N} y_{t,i}=1 & \forall\, t\in B \\ w_t\leqslant b_t & \forall\, t \\ z_{t,k}\leqslant Ma_{t,k} & \forall\, t,k \\ d_t\leqslant d_{t+1} & \forall\, t=0,\cdots,T-1 \\ \begin{cases} y_{t,i}\leqslant x_{t,i} \\ y_{t,i}\leqslant x_{t-1,i} \\ x_{t-1,i}+x_{t,i}\leqslant y_{t,i}+1 \end{cases} \\ u_{t,k}=v_{t-1,k}-(2w_t-\sum_{i=1}^{N} y_{t,i}+2-d_{t-1})A_{t,k} & \forall\, t,k \\ v_{t,k}=u_{t,k}+z_{t,k} & \forall\, t=0,\cdots,T,k \\ u_{0,k}=0 & \forall\, k \\ s_0=J-\sum_{k=1}^{K} z_{0,k}P_k \\ s_t=s_{t-1}+g_tw_t-2\sum_{k=1}^{K} z_{t,k}P_k & \forall\, t \\ x_{t,1}=0 & \forall\, t \end{cases} \tag{15.23}$$

15.4 沙漠穿越问题拓展模型的求解代码

按式(15.23)编写的 Python 调用 Gurobi 的求解程序如代码 328 所示。代码中的基础数据来自关卡 2,部分地图数据则做了相应调整,改变了矿山位置和单日收益,以及村庄补给的种类。代码中的变量和约束对应模型表达式(15.23),命名方式和约束条件的先后次序均对应一致。程序的运行结果通过 pandas 导出至同文件夹下的 📄 raw_model2_Result. xlsx。代码 328 的主程序以文件名“📄 quad_prob_for_pro_2. py”也保存在该文件夹下。

代码 328 Python+Gurobi 求解沙漠穿越拓展模型(关卡 2)

```python
import pandas as pd
import gurobipy as gp
from gurobipy import GRB

# 1.定义常量
T, N, K, M, L, J = 30, 64, 2, 1000, 1200, 10000
W = [0, 3, 2]
P = [0, 5, 10]
village = {39: [1], 62: [2]}
mine_pos = {18: 1120, 53: 880}
end_pos = [64]
file_name = r"data2.xlsx"
weather_data = pd.read_excel(file_name, sheet_name = "天气", engine = "openpyxl")
pos_data = pd.read_excel(file_name, sheet_name = "位置", engine = "openpyxl")
comsumption = [{}, {"晴朗": 5, "高温": 8, "沙暴": 10}, {"晴朗": 7, "高温": 6, "沙暴": 10}]

t_i_k = [(t, i, k)
        for t in range(1, T + 1)
        for i in range(1, N + 1)
        for k in range(1, K + 1)]
t_i = [(t, i)
        for t in range(1, T + 1)
        for i in range(1, N + 1)]
i_k = [(i, k)
        for i in range(1, N + 1)
        for k in range(1, K + 1)]
t_k = [(t, k)
        for t in range(1, T + 1)
        for k in range(1, K + 1)]
t_0_i = [(t, i)
        for t in range(0, T + 1)
        for i in range(1, N + 1)]
t_0_k = [(t, k)
        for t in range(0, T + 1)
        for k in range(1, K + 1)]
# t_i_k:第 t 天第 k 种资源的消耗量,t = 1..T,i = 1..N,k = 1..K
A = {(t, k): comsumption[k][weather_data.loc[0, t]]
        for t, k in t_k}
# t_i:第 t 天经过第 i 个区域是否为沙暴天气
B = {t: weather_data.loc[0, t] == "沙暴"
        for t in range(1, T + 1)}
# i_k:第 i 个区域是否为第 k 个资源的购买点
D = {(i, k): int(i in village.keys() and k in village[i])
```

```
               for i, k in i_k}
E = {i: int(i in mine_pos)
               for i in range(1, N + 1)}
F = {i: int(i in end_pos)
               for i in range(1, N + 1)}
G = {i: mine_pos[i] if i in mine_pos else 0
               for i in range(1, N + 1)}
H = {(i, j): pos_data.loc[i - 1, j] if i != j else 1
               for i in range(1, N + 1)
               for j in range(1, N + 1)}


# 2.建立模型
model = gp.Model('model')
# 2.1 定义决策变量
# 第 t 个状态点是否到达第 i 个区域,包含 0
x = model.addVars(t_0_i, vtype = GRB.BINARY, name = 'x')
# y 为过程量,表达第 t 天是否停留在区域 i,t 从 1 开始
y = model.addVars(t_i, vtype = GRB.BINARY, name = 'y')
# 第 0 个状态的购买量为起始购买量
z = model.addVars(t_0_k, vtype = GRB.INTEGER, name = 'z', lb = 0)
w = model.addVars([i
                       for i in range(1, T + 1)], vtype = GRB.BINARY, name = 'w')
# 2.2 定义中间变量
# 第 t 个状态点是否到达第 k 个资源点
a = model.addVars(t_0_k, vtype = GRB.BINARY, name = 'a')
model.addConstrs((a[(t, k)] == gp.quicksum(x[(t, i)] * D[(i, k)]
                                           for i in range(1, N + 1))
                       for t, k in t_0_k),
                       "a_{t,k} = \sum_{i=1}^{N}D_{i,k}")
b = model.addVars([i
                       for i in range(1, T + 1)], vtype = GRB.BINARY, name = 'b')
model.addConstrs((b[t] == gp.quicksum(y[(t, i)] * E[i] for i in range(1, N + 1))
                       for t in range(1, T + 1)),
                       "b_t = \sum_{i=1}^{N}y_{t,i}E_i")
d = model.addVars([i
                       for i in range(0, T + 1)], vtype = GRB.BINARY, name = 'd')
model.addConstrs((d[t] == gp.quicksum(x[(t, i)] * F[i]
                                           for i in range(1, N + 1))
                       for t in range(0, T + 1)),
                       "b_t = \sum_{i=1}^{N}x_{t,i}F_i")
g = model.addVars([i
                       for i in range(1, T + 1)], vtype = GRB.INTEGER, name = 'g')
model.addConstrs((g[t] == gp.quicksum(y[(t, i)] * G[i] * E[i]
                                           for i in range(1, N + 1))
                       for t in range(1, T + 1)),
                       "g_t = \sum_{i=1}^{N}x_{t,i}G_i")


u = model.addVars(t_0_k, vtype = GRB.INTEGER, name = 'u', lb = 0)
v = model.addVars(t_0_k, vtype = GRB.INTEGER, name = 'v', lb = 0)
s = model.addVars([i
                       for i in range(0, T + 1)], vtype = GRB.INTEGER, name = 's')


# 2.3 约束条件
# (1)第 0 个状态点在第 1 个区域
model.addConstr((x[(0, 1)] == 1), "(1)x_{0,1} = 1")
# (2)最后一天必须到达终点
```

```
model.addConstr((x[(T, N)] == 1), "(2)x_{T,N} = 1")
# (3)每天只能在其中一个区域
model.addConstrs((x.sum(t, "*") == 1
                for t in range(0, T + 1)), "(3)\sum_{i=1}^Nx_{t,i} = 1")
# (4)相邻两天区域必须相邻
model.addConstrs((x[(t, i)] + x[(t - 1, j)] <= H[(i, j)] + 1 \
                for t, i in t_i
                for j in range(1, N + 1)),
                "(4)x_{t,i} + x_{t-1,i} <= H_{i,j} + 1")
# (5).购买前资源剩余量必须大于等于0,见变量u的下界
# (6).购买后资源满足负重约束
model.addConstrs((gp.quicksum(v[(t, k)] * W[k]
                        for k in range(1, K + 1)) <= L
                for t in range(0, T + 1)),
                "(6)\sum_{k=1}^{K}v_{t,k} * W_k <= L")
# (7).沙暴天气必须停留

model.addConstrs((y.sum(t, "*") == 1
                for t in range(1, T + 1) if B[t]), "(7)stop")


# (8).满足采矿条件才可以采矿
model.addConstrs((w[t] <= b[t]
                for t in range(1, T + 1)), "(8)w_t <= b_t")
# (9).只有在资源点才可以购买资源
model.addConstrs((z[(t, k)] <= a[(t, k)] * M
                for t in range(1, T + 1)
                for k in range(1, K + 1)),
                "(9)z_{t,k} <= a_{t,k} * M")
# (10).到达终点不能返回
model.addConstrs((d[t] <= d[t + 1]
                for t in range(0, T)), "(10)d[t] <= d[t+1]")
# (11).y 与 x 的关系约束
model.addConstrs((y[(t, i)] <= x[(t, i)]
                for t, i in t_i), "(11.1)y_{t,i} <= x_{t,i}")
model.addConstrs((y[(t, i)] <= x[(t - 1, i)]
                for t, i in t_i), "(11.2)y_{t,i} <= x_{t-1,i}")
model.addConstrs((x[(t - 1, i)] + x[(t, i)] <= y[(t, i)] + 1
                for t, i in t_i), "(11.3)x_{t-1,i} + x_{t,i} <= y_{t,i} + 1")


# 2.4 状态转移方程
# (1)剩余资源状态转移
model.addConstrs((u[(t, k)] == v[(t - 1, k)] -
                (2 * w[t] - y.sum(t, "*") + 2 - d[t - 1]) * A[(t, k)]
                for t in range(1, T + 1)
                for k in range(1, K + 1)),
                "u_{t,k} = v_{t-1,k} - (2 * w_t-\sum_{i=1}^Ny_{t,i} + 2 -  d_{t-1}) * \sum_{i=1}
^{N}A_{t,i,k} * x_{t-1,i}")
model.addConstrs((v[(t, k)] == u[(t, k)] + z[(t, k)]
                for t, k in t_0_k), 'v_{t,k} = u_{t,k} + z_{t,k}')


# (2)初始资源为0
model.addConstrs((u[(0, k)] == 0
                for k in range(1, K + 1)), "u_{0,k} = 0")


# (3)初始资金购买资源
model.addConstr((s[0] == J - gp.quicksum(z[(0, k)] * P[k]
```

```
                              for k in range(1, K + 1))),
"s_{0} = J - \sum_{k=1}^{K}z_{0,k} * P_k")

    # (4)资金转移方程
    model.addConstrs((s[t] == s[t - 1] + g[t] * w[t] - 2 * gp.quicksum(z[(t, k)] * P[k]
                                             for k in range(1, K + 1))
                    for t in range(1, T + 1)),
               "s_{t} = s_{t-1} + G * w_t - 2 * \sum_{k=1}^{K}z_{t,k} * P_{k}")

    model.addConstrs((x[t, 1] == 0
                      for t in range(1, T + 1)), "don't back to start point")

    # 2.5 目标函数
    model.setObjective(s[T] + 0.5 * gp.quicksum(v[(T, k)] * P[k]
                                   for k in range(1, K + 1)), GRB.MAXIMIZE)

    # 3 求解
    model.optimize()

    list_time = [t for t in range(1, T + 1)]

    list_wea = [weather_data.loc[0, t] for t in range(1, T + 1)]
    print(list_wea)
    print(len(list_wea))

    route = [k[1] for k, v in model.getAttr('x', x).items() if v > 0.5]
    tuple_route = [(route[i], route[i + 1]) for i in range(len(route) - 1)]
    print(tuple_route)
    print(len(tuple_route))

    uv = model.getAttr("X", u)
    list_u = [[round(uv[t, k]) for k in range(1, K + 1)] for t in range(T)]
    print(list_u)
    print(len(list_u))

    zv = model.getAttr("X", z)
    list_z = [[round(zv[t, k])
              for k in range(1, K + 1)]
              for t in range(0, T)]
    # list_z.insert(0, [0, 0])
    print(list_z)
    print(len(list_z))

    vv = model.getAttr("X", v)
    list_v = [[round(vv[t, k]) for k in range(1, K + 1)] for t in range(T)]
    # print(list_v)
    # print(len(list_v))

    Lv = [sum([list_v[t][k - 1] * W[k]
              for k in range(1, K + 1)])
          for t in range(T)]
    print(Lv)

    wv = model.getAttr("X", w)
    wv = {k: 1 if v > .5 else 0 for k, v in wv.items()}
    yv = model.getAttr("X", y)
```

```
# yv = {k: 1 if v > .5 else 0 for k, v in yv.items()}
dv = model.getAttr("X", d)
dv = {k: 1 if v > .5 else 0 for k, v in dv.items()}

ev = [round(2 * wv[t] - yv.sum(t, "*").getValue() + 2 - dv[t-1]) for t in range(1, T+1)]

list_ec = [[A[t, k] * ev[t-1]
            for k in range(1, K+1)]
            for t in range(1, T+1)]
print(list_ec)
print(len(list_ec))

list_u_r = [[round(uv[t, k])
             for k in range(1, K+1)]
             for t in range(1, T+1)]
print(list_u_r)
print(len(list_u_r))

sv = model.getAttr("X", s)
list_sv = list(sv.values())
list_sv.pop()

list_cv = [sum([zv[t, k] * P[k] for k in range(1, K+1)]) * (1 if t == 0 else 2) for t in range(T)]

print(list_cv)
print(len(list_cv))

list_sv = [list_sv[t] + list_cv[t] for t in range(T)]
print(list_sv)
print(len(list_sv))

gv = model.getAttr("X", g)
list_gv = [gv[t] * wv[t] for t in range(1, T+1)]
print(list_gv)
print(len(list_gv))

list_sv_r = list(sv.values())
for t in range(T):
    list_sv_r[t] += list_cv[t]
list_sv_r.pop(0)
print(list_sv_r)
print(len(list_sv_r))

actions = {0: "抵达终点",
           1: "停留",
           2: "行走",
           3: "采矿"}
list_a = [actions[ev[t]] for t in range(T)]

result = {"Time": list(range(1, T+1)),
          "Weather": list_wea,
          "Routes": tuple_route,
          "Action": list_a,
          "Start_Resources": list_u,
          "Buy_Resources": list_z,
          "Weights": Lv,
```

```
    "Consume_Resources": list_ec,
    "Rest_Resources": list_u_r,
    "Start_Funds": list_sv,
    "Consume_Funds": list_cv,
    "Acquisition_Funds": list_gv,
    "Rest_Funds": list_sv_r}
result_d = pd.DataFrame.from_dict(result, orient = "index").T
result_d.to_excel("raw_model2_Result.xlsx", sheet_name = "result", index = False)
```

代码 328 起始部分的赋值参数含义如表 15.5 所列。从表格看出,程序保留了原沙漠穿越模型关卡 2 的部分基础参数(例如游戏截止时间、天气状况与地图邻接矩阵等),但修改了矿山和村庄的相关信息。

表 15.5　代码 328 中引入的关卡 2 变量信息

符　号	值	意　义	符　号	值	意　义
T	30	游戏截止日期/天	N	64	地图区域数量/个
K	2	资源点数	L	1 200	负重上限/箱
J	10 000	初始持有资金/元	mine_pos	{18:1120,53:880}	矿山与单日收益/元
end_pos	64	终点区域编号	▤data2.xlsx	—	邻接矩阵/天气
comsumption	见表 14.3	单日物资消耗	village	{39:[1,2],62:[1,2]}	补给点与物资种类

表 15.5 提到的文件▤data2.xlsx 包含关卡 2 的两组数据:一个是每日沙漠的天气状态(见表 14.4);另一个是 64×64 的地图邻接矩阵,与 CUMCM2020－B 沙漠穿越原问题相同,▤data2.xlsx 文件与主程序放在同一文件夹内。如果安装了 Anaconda、pycharm 或 VS Code等,Python 运行环境配置正确,代码 328 可直接运行,具体参考相关工具软件的帮助。

如要运行程序获得关卡 1 路线结果,则将代码 328 中第 6～12 行替换为代码 329 所示的关卡 1 基本数据,程序以"▤quad_prob_for_pro_1.py"保存,部分基本数据被存储在▤data.xlsx 文件,导出的结果文件名则相应替换为"▤raw_model1_Result.xlsx",不过以上程序或数据均在书配程序对应章节的相同文件夹内,读者可扫码获取相应代码。

代码 329　基本数据 Python 代码(关卡 1)

```
T, N, K, M, L, J = 30, 27, 2, 1000, 1200, 10000
W = [0, 3, 2]
P = [0, 5, 10]
village = {15: [1, 2]}
mine_pos = {12: 1000}
end_pos = [27]
file_name = r"data.xlsx"
```

15.5　基于多周期视角的沙漠穿越问题求解方案

本章前半部分构造了沙漠穿越问题拓展二阶数学模型,并编写代码实现了由用户制订包括矿山村庄位置与资源补给种类等更多参数的意图,很大程度上提高了模型在更多相似情景下的应用范围。但模型仍然留下许多值得探讨的问题。比如:模型要求解二阶整数规划问题,对一般优化问题来说,搜索最优解的困难程度、求解器的运算效率等,均与模型阶次的提高正相关,因此模型降阶是否存在可能性,能否将问题变成整数线性规划模型来求解? 再比如,笔者采用 Python＋Gurobi 的代码方式求解拓展二阶模型,10s 内可获得结果,该求解效率还能否继续提高?

本书第 13 章通过华数杯 2022B 题、国赛 2021C 题等案例,介绍了与时间变量相关的多周期模型构造方面的一系列方法和技巧。实际上在沙漠穿越游戏中,玩家每天的行为同样存在诸多和多周期模型特征相似甚至相同的状态和行为,比如:玩家的各种行动也与时间变量密切相关,都在很多个阶段重复发生,且每个阶段内关键变量与相邻游戏天数的关键变量之间也存在依赖关系。

因此,本节尝试将沙漠穿越游戏中,玩家每天(周期)发生的行走、停留、采矿、补给等行为,转化为物资消耗、资金支出收益的连续变化结果,构造出以剩余资金最大化为单一目标的抽象化多周期 ILP 数学模型,并以 MATLAB＋Gurobi 和 Python＋Gurobi 两种方式求解。

15.5.1 基于多周期视角的沙漠穿越拓展模型构造思路

沙漠穿越游戏中的玩家各种行走、停留、采矿,以及资源消耗等行为,都发生在每个以天为单位阶段或周期内,每个周期发生的行为对每日的资金、各类物资剩余产生的影响,直至到达终点或规定的游戏时间截止。基于多周期的供需平衡约束,可用于表达玩家在每个周期(天)的资金和物资剩余。多周期拓展模型平衡约束中的基本项目有:期初购买资源(必须),其后每一天/周期,行走/停留产生的消耗;在采矿同时所产生的消耗与收益(仅在矿山,可选)。任意第 t 周期的物资和资金剩余等于第 $t+1$ 周期的期初余量(库存),于是每一天/周期存在如下平衡关系:

$$期初物资＋期初购买－期中消耗＝期末物资$$
$$期初资金＋期初消费－期中收益＝期末资金$$

按以上公式可以写出沙漠穿越问题在物资补给和资金收益两个方面的周期平衡约束条件,见本章后续模型部分的式(15.32)与式(15.33)。值得注意的是原沙漠穿越问题给出了资源回收的规则,即游戏结束剩余物资按起点处的半价回收。实际上,不论起点或中途购买的资源,如果在游戏终点还有余留,就不属于剩余资金最大化的方案,为简化模型结构,因此不再考虑物资的剩余回收,而是寻求物资最大程度地在途利用,这一点从多周期模型的视角就相当于要求生产期末的库存为零。

此外,基于多周期视角的沙漠穿越拓展模型包括决策变量和约束条件在内,构造方式和二阶拓展模型方案有一定区别,部分变量的意义也有所改变。因此,本节为沙漠穿越多周期拓展模型重新定义了下标索引集合、各种输入数据和参量的符号。

15.5.2 多周期沙漠穿越模型的符号定义

1. 下标索引集合

下标索引集合共计 3 个:时间周期、区域和资源种类。

🖊 t:时间周期,$t=1,\cdots,T$;

🖊 i:玩家每天出发、停留和抵达的区域编号,$i=1,\cdots,I$;

🖊 k:玩家每日消耗资源种类,例如食物、水或其他自定义物资,$k=1,\cdots,K$。

2. 已知数据

拓展模型中的已知数据符号与含义如表 15.6 所列,同样地,资源数量、每个周期的物资基础消耗量、物资的单位重量等参数的定义向用户开放。

表 15.6　多周期拓展模型已知数据符号及意义列表

符　号	意　　　义	下标索引集合范围
$D_{i,j}$	区域 i 和区域 j 是否连通	$i=1,\cdots,I;j=1,\cdots,I$
$C_{t,k}$	周期 t 资源 k 的基础消耗数量	$i=1,\cdots,I;k=1,\cdots,K$
G_i	区域 i 的采矿收益(非矿场收益为 0),不同矿场收益可能不同	$i=1,\cdots,I$
A_t	周期 t 购买资金的价格倍数	$t=1,\cdots,T$
B_t	周期 t 是否为沙暴天气	$t=1,\cdots,T$
$Z_{i,k}$	区域 i 资源 k 的数量	$i=1,\cdots,I;k=1,\cdots,K$
W_k	资源 k 的单位重量	$k=1,\cdots,K$
P_k	资源 k 的单位价格	$k=1,\cdots,K$
J	初始资金	
L	负重上限	

3. 决策变量

基本决策变量与中间决策变量(可以通过基本决策变量和其他参量表示)共有 10 组,如表 15.7 所列。

表 15.7　多周期拓展模型决策变量符号及意义列表

符　号	意　　　义	下标索引集合范围
$\delta_{t,i}$	周期 t 是否离开区域 i	$t=1,\cdots,T;i=1,\cdots,I$
$z_{t,k}$	周期 t 购买资源 k 的数量	$t=1,\cdots,T;k=1,\cdots,K$
c_t	周期 t 消费(用于购买物资)资金金额	$t=1,\cdots,T$
$u_{t,k}$	周期 t 资源 k 的剩余数量	$t=1,\cdots,T;k=1,\cdots,K$
v_t	周期 t 资金的剩余金额	$t=1,\cdots,T$
e_t	周期 t 资源消耗的倍数	$t=1,\cdots,T$
$\alpha_{t,i}$	周期 t 是否停留在区域 i	$t=1,\cdots,T;i=1,\cdots,I$
β_t	周期 t 是否到达终点	$t=1,\cdots,T$
γ_t	周期 t 是否到达矿山节点	$t=1,\cdots,T$
g_t	周期 t 采矿的收益	$t=1,\cdots,T$

15.5.3　模型基本约束条件

如果按照多周期模型思路解释沙漠穿越的拓展问题,所有约束条件可归为如图 15.1 所示的物资/资金平衡和游戏状态两类条件,前者物资/资金平衡条件可称之为基本条件,也是模型的公共条件；后者则根据选择不同维度的玩家位置决策变量而有所区别。如果比较本章前一种拓展模型，或者前一章的原始沙漠穿越模型，会发现多周期拓展模型的约束条件分组形式相对要更有条理性。

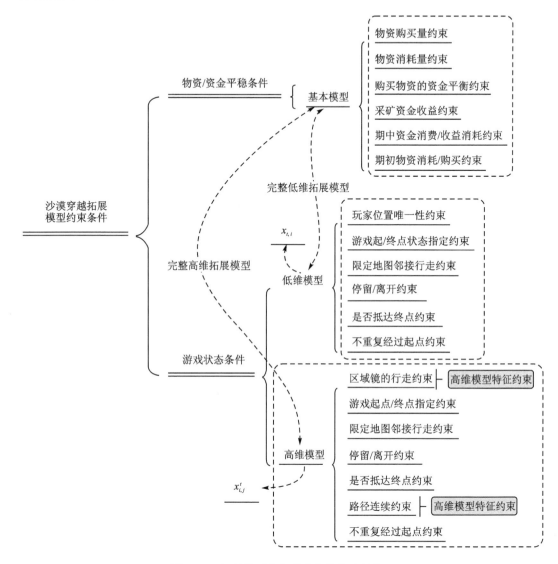

图 15.1　拓展模型全部约束条件名称结构图

　　与位置决策变量有关的后一类约束将在第 15.6 节讨论。本节主要介绍物资/资金平衡相关的共 6 组约束的含义与数学表达形式。

1. 周期期初物资购买量约束

　　物资购买的约束条件要考虑：玩家所处区域是否包含购买种类、资金量剩余和负重上限这三种情况。

　　首先，玩家所处的区域只在起点或村庄时才允许购买物资，而且用户在这些资源的补给点限定仅能购买某种特定物资，这组条件可以表述为如下形式：

$$z_{t,k} \leqslant \sum_{i=1}^{I} \delta_{t,i} Z_{i,k} \quad \forall\, t = 1, \cdots, T; k = 1, \cdots, K \tag{15.24}$$

式(15.24)基于运筹学中常用的"大M法"原理,对约束进行了线性化处理。表示第 t 天或第 t 周期,玩家购买的物资 k 数量不多于玩家在所有区域 i 购买对应物资 k 的上限。简言之,对于资源 k 而言,在任意位置的补给上限取 $Z_{i,k} \mid 0$ 两个值之一。

其次,购买和补给物资,要受到玩家当前拥有的资金剩余量上限的制约,即

$$c_t \leqslant v_{t-1} \quad \forall\, t = 1, \cdots, T \tag{15.25}$$

最后,购买或补给物资,要受到游戏规则指定的玩家负重上限的制约,即

$$\sum_{k=1}^{K} W_k (u_{t-1,k} + z_{t,k}) \leqslant L \quad \forall\, t = 1, \cdots, T \tag{15.26}$$

式(15.26)表达了当前周期新购物资与前一周期剩余物资二者总重不能超限。

2. 周期期内物资消耗量

按照游戏规则,以不同天气的基础消耗为单位倍率,按玩家在周期内的不同行为,在倍率基础之上,上浮一定倍率来计算:移动状态按2倍基础消耗计当日的物资用量、停留记为基础消耗、采矿物资消耗以基础消耗的3倍统计。为方便计算,将当前周期物资对基础消耗的倍率 e_t 先计算出来。

$$e_t = 2 - \sum_i \alpha_{t,i} + 2\gamma_t - \beta_{t-1} \quad \forall\, t = 1, \cdots, T \tag{15.27}$$

式(15.27)右端一共4项,依次表示玩家的4种不同状态:行走、停留、采矿和期初($t-1$)是否已在终点,注意最后一项 β_{t-1} 的下标为 $t-1$,这样才能够表示本期期初的实际状态(因为要改成下标 t 可以表示本期还在移动,只是最终时刻到达了终点,但当前周期全过程不在终点)。这里面包含如下几种情况:

- 移动。移动倍率按基础消耗2倍计,如当前位置不停留,且前一周期不是终点,则右端第2项为0,则 $e_t = 2-0+2\times 0-0 = 2$。
- 停留不采矿。如果前一周期 $t-1$ 不是终点,则游戏仍然继续,此时 $e_t = 2-1+2\times 0-0 = 1$。
- 停留采矿。既然允许处于停留并采矿的状态,则前一周期或本期玩家初必不在终点,有 $e_t = 2-1+2\times 1-0 = 3$。
- 到达终点。如果在 $t-1$ 周期抵达终点,则与起点状态相同,有 $\beta_{t-1} = \beta_0 = 0$,于是 $e_t = 2-1+2\times 0-1 = 0$。

综上,式(15.27)统一表述玩家所处状态的物资消耗倍率,再按当前周期基础物资的单位消耗,计算出当天玩家的物资实际消耗量 $e_t C_{t,k}$。

3. 周期期初购买物资花费资金量

在原问题中,计算购买物资的价格是将起点购买价格作为基础倍率1,其余村庄一律为起点价格的2倍,为实现模型的抽象化,模型仍然将倍率定义的权限交给用户,通过变量 A_t 定义和控制第 t 个周期的基础价格倍率,因此第 t 周期期初购买物资的实际资金花费情况为

$$c_t = A_t \sum_{k=1}^{K} z_{t,k} P_k \quad \forall\, t = 1, \cdots, T \tag{15.28}$$

4. 周期内资金收益

只有在周期内发生采矿行为时，会出现资金的正向收益，应当确保：

① 在矿山节点才能采矿，为确保该条件，应有式(15.29)所示经线性化处理的约束：

$$\gamma_t \leqslant \sum_{i=1}^{I} \alpha_{t,i} G_i \quad \forall t = 1, \cdots, T \tag{15.29}$$

② 采矿才会产生资金的正收益（仅停留在矿山而不采矿则无法提高收益），有

$$g_t \leqslant M\gamma_t \quad \forall t = 1, \cdots, T \tag{15.30}$$

③ 采矿的收益不能超过该矿山节点的单位收益。鉴于目标函数为游戏结束时剩余资金数量最大，则资金收益会取到右端边界值。

$$g_t \leqslant \sum_{i=1}^{I} \alpha_{t,i} G_i \quad \forall t = 1, \cdots, T \tag{15.31}$$

5. 周期内的资源与资金平衡

每个周期之间的资源购买与消耗、资金的收益与花费，存在平衡关系。

📖 资金平衡约束。本周期的资金数量等于上一周期剩余资金，加上本周期采矿收益，再扣除本周期购买物资花费的金额，即

$$v_t = v_{t-1} - c_t + g_t \quad \forall t = 1, \cdots, T \tag{15.32}$$

📖 物资平衡约束。本周期内，资源 k 的数量等于上一周期资源 k 的剩余，加上本周期资源 k 购买的数量，扣除本周期的消耗量，即

$$u_{t,k} = u_{t-1,k} + z_{t,k} - e_t C_{t,k} \quad \forall t = 1, \cdots, T; k = 1, \cdots, K \tag{15.33}$$

6. 周期内玩家的地图行为

玩家在游戏中的行动包含两组设定：一个是到达终点不能再返回；另一个是沙暴天气必须停留原区域。

📖 抵达终点不返回。β_t 表示在第 t 个周期是否抵达终点，这是一组"{0|1}"变量，抵达终点赋值为 1，否则为 0。因此在一段连续衔接的周期里，如果 $\beta_{t-1} = 1$，则后续任何 $\beta_t \neq 0$，故

$$\beta_{t-1} \leqslant \beta_t \quad \forall t = 1, \cdots, T \tag{15.34}$$

📖 沙暴天气必须停留。天气情况不受问题本身规则的影响，在未来 30 天内的天气已知情况下，可以构造出一组是否为沙暴天气的 0|1 数组；同时，表达第 t 周期是否要在区域 i 停留的变量是 $\alpha_{t,i}$，因此有

$$\sum_i \alpha_{t,i} \geqslant B_t \quad \forall t = 1, \cdots, T \tag{15.35}$$

式(15.35)表达的含义是，在第 t 个周期中，区域 i 停留天数总和不小于周期 t 沙暴天气总数，逻辑符号"$\geqslant$"意味着并没有限定只有沙暴状态玩家才能停留——玩家如果周期 t 处在矿山采矿，也属于停留状态，而采矿时的天气可以是任意情况。

15.5.4 目标函数

拓展模型的目标函数仍然是当游戏结束时玩家拥有的剩余资金最大化，通过之前的分析已经知道，玩家虽然可以提前抵达终点，不过模型在具体处理时，把提前抵达终点后的行为定义为零消耗、零收益的停留，直至截止日期，因此有

$$\max v_T \tag{15.36}$$

15.6　选择高维、低维两种形式构造位置系列约束

15.5.3 节和 15.5.4 节中的式(15.24)～式(15.36)所表述的模型还缺少玩家在地图上的一些具体位置行为的描述。这就是图 15.1 第 2 类游戏状态条件所承担的模型表述工作。比如每个时间周期内，玩家位置的唯一性或排他性，行走、停留或离开某个区域行为的定义，指定编号 1 为起点位置、最后一个周期要到达终点等。之所以将这部分条件的表达方式放在单独的小节，是由于这些约束都和某个决策变量有关，而且以不同的维度构成该变量，会导致拓展模型具有不同的表现形式，相应编写的代码在结构和运行效率上也有所不同。

所谓低维模型和高维模型，形式上主要指对玩家从一个区域到达另一个区域的行走行为的定义有所区别，接下来将主要分析这两种定义方式以及对约束条件构造方式所施加的影响。

15.6.1　位置系列约束的低维构造方式

在采用低维度方式构造多周期的沙漠穿越拓展模型时，玩家的"到达区域"行为，由如下"$\{0|1\}$"决策变量 $x_{t,i}$ 表示，这是一个 $t \times i$ 的二维变量：

$$x_{t,i} \triangleq 玩家在第 \ t \ 个周期是否到达区域 \ i \quad \forall t = 1, \cdots, T; i = 1, \cdots, I$$

同理，定义玩家"第 t 周期的期初是否在区域 i"，则使用 $x_{t-1,i}$ 表示。围绕"是否到达"和"是否在"两个概念，以上述变量构造出如下 7 组约束条件：

① 位置唯一性约束。每个周期期初，玩家到达区域 i（处于且仅处于位置 i），如当前周期玩家行走（花费 1 个周期）至另一区域 j，则处于区域 j 的状态自下期期初统计，$x_{t-1,i}$ 表达玩家到达区域 j 前的状态。综上，位置的排他性表述如下（$t=0$ 表示起点）：

$$\sum_{i=1}^{I} x_{t,i} = 1 \quad \forall t = 0, \cdots, T \tag{15.37}$$

② 起点与终点状态约束。玩家从指定起点出发，在最后 1 个周期抵达指定终点，这组条件如式(15.38)所示，意思是第 0 天玩家在区域 1、第 T 天玩家必须在区域 I。

$$\begin{cases} x_{0,1} = 1 \\ x_{T,I} = 1 \end{cases} \tag{15.38}$$

③ 邻接约束。只有区域 i 和区域 j 位置相邻，两个连续时间周期内，玩家才允许从区域 i 抵达区域 j。该条件如果写成两个状态量的相乘，左端两个决策变量的乘积提升了模型的阶次。

$$x_{t-1,i} \cdot x_{t,j} = D_{i,j} \quad \forall t = 1, \cdots, T; i, j = 1, \cdots, I$$

因此对上式做线性化处理，等效转换为式(15.39)所示的形式。

$$x_{t-1,i} + x_{t,j} \leqslant D_{i,j} + 1 \quad \forall t = 1, \cdots, T; i, j = 1, \cdots, I \tag{15.39}$$

④ "停留"约束。如果玩家选择在区域 i 停留，则停留状态代表前一个周期期初处于区域 i，下一个周期的期初仍然处于区域 i，同样可以表示为决策变量 $x_{t-1,i}, x_{t,i}$ 的乘积：

$$x_{t-1,i} x_{t,i} = \alpha_{t,i} \quad \forall t = 1, \cdots, T; i = 1, \cdots, I$$

经过等效线性化处理，停留约束如式(15.40)所示。

$$\begin{cases} x_{t-1,i} + x_{t,i} \leqslant \alpha_{t,i} + 1 \\ \alpha_{t,i} \leqslant x_{t-1,i} \qquad \forall t = 1, \cdots, T; i = 1, \cdots, I \\ \alpha_{t,i} \leqslant x_{t,i} \end{cases} \tag{15.40}$$

⑤ "离开"约束。对某区域的离开,可以引入变量 $\delta_{t,i}$ 定义:

$$\delta_{t,i} = x_{t-1,i} \quad \forall t = 1, \cdots, T; i = 1, \cdots, I \tag{15.41}$$

⑥ "抵达终点"约束。判断玩家是否抵达终点同样引入变量 β_t 表示:

$$\beta_t = x_{t,I} \quad \forall t = 0, 1, \cdots, T \tag{15.42}$$

⑦ "不重复经过起点"约束。起点作为物资购买最为"经济实惠"的特殊补给点,仅可进行一次购买,因此约束路径中仅停留起点购买 1 次,如式(15.43)所示,实际上低维模型中的决策变量 $x_{t,i}$ 意义与二阶拓展模型一致,因此式(15.43)与式(15.21)相同。

$$x_{t,1} = 0 \quad \forall t = 1, \cdots, T \tag{15.43}$$

以上 7 组条件定义了玩家的位置状态,明确行走、停留、离开,自起点出发且仅经历起点 1 次,以及抵达终点等一系列游戏行为的规则。注意区域的邻接,以及玩家停留的行为要通过必要的线性化处理降低阶次,有时模型的线性化处理可能需要灵活的手段或方法来实现。

15.6.2 位置系列约束的高维构造方式

高维模型中,对玩家"到达区域"的行为,采用如下"{0|1}"三维决策变量描述:

$$x_{i,j}^t \triangleq \text{在周期 } t \text{ 从区域 } i \text{ 到区域 } j \quad t = 1, \cdots, T; i, j = 1, \cdots, I$$

显然,高维模型的决策变量能够同时解释玩家在一个时间周期内,空间位置变化的决策行为,因此是一个三维变量。该变量维度的处理思路让模型表述呈现出不同于低维约束表示方式的特点(详述见第 15.6.3 节)。在前一节以二维变量构造的关于玩家位置状态的约束条件,现在要围绕新变量 $x_{t,i}^t$ 做出如下修改。

① 行走约束。每天必须从一个区域 i 到另一个邻近区域 j,这组条件汇总了行走和停留两种状态,停留则意味着区域 i 和区域 j 是相同位置。

$$\sum_{i=1}^I \sum_{j=1}^I x_{i,j}^t = 1 \quad \forall t = 1, \cdots, T \tag{15.44}$$

② 游戏起始约束。玩家在游戏开始必须位于起点 1。

$$\sum_{j=1}^I x_{1,j}^1 = 1 \tag{15.45}$$

③ 游戏终止约束。玩家在游戏的截止日期必须处于终点。

$$\sum_{i=1}^I x_{i,I}^T = 1 \tag{15.46}$$

④ 邻接区域行走约束。只有两区域邻接,玩家才能从一个区域到达另一区域。

$$x_{i,j}^t \leqslant D_{i,j} \quad \forall t = 1, \cdots, T; i, j = 1, \cdots, I \tag{15.47}$$

⑤ "停留"约束。引入中间变量 $\alpha_{t,i}$ 表达玩家在周期 t 停留在区域 i 的状态。

$$\alpha_{t,i} = x_{i,i}^t \quad \forall t = 1, \cdots, T; i = 1, \cdots, I \tag{15.48}$$

⑥ "离开"约束。引入中间变量 $\delta_{t,i}$ 表述玩家在周期 t "离开"区域 i。

$$\delta_{t,i} = \sum_{j=1}^I x_{i,j}^t \quad \forall t = 1, \cdots, T; i = 1, \cdots, I \tag{15.49}$$

⑦ 终点约束。引入中间变量 β_t，标识玩家是否处于终点。

$$\beta_t = \sum_{i=1}^{I} x_{i,I}^t \quad \forall\, t = 1, \cdots, T \tag{15.50}$$

⑧ 路径连续约束。令上个周期的终点，必为下一个周期的起点。

$$\sum_{i=1}^{I} x_{i,j}^t = \sum_{i=1}^{I} x_{j,i}^{t+1} \quad \forall\, t = 1, \cdots, T-1; j = 1, \cdots, I \tag{15.51}$$

⑨ "不重复经过起点"约束。根据高维模型的位置决策变量 $x_{i,j}^t$，该约束条件可以表示为式(15.52)所示的形式，即游戏开始之后，玩家无法从任意节点 i 再度到达起点 1 并补给物资。

$$x_{i,1}^t = 0 \quad \forall\, i = 1, \cdots, I\,;\ t = 1, \cdots, T \tag{15.52}$$

15.6.3　高维和低维位置约束的区别

围绕低维度决策变量 $x_{t,i}$ 编写约束条件时，时间的 $t-1 \rightarrow t$ 延续和变动，本身是自然满足的。按照这个天然的时间连续属性，模型结构会变得更直观。比如：区域 2 和区域 5 如果地理邻接，则 $x_{3,2} = x_{4,5} = 1$ 表示第 3 天结束到达节点 2，第 4 天结束到达节点 5。第 4 天很自然是从节点 2 移动至节点 5，是一组合法解。由于该特点，约束条件不但容易理解，而且围绕 $x_{t,i}$ 构造约束条件时，低维模型也不需要额外指定一条："下一周期的位置起点是本周期的行动终点"的规则。

但高维模型不同，其表达位置的"$\{0|1\}$"决策变量 $x_{i,j}^t$ 表示在第 t 天/周期，玩家是否从区域 i 抵达区域 j。比如上一段描述低维模型的表达式 $x_{2,3}^1 = x_{4,5}^2 = 1$，如果按高维模型的决策变量定义，代表玩家在第 1 天从节点 2 移动到节点 3、在第 2 天从节点 4 移动到节点 5。因此，时间衔接点上的空间位置 3 和 4 间断，所以在高维模型中，这个和低维模型表面上相同的数学表述又不能代表一组合法的移动了。此时观察高维模型的 $x_{i,j}^t$ 定义，发现其实该定义没有明确表达出空间同步连续性的矛盾，这就是高维模型需要额外增加约束表达式(15.51)，迫使玩家在地图上移动时，前一天的到达地点和当日的出发点相同的原因。

高维度模型的决策变量 $x_{i,j}^t$ 以天为周期，把时间转换为其上标引，变量本身兼具时间和空间位置这两层含义，以矩阵形式设定的决策变量也决定了高维模型由于分割了每一个行动周期（天）在时间方面的连续性，建模难度相比低维模型有所提升。但从另一个角度看，低维度模型因为时间而在部分约束中产生了变量乘积，增加了模型阶次，需要额外的线性化处理操作，高维模型则避免了通过线性化给模型降阶的处理过程。例如，高维模型的 $x_{i,j}^t = \{0|1\}$ 不用相乘，直接表达是否"停留"在区域 i 的纸面意思，因此表述地图区域的邻接关系和玩家在区域的停留行为时，采用式(15.47)和式(15.48)的简单形式就行了。

比较以高维和低维形式构造决策变量的模型构造思路，以及对应"到达区域"的位置相关系列的约束条件，容易看出二者各有其特点，低维度模型相对于高维度模型其变量个数大幅度减少，模型形式直观易于理解。而更令人关心的问题则是：两种不同的模型构造思路，如果编写代码，是否也具有相异的执行效率？是不是变量个数越少，模型的运行速度就越快呢？

15.7　多周期沙漠穿越拓展模型的代码方案

为准确回答上一节最后提出的问题，编写了在结构上完全面向对象化的多周期沙漠穿越拓展模型 MATLAB 程序，其由主调程序、基本模型类、数据工厂类和继承了基本模型类的高（低）维度模型子类四个部分组成。

采用对象化的代码结构编写程序的原因是明显的：不同维度定义的位置决策变量，高维模型和低维模型的约束条件形式相应有所区别，但两套代码毕竟表达的是同一个沙漠穿越问题的数学模型，仍然存在着包括基本输入数据、目标函数、除位置以外的其余决策变量和相关约束条件等完全相同的内容，相应部分的代码也是一致的。因此，如何区分高、低维模型中相同和相异部分，合理设计程序结构，就成为多周期拓展模型首先要解决的问题。

面向对象的程序结构，能把两个具有关联性的模型的相同属性或成员方法，放在一个"基本模型"的基类当中；内容相异的部分，例如，本例不同维度的决策变量 $x_{t,i}$ 和 $x_{t,j}^t$，以及与之相关的约束条件，则通过编写对应子类，以继承基本模型父类的形式来安排各自相应的特征部分。这样的程序设计思路，做"加"法而不做"减"法，分离了同一"类"模型的共性与差异，让后期的编辑维护、不同关卡数据与参数的更改调整、高维和低维的基本约束的特征等，得到了最大程度的分离与保护。而程序运行时，两个模型的共性与特性又能自然地衔接在一起，形成如图 15.2 所示的存在共同部分却又相互独立的两个模型对象。

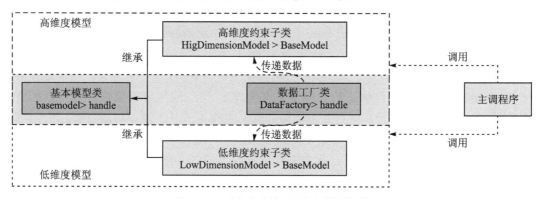

图 15.2　对象化的高/低维度模型结构

本节分别根据高维度模型和低维度模型，编写了两套 MATLAB＋Gurobi 的程序，两套代码在不同的部分标识了"低维方案"和"高维方案"，对应第 15.6.1 节和第 15.6.2 节两组与玩家行走位置相关的系列约束表达式。为方便读者体会 Gurobi 软件（截稿时采用的是 Gurobi V 10.0）的具体用法，同时也编写了 Python＋Gurobi 的代码方案。

15.7.1　基本模型类：BaseModel

基本模型类 BaseModel 中包含多周期沙漠穿越拓展模型约束条件中的"公共"部分，包括：第 15.5.3 节除位置决策变量以外的其他基本决策变量或中间决策变量，以及与之对应的 6 类 12 组约束条件，见式（15.24）～式（15.35）；还有第 15.5.4 节的目标函数表达式（15.36）。为便于学习和对照，BaseModel 代码中的各个变量的命名与上述数学表达式中的变量名称一致，约束条件在代码中的出现顺序也和公式完全对应。

1. MATLAB＋Gurobi 方案

在 MATLAB 和 Python 环境各自编写基本模型类 BaseModel，代码 330 是 MATLAB 版本，想成功运行本节程序，所使用的 MATLAB 版本应该是 R2021b 及以上，因为程序中使用的属性赋值方式如"LowerBound ＝ 0"是新版本增加的功能(下同)。

代码 330　多周期沙漠穿越拓展模型:基本模型类 MATLAB 代码

```
classdef BaseModel < handle
    properties
        data
    end
    properties
        d
        z
        c
        u
        v
        e
        a
        b
        r
        g
    end
    properties
        prob
    end

    methods
    function obj = BaseModel(data)
        obj.data = data;
        obj.d = optimvar("d", obj.data.T, obj.data.I,...
            Type = "integer",LowerBound = 0,UpperBound = 1);
        obj.z = optimvar("z", obj.data.T, obj.data.K,...
            Type = "integer",LowerBound = 0);
        obj.c = optimvar("c", obj.data.T,...
            Type = "integer",LowerBound = 0);
        obj.u = optimvar("u", obj.data.T + 1, obj.data.K,...
            Type = "integer",LowerBound = 0);
        obj.v = optimvar("v", obj.data.T + 1,...
            Type = "integer",LowerBound = 0);
        obj.e = optimvar("e", obj.data.T,...
            Type = "integer",LowerBound = 0);
        obj.a = optimvar("a", obj.data.T, obj.data.I,...
            Type = "integer",LowerBound = 0,UpperBound = 1);
        obj.b = optimvar("b", obj.data.T + 1,...
            Type = "integer",LowerBound = 0,UpperBound = 1);
        obj.r = optimvar("r", obj.data.T,...
            Type = "integer",LowerBound = 0,UpperBound = 1);
        obj.g = optimvar("g", obj.data.T,...
            Type = "integer",LowerBound = 0);
    end

    function obj = build_model(obj)
        obj.prob = optimproblem("Description","Desert - Cross");
        obj.prob.Constraints.("F1") = obj.z <= obj.d * obj.data.Z;
        obj.prob.Constraints.("F2") = obj.c <= obj.v(1:end - 1);
        obj.prob.Constraints.("F3") = (obj.u(1:end - 1,:) + ...
                        obj.z) * obj.data.W(:) <= obj.data.L;
        obj.prob.Constraints.("F4") = obj.e == ...
                        2 - sum(obj.a,2) + 2 * obj.r - obj.b(1:end - 1);
        obj.prob.Constraints.("F5") = obj.c == obj.data.A(:). * (obj.z * obj.data.P(:));
```

```
            obj.prob.Constraints.("F6") = obj.r <= obj.a * obj.data.G(:);
            obj.prob.Constraints.("F7") = obj.g <= obj.r * obj.data.M;
            obj.prob.Constraints.("F8") = obj.g <= obj.a * obj.data.G(:);
            obj.prob.Constraints.("F9") = obj.v(2:end) == obj.v(1:end-1) - obj.c + obj.g;
            obj.prob.Constraints.("F9_0") = obj.v(1) == obj.data.J;
            obj.prob.Constraints.("F10") = obj.u(2:end,:) == obj.u(1:end-1,:) + ...
                            obj.z - repmat(obj.e,1,obj.data.K).* obj.data.C;
            obj.prob.Constraints.("F10_0") = obj.u(1,:) == 0;
            obj.prob.Constraints.("F11") = obj.b(1:end-1) <= obj.b(2:end);
            obj.prob.Constraints.("F12") = sum(obj.a,2) >= obj.data.B(:);
            obj.prob.Objective = obj.v(end);
            obj.prob.ObjectiveSense = "max";
        end

        function [sol, fvl] = solve(obj)
            write(obj.prob,"Model.txt");
            problem = prob2struct(obj.prob);
            figure(1);
            tiledlayout(2,1);
            nexttile
            spy(problem.Aineq)
            title(sprintf("不等式：% d by % d", height(problem.Aineq),...
                            width(problem.Aineq)))
            nexttile
            spy(problem.Aeq)
            title(sprintf("等式：% d by % d", height(problem.Aeq), width(problem.Aeq)))
            figure(2);
            total = [problem.Aineq;problem.Aeq];
            spy(total)
            title(sprintf("Together：% d by % d", height(total), width(total)))

            addpath("C:\gurobi1000\win64\matlab");
            addpath("C:\gurobi1000\win64\examples\matlab");
            [sol, fvl] = obj.prob.solve;
            rmpath("C:\gurobi1000\win64\matlab");
            rmpath("C:\gurobi1000\win64\examples\matlab");
        end
    end
end

    methods
        function build_model_loop(obj)
            obj.prob = optimproblem("Description","Desert-Cross");
            constrF1 = optimconstr(obj.data.T, obj.data.K);
            for t = 1 : obj.data.T
                for k = 1 : obj.data.K
                    tmp = 0;
                    for i = 1 : obj.data.I
                        tmp = tmp + obj.d(t, i) * obj.data.Z(i, k);
                    end
                    constrF1(t, k) = obj.z(t, k) <= tmp;
                end
            end
            obj.prob.Constraints.("F1") = constrF1;

            constrF2 = optimconstr(obj.data.T);
            for t = 1 : obj.data.T
```

```
        constrF2(t) = obj.c(t) <= obj.v(t);
end
obj.prob.Constraints.("F2") = constrF2;

constrF3 = optimconstr(obj.data.T);
for t = 1 : obj.data.T
    tmp = 0;
    for k = 1 : obj.data.K
        tmp = tmp + obj.data.W(k) * (obj.u(t,k) + obj.z(t, k));
    end
    constrF3(t) = tmp <= obj.data.L;
end
obj.prob.Constraints.("F3") = constrF3;

constrF4 = optimconstr(obj.data.T);
for t = 1 : obj.data.T
    tmp = 0;
    for i = 1 : obj.data.I
        tmp = tmp + obj.a(t, i);
    end
    constrF4(t) = obj.e(t) == 2 - tmp + 2 * obj.r(t) - obj.b(t);
end
obj.prob.Constraints.("F4") = constrF4;

constrF5 = optimconstr(obj.data.T);
for t = 1 : obj.data.T
    tmp = 0;
    for k = 1 : obj.data.K
        tmp = tmp + obj.z(t, k) * obj.data.P(k);
    end
    constrF5(t) = obj.c(t) == obj.data.A(t) * tmp;
end
obj.prob.Constraints.("F5") = constrF5;

constrF6 = optimconstr(obj.data.T);
for t = 1 : obj.data.T
    tmp = 0;
    for i = 1 : obj.data.I
        tmp = tmp + obj.a(t, i) * obj.data.G(i);
    end
    constrF6(t) = obj.r(t) <= tmp;
end
obj.prob.Constraints.("F6") = constrF6;

constrF7 = optimconstr(obj.data.T);
for t = 1 : obj.data.T
    constrF7(t) = obj.g(t) <= obj.r(t) * obj.data.M;
end
obj.prob.Constraints.("F7") = constrF7;

constrF8 = optimconstr(obj.data.T);
for t = 1 : obj.data.T
    tmp = 0;
    for i = 1 : obj.data.I
        tmp = tmp + obj.a(t, i) * obj.data.G(i);
    end
```

```
                constrF8(t) = obj.g(t) <= tmp;
            end
        obj.prob.Constraints.("F8") = constrF8;

        constrF9 = optimconstr(obj.data.T);
        for t = 1 : obj.data.T
            constrF9(t) = obj.v(t + 1) == obj.v(t) - obj.c(t) + obj.g(t);
        end
        obj.prob.Constraints.("F9") = constrF9;
        obj.prob.Constraints.("F9_0") = obj.v(1) == obj.data.J;

        constrF10 = optimconstr(obj.data.T, obj.data.K);
        for t = 1 : obj.data.T
            for k = 1 : obj.data.K
                constrF10(t,k) = obj.u(t + 1,k) == obj.u(t,k) + obj.z(t,k) - ...
                                 obj.e(t) * obj.data.C(t,k);
            end
        end
        obj.prob.Constraints.("F10") = constrF10;
        obj.prob.Constraints.("F10_0") = obj.u(1,:) == 0;

        constrF11 = optimconstr(obj.data.T);
        for t = 1 : obj.data.T
            constrF11(t) = obj.b(t) <= obj.b(t + 1);
        end
        obj.prob.Constraints.("F11") = constrF11;

        constrF12 = optimconstr(obj.data.T);
        for t = 1 : obj.data.T
            tmp = 0;
            for i = 1 : obj.data.I
                tmp = tmp + obj.a(t, i);
            end
            constrF12(t) = tmp >= obj.data.B(t);
        end
        obj.prob.Constraints.("F12") = constrF12;

        obj.prob.Objective = obj.v(end);
        obj.prob.ObjectiveSense = "max";
        end
    end
end
```

代码 330 为约束条件式(15.24)~式(15.35)编写了向量化方式和循环方式两个版本,分别在成员方法函数 build_model 和 build_model_loop 当中。

2. Python＋Gurobi 方案

如果选择 Python＋Gurobi 方式构造并求解模型,对应的 BaseModel 部分如代码 331 所示。注意 Python 语言没有"向量化"的说法,因此代码对应只有一种方案。

代码 331　多周期沙漠穿越拓展模型:基本模型类 Python 代码

```
class BaseModel(object):
    def __init__(self, data):
        self.data = data
        self.d = None
```

```
        self.z = None
        self.c = None
        self.u = None
        self.v = None
        self.e = None
        self.a = None
        self.b = None
        self.r = None
        self.g = None
        self.model = None
        self.T0 = [0]
        self.T0.extend(self.data["T"])


def build_model(self):
    self.model = Model("Desert - Cross")
    self.d = self.model.addVars(self.data["T"],
                            self.data["I"], vtype = GRB.BINARY, name = "d")
    self.z = self.model.addVars(self.data["T"],
                            self.data["K"],
                            vtype = GRB.INTEGER, lb = 0, name = "z")
    self.c = self.model.addVars(self.data["T"], vtype = GRB.INTEGER, lb = 0, name = "c")
    self.u = self.model.addVars(self.T0,
                            self.data["K"], vtype = GRB.INTEGER, lb = 0, name = "u")
    self.v = self.model.addVars(self.T0, vtype = GRB.INTEGER, lb = 0, name = "v")
    self.e = self.model.addVars(self.data["T"], vtype = GRB.INTEGER, lb = 0, name = "e")
    self.g = self.model.addVars(self.data["T"], vtype = GRB.INTEGER, lb = 0, name = "g")
    self.a = self.model.addVars(self.data["T"],
                            self.data["I"], vtype = GRB.BINARY, name = "a")
    self.b = self.model.addVars(self.T0, vtype = GRB.BINARY, name = "b")
    self.r = self.model.addVars(self.data["T"], vtype = GRB.BINARY, name = "r")

    self.model.addConstrs((self.z[t, k] <=
                            quicksum(self.d[t, i] * self.data["Z"][i, k]
                                            for i in self.data["I"])
                            for t in self.data["T"]
                            for k in self.data["K"]), "F1")

    self.model.addConstrs((self.c[t] <= self.v[t - 1]
                            for t in self.data["T"]), "F2")

    self.model.addConstrs((quicksum(
        self.data["W"][k] * (self.u[t - 1, k] + self.z[t, k])
                            for k in self.data["K"]) <= self.data["L"]
                            for t in self.data["T"]), "F3")

    self.model.addConstrs((self.e[t] ==
                            2 - self.a.sum(t, "*") + 2 * self.r[t] - self.b[t - 1]
                            for t in self.data["T"]), "F4")

    self.model.addConstrs((self.c[t] ==
                            self.data["A"][t] * quicksum(self.z[t, k] *
                                                    self.data["P"][k]
                                                    for k in self.data["K"])
                            for t in self.data["T"]), "F5")

    self.model.addConstrs((self.r[t] <= quicksum(self.a[t, i] * self.data["G"][i]
```

```
                                        for i in self.data["I"])
                    for t in self.data["T"]), "F6")

        self.model.addConstrs((self.g[t] <= self.data["M"] * self.r[t]
                    for t in self.data["T"]), "F7")

        self.model.addConstrs((self.g[t] <= quicksum(self.a[t, i] * self.data["G"][i]
                                        for i in self.data["I"])
                    for t in self.data["T"]), "F8")

        self.model.addConstrs((self.v[t] == self.v[t - 1] - self.c[t] + self.g[t]
                    for t in self.data["T"]), "F9")

        self.model.addConstr(self.v[0] == self.data["J"], "F9_0")

        self.model.addConstrs((self.u[t, k] ==
                    self.u[t - 1, k] + self.z[t, k] -
                    self.e[t] * self.data["C"][t, k]
                    for t in self.data["T"]
                    for k in self.data["K"]), "F10")

        self.model.addConstrs((self.u[0, k] == 0
                    for k in self.data["K"]), "F10_0")

        self.model.addConstrs((self.b[t - 1] <= self.b[t]
                    for t in self.data["T"]), "F11")

        self.model.addConstrs((self.a.sum(t, "*") >= self.data["B"][t]
                    for t in self.data["T"]), "F12")

        self.model.setObjective(self.v[self.data["T"][- 1]], sense = GRB.MAXIMIZE)

        pass

    def solve_model(self):

        self.model.write("Desert - Cross.lp")
        self.model.optimize()
        if self.model.Status == GRB.INF_OR_UNBD:
            self.model.setParam("DualReductions", 0)
            self.model.optimize()

        if self.model.Status == GRB.INFEASIBLE:
            self.model.computeIIS()
            self.model.write("Desert - Cross.ilp")
```

代码331是与代码338对等的BaseModel部分,在书配套的源文件中,代码331作为整个Python求解程序的一部分,放进了📄Util.py文件(可以在书配代码文件夹中找到)中。同样地,所有变量的命名、约束条件的顺序都与式(15.24)~式(15.35)相同。

15.7.2 数据工厂类:DataFactory

数据工厂类DataFactory继承了handle的静态类,功能是将模型所需的全部已知数据传入优化模型对象。数据工厂类的结构比较简单,可通过分支选择流程,例如MATLAB使用

switch‐case流程,按关卡编号选择对应的系列基础数据。DataFactory类可实现数据从模型的完全剥离,并对用户开放,用户可以独立修改成员方法函数 DataFactory.createData中任意部分的数据,例如:修改天气数据🖹data.xlsx或者改变"data.G(n) = ..."修改矿山编号点 n 的编号及单日收益等。注意:这些修改都发生在模型外部,不会让模型通过 BaseModel 或 Hig/LowDimensionModel 抽象出来的实质特性发生改变。

1. MATLAB 中的 DataFactory 类

DataFactory类在 MATLAB 和 Python 中都有,代码 332 为 MATLAB 版本,为便于理解数据的意义,代码内做了详细注释。

代码 332　多周期沙漠穿越拓展模型:数据工厂类 MATLAB 代码

```matlab
classdef DataFactory < handle
    methods (Static)
        function data = createData(n)
            switch n
                case 1
                    data.T = 30;       % 截止天数 30 天
                    data.I = 27;       % 共计 1～27 个地图区域
                    data.K = 2;        % 资源种类有食物/水两类
                    data.D = readmatrix ("data.xlsx",...
                        Sheet = "位置",Range = "B2") + eye (data.I);   % 导入发生沙暴的天气数据
                    weather = readcell ("data.xlsx", Sheet = "天气", Range = "B2");
                    [~, idx] = ismember (weather,["晴朗""高温""沙暴"]);   % 导入天气状态标识
                    comsume = [5 7;8 6;10 10];     % 不同天气水/食物的单日基础消耗(箱/天)
                    data.C = comsume(idx, :);      % 依照天气的游戏时间每日食物/水基础消耗量
                    data.G = zeros (1, data.I);
                    data.G(12) = 1000;             % 矿山 12 的单日收益
                    data.A = [1,repelem (2, data.T-1)];   % 第 t 天购买资源的价格倍数
                    data.B = + (idx == 3);         % 第 t 天是否沙暴(0|1)
                    data.Z = zeros (data.I, 2);
                    data.Z(1, :) = [1000, 1000];   % 起点 1 食物/水的可购买数量
                    data.Z(15, :) = [1000, 1000];  % 村庄 15 食物/水的可购买数量
                    data.W = [3, 2];               % 第 k 种资源的单位重量
                    data.P = [5, 10];              % 第 k 种资源的单位价格
                    data.J = 10000;                % 初始资金上限
                    data.L = 1200;                 % 玩家负重上限
                case 2
                    data.T = 30;       % 截止天数 30 天
                    data.I = 64;       % 共计 1～64 个地图区域
                    data.K = 2;        % 资源种类有食物/水两类
                    data.D = readmatrix ("data2.xlsx",...
                        Sheet = "位置",Range = "B2") + eye (data.I); % 导入发生沙暴的天气数据
                    weather = readcell ("data2.xlsx",Sheet = "天气",Range = "B2");
                    [~, idx] = ismember (weather,["晴朗""高温""沙暴"]); % 导入天气状态分类标识
                    comsume = [5 7;8 6;10 10];     % 不同天气水/食物的单日基础消耗(箱/天)
                    data.C = comsume(idx, :);      % 依照天气的游戏时间每日食物/水基础消耗量
                    data.G = zeros (1, data.I);
                    data.G(30) = 1000;             % 矿山 30 的单日收益
                    data.G(55) = 1000;             % 矿山 55 的单日收益
                    data.A = [1,repelem (2, data.T-1)];   % 第 t 天购买资源的价格倍数
                    data.B = + (idx == 3);         % 第 t 天是否沙暴(0|1)
                    data.Z = zeros (data.I, 2);
                    data.Z(1, :) = [1000, 1000];   % 起点 1 食物/水的可购买数量
```

```matlab
            data.Z(39, :) = [1000, 1000];      % 村庄 39 食物/水的可购买数量
            data.Z(62, :) = [1000, 1000];      % 村庄 62 食物/水的可购买数量
            data.W = [3, 2];                    % 第 k 种资源的单位重量
            data.P = [5, 10];                   % 第 k 种资源的单位价格
            data.J = 10000;                     % 初始资金上限
            data.L = 1200;                      % 玩家负重上限
        end
        data.M = 2000;                          % 大 M
    end
    end
end
```

2. Python 中的 DataFactory 类

Python 中的 DataFactory 类如代码 333 所示,各数据的意义可参考代码 332 中的相关注释。此外,这段代码和 Python 版本的基本模型类 BaseMode 一样,也放在了文件📄Util. py 中。

代码 333　多周期沙漠穿越拓展模型:数据工厂类 Python 代码

```python
class DataFactory(object):
    @staticmethod
    def create_data(n: int):
        data = {}
        if n == 1:
            data["T"] = [t
                        for t in range(1, 31)]
            data["I"] = [i
                        for i in range(1, 28)]
            data["K"] = [k
                        for k in range(1, 3)]
            file_name = r"data.xlsx"
            pos_data = pd.read_excel(file_name, sheet_name = "位置", engine = "openpyxl")
            data["D"] = {(i, j): pos_data.loc[i - 1, j] if i != j else 1
                        for i in range(1, 28)
                        for j in range(1, 28)}
            #基础消耗
            consume = {("晴朗", 1): 5,
                       ("高温", 1): 8,
                       ("沙暴", 1): 10,
                       ("晴朗", 2): 7,
                       ("高温", 2): 6,
                       ("沙暴", 2): 10}

            weather_data = pd.read_excel(file_name, sheet_name = "天气", engine = "openpyxl")
            weather = {t: weather_data.loc[0, t]
                        for t in range(1, 31)}
            data["C"] = {(t, k): consume[weather[t], k]
                        for t in data["T"]
                        for k in data["K"]}
            data["B"] = {t: 1 if weather[t] == "沙暴" else 0
                        for t in data["T"]}
            data["A"] = {t: 1 if t == 1 else 2
                        for t in data["T"]}
            village = {1: [1, 2],
                       15: [1, 2]}
            data["Z"] = {(i, k): 1000 if k in village.get(i, []) else 0
```

```
                    for i in data["I"]
                    for k in data["K"]}
        mine_pos = {12: 1000}
        data["G"] = {i: mine_pos[i] if i in mine_pos else 0
                    for i in data["I"]}
        data["W"] = {1: 3, 2: 2}
        data["P"] = {1: 5, 2: 10}
        data["L"] = 1200
        data["J"] = 10_000
        data["M"] = 2000


elif n == 2:
    data["T"] = [t
                for t in range(1, 31)]
    data["I"] = [i
                for i in range(1, 65)]
    data["K"] = [k
                for k in range(1, 3)]
    file_name = r"data2.xlsx"
    pos_data = pd.read_excel(file_name, sheet_name = "位置", engine = "openpyxl")
    data["D"] = {(i, j): pos_data.loc[i - 1, j] if i != j else 1
                for i in range(1, 65)
                for j in range(1, 65)}
    # 基础消耗
    consume = {("晴朗", 1): 5,
              ("高温", 1): 8,
              ("沙暴", 1): 10,
              ("晴朗", 2): 7,
              ("高温", 2): 6,
              ("沙暴", 2): 10}

    weather_data = pd.read_excel(file_name, sheet_name = "天气", engine = "openpyxl")
    weather = {t: weather_data.loc[0, t]
              for t in range(1, 31)}
    data["C"] = {(t, k): consume[weather[t], k]
                for t in data["T"]
                for k in data["K"]}
    data["B"] = {t: 1 if weather[t] == "沙暴" else 0
                for t in data["T"]}
    data["A"] = {t: 1 if t == 1 else 2
                for t in data["T"]}
    village = {1: [1, 2],
              39: [1, 2],
              62: [1, 2]}
    data["Z"] = {(i, k): 1000 if k in village.get(i, []) else 0
                for i in data["I"]
                for k in data["K"]}
    mine_pos = {30: 1000,
               55: 1000}
    data["G"] = {i: mine_pos[i] if i in mine_pos else 0
                for i in data["I"]}
    data["W"] = {1: 3, 2: 2}
    data["P"] = {1: 5, 2: 10}
    data["L"] = 1200
    data["J"] = 10_000
    data["M"] = 2000
```

```
                return data
```

15.7.3 低维约束表述子类：LowDimensionModel

低维方案围绕二维决策变量 $x_{t,i}$ 构造约束条件，详见第 15.6.1 节的式(15.37)～式(15.43)。与基本模型类对应，也有 MATLAB 的向量化、循环两个版本，同时还有 Python 语言版本的代码方案，它们分别以成员函数形式放在了下面即将介绍的代码 334 和代码 335 中。

1. MATLAB 中的 LowDimensionModel 子类

MATLAB 版本的低维方案和 BaseModel 相同，式(15.37)～式(15.43)对应有向量化版本和循环版本同名成员方法函数(build_model 和 build_model_loop)，如代码 334 所示。约束条件与表达式的顺序相同，在代码中的代号为 F14～F25_0。

代码 334　MATLAB：LowDimensionModel 子类

```matlab
classdef LowDimensionModel < BaseModel
    properties
        x
    end

    methods
        function obj = LowDimensionModel(data)
            obj@BaseModel(data);
            obj.x = optimvar("x", obj.data.T + 1, obj.data.I, Type = "integer", ...
                LowerBound = 0,UpperBound = 1);
        end
    end

    methods
        function build_model(obj)
            obj.build_model@BaseModel; % 调用父类构造函数(向量化形式) -------------(16)

            obj.prob.Constraints.("F14") = sum(obj.x, 2) == 1;
            obj.prob.Constraints.("F15") = obj.x(1,1) == 1;
            obj.prob.Constraints.("F16") = obj.x(obj.data.T + 1, obj.data.I) == 1;
            obj.prob.Constraints.("F17_18") = ...
                    repmat(obj.x(1:end - 1,:),1,1,obj.data.I) + ...
                    repmat(reshape(obj.x(2:end,:),obj.data.T,1,obj.data.I),1,...
                    obj.data.I,1) - repmat(shiftdim(obj.data.D, - 1),...
                    obj.data.T, 1, 1) - 1 <= 0;
            obj.prob.Constraints.("F19_20") = ...
                    obj.x(1:end - 1,:) + obj.x(2:end,:) <= obj.a + 1;
            obj.prob.Constraints.("F19_21") = obj.a <= obj.x(1:end - 1,:);
            obj.prob.Constraints.("F19_22") = obj.a <= obj.x(2:end,:);
            obj.prob.Constraints.("F23") = obj.d == obj.x(1:end - 1, :);
            obj.prob.Constraints.("F24") = obj.b == obj.x(:, obj.data.I);
           obj.prob.Constraints.("F25_0") = obj.x(2:end,1) == 0;
        end
    end
    methods
        function build_model_loop(obj)
            obj.build_model_loop@BaseModel; % 调用父类构造函数(循环形式) -----------(36)
```

```
constrF14 = optimconstr(obj.data.T + 1);
for t = 1 : obj.data.T + 1
    tmp = 0;
    for i = 1 : obj.data.I
        tmp = tmp + obj.x(t, i);
    end
    constrF14(t) = tmp == 1;
end
obj.prob.Constraints.("F14") = constrF14;
obj.prob.Constraints.("F15") = obj.x(1,1) == 1;
obj.prob.Constraints.("F16") = obj.x(obj.data.T + 1, obj.data.I) == 1;
constrF18 = optimconstr(obj.data.T, obj.data.I, obj.data.I);
for t = 1 : obj.data.T
    for i = 1 : obj.data.I
        for j = 1 : obj.data.I
            constrF18(t,i,j) = obj.x(t, i) + obj.x(t + 1, j) <= obj.data.D(i,j) + 1;
        end
    end
end
obj.prob.Constraints.("F17_18") = constrF18;

constrF20 = optimconstr(obj.data.T, obj.data.I);
for t = 1 : obj.data.T
    for i = 1 : obj.data.I
        constrF20(t, i) = obj.x(t, i) + obj.x(t + 1, i) <= obj.a(t,i) + 1;
    end
end
obj.prob.Constraints.("F19_20") = constrF20;

constrF21 = optimconstr(obj.data.T, obj.data.I);
for t = 1 : obj.data.T
    for i = 1 : obj.data.I
        constrF21(t, i) = obj.x(t, i) >= obj.a(t,i);
    end
end
obj.prob.Constraints.("F19_21") = constrF21;

constrF22 = optimconstr(obj.data.T, obj.data.I);
for t = 1 : obj.data.T
    for i = 1 : obj.data.I
        constrF22(t, i) = obj.x(t + 1, i) >= obj.a(t,i);
    end
end
obj.prob.Constraints.("F19_22") = constrF22;

constrF23 = optimconstr(obj.data.T, obj.data.I);
for t = 1 : obj.data.T
    for i = 1 : obj.data.I
        constrF23(t, i) = obj.d(t, i) == obj.x(t,i);
    end
end
obj.prob.Constraints.("F23") = constrF23;

constrF24 = optimconstr(obj.data.T);
for t = 1 : obj.data.T + 1
    constrF24(t) = obj.b(t) == obj.x(t, obj.data.I);
```

```
        end
        obj.prob.Constraints.("F24") = constrF24;

        constrF25_0 = optimconstr(obj.data.T);
        for t = 2 : obj.data.T + 1
            constrF25_0(t, 1) = obj.x(t, 1) == 0;
        end
        obj.prob.Constraints.("F25_0") = constrF25_0;
      end
    end
end
```

注意在代码 334 的第 16 和第 36 行中,分别用"obj. build_model@BaseModel;"和"obj. build_model_loop@BaseModel;"两条语句,调用了 LowDimensionModel 继承的父类 BaseModel 构造函数,意思是在向量化和循环版本的基本模型之上,各自添加了完全对应的低维方案位置相关的约束条件,这样就形成了可供后续求解的完整向量化与循环版本拓展模型。

2. Python 中的 LowDimensionModel 子类

与 MATLAB 对应的 Python 版本低维模型中,约束代号与 MATLAB 方案相同,仍为 F14～F24,如代码 335 所示。

代码 335 Python:LowDimensionModel 子类

```python
class LowDimensionModel(BaseModel):
    def __init__(self, data):
        super().__init__(data)
        self.x = None

    def build_model(self):
        super().build_model()
        self.x = self.model.addVars(self.T0, self.data["I"], vtype = GRB.BINARY, name = "x")
        self.model.addConstrs((self.x.sum(t, "*") == 1
                                for t in self.T0), "F14")
        self.model.addConstr(self.x[0, 1] == 1, "F15")
        self.model.addConstr(self.x[self.data["T"][-1], self.data["I"][-1]] == 1, "F16")
        self.model.addConstrs((self.x[t - 1, i] + self.x[t, j] <= self.data["D"][i, j] + 1
                                for t in self.data["T"]
                                for i in self.data["I"]
                                for j in self.data["I"]), "F17_18")
        self.model.addConstrs((self.x[t - 1, i] + self.x[t, i] <= self.a[t, i] + 1
                                for t in self.data["T"]
                                for i in self.data["I"]), "F19_20")
        self.model.addConstrs((self.a[t, i] <= self.x[t - 1, i]
                                for t in self.data["T"]
                                for i in self.data["I"]), "F19_21")
        self.model.addConstrs((self.a[t, i] <= self.x[t, i]
                                for t in self.data["T"]
                                for i in self.data["I"]), "F19_22")
        self.model.addConstrs((self.d[t, i] == self.x[t - 1, i]
                                for t in self.data["T"]
                                for i in self.data["I"]), "F23")
        self.model.addConstrs((self.b[t] == self.x[t, self.data["I"][-1]]
                                for t in self.data["T"]), "F24")
        self.model.addConstrs((self.x[t, 1] == 0
                                for t in self.data["T"]), "F25")
```

15.7.4　高维约束表述子类：HigDimensionModel

高维方案围绕三维决策变量 $x_{i,j}^t$，构造位置约束条件，详见第 15.6.2 节式（15.44）～式（15.52）。针对这系列表达式 MATLAB 和 Python 代码方案都写了向量化和循环的版本，分别以成员函数形式放在了下面即将介绍的代码 336 和代码 337 中。

1. MATLAB 中的 HigDimensionModel 子类

MATLAB 版本的高维方案针对式（15.44）～式（15.52）约束条件同样编写了向量化版本和循环版本同名成员方法函数（build_model 和 build_model_loop），与表达式的顺序也相同，在代码中的约束代号为 F25～F33。

代码 336　MATLAB：HigDimensionModel 子类

```matlab
classdef HigDimensionModel < BaseModel
    properties
        x
    end

    methods
        function obj = HigDimensionModel(data)
            obj@BaseModel(data);
        end
    end

    methods
        function build_model(obj)
            obj.build_model@BaseModel;        % 调用父类 BaseModel 构造函数（向量化）------(14)
            obj.x = optimvar("x", obj.data.I, obj.data.I, obj.data.T, ...
                Type = "integer", LowerBound = 0,UpperBound = 1);
            obj.prob.Constraints.("F25") = sum(sum(obj.x, 1),2) == 1;
            obj.prob.Constraints.("F26") = sum(obj.x(1,:,:)) == 1;
            obj.prob.Constraints.("F27") = sum(...
                obj.x(:, obj.data.I, obj.data.T)) == 1;
            obj.prob.Constraints.("F28") = obj.x <= ...
                repmat(obj.data.D, 1, 1, obj.data.T);
            for t = 1 : obj.data.T
                obj.prob.Constraints.("F29_" + t) = ...
                    obj.a(t, :)' == diag(obj.x(:,:, t));
            end
            obj.prob.Constraints.("F30") = obj.d' == squeeze(sum(obj.x, 2));
            obj.prob.Constraints.("F31") = obj.b(2:end) == ...
                squeeze(sum(obj.x(:, end, :), 1));
            obj.prob.Constraints.("F32") = squeeze(sum(obj.x(:, :, 1:end-1),1)) == ...
                squeeze(sum(obj.x(:, :, 2:end),2));
            for t = 1 : obj.data.T
                obj.prob.Constraints.("F33_" + t) = obj.x(:, 1, t) == 0;
            end
        end
    end
    methods
        function build_model_loop(obj)
            obj.build_model_loop@BaseModel; % 调用父类 BaseModel 构造函数（循环）------(36)
            obj.x = optimvar("x", obj.data.T, obj.data.I, obj.data.I, ...
                Type = "integer", LowerBound = 0,UpperBound = 1);
```

```
constrF25 = optimconstr(obj.data.T);
for t = 1 : obj.data.T
    tmp = 0;
    for i = 1 : obj.data.I
        for j = 1 : obj.data.I
            tmp = tmp + obj.x(t,i,j);
        end
    end
    constrF25(t) = 1 == tmp;
end
obj.prob.Constraints.("F25") = constrF25;

for t = 1 : obj.data.T
    tmp = 0;
    for j = 1 : obj.data.I
        tmp = tmp + obj.x(1,1,j);
    end
end
constrF26 = tmp == 1;
obj.prob.Constraints.("F26") = constrF26;

for t = 1 : obj.data.T
    tmp = 0;
    for i = 1 : obj.data.I
        tmp = tmp + obj.x(obj.data.T, i, obj.data.I);
    end
end
constrF27 = tmp == 1;
obj.prob.Constraints.("F27") = constrF27;

constrF28 = optimconstr(obj.data.T, obj.data.I, obj.data.I);
for t = 1 : obj.data.T
    for i = 1 : obj.data.I
        for j = 1 : obj.data.I
            constrF28(t, i, j) = obj.x(t, i, j) <= obj.data.D(i,j);
        end
    end
end
obj.prob.Constraints.("F28") = constrF28;

constrF29 = optimconstr(obj.data.T, obj.data.I);
for t = 1 : obj.data.T
    for i = 1 : obj.data.I
        constrF29(t, i) = obj.a(t, i) <= obj.x(t,i,i);
    end
end
obj.prob.Constraints.("F29") = constrF29;

constrF30 = optimconstr(obj.data.T, obj.data.I);
for t = 1 : obj.data.T
    for i = 1 : obj.data.I
        tmp = 0;
        for j = 1 : obj.data.I
            tmp = tmp + obj.x(t, i, j);
        end
```

```
                constrF30(t, i) = obj.d(t, i)    == tmp;
            end
        end
        obj.prob.Constraints.("F30") = constrF30;


        constrF31 = optimconstr(obj.data.T);
        for t = 1 : obj.data.T
                tmp = 0;
                for i = 1 : obj.data.I
                    tmp = tmp + obj.x(t, i, obj.data.I);
                end
                constrF31(t, i) = obj.b(t+1)    == tmp;
        end
        obj.prob.Constraints.("F31") = constrF31;


        constrF32 = optimconstr(obj.data.T-1, obj.data.I);
        for t = 1 : obj.data.T-1
            for j = 1 : obj.data.I
                tmp1 = 0;
                for i = 1 : obj.data.I
                    tmp1 = tmp1 + obj.x(t, i, j);
                end
                tmp2 = 0;
                for i = 1 : obj.data.I
                    tmp2 = tmp2 + obj.x(t+1, j, i);
                end
                constrF32(t, j) = tmp1    == tmp2;
            end
        end
        obj.prob.Constraints.("F32") = constrF32;


        constrF33 = optimconstr(obj.data.T);
        for t = 1 : obj.data.T
            for i = 1 : obj.data.I
                constrF33(i, 1, t) = obj.x(i, 1, t) == 0;
            end
        end
        obj.prob.Constraints.("F33") = constrF33;
        end
    end
end
```

高维方案和低维方案的代码结构相同:分别用"obj. build_model@BaseModel;"和"obj. build_model_loop@BaseModel;"两条语句,调用 HigDimensionModel 继承父类 BaseModel 以两种方式编写的基本模型构造函数,再添加对应的高维方案位置约束,各自"拼"成了完整向量化与循环版本拓展模型代码。

高维方案和低维方案的向量化代码在约束构造的技巧方面也有一定区别:相比于低维方案,由于 $x_{i,j}^t$ 的高维度,代码 336 采用了更多 MATLAB 的多维数组函数(如 shiftdim,squeeze,repmat 等),对高维条件下的优化表达式组进行维度的轮换、压缩、复制等,以实现优化表达式在辑符号两侧的维度协调。多维数组 MATLAB 系列函数运用技巧,感兴趣读者可参阅作者另一本书的内容[14]。

2. Python 中的 HigDimensionModel 子类

Python 方案的 HigDimensionModel 子类从文件 📄 Util. py 中提取并单列，如代码 337 所示。

代码 337 Python：HigDimensionModel 子类

```python
class HigDimensionModel(BaseModel):
    def __init__(self, data):
        super().__init__(data)
        self.x = None

    def build_model(self):
        super().build_model()
        self.x = self.model.addVars(self.data["T"], self.data["I"],
                                    self.data["I"], vtype = GRB.BINARY, name = "x")
        self.model.addConstrs((self.x.sum(t, " * ", " * ") == 1
                              for t in self.data["T"]), "F25")
        self.model.addConstr(self.x.sum(1, 1, " * ") == 1, "F26")
        self.model.addConstr(self.x.sum(self.data["T"][ - 1], " * ",
                                        self.data["I"][ - 1]) == 1, "F27")
        self.model.addConstrs((self.x[t, i, j] <= self.data["D"][i, j]
                              for t in self.data["T"]
                              for i in self.data["I"]
                              for j in self.data["I"]), "F28")
        self.model.addConstrs((self.a[t, i] == self.x[t, i, i]
                              for t in self.data["T"]
                              for i in self.data["I"]), "F29")
        self.model.addConstrs((self.d[t, i] == self.x.sum(t, i, " * ")
                              for t in self.data["T"]
                              for i in self.data["I"]), "F30")
        self.model.addConstrs((self.b[t] == self.x.sum(t, " * ", self.data["I"][ - 1])
                              for t in self.data["T"]), "F31")
        self.model.addConstrs((self.x.sum(t, " * ", j) == self.x.sum(t + 1, j, " * ")
                              for t in self.data["T"][: - 1]
                              for j in self.data["I"]), "F32")
        self.model.addConstrs((self.x[t, i, 1] == 0
                              for t in self.data["T"]
                              for i in self.data["I"]), "F33")
```

15.7.5 向量化和循环版本模型的效率比较

把两个实现相同目的成员函数设计在同一个类的内部，这在算法比较、版本控制时是有用的，尤其当用户遇到的问题结构复杂，需要对应多样的分支情形或情节，代码的更新和迭代又要求保留原版本历史记录等，这些现实中常见的情境都要应用"尽可能增加而不减少"的函数设计思想。例如，沙漠穿越的拓展问题考虑了"高维和低维""向量化和循环"这两组情境，前者属于数学模型结构不同的问题，后者则与代码设计思路有关。两个问题的性质不同。怎样才能用一个完整的程序方案，去解决性质存在差异的两种问题情境组合呢？

面向对象的程序结构设计思想，适合解决这类具有复杂情形或分类的问题：子类对父类的继承，最大程度实现了代码方案对问题"相同"和"差异"情况的结构分层分级；由于子类允许调用父类的构造函数，在保留各个子问题的"个性"的同时，还能用模块化方式完成不同子结构或子模型的组合。以沙漠穿越拓展问题为例，需要执行程序应对"高维模型＋向量化方案"分支子情境时,只要按代码 338,选择图 15.3 左上方的组合调用方式即可,因为第 2 行高维模型子类内部,用"obj. build_model@BaseModel;"调用了父类的模型构造函数(参见代码 330 成员方法函数 build_model),因此目标函数和"F1~F12"约束条件在这里传入并与后续的高维位置约束条件拼接组合,形成完整的数学模型,图 15.3 其余几种组合也是类似的。

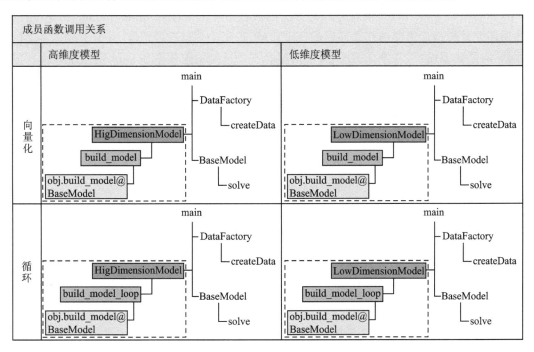

图 15.3　沙漠穿越多周期代码:父、子类成员函数互调与组合矩阵图

与图 15.3 对应的主调程序具体如代码 338 所示。

代码 338　以点调用格式选择模型构造成员方法

```
clear all;clc;close all
n = 1;
data = DataFactory.createData(n);
model = HigDimensionModel(data);        % 高维模型:关卡 n 基本数据
% model = LowDimensionModel(data);       % 低维模型:关卡 n 基本数据

tic;
model.build_model;                      % 选择向量化方式构造基本模型 ——————————————— (8)
% model.build_model_loop;                % 选择循环方式构造基本模型 ——————————————— (9)
toc;


tic;
[sol, fvl] = model.solve;
toc;
```

　　笔者编写向量化和循环两个版本的基本模型构造代码,目的是验证目前 MATLAB 版本(截至 R2022b)的优化工具箱,在一些特定问题的表达式循环构造效率方面,是否存在难以忽略的差异。MATLAB 早期版本的循环效率曾饱受诟病,但历经版本迭代更新,目前新版本针对 double/single/int * 等大多数的数据类型,对循环效率的改善已经取得一定效果。涉及普通数据类型的小规模问题求解,用户通常感觉不出向量化代码和循环代码的执行效率存在什么过于显著的区别。拙作曾针对一个经典的"亲密数"问题(double 类型)做了简单的 C/MATLAB 代码测试,阐述了这一观点[6]。但是,MATLAB 的优化工具箱问题式建模流程(截至 R2022b),是否能跟上循环控制流程优化的脚步呢?

为解答该问题,在代码 330(基本模型)、代码 334(低维约束子类)和代码 336(高维约束子类)中,分别编写了两个名称相同的成员方法函数:build_model 和 build_model_loop,用向量化和循环方式构造沙漠穿越拓展问题的模型代码,可用于测试三种情境:关卡 1 或关卡 2 的基本数据、向量化或循环、高维或低维,在不同组合下的模型构造效率和 Gurobi 求解效率。需要说明的是,本次测试仅针对沙漠穿越问题的优化模型构造与求解过程进行了简单的运行测试,从结果可以大致看出不同类型的模型应用不同的计算工具时的表现差异。

在同一计算机(MATLAB R2022b+Gurobi 10.0)代入沙漠穿越赛题的原数据并运行上述程序,计算结果表明:如果采取循环结合 optimconstr 构造模型表达式,与向量化代码运行效率相比,其的确存在比较悬殊的差距。计算时间的结果汇总如表 15.8 所列。

表 15.8 不同代码方案求解信息与计算时间列表

编 号	调用方式	决策变量维度	代码方案	问题类型	关卡 1(s)		关卡 2(s)	
					构 造	求 解	构 造	求 解
1	MATLAB+Gurobi	高维模型	向量化	MILP	0.56	0.68	0.53	2.01
2	MATLAB+Gurobi	低维模型	向量化	MILP	0.43	2.11	0.46	23.70
3	MATLAB+Gurobi	高维模型	循环	MILP	319.5	1.22	—	—
4	MATLAB+Gurobi	低维模型	循环	MILP	349.2	2.48	—	—
5	Python+Gurobi	—	多周期	MILP	0.69		2.22	
6	Python+Gurobi	—	二阶方案	QP	1.61		9.04	

以关卡 1 数据为例,保持现有代码 338 不变,笔者计算机调用基本模型和高维约束子类成员方法函数 build_model,以向量化方式构造基本模型用时 0.56 s,求解用时 0.68 s;在代码 338 中,注释第 8 行并解除第 9 行的注释,以循环方式调用成员方法函数 build_model_loop 求解高维模型,运行时间达到 320 s(注意 320 s 不包括调用优化求解,仅为构造模型所需的时间)。当然,后续发生的求解也证实了沙漠穿越的整数线性规划模型规模不算大:solve 子程序附带 spy 绘制的问题规模图显示了关卡 1 的不等式和等式约束合计 25 568 条,计 23 794 个变量,如表 15.9 所列;MATLAB(R2022b)环境调用 Gurobi(V10.0)求解该模型耗时 1.22 s;选择关卡 2 数据,模型等式约束 7 831 条、不等式约束 123 150 条,决策变量共计 127 024 个,高维模型以"MATLAB+Gurobi"方式,求解时间为 2.01 s,模型构造时间(向量化)仅为 0.53 s,与关卡 1 几乎没有区别;如果采用循环构造关卡 2 的模型,则因等待时间过长,笔者未继续测试,感兴趣的读者可利用书配代码自行验证。

通过上述运算的结果比较,发现基于多周期的沙漠穿越拓展模型的求解效率主要受模型结构,例如约束条件的相互制约、搜索方向变化等的影响,而变量或约束条件数量对求解效率的影响则不显著。例如关卡 2 低维模型变量个数仅为高维模型的二十分之一,约束条件数量基本相等,但低维模型的向量化方式求解时间却反而比高维模型多出 10 倍以上。

此外,针对相同的沙漠穿越问题,MATLAB 环境内采用向量化方式建模,其模型构造效率是循环方式的几百倍,如果节点数量继续增加,该运行效率差距还会继续扩大。说明截至 R2022b 版本,MATLAB 优化工具箱尚未针对优化表达式类型的循环构造方式,进行具有实质性意义的效率改进。因此,对于一定规模的模型,在 MATLAB 环境使用问题式建模流程,建议用向量化代码方式构造约束条件,这对效率的提升效果是明显的。

表 15.9　MATLAB 高维与低维模型变量与约束条件数量

编　号	调用方式	决策变量维度	关卡 1			关卡 2		
			等　式	不等式	变　量	等　式	不等式	变　量
1	MATLAB+Gurobi	高维模型	3 428	22 140	23 794	7 831	123 150	127 024
2	MATLAB+Gurobi	低维模型	1 027	24 570	2 761	2 167	128 910	6 128

在 Python 环境中调用 Gurobi 相对于在 MATLAB 环境中调用,其效率更高,对于两个关卡的求解时间总和甚至低于 3 s。本章前半部分介绍的二阶拓展模型方案没有对采矿行为的状态转移方程做线性化处理,按照二次规划求解,从表 15.8 最后两行可以看出,其优化求解效率低于多周期拓展模型中的线性规划,这也体现了对约束条件做线性化处理的必要性。

15.8　两种拓展模型方案运行结果比较与分析

根据效率比较结果,通过 Python 调用 Gurobi 求解拓展模型的执行效率是比较高的,加之 Gurobi 目前(截至 V 10.0)尚不完全支持在 MATLAB 环境(R2022b)下调用并以问题式建模流程直接求解二阶问题,因此本节将采用 Python+Gurobi 的代码方案,来比较二阶模型与多周期一阶模型的求解结果。

15.8.1　关卡 1:对 3 类方案的两个模型运行结果比较

基于原问题给出的一系列要求,首先设定如下 4 条拓展规则:

🖎 在起始点按照基础价格补给全部物资类型,但仅能经过 1 次;

🖎 在沿途村庄按照基础价格的两倍购买;

🖎 村庄和矿山节点的总数上限为 2;

🖎 如果矿山数量多于 1 座,则所有矿山的收益总数保持为 2 000。

其次,确保同一文件夹下保存了如下 8 个文件(书配程序),运行之前需确认 MATLAB、Gurobi、Anaconda 等软件已经安装且环境配置成功:

① 🗎 quad_prog_pro_1.py　二阶模型的 Python 代码(直接运行);

② 🗎 Util.py　多周期一阶模型 Python 主程序;

③ 🗎 main.py　如代码 339 所示,这是"🗎 Util.py"的主调程序;

代码 339　多周期一阶模型主调程序

```
from Util import DataFactory, LowDimensionModel, HigDimensionModel

data = DataFactory.create_data(1)
# model = LowDimensionModel(data)
model = HigDimensionModel(data)
```

```
model.build_model()
model.solve_model()
result = model.get_result()
result.to_excel("Result.xlsx", sheet_name = "result", index = False)
```

④ 📄raw_model1_Result.xlsx 二阶拓展模型关卡 1 所需的结果文件；

⑤ 📄raw_model2_Result.xlsx 二阶拓展模型关卡 2 所需的结果文件；

⑥ 📄Result.xlsx 多周期一阶模型所需的结果文件（关卡 1&2）；

⑦ 📄data.xlsx 关卡 1 基本数据文件；

⑧ 📄data2.xlsx 关卡 2 基本数据文件。

对于关卡 1，调用运行上述文件中的"📄quad_prog_pro_1.py"和"📄main.py"，分别修改并代入 15 种不同的参数组合，可得表 15.10 所列的运行结果。

表 15.10　两个模型在关卡 1 不同参数组合运行结果列表

| No. | 村庄 1 | | 村庄 2 | | 矿山 1 | | 矿山 2 | | 多周期一阶模型 | | 二阶模型 | |
	Node	补给	Node	补给	Node	单位收益/元	Node	单位收益/元	时间/天	收益/元	时间/天	收益
1	12	[1,2]	—	—	26	1 000	—	—	14	14 610	一致	一致
2	8	[1]	19	[2]	12	1 000	—	—	3	9 410	一致	一致
3	15	[1,2]	—	—	9	1 000	—	—	30	15 830	一致	一致
4	14	[1]	24	[2]	19	1 000	—	—	16	10 955	一致	一致
5	14	[2]	24	[1]	19	1 000	—	—	16	11 800	一致	一致
6	14	[1,2]	24	[1,2]	19	1 000	—	—	16	11 800	一致	一致
7	5	[1,2]	20	[1,2]	12	1 000	—	—	3	9 140	一致	一致
8	5	[1,2]	20	[1,2]	14	1 000	—	—	24	9 975	一致	一致
9	5	[1]	12	[2]	19	1 000	—	—	16	10 595	一致	一致
10	5	[1,2]	12	[1,2]	19	1 000	—	—	16	10 595	一致	一致
11	7	[1,2]	—	—	19	1 000	11	1 000	16	10 595	一致	一致
12	7	[1,2]	—	—	19	500	11	1 500	22	12 160	一致	一致
13	6	[1,2]	11	[1,2]	12	**1 200**	23	800	30	15 080	一致	一致
14	6	[1,2]	11	[1,2]	12	1 000	23	1 000	30	17 540	一致	一致
15	6	[1,2]	11	[1,2]	12	1100	23	**900**	30	15 440	一致	一致

表 15.10 结果数据表明：代入关卡 1 不同的参数组合，二阶拓展模型和一阶多周期模型优化结果中的最大游戏资金收益值是一致的，比较对应的结果文件，路径及其他信息也相同。

表中一些测试有一定目的，例如测试数据第 1 组，将补给点设在距离终点较远的 12 号区域，矿山则位于邻近终点的 26 号区域，这组数据目的是检测模型是否会违背"起点作为补给点经过且仅能经过 1 次"的规则。因为在原问题提供的地图中，在 26 号矿山采矿并不具备在 12 号村庄补给的基本条件，只能在起点处一次性补给完毕进入矿山，当玩家的全部物资消耗完毕，直接抵达终点 27。结果文件"📄raw_model1_Result.xlsx"验证了这一点：玩家没有重复返回较近的起点补给，而是在第 4，7，11 这三个沙暴天气全部选择停留矿山而不采矿（降低消耗延长在矿山的采矿总时间),最终在第 14 天从矿山结束采矿抵达终点结束游戏。

再如表 15.10 中第 13 和第 15 组数据,选择相同位置的村庄和矿山,令两座矿山相邻区域均有补给全部资源类别的村庄,但两座矿山单日收益不同:对于第 13 组数据,距离终点更近的 23 号矿山单日收益为 800 元,而远矿点 12 为富矿,单日收益为 1 200 元。最终剩余资金为 15 080 元,从结果文件看,最优路径的采矿全部选择在距离更远但单日收益更高的 12 号区域。可第 15 组数据仅将远矿点 12 的单日收益修改为 1 100 元,距离终点更近的矿点 23 单日收益从 800 元修改为 900 元,运行结果剩余资金为 15 440 元,但查看结果文件发现最优路径仅选择单日收益 900 元的 23 号贫矿。因此,这个例子证实了模型对于权衡收益决策是具有一定指导意义的。

15.8.2 关卡 2:第 I 类方案运行结果比较

关卡 2 原地图的区域节点总数为 64 个,编写 Python 代码并调用 Gurobi 求解器,完成了和关卡 1 相同的测试。通过改变补给和矿山节点的数量与位置等参数,得到了如表 15.11 所列的最优解,结果表明针对同一组参数,所编写的一阶模型和二阶模型所得优化结果一致。

关卡 2 的 9 组测试可以分为如下 3 类,进行三个系列对比:

✍ 方案 1～3:有 2 村庄、2 矿山,村庄与矿山相距较远,保持矿山位置和单日收益不变,改变村庄的补给类型;

✍ 方案 4～6:有 1 个村庄、2 矿山,村庄距离其中一座矿山较远,保持村庄位置和补给类型、矿山位置不变,改变矿山单日收益;

✍ 方案 7～9:有 1 村庄、2 矿山,村庄与矿山距离较近,保持矿山位置和单日收益不变,改变村庄补给类型。

表 15.11 两个模型在关卡 2 不同参数组合运行结果列表

| No. | 村庄 1 | | 村庄 2 | | 矿山 1 | | 矿山 2 | | 多周期一阶模型 | | 二阶模型 | |
	Node	补给	Node	补给	Node	单位收益/元	Node	单位收益/元	时间/天	收益/元	时间/天	收益
1	39	[1, 2]	62	[1, 2]	18	1120	53	880	30	10 590	一致	一致
2	39	[2]	62	[1]	18	1 120	53	880	16	10 035	一致	一致
3	39	[1]	62	[2]	18	1 120	53	880	20	10 055	一致	一致
4	24	[1, 2]	—		39	700	52	1 300	16	9 390	一致	一致
5	24	[1, 2]	—		39	800	52	1 200	16	9 190	一致	一致
6	24	[1, 2]	—		39	810	52	1 190	24	9 245	一致	一致
7	42	[1, 2]	51	[1, 2]	41	1 000	60	1 000	30	12 590	一致	一致
8	42	[1]	51	[2]	41	1 000	60	1 000	30	12 590	一致	一致
9	42	[2]	51	[1]	41	1 000	60	1 000	30	11 510	一致	一致

接下来将分组比较和分析表 15.11 所列的 3 类方案列出的结果。

1. 拓展模型结果分析-1

第 1 类方案对应表 15.11 中 1～3 组测试数据,代码 340 所示为第 1 组测试数据的运行结果。

代码 340　表 15.11 第 1 组测试数据运行结果

```
...
Explored 4061 nodes (500752 simplex iterations) in 13.59 seconds (33.37 work units)
Thread count was 32 (of 32 available processors)
Solution count 10; 10590 10110 9905 ... 7685
[(1, 9), (9, 18), (18, 18), (18, 18), (18, 18), (18, 18), (18, 18), (18, 26), (26, 35), (35, 36), (36, 36),
(36, 37), (37, 38), (38, 39), (39, 38), (38, 45), (45, 45), (45, 45), (45, 53), (53, 53), (53, 53), (53, 53), (53,
53), (53, 53), (53, 53), (53, 53), (53, 61), (61, 62), (62, 63), (63, 64)]

...
[[16.0, 12.0], [16.0, 12.0], [15.0, 21.0], [30.0, 30.0], [15.0, 21.0], [24.0, 18.0], [30.0, 30.0], [10.0,
14.0], [16.0, 12.0], [16.0, 12.0], [10.0, 10.0], [16.0, 12.0], [10.0, 14.0], [16.0, 12.0], [16.0, 12.0], [16.0,
12.0], [10.0, 10.0], [10.0, 10.0], [16.0, 12.0], [24.0, 18.0], [15.0, 21.0], [15.0, 21.0], [24.0, 18.0], [15.0,
21.0], [30.0, 30.0], [24.0, 18.0], [10.0, 14.0], [10.0, 14.0], [16.0, 12.0], [16.0, 12.0]]

...
[6400.0, 6400.0, 7520.0, 8640.0, 9760.0, 10880.0, 12000.0, 12000.0, 12000.0, 12000.0, 12000.0, 12000.0,
12000.0, 5230.0, 5230.0, 5230.0, 5230.0, 5230.0, 5230.0, 6110.0, 6990.0, 7870.0, 8750.0, 9630.0, 10510.0,
11390.0, 11390.0, 10590.0, 10590.0, 10590.0]
```

由于结果较长,代码 340 显示的信息有删减,仅列出了 3 项结果:首先是玩家每天的节点位移行动策略,例如第 1 天为(1, 9),说明玩家从节点 1 行走至节点 9;其次是每日资源消耗,例如第 1 天为(16.0, 12.0),说明在当日高温天气下,消耗翻倍,实耗资源为 $8 \times 2 = 16$ 箱的资源 1 和 $6 \times 2 = 12$ 箱的资源 2;最后是每日剩余资金信息,例如第 1 天,已经在起点购买物资花费了 3 600 元,起始剩余资金则显示为 6 400 元。

全部运行结果的详细信息通过代码内的 I/O 语句,写入"📄raw_model2_Result. xlsx"表格内(主程序同文件夹下);如果运行的是多周期一维模型📄main. py＋Util. py,则应查看另一结果文件📄Result. xlsx。为说明程序运行细节,Excel 表格中所显示的信息比竞赛赛题要求详细一些。上述代码 340 算得的最优路径如图 15.4 所示。

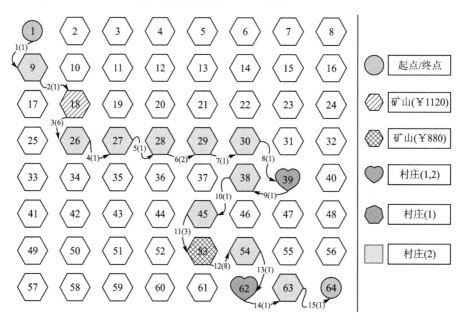

图 15.4　拓展模型:矿山 18(￥1 120)＋53(￥880)

上述结果表明玩家在矿山 18 和 53 均停留并采矿提高资金收益,指定地图的 39 号和 62 号区域为村庄,均可补给全部两类物资。最终求得最大收益 10 590 元。图中路径上括号外的数字是第 x 次开始从某个区域行走至其他区域,括号内数字是在当前出发位置停留的天数,例如从 18→26 的路线上标识了"3(6)",代表第 3 次出发,节点 18 停留 6 天,地图全路径的括号内数字之和恰好是游戏总时间(本例为 30 天)。为方便描述村庄的补给类型,右侧图例不同形状的"村庄(i,j)"代表村庄被指定能补给的物资种类为 i 和 j。

2. 拓展模型结果分析– 2

表 15.11 第 1 组测试数据与原赛题相比只改变了矿山位置和矿山的单日收益,还可以做进一步调整:保持地图其他参数不变,修改两处村庄补给物资种类:村庄 39 指定仅可补给第Ⅱ类物资,村庄 62 仅能补给第Ⅰ类物资。此时,拓展二阶模型只需要修改代码 328 的 villiage 参数就能求解出新条件下的路径决策与最大收益(见代码 341)。

代码 341　调整村庄补给种类参数

```
village = {39:[2], 62:[1]}
```

修改后,重新运行 Python 程序▤quad_prob_for_pro_2.py,部分结果如代码 342 所示。

代码 342　修改 village 参数后 demo.py 的运行结果

```
Optimal solution found (tolerance 1.00e – 04)
Best objective 1.003500000000e + 04, best bound 1.003500000000e + 04, gap 0.0000 %
...
[(1, 9), (9, 18), (18, 18), (18, 18), (18, 26), (26, 35), (35, 35), (35, 36), (36, 44), (44, 53), (53, 53),
(53, 53), (53, 54), (54, 62), (62, 63), (63, 64), (64, 64), (64, 64), (64, 64), (64, 64), (64, 64), (64,
64), (64, 64), (64, 64), (64, 64), (64, 64), (64, 64), (64, 64), (64, 64)]
...
[6355.0, 6355.0, 7475.0, 8595.0, 8595.0, 8595.0, 8595.0, 8595.0, 8595.0, 9475.0, 10355.0, 10355.0,
10035.0, 10035.0, 10035.0, 10035.0, 10035.0, 10035.0, 10035.0, 10035.0, 10035.0, 10035.0, 10035.0,
10035.0, 10035.0, 10035.0, 10035.0, 10035.0]
```

调整了补给种类参数后,二阶拓展模型的地图收益(剩余资金)降至 10 035 元,这是容易理解的,因为沿途必要的补给物资匮乏,游戏只能持续 16 天,在 18 号和 53 号矿山各采矿 2 天,最优路径不再包括资源补给点 39,玩家只在村庄 62 补给。代码 342 中的路线结果如图 15.5 所示。

3. 拓展模型结果分析– 3

第 3 组测试数据与第 2 组相比,除村庄补给资源种类调换外其余均相同,总收益相差很小,但路径策略有较大幅度的变化:仅在 18 号矿山停留 6 天并采矿 4 天,不再经过 53 号矿山和 62 号村庄,只在村庄 39 补给 1 次,总游戏时间为 20 天。

以上 3 组测试结果说明地图基本数据发生小幅度的改变,游戏整体的策略都有可能发生明显变化,通过数学模型制订科学合理的方案,可以规避想当然的错误投入和决策。

15.8.3　关卡 2:第Ⅱ类方案运行结果比较

在表 15.11 中,第Ⅱ类方案的测试数据是 4~6,设定的矿山位置具有如下 3 个特点:

🏔 相对更偏远的矿山 52 距离唯一的资源补给点 24 和起/终点的位置都比较远,另一座矿山 39 与村庄 24 距离更接近;

🏔 偏远矿点 52 具有更高的单日采矿资金收益;

🏔 两个矿山区域的单日收益总和维持不变(¥2 000/天)。

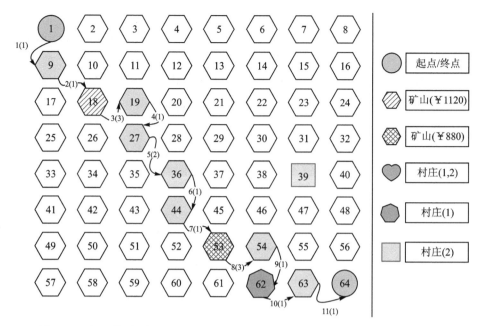

图 15.5　拓展模型：矿山 18(￥1 120)＋53(￥880)——限制村庄的物资补给种类

所关注的问题是：远、近两座矿山的单日收益大致为多少时，游戏路径决策会发生改变，即经过远矿点采矿获得的最佳收益是多少？此时只有 24 号村庄补给全部两种所需物资，且矿山单日收益定价变化的最小浮动变化单位为 10；唯一的补给点村庄设在区域 24；矿山则分别位于 39 和 52 两个区域。

选择第 4 组测试数据，矿山 39 单日采矿收益为 700 元，距离补给点 24 较远的矿山 52 单日采矿收益则为 1 300 元，具体路径信息与最大收益如代码 343 所示。

代码 343　矿山单日收益：39(￥700)＋52(￥1 300)

```
Optimal solution found (tolerance 1.00e - 04)
Best objective 9.390000000000e + 03, best bound 9.390000000000e + 03, gap 0.0000 %
...
[(1, 9), (9, 18), (18, 26), (26, 26), (26, 35), (35, 43), (43, 43), (43, 52), (52, 52), (52, 52), (52, 52),
(52, 60), (60, 61), (61, 62), (62, 63), (63, 64), (64, 64), (64, 64), (64, 64), (64, 64), (64, 64), (64,
64), (64, 64), (64, 64), (64, 64), (64, 64), (64, 64), (64, 64), (64, 64), (64, 64)]
...
[6790.0, 6790.0, 6790.0, 6790.0, 6790.0, 6790.0, 6790.0, 6790.0, 8090.0, 9390.0, 9390.0, 9390.0, 9390.0,
9390.0, 9390.0, 9390.0, 9390.0, 9390.0, 9390.0, 9390.0, 9390.0, 9390.0, 9390.0, 9390.0, 9390.0, 9390.0,
9390.0, 9390.0, 9390.0]
```

结果表明：经过 16 天玩家到达终点 64，在远矿点 52 停留 3 天，其中采矿 2 天，最大收益为 9 390 元。也就是说，距离补给点更近的矿 39 收益过低，在矿点 52 采矿的收益抵消了物资消耗，只是由于距离过远，采矿时间并不长。

如果按第 5 组数据，提高近补给矿山的收益，增加至 800 元，同时把远矿点 52 的收益降至 1 200 元，运行发现路径方案不会发生变化，仍然不经过近点 39，只在 52 号矿山采矿两天，最大收益为 9 190 元，相比于第 4 组数据，降低的 200 元收益是因为单日收益降低所导致的。

第 6 组数据把近点 39 号矿山单日收益提高到 810 元，52 矿山单日收益减至 1 190 元，重新运行🖹quad_prob_for_pro_2.py，最大收益为 9 245 元，最优路径中，玩家要在接近补给 24 的第 39 号矿山停留 8 天，共计采矿 7 天，经 24 天抵达终点，不再经过更远的 52 号矿山。

通过上述分析,可以看出拓展数学模型相比于原沙漠穿越模型,更全面评价了游戏全图的资源分布与开采价值,也为制订资源开采和路径规划的相关决策提供了更精准的数据支撑。拓展模型所能解决的问题在现实中也具有借鉴意义,例如,两座新探明已知储量相当的资源矿,距离某交通枢纽一远一近,由于随着开采,单日平均开采量可能逐渐降低,在制订若干年内的开采计划时,可根据不同阶段的单日开采收益,来确定两矿的开采量分配。与之类似的问题还有:资源补给点的选址问题,以及增设资源点是否可以提高收益等。

15.8.4　关卡2:第Ⅲ类方案运行结果比较

第Ⅲ类方案属于各个矿山补给较为充沛的情况,在41和60两个矿山节点的附近均有补给村庄(42和51)。3组测试数据中,两座矿山的单日收益均相同(1 000元),区别在于村庄补给种类。表15.11第7组测试数据中,村庄42和51均补给全部类别的资源;第8组数据村庄42/51各自补给资源1/2;第9组数据补给资源种类调换:村庄42/51补给资源2/1。

矿山邻近村庄时,物资补给的瓶颈自然消解,可充分利用游戏时间令收益最大化,结果证实了这一推测:三组数据的资金剩余方案均是在游戏日期截止到达终点。区别在于:测试数据8限定村庄补给种类,与测试数据7的全类型补给条件相比,没有影响最优决策,最终的路径方案和资金最大收益值相同。选择“📄main.py＋Util.py”方式,运行第7组测试数据,返回结果信息如表15.12所列,该表格存储在Excel文件“📄Result.xlsx”中。表格记录了全部游戏中的路径选择、玩家行为、资源补给消耗状态及每日资金消耗与剩余情况,从最后一行可以看出,第30天恰好抵达终点并完成游戏;结合第4列和倒数第2列的信息,可知玩家在41号矿山采矿10天,中间在42号村庄补给1次;在60号矿山采矿4天,在矿山共经历4个沙暴天气(3倍物资消耗),均选择采矿。如果将村庄42和51的补给资源种类调换,则结果会发生较大变化:总收益降为11 510元,41号矿山停留7天,用于采矿6天,60号矿山停留7天,用于采矿6天,在矿山处经历了3次沙暴天气,仅1天选择采矿,其他均在矿山停留。

通过上述方案的比较,可以看出玩家的游戏行为受资源补给状况的影响比较显著,资源补给状况的微小变化,可以导致游戏方案从游戏的总时间,到购买物资的数量和种类选择,再到采矿或停留的决策等每一天行为选择的整体改变。优化模型对于此类复杂的连续决策能起到关键性的指导作用。

15.9　二阶模型与多周期线性模型的差异分析

二阶模型和多周期线性模型都是围绕沙漠穿越拓展问题构造的,其多数决策变量、约束条件有着完全相同的数学表达形式,两个模型的目标函数也一致,即都要让玩家在游戏结束时,其剩余资金收益最大化。二阶模型中一系列状态转移方程,也可称之为对每个周期内某项参量变化规律的迭代表达。

但这两个模型在结构方面又存在着不小的差异,其中两个区别值得特别注意:首先是对一个完整行为阶段的定义方式,其次则是因模型阶次产生的程序执行效率差异。

沙漠穿越问题中,“完整行为阶段”称为一个“周期”,也就是一“天”,这是有关时间的过程量。但问题模型中的1“天”和平时所习惯的24小时1天并不一致,这也是编写沙漠穿越模型时,很容易搞混淆的概念。

表 15.12　关卡 2:测试数据 7&8 运行结果信息(Result.xlsx)

T	Weath	route	Act	St_Res	Buy_Res	Wgts	Csume_Res	Rt_Resources	St_Fds	Csume_Fds	Acq_Fds	Res_Fds
1	高温	(1, 9)	行走	[0, 0]	[142.0, 387.0]	1 200	[16.0, 12.0]	[126.0, 375.0]	10 000	4 580	0	5 420
2	高温	(9, 18)	行走	[126.0, 375.0]	[0.0, 0.0]	1 128	[16.0, 12.0]	[110.0, 363.0]	5 420	0	0	5 420
3	晴朗	(18, 26)	行走	[110.0, 363.0]	[0.0, 0.0]	1 056	[10.0, 14.0]	[100.0, 349.0]	5 420	0	0	5 420
4	沙暴	(26, 26)	停留	[100.0, 349.0]	[0.0, 0.0]	998	[10.0, 10.0]	[90.0, 339.0]	5 420	0	0	5 420
5	晴朗	(26, 34)	行走	[90.0, 339.0]	[0.0, 0.0]	948	[10.0, 14.0]	[80.0, 325.0]	5 420	0	0	5 420
6	高温	(34, 41)	行走	[80.0, 325.0]	[0.0, 0.0]	890	[16.0, 12.0]	[64.0, 313.0]	5 420	0	0	5 420
7	沙暴	(41, 41)	采矿	[64.0, 313.0]	[-0.0, -0.0]	818	[30.0, 30.0]	[34.0, 283.0]	5 420	0	1 000	6 420
8	晴朗	(41, 41)	采矿	[34.0, 283.0]	[-0.0, -0.0]	668	[15.0, 21.0]	[19.0, 262.0]	6 420	0	1 000	7 420
9	高温	(41, 42)	行走	[19.0, 262.0]	[-0.0, -0.0]	581	[16.0, 12.0]	[3.0, 250.0]	7 420	0	0	7 420
10	高温	(42, 41)	行走	[3.0, 250.0]	[230.0, -0.0]	1 199	[16.0, 12.0]	[217.0, 238.0]	7 420	2 300	0	5 120
11	沙暴	(41, 41)	采矿	[217.0, 238.0]	[-0.0, -0.0]	1 127	[30.0, 30.0]	[187.0, 208.0]	5 120	0	1 000	6 120
12	高温	(41, 41)	采矿	[187.0, 208.0]	[-0.0, -0.0]	977	[24.0, 18.0]	[163.0, 190.0]	6 120	0	1 000	7 120
13	晴朗	(41, 41)	采矿	[163.0, 190.0]	[-0.0, -0.0]	869	[15.0, 21.0]	[148.0, 169.0]	7 120	0	1 000	8 120
14	高温	(41, 41)	采矿	[148.0, 169.0]	[-0.0, -0.0]	782	[24.0, 18.0]	[124.0, 151.0]	8 120	0	1 000	9 120
15	高温	(41, 41)	采矿	[124.0, 151.0]	[-0.0, -0.0]	674	[24.0, 18.0]	[100.0, 133.0]	9 120	0	1 000	10 120
16	高温	(41, 41)	采矿	[100.0, 133.0]	[-0.0, -0.0]	566	[24.0, 18.0]	[76.0, 115.0]	10 120	0	1 000	11 120
17	沙暴	(41, 41)	采矿	[76.0, 115.0]	[-0.0, -0.0]	458	[30.0, 30.0]	[46.0, 85.0]	11 120	0	1 000	12 120
18	沙暴	(41, 41)	采矿	[46.0, 85.0]	[-0.0, -0.0]	308	[30.0, 30.0]	[16.0, 55.0]	12 120	0	1 000	13 120
19	高温	(41, 42)	行走	[16.0, 55.0]	[-0.0, -0.0]	158	[16.0, 12.0]	[-0.0, 43.0]	13 120	0	0	13 120
20	高温	(42, 51)	行走	[-0.0, 43.0]	[181.0, -0.0]	629	[16.0, 12.0]	[165.0, 31.0]	13 120	1 810	0	11 310
21	晴朗	(51, 59)	行走	[165.0, 31.0]	[-0.0, 136.0]	829	[10.0, 14.0]	[155.0, 153.0]	11 310	2 720	0	8 590
22	晴朗	(59, 60)	行走	[155.0, 153.0]	[-0.0, -0.0]	771	[10.0, 14.0]	[145.0, 139.0]	8 590	0	0	8 590
23	高温	(60, 60)	采矿	[145.0, 139.0]	[-0.0, -0.0]	713	[24.0, 18.0]	[121.0, 121.0]	8 590	0	1 000	9 590
24	晴朗	(60, 60)	采矿	[121.0, 121.0]	[-0.0, -0.0]	605	[15.0, 21.0]	[106.0, 100.0]	9 590	0	1000	10 590
25	沙暴	(60, 60)	采矿	[106.0, 100.0]	[0.0, 0.0]	518	[30.0, 30.0]	[76.0, 70.0]	10 590	0	1 000	11 590
26	高温	(60, 60)	采矿	[76.0, 70.0]	[0.0, 0.0]	368	[24.0, 18.0]	[52.0, 52.0]	11 590	0	1 000	12 590
27	晴朗	(60, 61)	行走	[52.0, 52.0]	[0.0, 0.0]	260	[10.0, 14.0]	[42.0, 38.0]	12 590	0	0	12 590
28	晴朗	(61, 62)	行走	[42.0, 38.0]	[0.0, 0.0]	202	[10.0, 14.0]	[32.0, 24.0]	12 590	0	0	12 590
29	高温	(62, 63)	行走	[32.0, 24.0]	[0.0, 0.0]	144	[16.0, 12.0]	[16.0, 12.0]	12 590	0	0	12 590
30	高温	(63, 64)	行走	[16.0, 12.0]	[0.0, 0.0]	72	[16.0, 12.0]	[0.0, 0.0]	12 590	0	0	12 590

注:表格标题中的 Weath 代表天气;Act 代表玩家行为;St 表示起始;Res 表示资源;Wgts 表示当日负重;Csume 表示消费;Rt 表示剩余;Fds 表示资金;Acq 表示获取;Acq_Fds 表示自外界(矿山)获取的当日收益值。

　　沙漠穿越问题中的一天就是一个周期,是玩家一系列可循环的基本完整行为所组成的时间阶段。通俗地讲,在每个周期里,玩家的基本行为有两个:购买物资和行动,行动中又包括行走、停留和采矿三个选项。

　　虽然两个模型都是按照:"买东西"→"行动"→"买东西"→……的规律循环,而且关于购买物资使用的决策变量 $z_{t,k}$ 都代表在周期 t 购买物资 k 的数量。但在截取并定义单独周期时,二阶模型与多周期模型的设计恰好错半步,如图 15.6 所示。

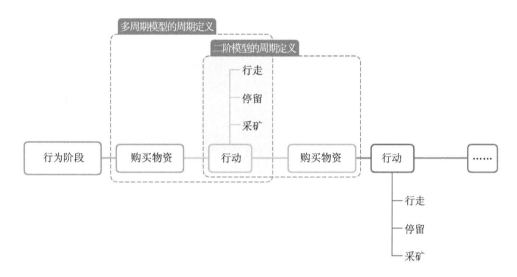

图 15.6　多周期线性模型与二阶模型的周期定义方式图示

　　这两种不同高度定义方式让两个模型在一个时间阶段内的行为次序恰好相反:二阶模型是"行动完再购买",多周期模型则"先购买再行动"。这两种不同的周期定义都算出了正确且一致的优化方案结果,但不同的周期定义也使得二者描述物资购买的约束条件存在差别。

　　二阶拓展模型第 13 条约束 $z_{t,k} \leqslant Ma_{t,k}$(见式(15.13))定义的规则是:只有在资源点方可购买资源。因为如果 $a_{t,k}=1$,表示在第 t 个周期到达了允许购买第 k 种资源的村庄,这句话的意思是,玩家只能先行动到达了村庄才具备购物资 k 的条件,所以在一个行为周期内,要"先行动、再购买";多周期模型与购买资源有关的约束条件见式(15.24),即

$$z_{t,k} \leqslant \delta_{t,i} Z_{i,k} \quad \forall\, t,k$$

　　注意上式中的 $\delta_{t,i}$ 表示第 t 周期是否离开区域 i,"离开"属于状态量,所以在多周期模型中,判断是否离开资源点的瞬间后,要决定是否先购买物资(不具备条件不买,但要先做购买与否的判断),然后才展开本周期内其他具体的行动,总结起来就是"先购买,再行动"。

　　两个模型的第 2 个差别在于不同阶次模型代码运行效率不同。但这与周期定义的选择无关,仅仅是因为阶次不同导致了模型的结构差异,进而影响运行效率。原模型的资金状态转移方程没有线性化(式(15.20),第 15.3.2 小节),Gurobi 求解的是二阶整数规划问题,以关卡 2 为例,笔者计算机的求解速度为 5～10 s,如果使用多周期线性模型求解,1.5～2 s 即可得到结果。这个差别充分说明了对模型条件进行线性化处理的必要性。

15.10 小 结

本章在 CUMCM‐2020‐B 竞赛题目部分子问题的基础上，拓展其应用场景，以两种具有共性却也存在一定差异的思路，构建沙漠穿越拓展问题的抽象化数学模型，真正实现了让模型参数与模型本身剥离。以 Python＋Gurobi 和 MATLAB＋Gurobi 的调用方式编写了不同的代码方案。其中，MATLAB 环境下，以面向对象的编程方式，构造了高、低维两种模式的问题式建模模型，引入测试数据比较和分析了矢量化与循环方式构造模型的效率差异，最后还对关卡 1 和关卡 2 设计了多组测试数据集，验证了二阶模型和多周期线性模型求解结果是一致的。

通过前后两章，有关 CUMCM‐2020‐B 题多达十几种不同的求解方案，以全面、深入和详尽的方式，展示了数学建模竞赛问题求解思路的多样性。在这套求解代码方案中，使用了包括 MATLAB、Python、Gurobi、Lingo 和 Yalmip 等多种软件和工具箱，涉及不同软件环境下的程序协同调用，代码中也包含了一些在一般培训中不常见的矢量化、面向对象程序设计的知识，这对于想要深入学习数学建模代码技能的读者而言，具有一定的启发性。

参考文献

［1］Johan Lofberg. Optimization Toolbox Tourials［EB/OL］.［2023-05-23］. https://yalmip. github. io.

［2］Gurobi Optimization LLC. Optimizer Reference Manual［EB/OL］.［2023-05-23］. https://www. gurobi. com.

［3］LindoAPI. Lindo Api Tutorial［EB/OL］.［2023-05-23］. https://www. lindo. com/index. php/products/lindo-api-for-custom-optimization-application.

［4］白清顺，孙靖民，梁迎春. 机械优化设计［M］. 北京：机械工业出版社，2017.

［5］谢金星，薛毅. 优化建模与 LINDO/LINGO 软件［M］. 北京：清华大学出版社，2005.

［6］祁彬彬，马良，靳欢. MATLAB 修炼之道：编程实例透析［M］. 北京：北京航空航天大学出版社，2022.

［7］姜启源，谢金星，叶俊. 数学模型［M］. 北京：高等教育出版社，2019.

［8］Pilario K. E. Find the fastest reaction chain to reach a target compound［EB/OL］.［2023-05-23］. https://ww2. mathworks. cn/matlabcentral/cody/problems/45467.

［9］Pilario K. E. Count the number of reaction chains achievable in T mins.［EB/OL］.［2023-05-23］. https://ww2. mathworks. cn/matlabcentral/cody/problems/45470.

［10］司守奎，孙兆亮. 数学建模算法与应用［M］. 长沙：国防工业出版社，2015.

［11］谭永基. 飞行管理问题答卷评述［J］. 数学的实践与认识，1996，26(1)：8-9.

［12］金平，曹华林，汤志高. Lingo 在飞行管理中的应用［J］. 科技信息（科学教研），2007，(17)：545-546.

［13］谈之奕. "穿越沙漠"赛题评述［J］. 数学建模及其应用，2021，10(1)：73-79.

［14］马良，祁彬彬. 向量化编程基础精讲［M］. 北京：北京航空航天大学出版社，2017.